“十三五”职业教育国家规划教材

机械制图（非机械专业）

AR版 附微课视频

第五版

新世纪高职高专教材编审委员会 组编
主　编 高玉芬 刘宏丽
副主编 朱凤艳 吕天玉
　　　 王玉林 张　利

大连理工大学出版社

图书在版编目(CIP)数据

机械制图 ：非机械专业 / 高玉芬，刘宏丽主编. —5版. —大连 ：大连理工大学出版社，2018.1(2021.7重印)
新世纪高职高专装备制造大类专业基础课系列规划教材
ISBN 978-7-5685-1240-4

Ⅰ. ①机… Ⅱ. ①高… ②刘… Ⅲ. ①机械制图—高等职业教育—教材 Ⅳ. ①TH126

中国版本图书馆CIP数据核字(2017)第315518号

大连理工大学出版社出版
地址:大连市软件园路80号 邮政编码:116023
发行:0411-84708842 邮购:0411-84708943 传真:0411-84701466
E-mail:dutp@dutp.cn URL:http://sve.dlut.edu.cn
大连图腾彩色印刷有限公司印刷 大连理工大学出版社发行

幅面尺寸:185mm×260mm 印张:15.75 字数:373千字
2003年11月第1版 2018年1月第5版
2021年7月第4次印刷

责任编辑:刘 芸 吴媛媛 责任校对:陈星源
封面设计:张 莹

ISBN 978-7-5685-1240-4 定 价:48.80元

第五版前言

《机械制图》(非机械专业)(第五版)是"十三五"职业教育国家规划教材,也是新世纪高职高专教材编审委员会组编的装备制造大类专业基础课系列规划教材之一。

本版教材的修订是以提高教学质量,进一步深化教学改革为指导,广泛吸取各高职院校的教学经验,以"必需、够用"为原则,以强化"技能、实用"为目标,按照模块化、任务驱动的思想进行的,体现了高职教育的特色。

全书共分为三部分:基础模块、技能模块和计算机绘图模块。

基础模块设定了六个任务,以各任务为主线,介绍机械制图的相关国家标准和基本理论知识,以完成任务为目的,将相关的理论知识融于任务之中,在完成任务的同时学习相关的理论知识。根据每个任务的需要,首先提出"学习目标",然后根据各任务的内容设置了"实例分析""相关知识""任务实施""知识拓展"四个环节。

技能模块以齿轮油泵为载体,分为四个项目,介绍了标准件、常用件、典型零件图和装配图的绘制方法,每个项目中均设置了"相关知识""任务实施""知识拓展"三个环节。

计算机绘图模块设定了四个任务,以各任务为主线,介绍了应用 AutoCAD 2014 软件绘制工程图时所采用的相关方法和命令。根据各任务的内容,设置了"实例分析""相关知识""任务实施""知识拓展"四个环节。

本教材在编写过程中重点突出了以下特色:

1. 根据高职教育的特点,以重实践为原则,采用任务、项目的形式将机械制图的理论知识贯穿其中,实用性强,并以任务的形式介绍了计算机绘图的相关知识。

2. 每个任务或项目都首先给定"学习目标"或"学习引导",提出相关问题,然后让学生按照目标、围绕问题学习解决该问题的相关知识,从而激发了学生的学习热情,巩固了所学的知识。

3. 计算机绘图模块以绘制工程图为学习目标,在完成零件图、装配图的绘制过程中,介绍了绘图环境设置以及绘图、编辑命令的使用,达到举一反三的目的。

4. 插图色彩鲜明,线条清晰,生动直观,重点突出。

5. 采用现行的《机械制图》和《技术制图》国家标准,充分体现了先进性。

6. 为方便教师教学和学生自学,本教材配有《机械制图习题集(非机械专业)》(第五版)以及 AR、电子教案、多媒体课件等立体化资源。

本教材由辽宁机电职业技术学院高玉芬、辽宁轻工职业学院刘宏丽任主编,渤海船舶职业学院朱凤艳、中国一重技师学院吕天玉及辽宁黄海汽车(集团)有限责任公司王玉林、张利任副主编。具体编写分工如下:刘宏丽编写第一部分的任务一及第三部分;朱凤艳编写第一部分的任务二、三;吕天玉编写第一部分的任务四～六;高玉芬编写第二部分的项目一、二、四;王玉林编写第二部分的项目三;张利编写附录。全书由高玉芬负责统稿和定稿。

在编写本教材的过程中,我们参考、引用和改编了国内外出版物中的相关资料以及网络资源,在此对这些资料的作者表示深深的谢意!请相关著作权人看到本教材后与出版社联系,出版社将按照相关法律的规定支付稿酬。

尽管我们在探索教材特色的建设方面做出了许多努力,但由于编者水平有限,教材中仍可能存在一些错误和不足,恳请各教学单位和读者在使用本教材时多提宝贵意见,以便下次修订时改进。

编　者

2018 年 1 月

所有意见和建议请发往:dutpgz@163.com

欢迎访问职教数字化服务平台:http://sve.dutpbook.com

联系电话:0411-84707424　84706676

第一版前言

《机械制图(非机械专业)》是新世纪高职高专教材编审委员会组编的装备制造大类专业基础课系列程规划教材之一。本教材依据教育部审定的工程制图课程基本要求编写而成。

本教材在编写的过程中力求突出以下特点:

1. 针对高职教育的特点,在本教材的编写过程中始终贯彻以基础理论必需、够用为原则,以培养能力为本位。选材大胆取舍,所述知识点能够恰到好处地满足当前非机械专业相关工科高职学生的教育需求,切实将本教材做到薄而精。

2. 本教材将投影理论与绘图实例相结合,并注重培养读者分析问题和解决问题的能力。强调了计算机绘图的实用性和可操作性,并将该节内容安排在组合体教学章节之后,使得学生在掌握制图基础知识和投影理论之后,便可系统地学习计算机绘图的基本内容,从而使后续章节中的绘图得以在计算机上实现,体现了本教材对基本技能教学的创意。另外本教材对几何元素的表达均以体的投影来结合体现,并收录了一部分生产中的图样作为零件图、装配图,同时零件图中增加了根据生产要求拆画零件图的方法和步骤,对这部分的编写突破了同类教材中的传统讲述,使本教材更具新意。

3. 插图精美。对于制图教材而言,图的质量几乎决定了教材的含金量,为此,我们不惜耗费时日,精心为读者奉上线条清晰、标准、规范的图样。

4. 全教材各章的图例具有典型性、代表性,并适当降低了一些难度,以利于启发读者。

5. 本教材严格贯彻我国新颁布的《技术制图》和《机械制图》国家标准。

6. 本教材与《机械制图习题集(非机械专业)》配套使用,可以使理论与实际紧密结合,并实现由浅入深、由简至繁、由易到难的教学过程。

《机械制图(非机械专业)》共分8章,分别为制图基本知识、投影基础、组合体、计算机绘图、机件表达方法、标准件与常用件、零件图、装配图。另外本教材的最后列有附录,供读者查阅相关标准时使用。

本教材由刘锡奇、太史洪顺任主编,郑晶、姜丽华、贾中印任副主编,刘旻、郭庆梁、焦仲秋参与了部分章节的编写。具体编写分工如下:刘旻编写第1章、第5章;郑晶编写第2章;贾中印编写第3章;太史洪顺编写第4章;姜丽华编写第6章、附录;郭庆梁编写第7章;焦仲秋编写第8章。刘锡奇负责全书内容的组织和定稿。大连理工大学孟淑华教授审阅了全书并提出了许多宝贵的意见和建议,在此深表感谢!

在编写本教材的过程中,编者参考、引用和改编了国内外出版物中的相关资料以及网络资源,在此表示深深的谢意!相关著作权人看到本教材后,请与出版社联系,出版社将按照相关法律的规定支付稿酬。

尽管我们在探索教材特色的建设突破方面做了很多努力,但是由于作者的水平有限,书中内容仍可能有疏漏之处,恳请各相关教学单位和读者在使用本教材的过程中给予关注,并将意见及时反馈给我们,以便在教材修订时加以改进。

编 者

2003年11月

所有意见和建议请发往:dutpgz@163.com

欢迎访问职教数字化服务平台:http://sve.dutpbook.com

联系电话:0411-84707424 84706676

本书配套资源使用说明

针对本书配套资源的使用方法，特做如下说明：

1. AR 资源：用移动设备在小米、360、百度、腾讯、华为、苹果等应用商店里下载“大工职教教师版”或“大工职教学生版”APP，安装后点击"教材 AR 扫描入口"按钮，扫描书中带有 AR 标识的图片，即可体验 AR 功能。

2. 微课资源：用移动设备扫描书中的二维码，即可观看微课视频进行相应知识点的学习。

3. 其他资源：登录职教数字化服务平台(http://sve.dutpbook.com)下载使用。

具体资源名称和扫描位置见下表：

序号	资源名称	资源类型	扫描位置
1	三视图的形成及投影规律	微课	6 页
2	点的投影	微课	7 页
3	直线的投影	微课	9 页
4	平面的投影	微课	14 页
5	圆柱的截交线	微课	42 页
6	相贯线(以三通管为例)	微课	48 页
7	形体分析法(以轴承座为例)	微课	54 页
8	基本视图	微课	72 页
9	剖视图的概念及形成	微课	75 页
10	半剖视图	微课	76 页
11	轴承座三视图的绘制	AR	55 页，图 1-4-24
12	根据组合体两视图补画第三视图	AR	64 页，图 1-4-40
13	识读四通管机件的一组图形	AR	81 页，图 1-6-20
14	转子油泵的结构组成	AR	161 页，图 2-4-13
15	齿轮油泵的结构组成	AR	181 页，图 2-4-39

目 录

第一部分 基础模块

任务一 绘制点、线、面的投影 …… 3
任务二 绘制基本体的投影 …… 20
任务三 绘制平面图形 …… 28
任务四 绘制与识读组合体三视图 …… 41
任务五 绘制正等轴测图 …… 65
任务六 识读各种图样 …… 71

第二部分 技能模块

项目一 绘制轴套类零件图 …… 95
项目二 绘制轮盘类零件图 …… 122
项目三 识读箱体类零件图 …… 140
项目四 绘制装配图 …… 153

第三部分 计算机绘图模块

任务一 建立样板图 …… 187
任务二 绘制平面图形 …… 197
任务三 绘制零件图、标注尺寸及文字 …… 212
任务四 绘制装配图(图块、设计中心) …… 222

参考文献 …… 226
附 录 …… 227

第一部分

基础模块

本模块以任务的形式介绍机械制图的国家标准、机械图样绘制与识读的方法和规则以及投影的基本理论。每个任务均设置了“实例分析”、“相关知识”、“任务实施”和“知识拓展”四部分内容。

“实例分析”：以典型零件为实例，通过分析零件的结构，明确要完成任务的内容。

“相关知识”：以“实例分析”中要完成的任务为主线，介绍要完成该任务应具备的机械制图方面的知识。

“任务实施”：应用“相关知识”中介绍的机械制图方面的知识，完成“实例分析”中所给出的典型零件图形的绘制与识读，从而实现所设定的“学习目标”。

“知识拓展”：介绍与“相关知识”有关的机械制图方面的其他知识，使“相关知识”中介绍的有关知识体系更加完整。

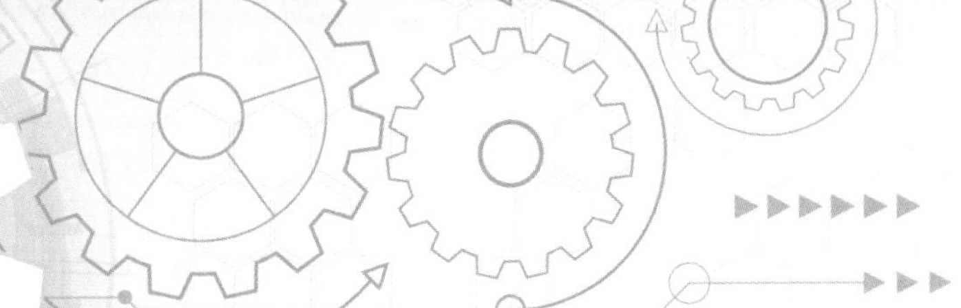

任务一 绘制点、线、面的投影

学习目标

正确理解正投影的投影理论与投影特性；掌握三视图的形成及投影规律；掌握点、线、面的投影特性及线、面的命名；通过对正三棱锥投影的绘制，进一步熟练掌握点、线、面的投影规律。

实例　绘制正三棱锥的三面投影

实例分析

如图 1-1-1 所示为一正三棱锥立体图，正三棱锥是常见基本几何体中具有代表性的几何体。它是由四个表面构成的几何体，其底面为正三角形，三个侧面为等腰三角形；各个表面相交，得到 6 条棱线；每三条棱线汇交于一个公共的顶点，得到 4 个顶点。通过对正三棱锥的分析，我们得知，体是由面构成的，面是由线构成的，线是由点构成的。下面我们通过对三棱锥三视图的分析，学习点、线、面的投影规律，初步形成以平面图形表达空间物体的能力。

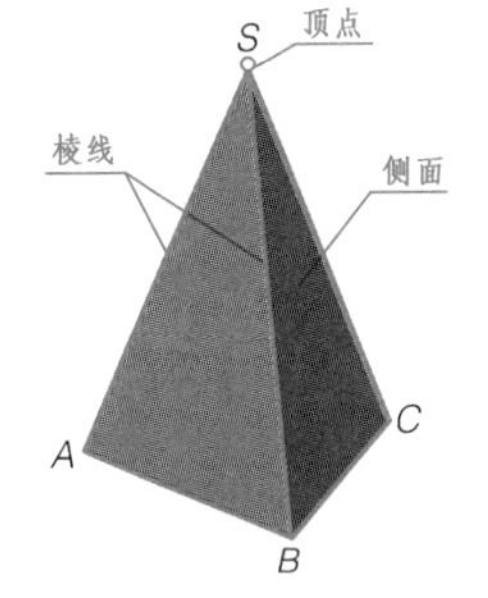

图 1-1-1　正三棱锥立体图

相关知识

一、投影法

1. 投影法的概念

空间物体在光线的照射下，在地面或其他物体上得到影子。人们根据这一自然现象抽象出投影法，如图 1-1-2 所示。投射线通过物体向投影面上投射，并在该投影面上得到影子的方法称为投影法，根据投影法得到的影子称为投影，形成投影的平面称为投影面。

2. 投影法的分类

根据投射线汇交或平行，投影法分为：

(1)中心投影法

投射线汇交于一点(投射中心)的投影法称为中心投影法，如图 1-1-2(a)所示。

(2)平行投影法

投射线相互平行的投影法称为平行投影法。根据投射线与投影面的相对位置(垂直或倾斜)，平行投影法又可分为：

斜投影法：投射线与投影面倾斜的平行投影法，如图 1-1-2(b)所示。

正投影法：投射线垂直于投影面的平行投影法，如图 1-1-2(c)所示。

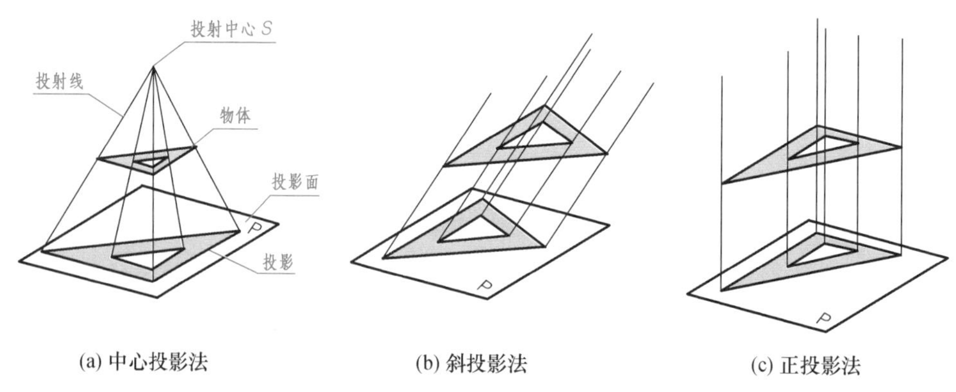

(a) 中心投影法　(b) 斜投影法　(c) 正投影法

图 1-1-2　投影法及其分类

由于正投影法得到的投影能真实地反映物体的形状和大小，作图方便，因此国家标准规定，机件的投影按正投影法绘制。

3. 正投影的特性

(1)实形性

平面图形(或直线)与投影面平行时，其投影反映实形(或实长)的性质称为实形性，如图 1-1-3 所示。

(2)积聚性

平面图形(或直线)与投影面垂直时，其投影积聚为一条直线(或一个点)的性质称为积聚性，如图 1-1-4 所示。

(3)类似性

平面图形(或直线)与投影面倾斜时，其投影变小(或变短)，但投影的形状仍与原来形状相类似的性质称为类似性，如图 1-1-5 所示。

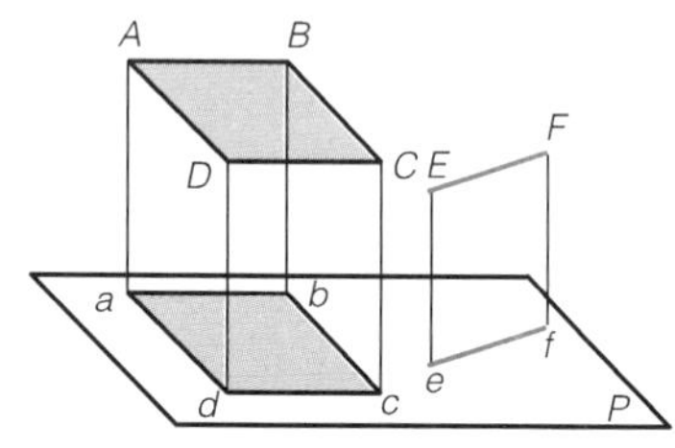

图 1-1-3　投影的实形性

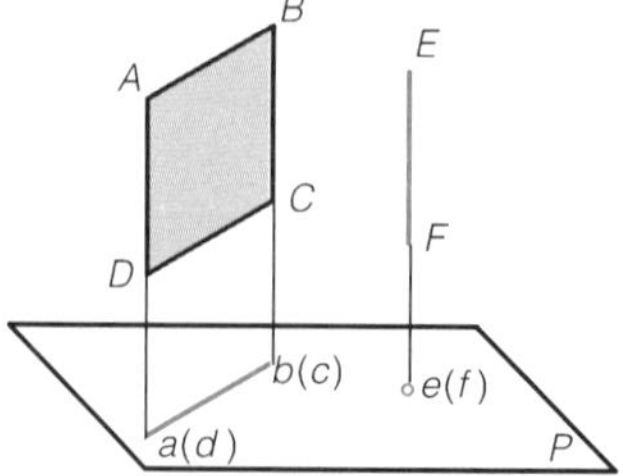

图 1-1-4　投影的积聚性

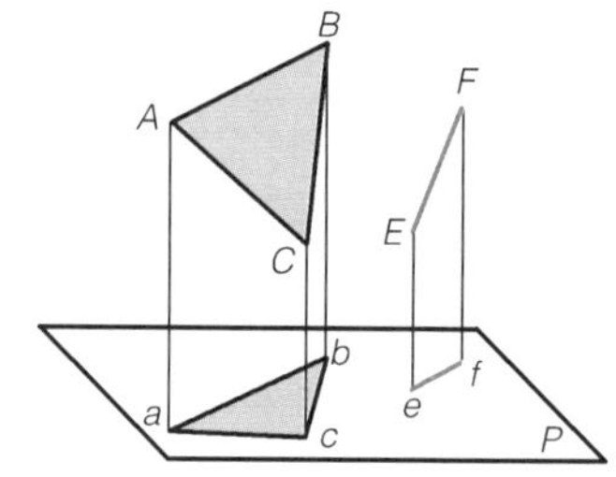

图 1-1-5　投影的类似性

二、三视图

假设人的视线为投射线，那么在投影面上得到的投影称为视图，如图 1-1-6 所示的长方体与三棱柱组合，向前面即正立投影面(V)上投射，在正立投影面上得到相邻的两长方形即视图。图 1-1-6(a)、图 1-1-6(b)所示的两个物体结构不同，而得到的投影却完全相同，这说明一个视图不能唯一地确定物体的结构形状，因此我们引入三视图。

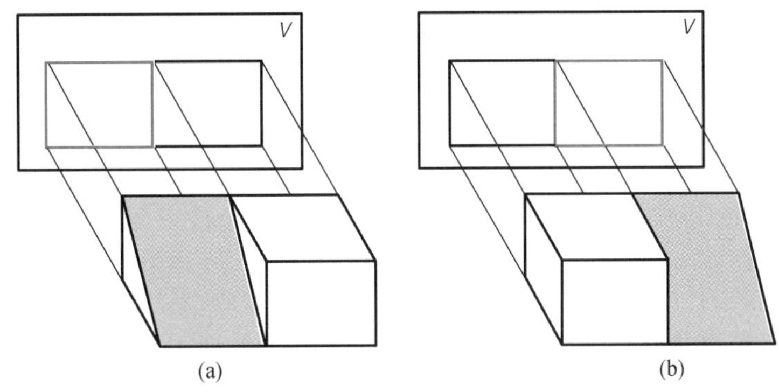

图 1-1-6　物体的一个视图不能完整表达物体的空间结构形状

1. 三投影面体系的建立与三视图的形成

如图 1-1-7(a)所示，选用三个相互垂直的投影面，建立一个三投影面体系。

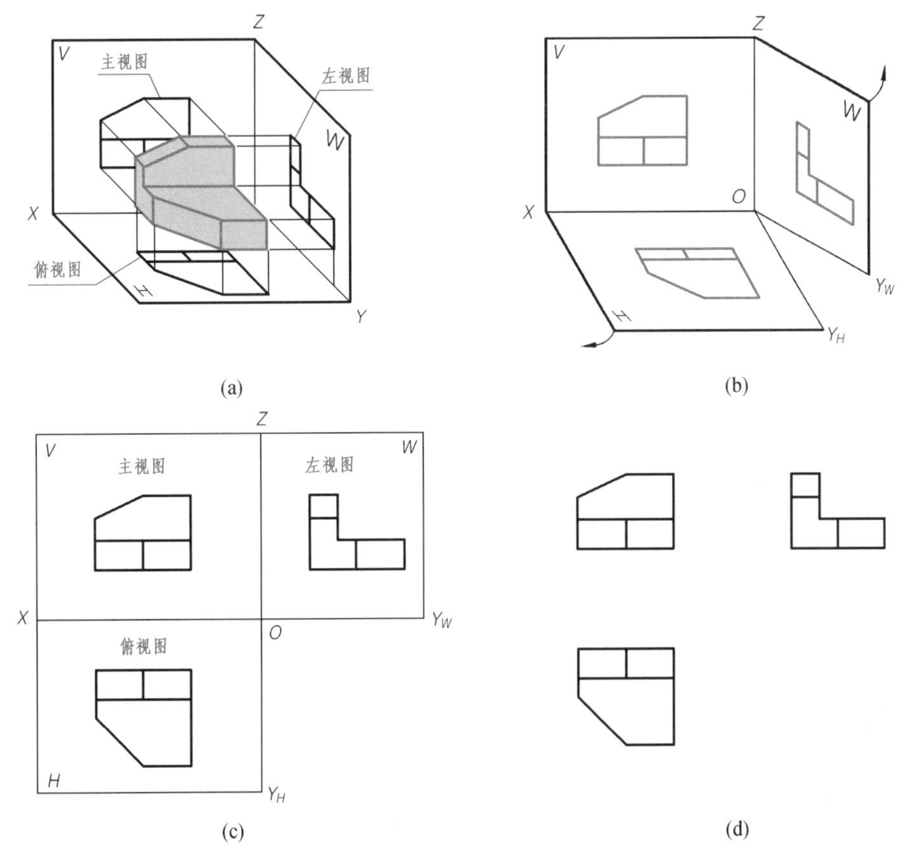

图 1-1-7　三视图的形成

三个投影面分别为：

正立投影面，简称正面，用 V 表示；

水平投影面，简称水平面，用 H 表示；

侧立投影面，简称侧面，用 W 表示。

每两个投影面的交线称为投影轴，即 OX、OY、OZ 轴，分别简称为 X 轴、Y 轴、Z 轴。三根投影轴相互垂直，其交点 O 称为原点。

三视图的形成
及投影规律

如图 1-1-7(a)所示，将物体放置在三投影面体系中，按正投影法分别向各投影面投射，即可得到物体的三面投影(即三视图)：

正面投影——主视图；

水平投影——俯视图；

侧面投影——左视图。

为了在一张图纸上画出三个视图，需将相互垂直的三个投影面展开在同一个平面上。展开的方法：正立投影面不动，将水平投影面绕 OX 轴向下旋转 90°，将侧立投影面绕 OZ 轴向右旋转 90°，如图 1-1-7(b)所示，分别展开到与正立投影面平齐，如图 1-1-7(c)所示。应注意，当水平投影面和侧立投影面旋转时，OY 轴一分为二，分别用 OY_H(在 H 面上)和 OY_W(在 W 面上)表示。

在画三视图时，不必画出投影面的范围，因为它的大小与视图无关。这样，三视图便更加清晰，如图 1-1-7(d)所示。

2. 三视图间的关系

(1)位置关系

当三视图展开后，三视图的位置关系就确立了。以主视图为准，俯视图在主视图的正下方，左视图在主视图的正右方。

(2)方位关系

物体在三投影面体系内的位置确定后，它的前后、左右和上下的位置关系也就在三视图上明确地反映出来，如图 1-1-8 所示。

如图 1-1-8(b)所示，主视图反映了物体的左右、上下位置关系，即反映了物体的长度和高度；左视图反映了物体的上下、前后位置关系，即反映了物体的高度和宽度；俯视图反映了物体的前后、左右关系，即反映了物体的宽度和长度。

由此可见，必须将三视图中的任意两个视图组合起来，才能确定物体各部分的相对位置。其中左视图和俯视图由于 W、H 面展开时分别向右、向下旋转了 90°，所以前后位置容易搞错，应特别注意。如图 1-1-8(b)所示，靠近主视图的一侧为物体的后方，远离主视图的一侧为物体的前方。

(3)投影关系

由上面的讨论可知，在三视图中，如图 1-1-9 所示，主、俯视图同时反映了物体的长度，主、左视图同时反映了物体的高度，俯、左视图同时反映了物体的宽度，因此，三个视图之间就有了如下的投影关系(“三等”关系)：

主、俯视图——长对正；

主、左视图——高平齐；

俯、左视图——宽相等。

应当指出，无论是整个物体或物体的局部，其三面投影都必须符合“长对正、高平齐、宽相等”的“三等”关系。

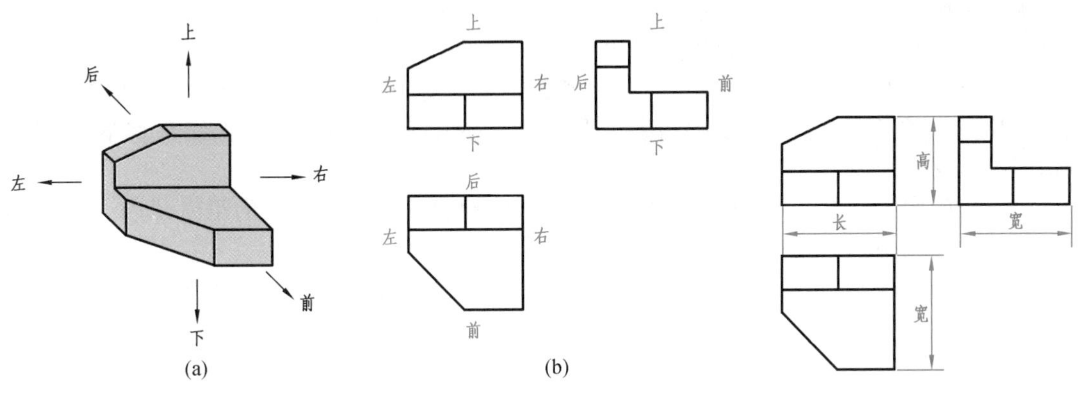

图 1-1-8　三视图中物体的方位关系　　　　图 1-1-9　三视图的“三等”关系

三、点的投影

由前面的学习可知，我们通常是把物体放置于三投影面体系中进行投射。体是由面构成的，面是由线构成的，线是由点构成的，点是构成物体的最基本单元。下面我们先研究点在三投影面体系中的投影。

1. 点的投影及标记

点的投影

将空间点 S 放在三投影面体系中，如图 1-1-10(a)所示，自点 S 分别向三个投影面作垂线，则其垂足 s、s'、s''即点 S 在 H 面、V 面、W 面的投影。关于空间点及其投影的标记，我们规定：空间点用大写字母表示，如 A、B、C……；水平投影用相应的小写字母表示，如 a、b、c……；正面投影用相应的小写字母加一撇表示，如 a'、b'、c'……；侧面投影用相应的小写字母加两撇表示，如 a''、b''、c''……。

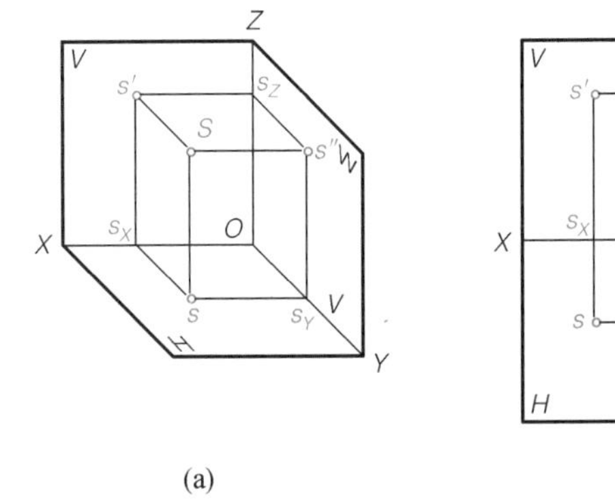

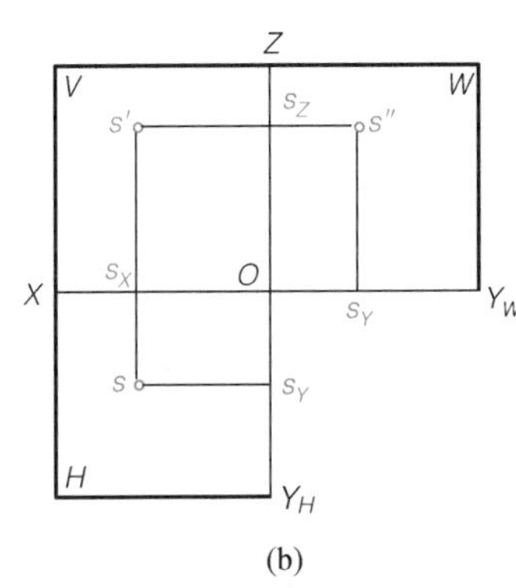

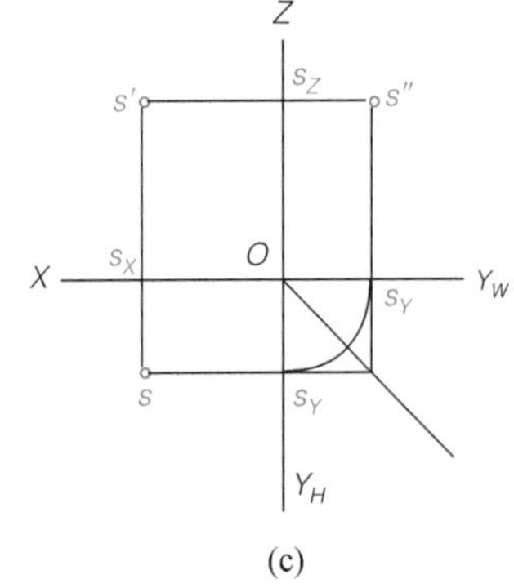

图 1-1-10　点在三投影面体系中的投影

2. 点的坐标及投影规律

将各投影面展开，如图 1-1-10(b)所示。一般点的投影图不画边界线，如图 1-1-10(c)所示。

如果把三投影面体系看作空间直角坐标系，投影轴 OX、OY、OZ 视为坐标轴，则点到 W 面的距离等于点的 x 坐标，点到 V 面的距离等于点的 y 坐标，点到 H 面的距离等于点的 z 坐标。点 S 坐标的规定书写形式为 $S(x,y,z)$。

点的三面投影也可用坐标表示，点的水平投影 s 坐标为(x,y)，正面投影 s'坐标为(x,z)，侧面投影 s''坐标为(y,z)。点的投影和坐标是一一对应的关系。

从上面的分析可知，点的投影规律如下：

(1)点的正面投影 s'与水平投影 s 具有相同的 x 坐标，两投影的连线垂直于 OX 轴（即 $ss'\perp OX$)；点的正面投影 s'与侧面投影 s''具有相同的 z 坐标，两投影的连线垂直于 OZ 轴（即 $s's''\perp OZ$)。

(2)点的水平投影 s 到 OX 轴的距离等于点的侧面投影 s''到 OZ 轴的距离，即 $ss_X = s''s_Z$（图 1-1-10(c)中用 45°角平分线表明了这样的关系)。

(3)点的投影到投影轴的距离等于空间点到相应的投影面的距离，即影轴距等于点面距。

$s's_X = s''s_Y = S$ 点到 H 面的距离 Ss；

$ss_X = s''s_Z = S$ 点到 V 面的距离 Ss'；

$ss_Y = s's_Z = S$ 点到 W 面的距离 Ss''。

显然，点的投影规律与前面讲的三视图的“三等”关系是一致的。利用点的投影规律，可根据点的两个投影作出第三个投影。

3. 空间点的相对位置

(1)两点的相对位置

两点的相对位置是指沿平行于投影轴方向的左右、前后和上下的相对关系，由两点的坐标差来确定。两点的左右相对位置由 x 坐标差确定；两点的前后相对位置由 y 坐标差确定；两点的上下相对位置由 z 坐标差确定。

如图 1-1-11 所示，要判断两点 A、B 的空间位置关系，可以选定点 A 为基准，然后将点 B 的坐标与点 A 比较。

$x_B < x_A$，表示点 B 在点 A 的右方；

$y_B > y_A$，表示点 B 在点 A 的前方；

$z_B > z_A$，表示点 B 在点 A 的上方。

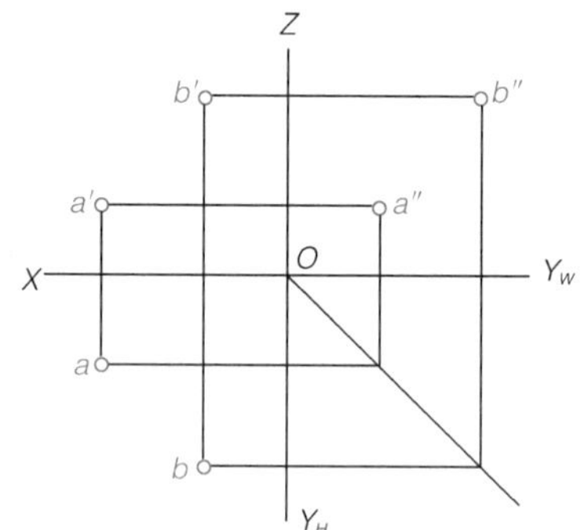

图 1-1-11　两点 A、B 的相对位置

故点 B 在点 A 的右、前、上方；反过来说，就是点 A 在点 B 的左、后、下方。

(2)点的重影性

位于同一投射线上的两点，由于它们在与投射线垂直的投影面上的投影是重合的，所以叫作重影点。这种点有两对同名坐标相等。如图 1-1-12(a)所示，E、F 两点位于垂直于 V 面的投射线上，e'、f'重合，即 $x_E = x_F$，$z_E = z_F$。但 $y_E > y_F$，表示点 E 位于点 F 的前方。利用这对不等的坐标值，可以判断重影点的可见性。重影的不可见点加括号，如(f')。

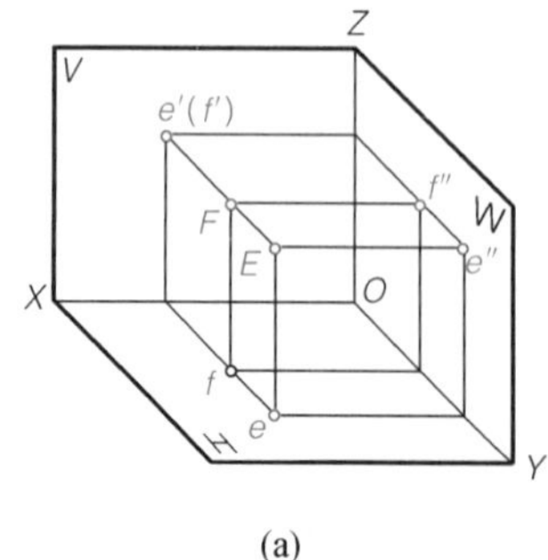

(a)

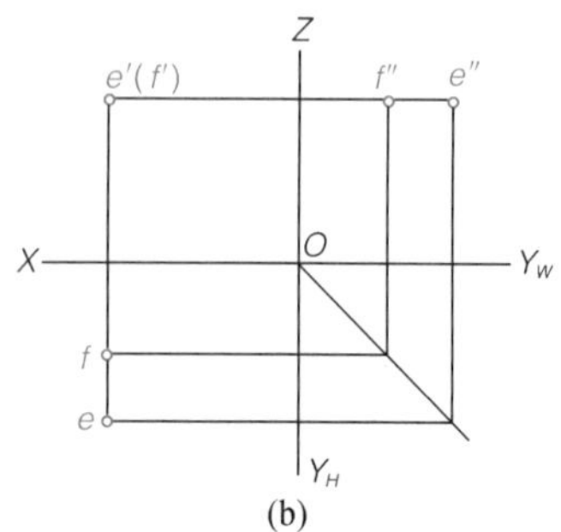

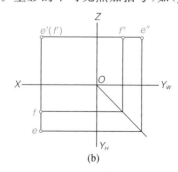

(b)

图 1-1-12　重影点及其可见性的判断

对 H 面的重影点从上向下观察，z 坐标值大者可见；

对 V 面的重影点从前向后观察，y 坐标值大者可见；

对 W 面的重影点从左向右观察，x 坐标值大者可见。

4. 各种位置点的投影

(1)当点的三个坐标都是正值时，该点位于三投影面体系所限定的空间内，为一般位置点，如图 1-1-10 中的 S 点。

(2)当点的一个坐标为零时，该点在某一投影面上，点在该投影面的投影与自身重合，另外两个投影在投影轴上，如图 1-1-13 中的 B 点。

(3)当点有两个坐标值为零时，该点位于投影轴上，点在两个投影面上的投影与自身重合，第三个投影位于坐标原点，如图 1-1-13 中的 C 点。

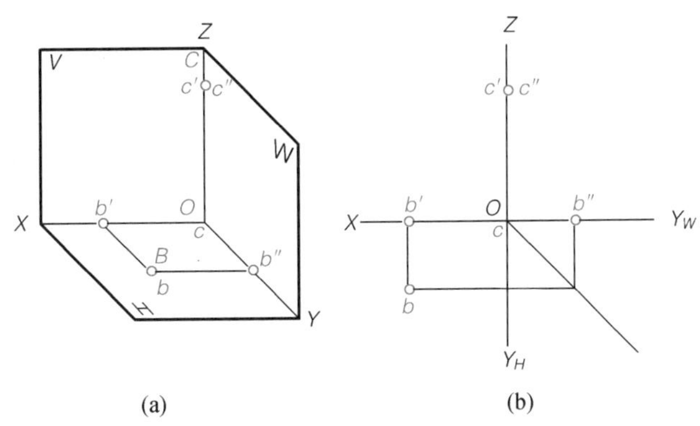

图 1-1-13　特殊位置点的投影

(4)当点的三个坐标都为零时，该点位于坐标原点，三面投影均与自身重合。

四、直线的投影

由平面几何可知，两点确定一条直线。如图 1-1-14 所示，直线 AB 在 H 面上的投影 ab 仍为直线，但当直线 CD 与投影面 H 垂直时，其在 H 面上的投影积聚为一点。因此根据空间直线与投影面间的相对位置不同，空间直线可分为投影面平行线、投影面垂直线和一般位置直线。

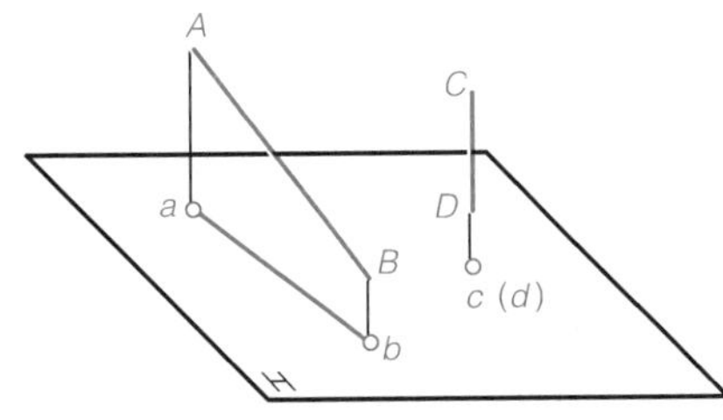

图 1-1-14　直线的投影

1. 投影面平行线

平行于某一投影面，同时倾斜于另两个投影面的直线，称为投影面平行线(又称为单斜线)。它有三种形式，即水平线(//H 面)、正平线(//V 面)和侧平线(//W 面)。投影面平行线的投影特性见表 1-1-1。

直线的投影

表 1-1-1　　投影面平行线的投影特性

名称	水平线（$AB /\!/ H$ 面）	正平线（$AC /\!/ V$ 面）	侧平线（$AD /\!/ W$ 面）
立体图	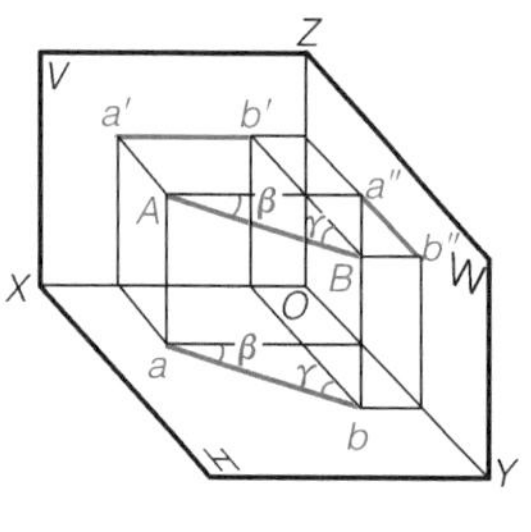	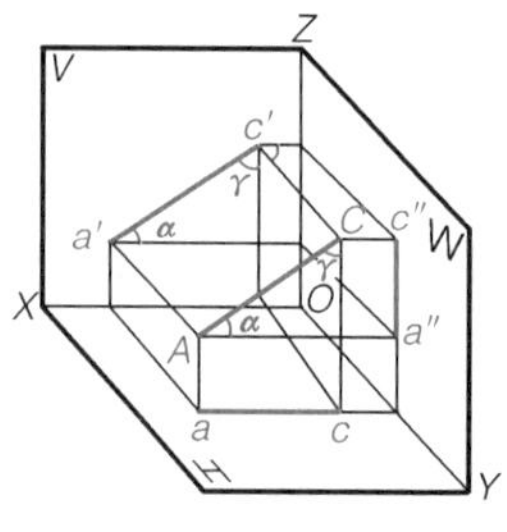	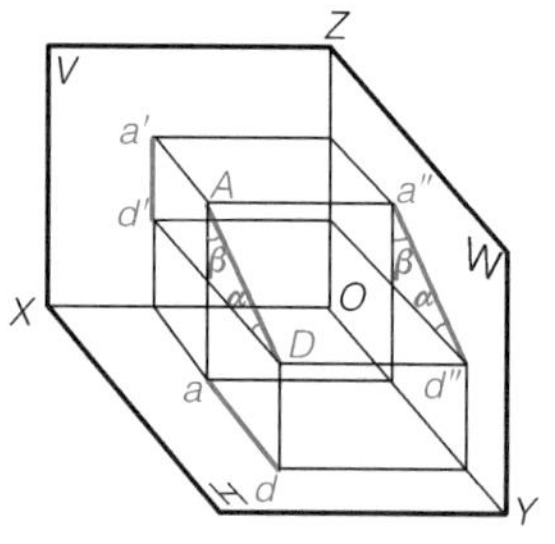
投影图	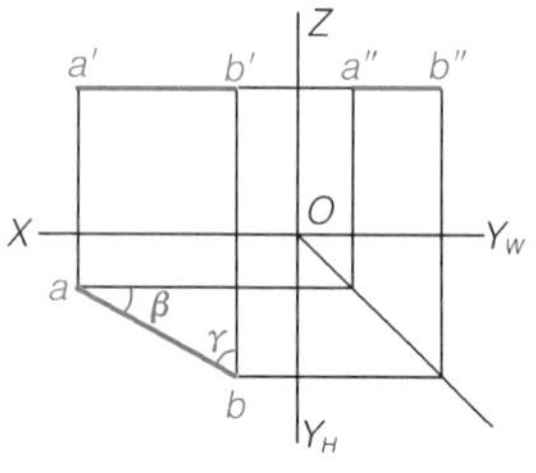	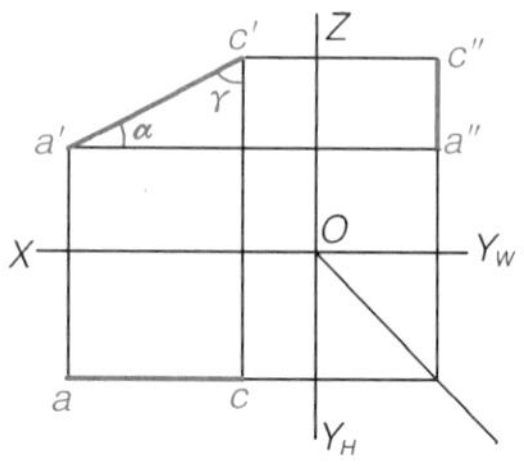	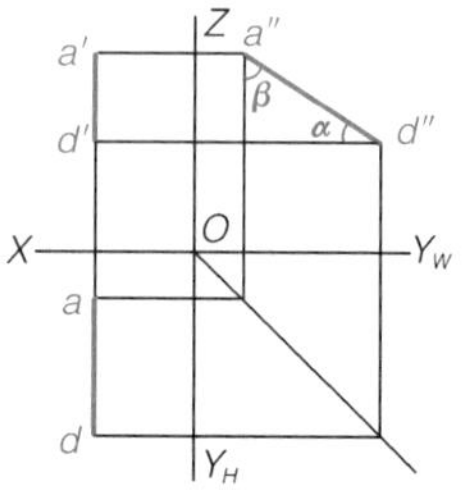
在形体投影图中的位置	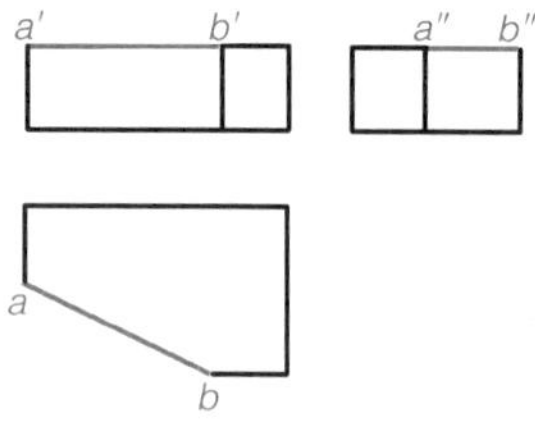	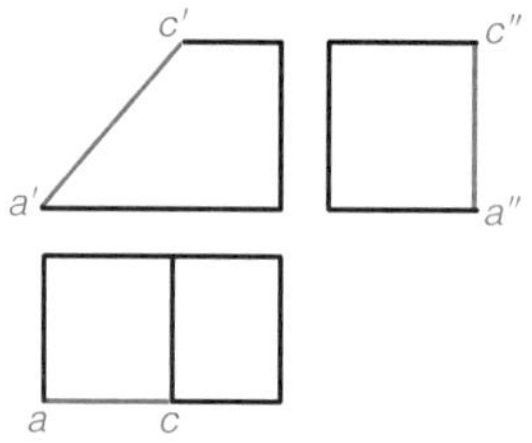	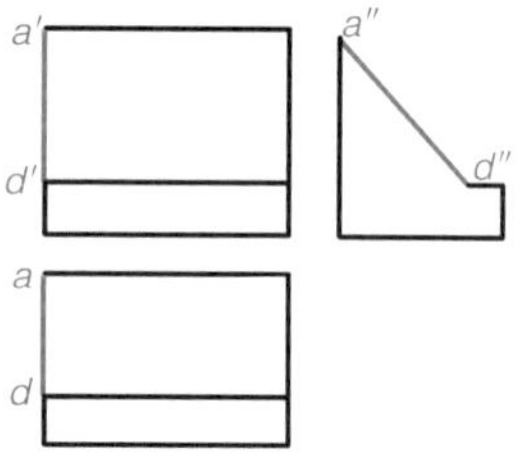
在形体立体图中的位置	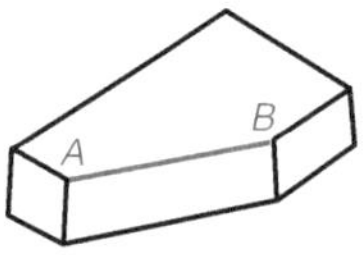	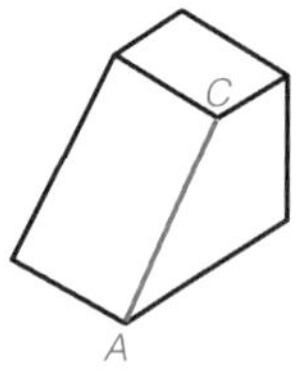	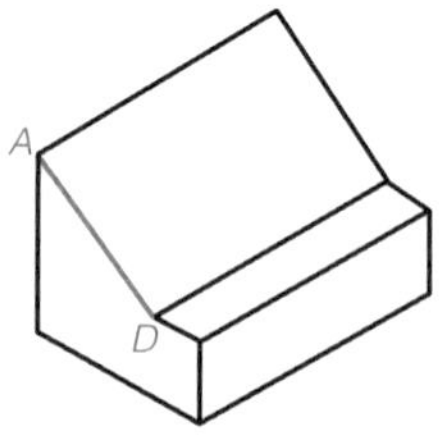
投影规律	(1)ab 与投影轴倾斜，$ab=AB$，反映倾角 β、γ 的大小 (2)$a'b' /\!/ OX$，$a''b'' /\!/ OY_W$	(1)$a'c'$ 与投影轴倾斜，$a'c'=AC$，反映倾角 α、γ 的大小 (2)$ac /\!/ OX$，$a''c'' /\!/ OZ$	(1) $a''d''$ 与投影轴倾斜，$a''d''=AD$，反映倾角 α、β 的大小 (2)$ad /\!/ OY_H$，$a'd' /\!/ OZ$

注：α 表示直线与水平面的夹角，β 表示直线与正面的夹角，γ 表示直线与侧面的夹角。

投影面平行线的投影特性：

(1)在所平行的投影面上的投影反映实长，其他两面投影小于实长，且平行于相应的投影轴；

(2)在所平行的投影面上的投影与投影轴的夹角等于直线对投影面的倾角。

读图时，如果直线的三个投影与投影轴的关系是一斜两平行关系，则必为倾斜投影所在投影面的平行线。

2. 投影面垂直线

垂直于一个投影面(与另外两个投影面必定平行)的直线称为投影面垂直线。它也有三种：铅垂线(⊥H 面)、正垂线(⊥V 面)和侧垂线(⊥W 面)。投影面垂直线的投影特性见表 1-1-2。

表 1-1-2　　**投影面垂直线的投影特性**

名称	铅垂线(AB⊥H 面)	正垂线(AC⊥V 面)	侧垂线(AD⊥W 面)
立体图	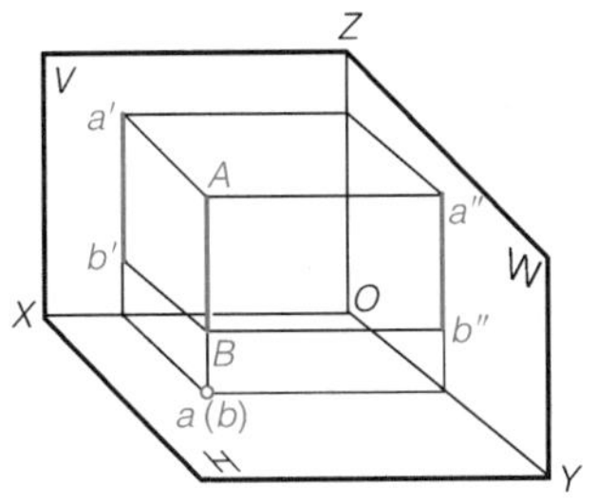	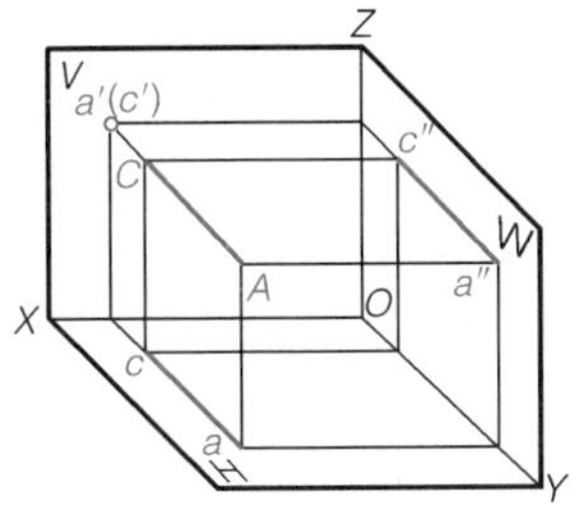	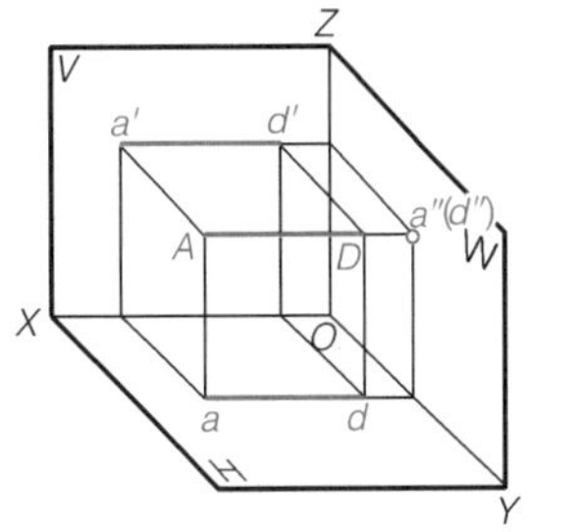
投影图	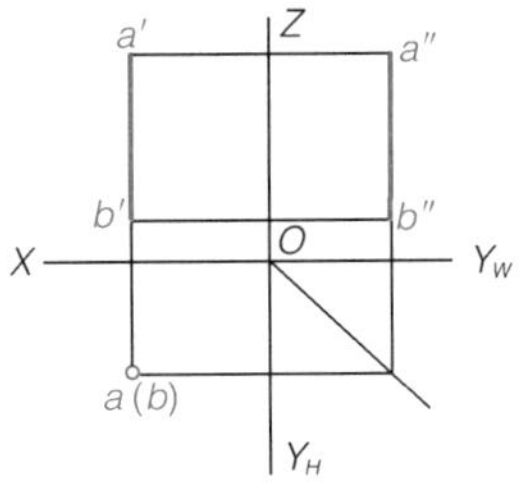	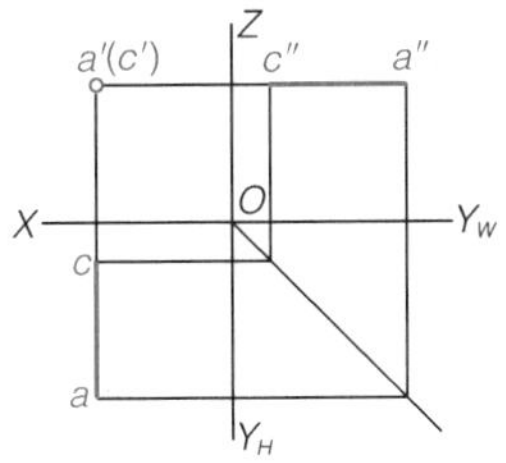	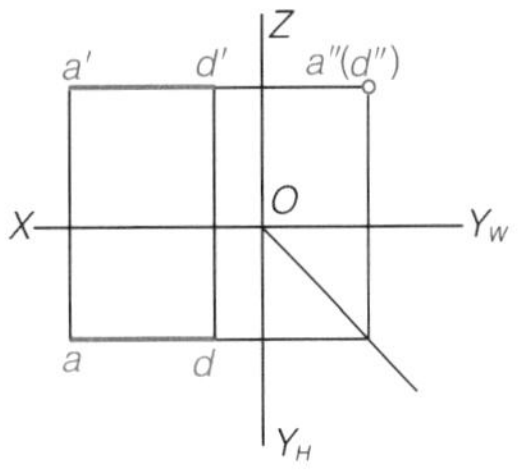
在形体投影图中的位置	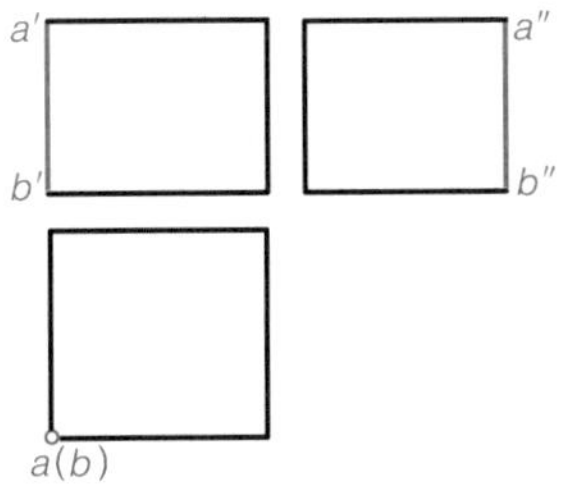	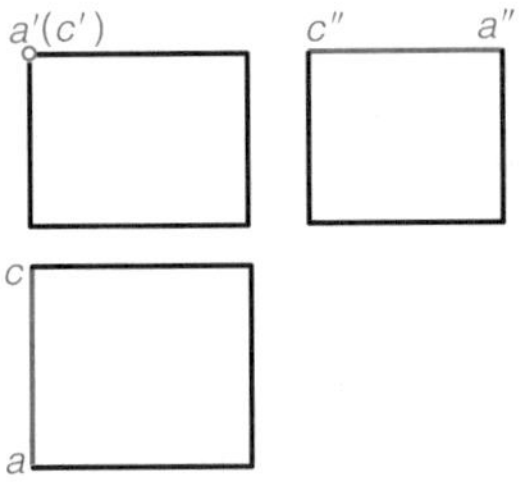	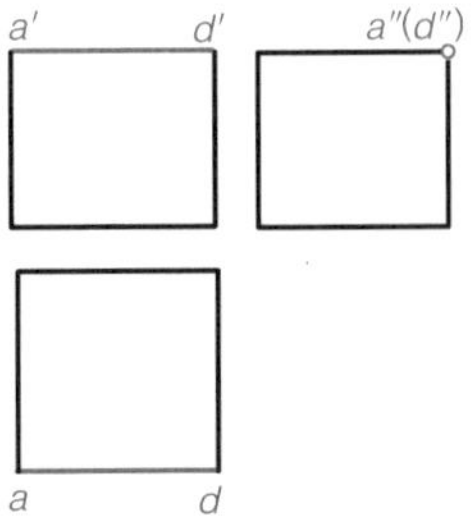

续表

名称	铅垂线（$AB \perp H$ 面）	正垂线（$AC \perp V$ 面）	侧垂线（$AD \perp W$ 面）
在形体立体图中的位置	A B	C A	D A
投影规律	(1)ab 积聚为一点 (2)$a'b' \perp OX$，$a''b'' \perp OY_W$ (3)$a'b' = a''b'' = AB$	(1)$a'c'$ 积聚为一点 (2)$ac \perp OX$，$a''c'' \perp OZ$ (3)$ac = a''c'' = AC$	(1)$a''d''$ 积聚为一点 (2)$ad \perp OY_H$，$a'd' \perp OZ$ (3)$ad = a'd' = AD$

投影面垂直线的投影特性：

(1)在所垂直的投影面上投影积聚为点；

(2)在其他两投影面上投影反映实长，且垂直于相应的投影轴。

读图时，如果直线的投影一个为点，则该直线必为该投影面的垂直线。

3. 一般位置直线

对三个投影面都倾斜的直线称为一般位置直线（又称为复斜线），如图 1-1-15(a)所示的直线 AB。一般位置直线的投影特性：

(1)三个投影都与投影轴倾斜；

(2)三个投影均小于实长，如图 1-1-15(b)所示。

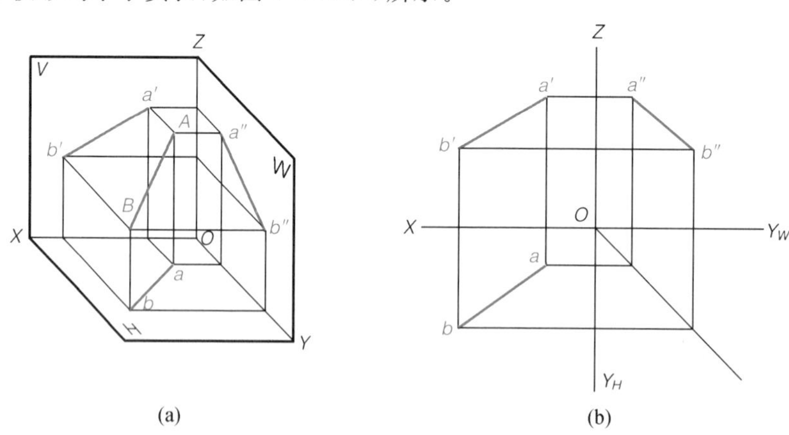

图 1-1-15　一般位置直线的投影

读图时，如果直线的三个投影相对于投影轴都是斜线，则该直线必定是一般位置直线。

五、平面的投影

1. 平面的表示法

(1)平面的空间位置可由几何元素来确定,如图 1-1-16 所示。

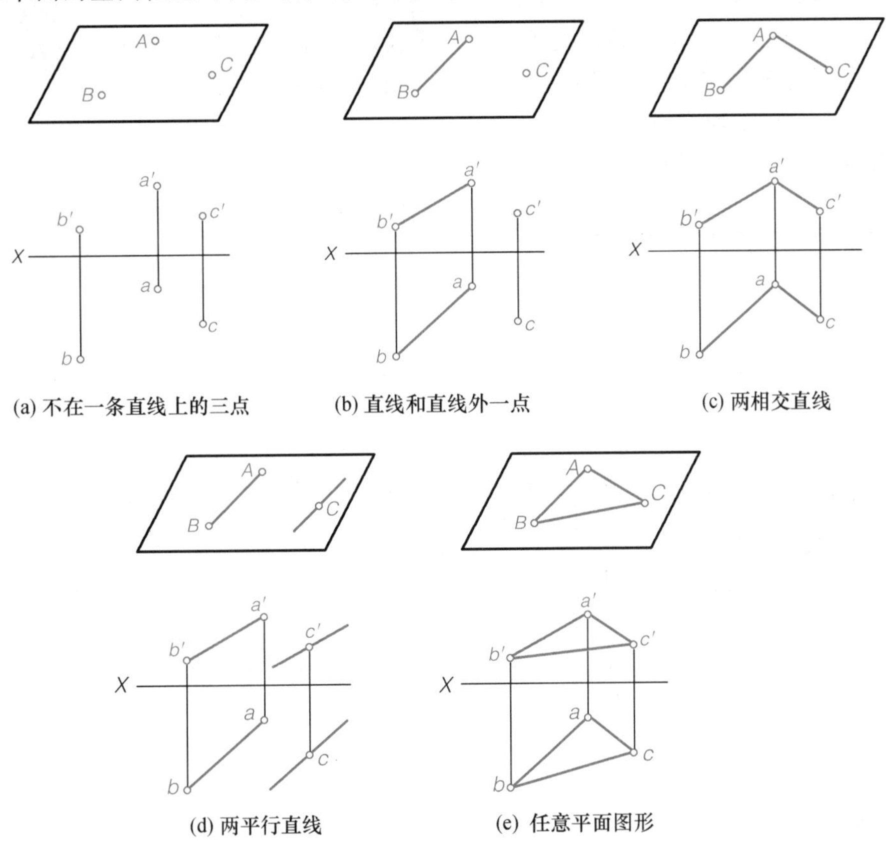

图 1-1-16　平面的几何元素表示法

(2)平面与投影面的交线称为平面的迹线。如图 1-1-17 所示,平面 P 与 H 面的交线叫作水平迹线,用 P_H 表示;与 V 面的交线叫作正面迹线,用 P_V 表示;与 W 面的交线叫作侧面迹线,用 P_W 表示。既然任何两条迹线如 P_H 和 P_V 都是属于平面 P 的两相交直线,故可以用迹线来表示该平面。

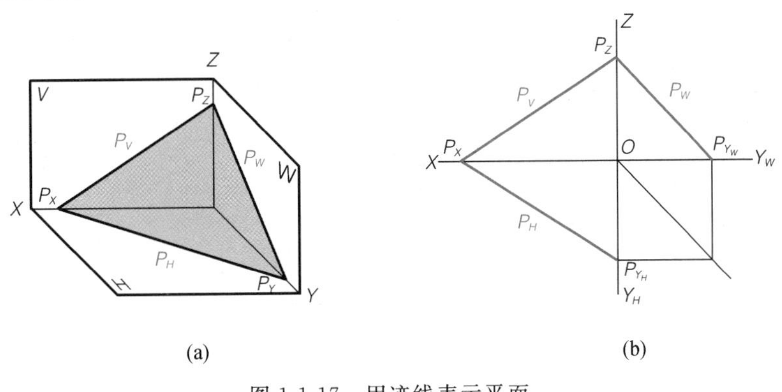

图 1-1-17　用迹线表示平面

2. 平面对投影面的位置及其投影特性

根据空间平面对投影面的相对位置不同，平面可分为三类：投影面平行面、投影面垂直面和一般位置平面。

微课

平面的投影

(1)投影面平行面

平行于一个投影面(同时必垂直于其他两个投影面)的平面称为投影面平行面。平行于 H 面的平面称为水平面，平行于 V 面的平面称为正平面，平行于 W 面的平面称为侧平面。

投影面平行面的投影特性见表 1-1-3。

表 1-1-3　投影面平行面的投影特性

名称	水平面($A/\!/H$ 面)	正平面($B/\!/V$ 面)	侧平面($C/\!/W$ 面)
立体图	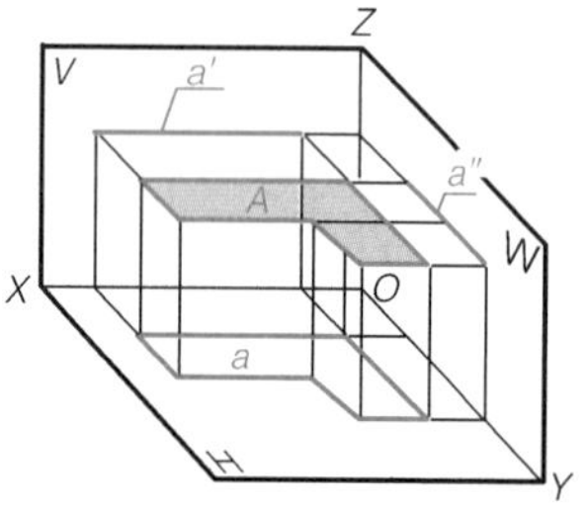	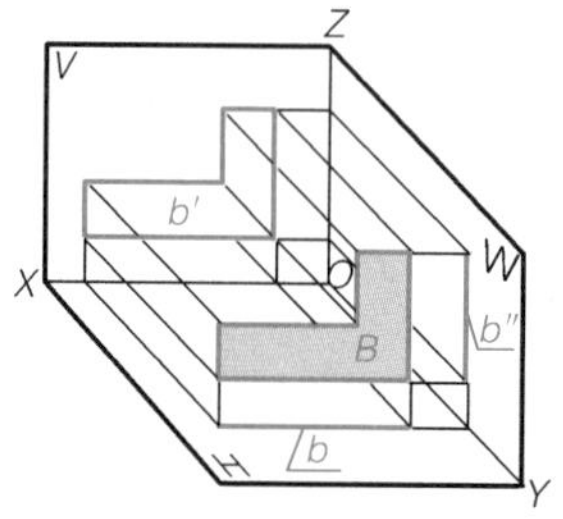	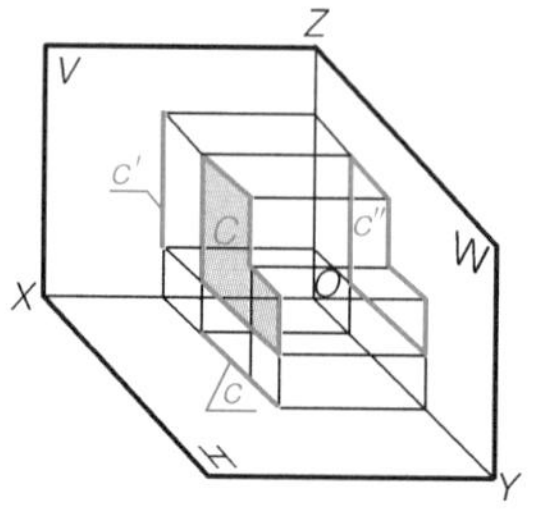
投影图	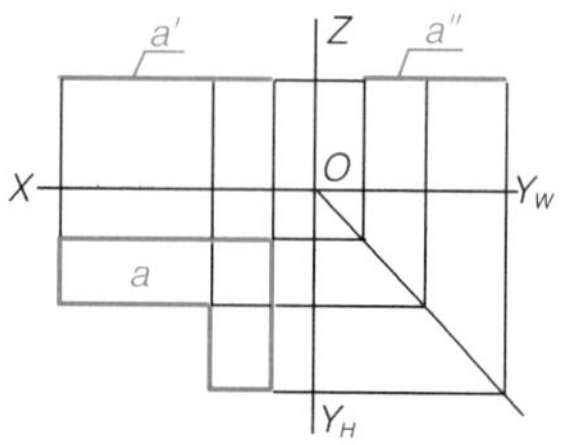	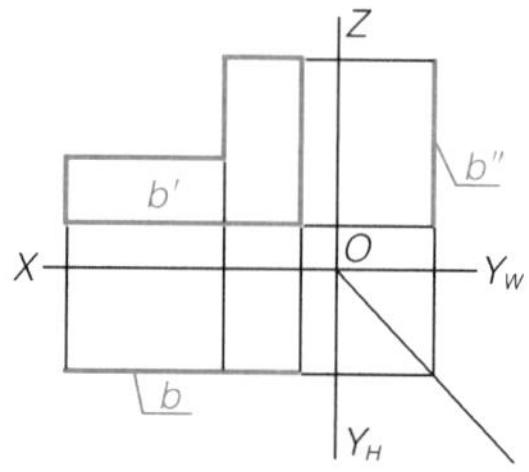	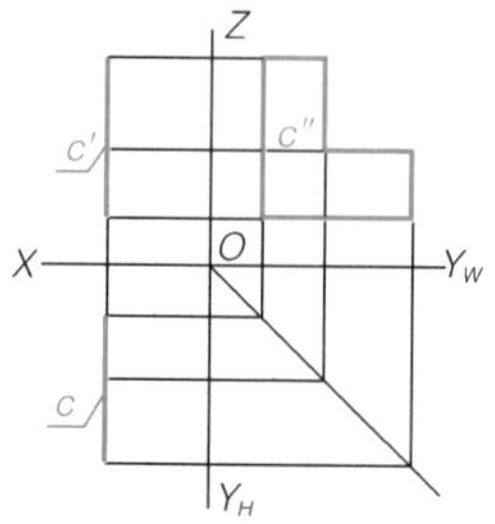
在形体投影图中的位置	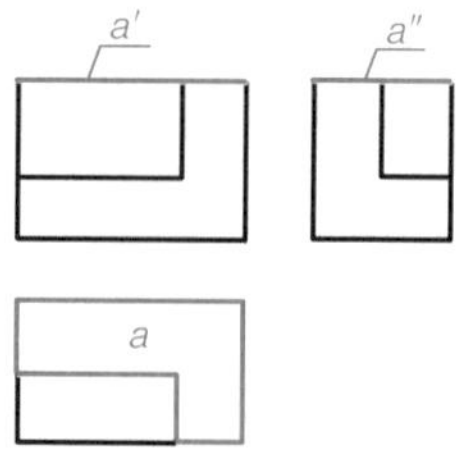	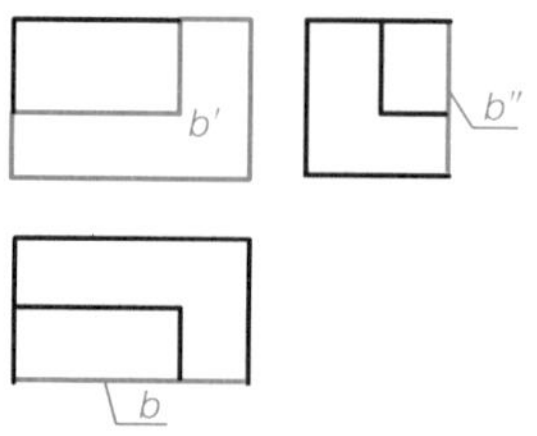	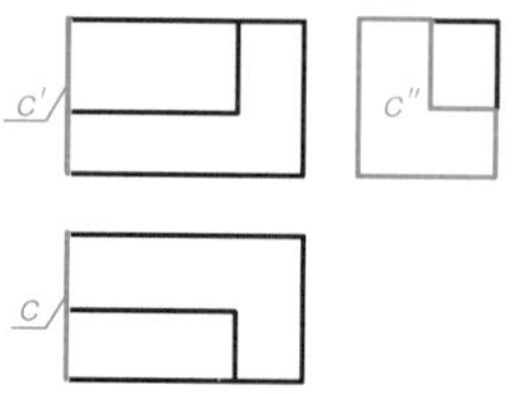

续表

名称	水平面($A/\!/H$ 面)	正平面($B/\!/V$ 面)	侧平面($C/\!/W$ 面)
在形体立体图中的位置	A	B	C
投影规律	(1)H 面投影 a 反映实形 (2)V 面投影 a' 和 W 面投影 a'' 积聚为直线，分别平行于 OX、OY_W 轴	(1)V 面投影 b' 反映实形 (2)H 面投影 b 和 W 面投影 b'' 积聚为直线，分别平行于 OX、OZ 轴	(1)W 面投影 c'' 反映实形 (2)H 面投影 c 和 V 面投影 c' 积聚为直线，分别平行于 OY_H、OZ 轴

投影面平行面的投影特性：

平面在所平行的投影面上的投影反映实形，在其他两个投影面上的投影均积聚成直线，且平行于相应的投影轴。

读图时，如果平面的三个投影中有一个投影是实形，另两个投影为平行于投影轴的直线，则该平面必为反映实形的那个投影面的平行面。

(2)投影面垂直面

垂直于一个投影面而对其他两个投影面均倾斜的平面，称为投影面垂直面(又称为单斜面)。垂直于 H 面的平面称为铅垂面，垂直于 V 面的平面称为正垂面，垂直于 W 面的平面称为侧垂面。

投影面垂直面的投影特性见表 1-1-4。

表 1-1-4　　投影面垂直面的投影特性

名称	铅垂面($A\perp H$ 面)	正垂面($B\perp V$ 面)	侧垂面($C\perp W$ 面)
立体图	Z V a′ A a″ W X β γ a H Y	Z V b′ γ α B O b″ W X b H Y	Z V c′ β c″ C W X α c H Y

续表

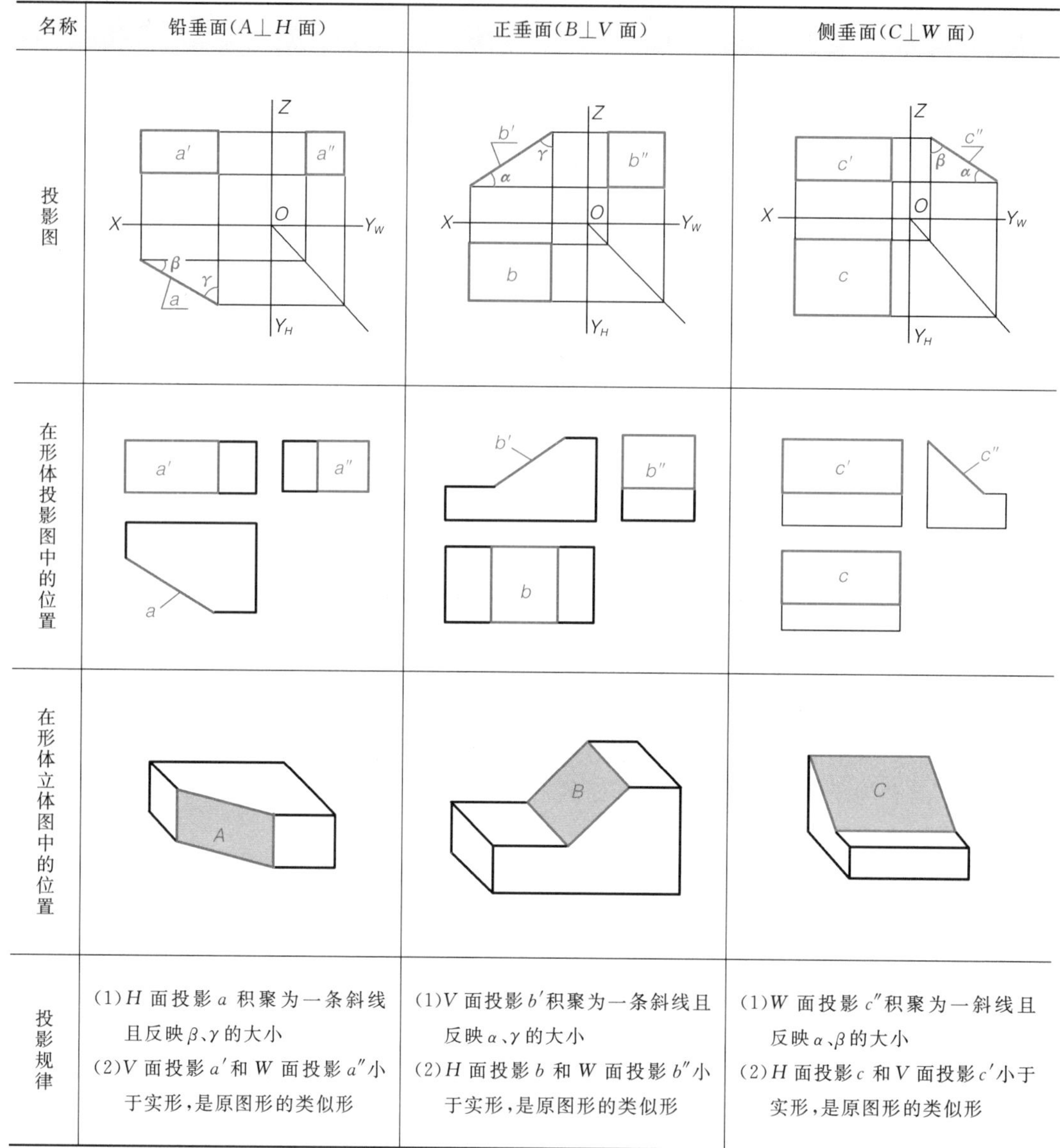

名称	铅垂面($A\perp H$ 面)	正垂面($B\perp V$ 面)	侧垂面($C\perp W$ 面)
投影图			
在形体投影图中的位置			
在形体立体图中的位置			
投影规律	(1)H 面投影 a 积聚为一条斜线且反映 β、γ 的大小 (2)V 面投影 a' 和 W 面投影 a'' 小于实形，是原图形的类似形	(1)V 面投影 b' 积聚为一条斜线且反映 α、γ 的大小 (2)H 面投影 b 和 W 面投影 b'' 小于实形，是原图形的类似形	(1)W 面投影 c'' 积聚为一斜线且反映 α、β 的大小 (2)H 面投影 c 和 V 面投影 c' 小于实形，是原图形的类似形

注:α 是平面与水平面的夹角，β 是平面与正面的夹角，γ 是平面与侧面的夹角。

投影面垂直面的投影特性:

在所垂直的投影面的投影积聚成一条与投影轴倾斜的直线，其他两个投影均为小于实形的类似形。

读图时，如果平面的一个投影为一条倾斜于投影轴的直线，另两个投影为原图形的类似形，则该平面为倾斜直线所在投影面的垂直面。

(3)一般位置平面

对三个投影面均倾斜的平面，称为一般位置平面(又称为复斜面)，如图 1-1-18 所示的

SAB 平面。一般位置平面的三个投影均为原图形的类似形。

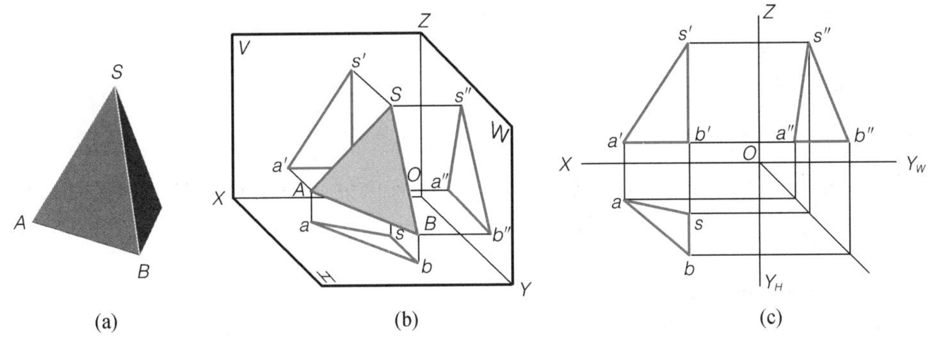

图 1-1-18　一般位置平面的投影

任务实施

绘制正三棱锥的三视图

将正三棱锥底面水平放置，且 *BC* 边与 *OX* 轴平行，则△*ABC* 为水平面，△*SBC* 为侧垂面，△*SAB*、△*SAC* 为一般位置平面。设正三棱锥高度为 40 mm，底面边长为 30 mm。我们采用 1∶1 的比例绘制图形。作图步骤如下：

(1)绘制底面△*ABC* 的三视图，如图 1-1-19(a)所示。

(2)绘制 *S* 点的水平投影 *s*，*s* 落在正三角形△*abc* 的重心上；然后按 $ss' \perp OX$ 轴及高度值绘制顶点 *S* 在主视图中的投影 s'；再根据点的两个投影 s、s' 求第三个投影 s''，如图 1-1-19(b)所示。

(3)作各投影面上 *S* 点与底面顶点 *A*、*B*、*C* 的连接线，得到三条棱线的投影，如图 1-1-19(c)所示。

(4)擦除作图辅助线，描深，完成全图，如图 1-1-19(d)所示。

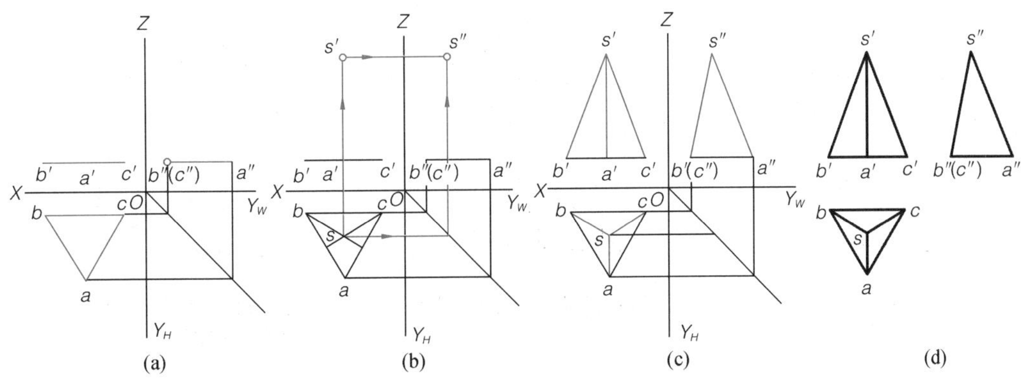

图 1-1-19　绘制正三棱锥的三视图

知识拓展

正三棱锥表面上取点

1. 属于直线上的点的投影

直线上点的投影仍然在直线的同面投影上，且该点分直线为两段的比例在投影上保持不变，如图 1-1-20 所示，$ac:cb=a'c':c'b'=a''c'':c''b''=AC:CB$。

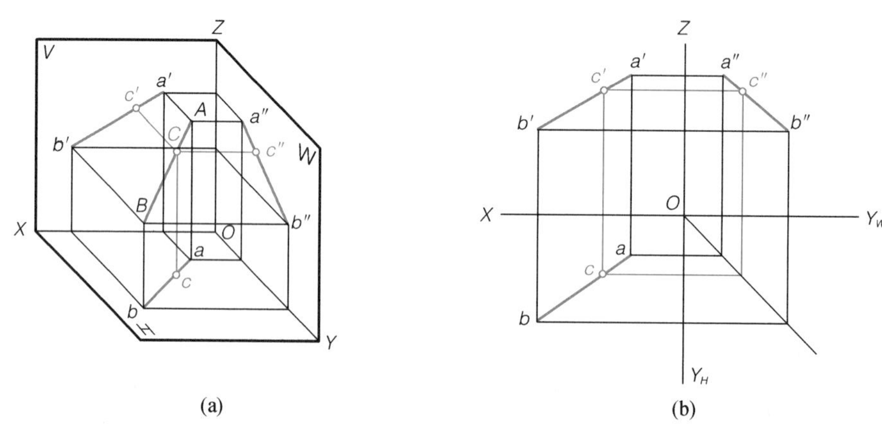

图 1-1-20　直线上点的投影

2. 平面上的点和直线

(1)平面上的点一定在这个平面内的直线上。

(2)平面上的直线必定通过这个平面上的两个点，或通过平面上的一个点且平行于平面内的一条直线。

如图 1-1-21 所示，点 K 在平面 ABC 内，且知其正面投影 k'，求其水平投影 k。

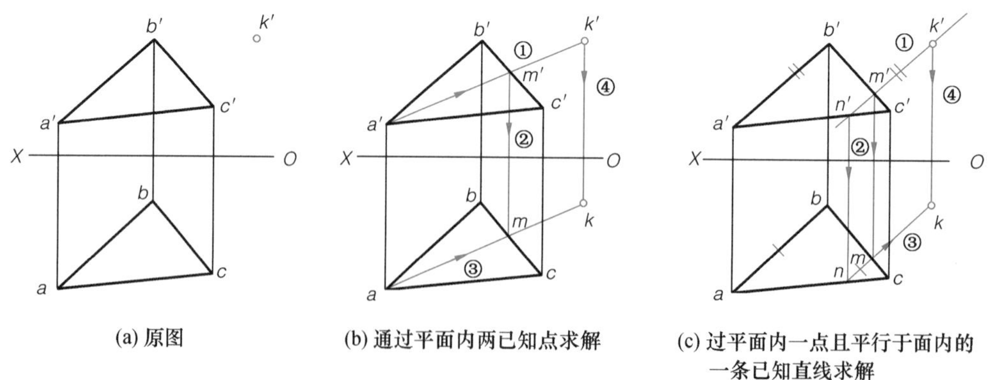

(a) 原图　(b) 通过平面内两已知点求解　(c) 过平面内一点且平行于面内的一条已知直线求解

图 1-1-21　求平面内点的投影

3. 属于平面立体表面上的点

若点在特殊位置平面上，则可利用投影面的积聚性求其投影；若点在一般位置平面上，则要利用点属于平面的条件求其投影。

如图 1-1-22(a)所示，点 M 在△SBC 面上，知其水平投影 m，点 N 在△SAC 面上，知其正面投影 n'，求 M、N 的另两面投影。

作图步骤如图 1-1-22(b)、图 1-1-22(c)所示。

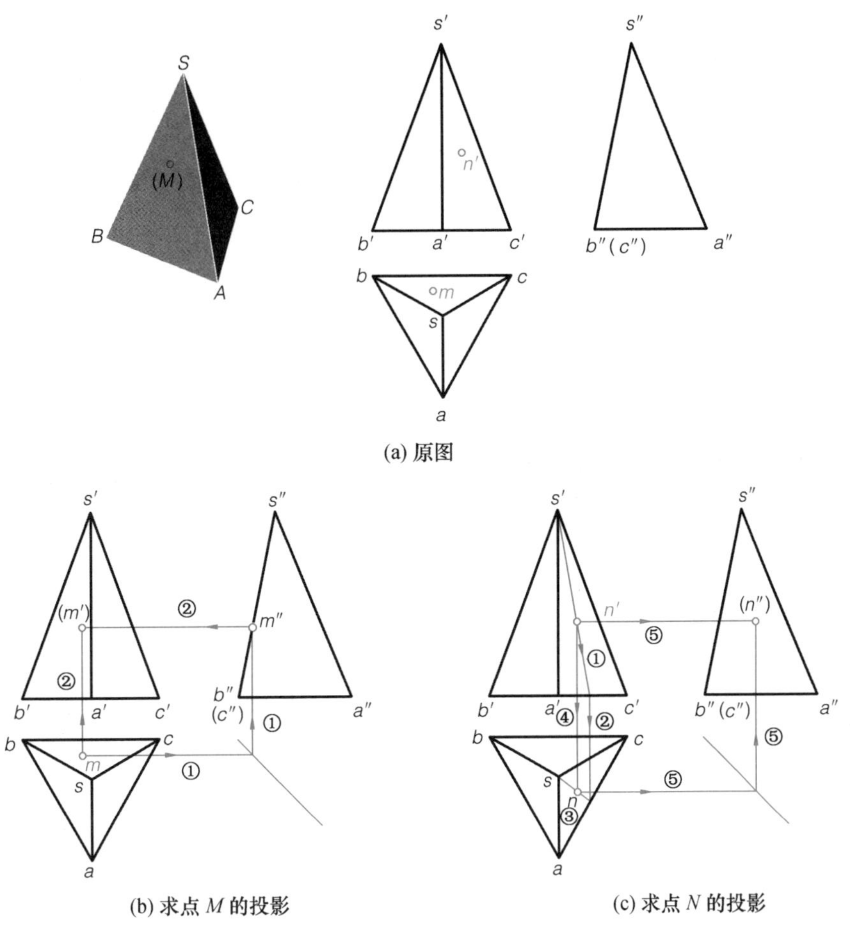

(a) 原图

(b) 求点 M 的投影

(c) 求点 N 的投影

图 1-1-22　求正三棱锥表面上的点的投影

任务二
绘制基本体的投影

学习目标

理解并掌握基本体的形体特点、投影特征及投影图的绘制方法，并掌握基本体表面上取点、取线的方法。

实例1　绘制正三棱柱的三面投影

实例分析

图1-2-1所示为正三棱柱立体图。本实例主要研究正三棱柱投影的作图方法，通过对正三棱柱各顶点、棱线、面的分析，绘制出正三棱柱的三面投影图；反之，根据正三棱柱的投影特征，能判断出立体的空间形状，为后续学习各种平面立体的投影作图打下坚实的基础。

图1-2-1　正三棱柱立体图

相关知识

一、基本体的概念

由若干个平面或曲面围成的形体称为立体。我们把棱柱、棱锥、圆柱、圆锥、球、圆环等这些常见的立体叫作基本几何体，简称基本体。

实际生产中，零件的形状各不相同，但都是由一些基本几何体经切割、叠加等方式组合而成的，如图1-2-2所示的阀体、手柄等常用机械零件都是由各种基本体组合成的。正确、熟练地掌握基本体的作图方法、图形特征及表面交线的形成和作图方法，是绘制和识读各种图样的基础。

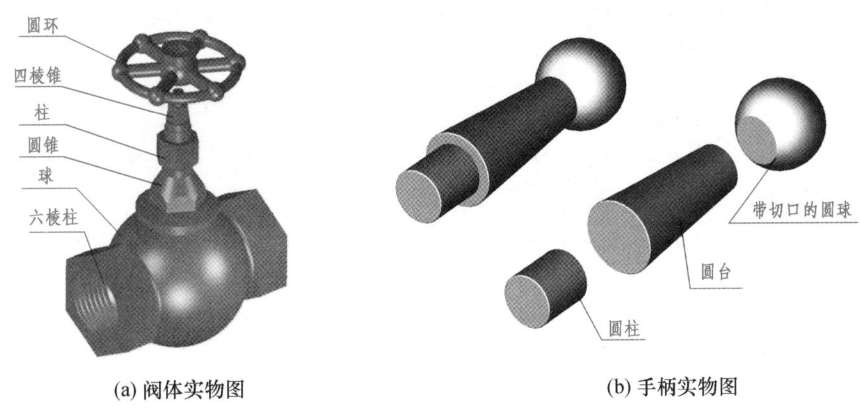

(a) 阀体实物图　　(b) 手柄实物图

图 1-2-2　由常见基本体组合成的立体

基本体按其表面形状的不同,可以分为平面立体和曲面立体两大类。

二、平面立体概述

由平面围成的基本体称为平面立体,常见的平面立体有棱柱、棱锥和棱台。

棱柱的形成:棱柱是由相互平行且相等的多边形顶面、底面和若干个矩形的侧面围成的立体。棱线互相平行且垂直于底面的棱柱称为直棱柱,如图 1-2-3 所示。底面为正多边形的直棱柱称为正棱柱,如图 1-2-4 所示。

图 1-2-3　直棱柱

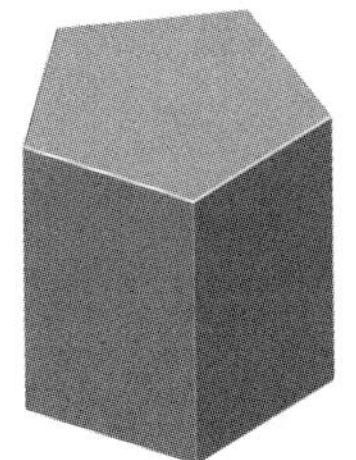

图 1-2-4　正棱柱

任务实施

绘制正三棱柱的三面投影

图 1-2-5(a)所示为正三棱柱在三投影面体系中的投影示例。

1. 绘制平面立体投影图的实质

绘出所有棱线(或表面)的投影,并根据它们的可见性,分别用粗实线或细虚线表示。

2. 作图步骤

(1)绘制正三棱柱的对称中心线和底面投影,以确定各投影图的位置,如图 1-2-5(b)所示。

(2)绘制上、下正三角形在 H 面的投影(重影),以及在 V 面、W 面上两条分别平行于 OX 轴和 OY_W 轴的直线,如图 1-2-5(c)所示。

(3)根据三视图的投影规律绘制三条铅垂线的侧棱在 V 面、W 面上的投影,即完成正三棱柱的三面投影图,如图 1-2-5(d)所示。

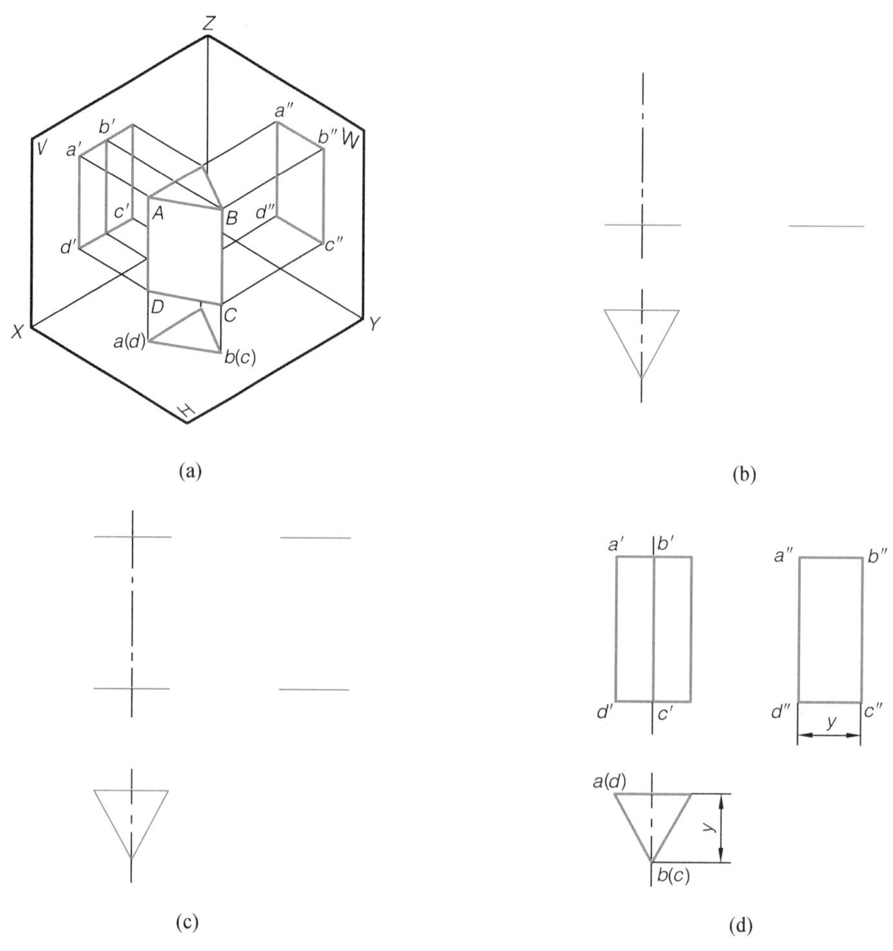

图 1-2-5　正三棱柱三面投影的作图步骤

正三棱柱的三视图特征如下:

(1)反映底面实形的视图为正三角形;

(2)另两个视图均为由粗实线(或细虚线)围成的矩形。

实例 2　绘制圆柱的三面投影

实例分析

图 1-2-6 所示为圆柱立体图。本实例通过对圆柱的分析,绘制出圆柱的三面投影图;再根据圆柱的投影特性,判断出该立体的空间形状,从而为学习其他曲面立体的投影提供理论依据。

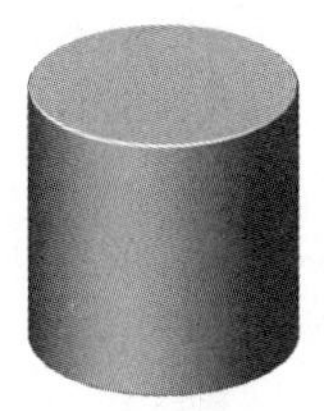

图 1-2-6　圆柱立体图

相关知识

曲面立体

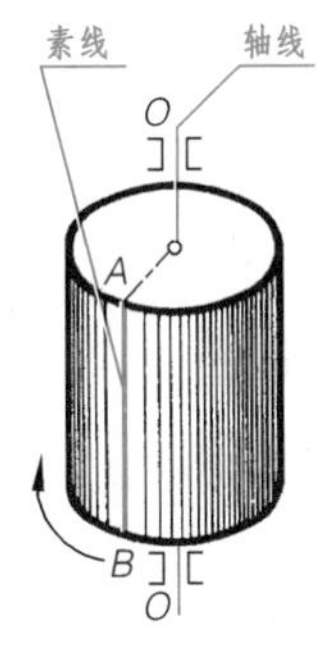

图 1-2-7　圆柱的形成

由曲面或由平面和曲面围成的基本体称为曲面立体。零件上常用的曲面立体多为回转体，常见的回转体有圆柱、圆锥、球、圆环等。

圆柱的形成：一条直线绕着与其平行的直线旋转一周形成圆柱面，圆柱面和与其相互垂直的两个平面围成的立体称为圆柱体，简称圆柱。其中不动的直线称为轴线，旋转的直线称为母线，圆柱面上任意一条平行于轴线的直线称为圆柱表面的素线，如图 1-2-7 所示。

任务实施

绘制圆柱的三面投影

由于曲面立体的表面多是光滑曲面，不像平面立体有着明显的棱线，因此，绘制曲面立体的投影时要将回转面的形成规律和投影表达方式紧密联系起来，从而掌握曲面立体的投影特点。如图 1-2-8(a)所示为圆柱体在三投影面体系中的投影示例。

1. 作图步骤

(1)绘制圆的中心线和圆柱的轴线，以确定各投影图形的位置，如图 1-2-8(b)所示。

(2)绘制顶面、底面的三个投影。水平投影为反映实形的圆，正面投影积聚成直线，且平行于 OX 轴，侧面投影积聚成直线，且平行于 OY_W 轴，如图 1-2-8(b)所示。

(3)绘制最左素线 AA_1、最右素线 BB_1 的 V 面投影 $a'a'_1$ 及 $b'b'_1$ 和最前、最后素线的 W 面投影，如图 1-2-8(c)所示。

2. 圆柱的投影特性

(1)反映底面实形的投影为圆。

(2)另两面投影均为矩形。

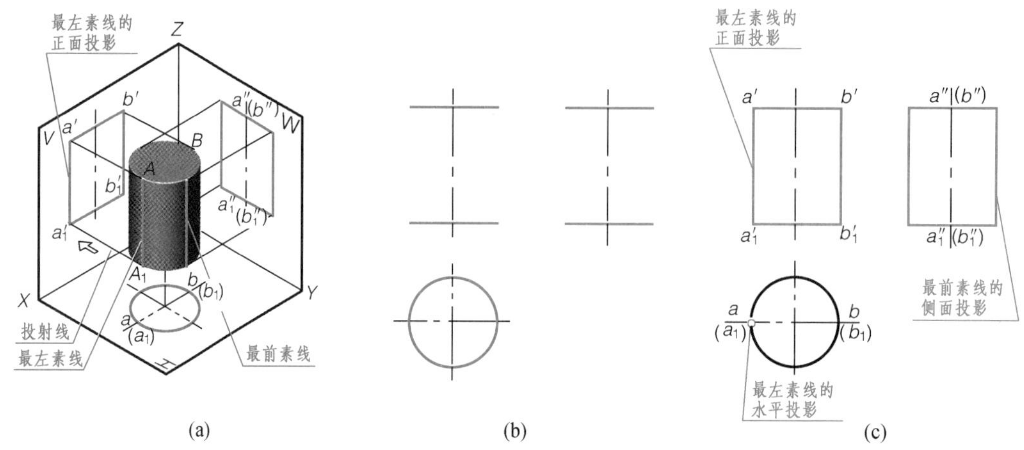

图 1-2-8 圆柱投影的作图过程

知识拓展

一、圆柱表面上点的投影

如图 1-2-9 所示，已知点 M 和点 N 属于圆柱表面，并知点 M 在 V 面的投影 m' 及点 N 在 W 面的投影 n''，完成点 M 和点 N 的另两面投影。

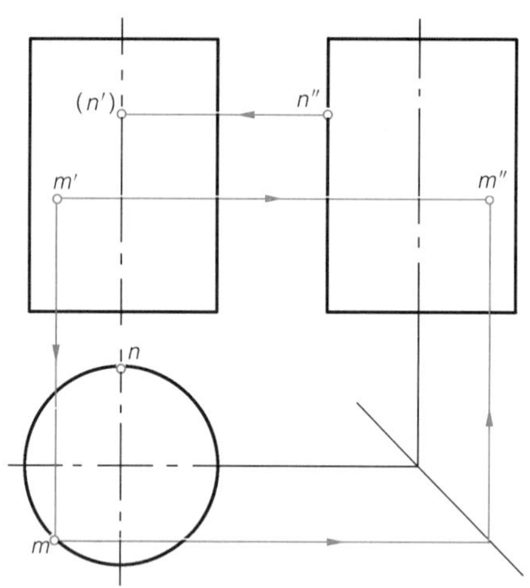

图 1-2-9 求圆柱表面上点的投影

作图方法和步骤如下(图 1-2-9)：

(1)由给定的 m' 的位置和可见性，可以判定点 M 位于圆柱左前面上，利用圆柱面在 H 面的投影的积聚性，按长对正的投影对应关系求出积聚于圆周上的投影 m。

(2)由 m 及 m'，按高平齐、宽相等的投影对应关系求出 m''。

(3)判断投影 m'' 的可见性。由于 m 在圆柱左侧，所以左视图上 m'' 可见。

求点 N 的投影作图过程，读者可参考上例自行分析。

二、圆锥

1. 圆锥的形成

圆锥是由一条与轴相交的直线(母线)绕轴线旋转一周而围成的立体,锥面上任意位置的直线(母线)称为圆锥表面的素线,如图 1-2-10(a)所示。

2. 作圆锥的三面投影

作图方法和步骤如下:

①绘制圆锥的轴线、圆的中心线的三面投影,如图 1-2-10(b)所示。

②绘制底面及锥顶的三面投影,如图 1-2-10(c)所示。

③绘制最左素线 SA 和最右素线 SB 的正面投影 $s'a'$ 和 $s'b'$,以及最前素线 SC 和最后素线 SD 的侧面投影 $s''c''$ 和 $s''d''$,如图 1-2-10(d)所示。

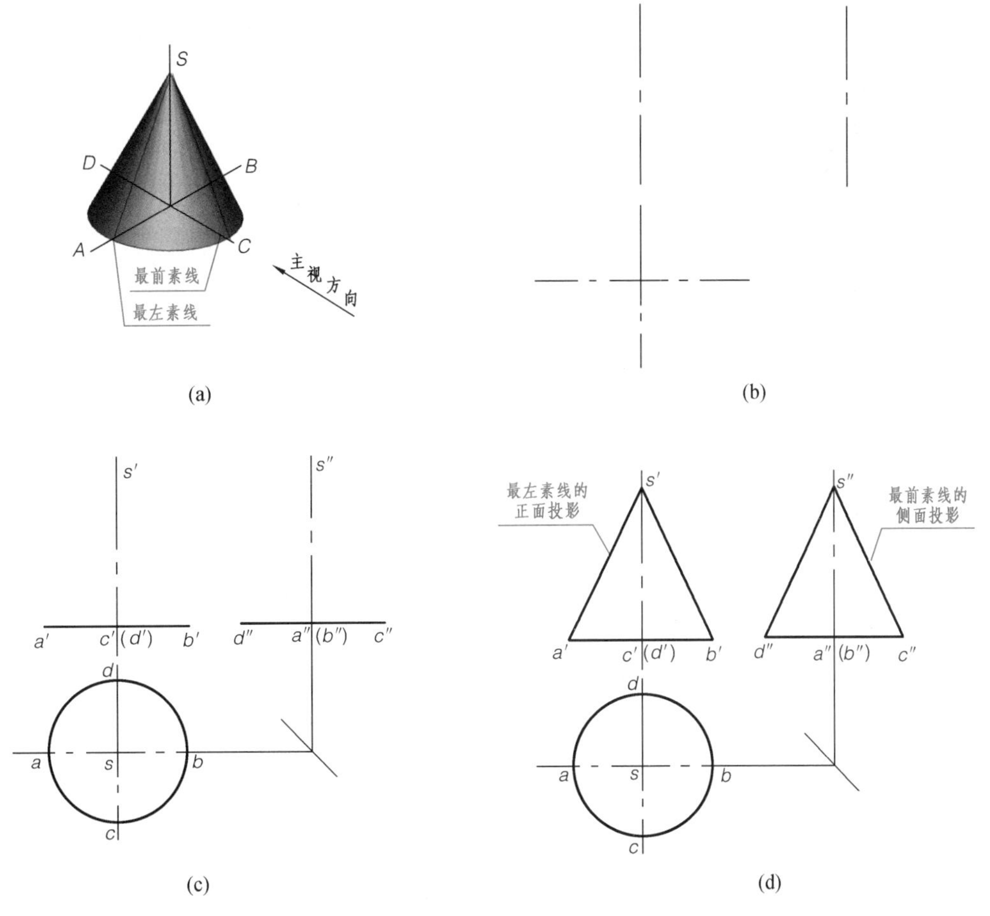

图 1-2-10　圆锥的结构特征及投影作图步骤

3. 圆锥的投影特征

圆锥的三面投影中一面投影为圆,另两面投影为等腰三角形。

4. 圆锥表面上点的投影

若点位于底面,则可利用点属于特殊位置平面的投影特性求得点的投影;若点位于圆锥面上，则可利用辅助素线法或辅助圆法求得点的投影。

如图 1-2-11(a)所示，已知点 M 属于圆锥表面，又知其正面投影 m'，完成点 M 的另两面投影。

(1)辅助素线法：如图 1-2-11(a)所示，过锥顶 S 和点 M 作一条辅助素线 SI，即连接$s'm'$并延长，与底面的正面投影相交于 $1'$，再求出 I 点的水平投影 1 和侧面投影 $1''$，连接 $s1$、$s''1''$，根据点属于直线的作图方法，分别求出 m 和 m''，如图 1-2-11(b)所示，再判断 m、m''的可见性。

(2)辅助圆法：作图步骤如图 1-2-11(c)所示。

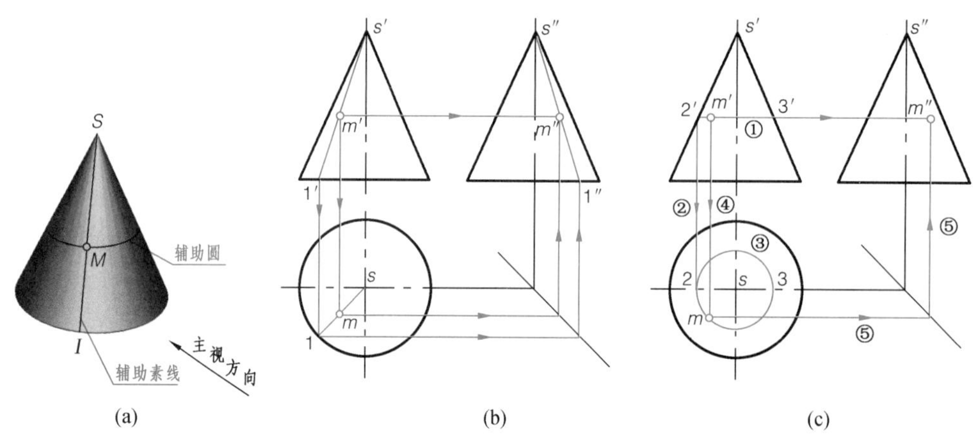

图 1-2-11 求圆锥表面上点的投影

三、球

1. 球的形成

球是由半个圆母线绕其直径旋转一周而围成的立体，如图 1-2-12(a)、图 1-2-12(b)所示。

2. 绘制球的三面投影

作图步骤如下：

①绘制三个圆的中心线，用以确定各投影图形的位置，如图 1-2-12(c)所示。

②绘制球的各轴向分界圆，如图 1-2-12(d)所示。

3. 球的投影特征

球的三面投影均为直径相等的圆。

4. 球表面上点的投影

已知点 M 属于球面，又知其正面投影 m'，完成点 M 的另两面投影。具体作图过程如图 1-2-13 所示。

A
B
C
D

(a)

A
平行于 V 面
C
平行于 W 面
B
平行于 H 面
主视方向

(b)

(c)

前后转向
轮廓圆
左右转向
轮廓圆
O′
O″
上下转向
轮廓圆
O

(d)

图 1-2-12　球的结构特征及投影作图步骤

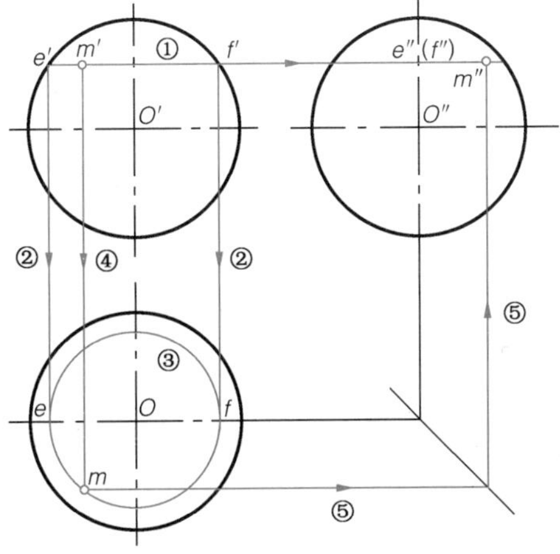

图 1-2-13　求球表面上点的投影

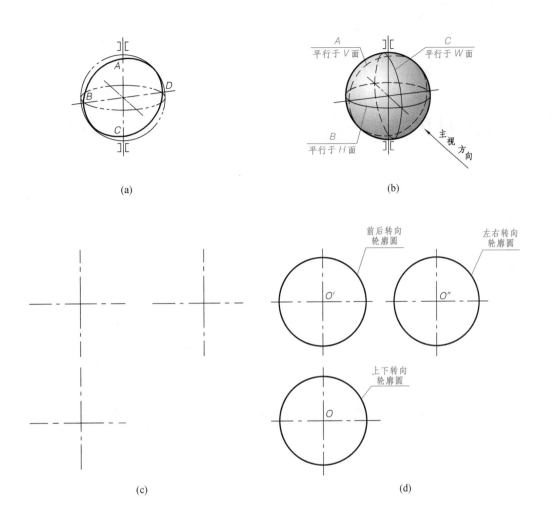

任务三 绘制平面图形

学习目标

正确理解并掌握国家标准《技术制图》和《机械制图》中有关图纸幅面和图框格式、比例、字体、图线以及尺寸标注法的规定；掌握常用几何图形的作图原理与方法；掌握平面图形的绘制以及标注尺寸的基本方法；掌握绘图仪器的使用方法。

实例 绘制机床手柄的平面图形

实例分析

在实际机件的轮廓图中，经常遇到圆弧与直线、圆弧与圆弧光滑连接的情况。图 1-3-1 所示为机床手柄立体图。通过绘制手柄的轮廓图，介绍圆弧连接的原理和平面图形的绘图过程。同时了解掌握国家标准《技术制图》和《机械制图》的有关规定。

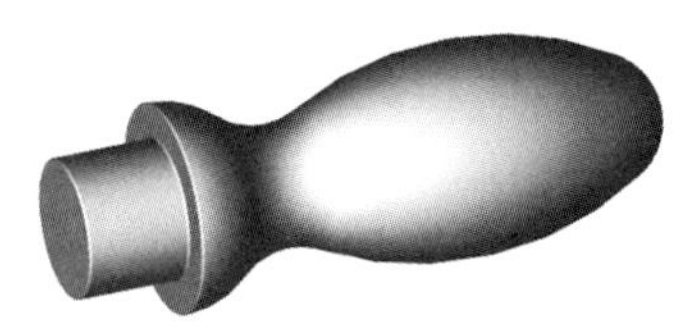

图 1-3-1 机床手柄立体图

相关知识

一、圆弧连接

用一圆弧光滑地连接相邻两线段的作图方法，称为圆弧连接。

1. 圆弧连接的作图原理

圆弧连接的实质是圆弧与圆弧或圆弧与直线的相切关系，其作图方法可归结为求连接圆弧的圆心和切点。表 1-3-1 阐述了圆弧连接的作图原理。

表 1-3-1　　圆弧连接的作图原理

圆弧与直线连接(相切)	圆弧与圆弧连接(外切)	圆弧与圆弧连接(内切)
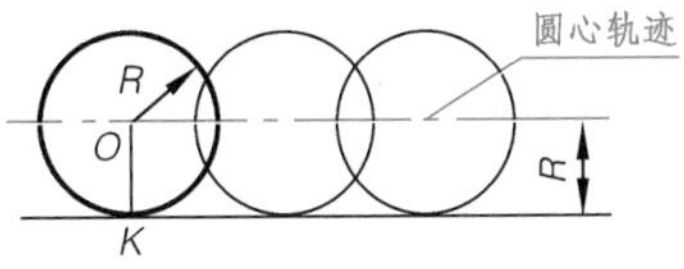 圆心轨迹 R O K R	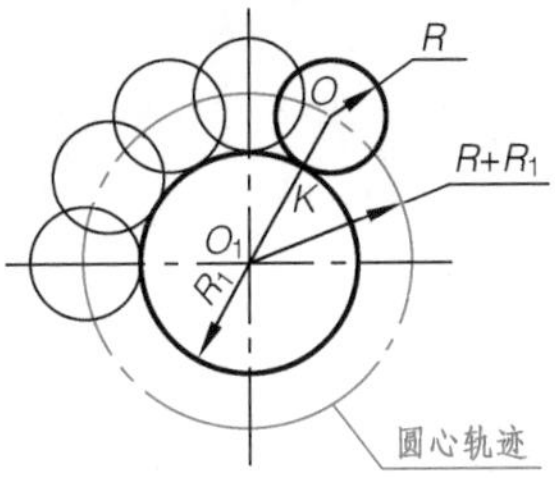 R O K R+R₁ O₁ R₁ 圆心轨迹	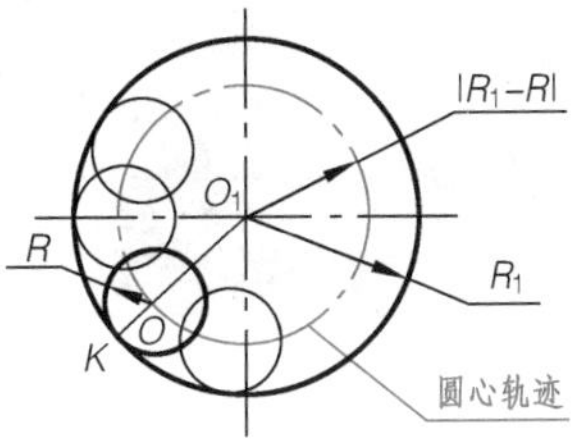 $\|R_1-R\|$ O₁ R R₁ O K 圆心轨迹
(1)连接弧圆心的轨迹为平行于已知直线的两条直线,该直线与已知直线的垂直距离为连接弧的半径 R; (2)由圆心向已知直线作垂线,其垂足即切点	(1)连接弧圆心的轨迹为一与已知圆弧同心的圆,该圆的半径为两圆弧半径之和 $R+R_1$; (2)两圆心的连线与已知圆弧的交点即切点	(1)连接弧圆心的轨迹为一与已知圆弧同心的圆,该圆的半径为两圆弧半径之差的绝对值 $\|R_1-R\|$; (2)两圆心连线的延长线与已知圆弧的交点即切点

2. 直线与圆弧、圆弧与圆弧连接的各种形式

直线与圆弧及圆弧与圆弧连接的各种形式,见表 1-3-2。读者可参考实例自行分析其连接类别、作图方法与步骤。

表 1-3-2　　直线与圆弧及圆弧与圆弧连接的各种形式

类别	实　例	作图方法与步骤		
		找圆心(O 点)	找切点(A、B 点)	连接圆弧($\overset{\frown}{AB}$)
直线与圆弧间的圆弧连接	 扳手(外切)	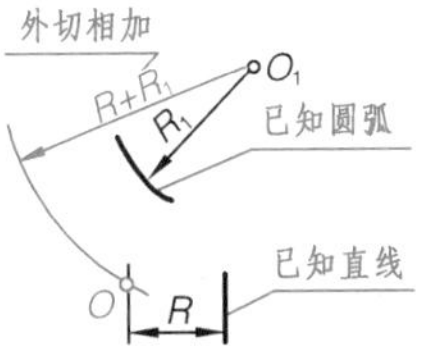 外切相加 $R+R_1$ O_1 R_1 已知圆弧 已知直线 O R	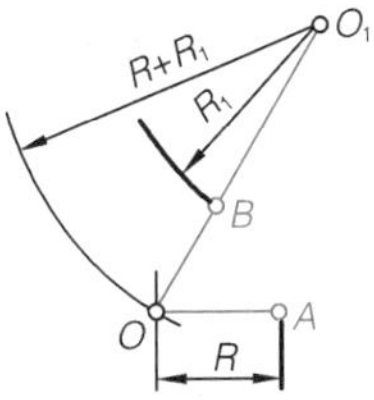 $R+R_1$ O_1 R_1 B O A R	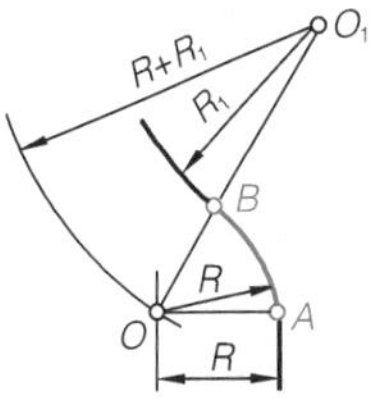 $R+R_1$ O_1 R_1 B R O A R
	 手轮(内切)	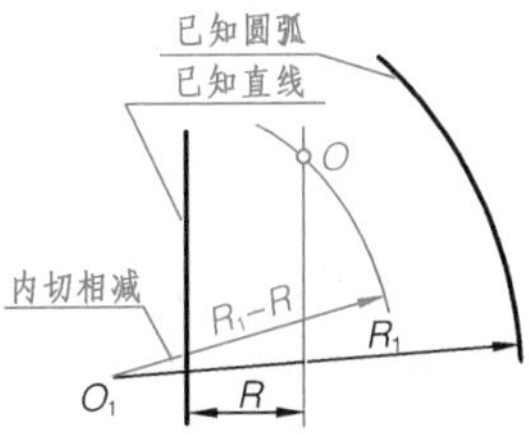 已知圆弧 已知直线 O 内切相减 R_1-R R_1 O_1 R	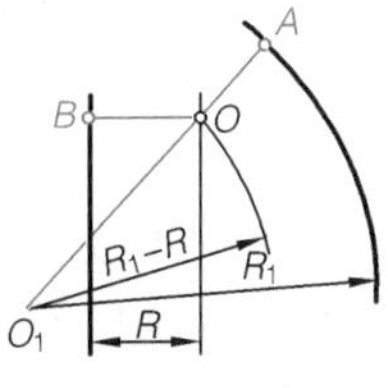 A B O R_1-R R_1 O_1 R	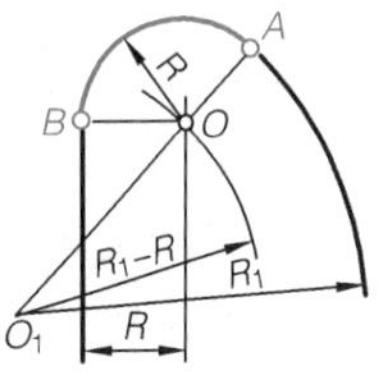 A R B O R_1-R R_1 O_1 R

续表

类别		实　例	作图方法与步骤		
			找圆心（O 点）	找切点（A、B 点）	连接圆弧（$\overset{\frown}{AB}$）
两圆弧间的圆弧连接	外切连接	 链节	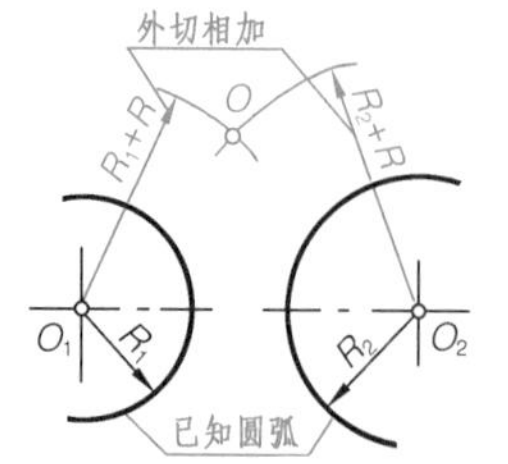	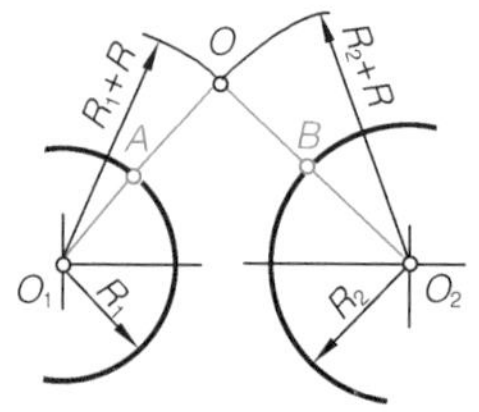	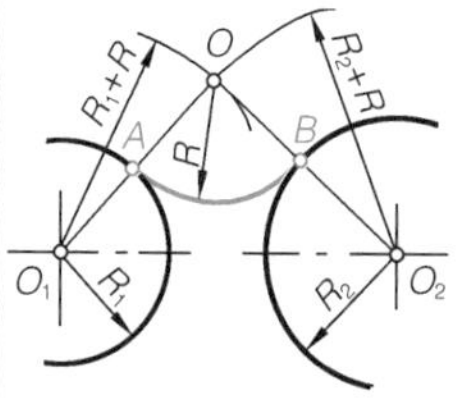
	内切连接	 连杆	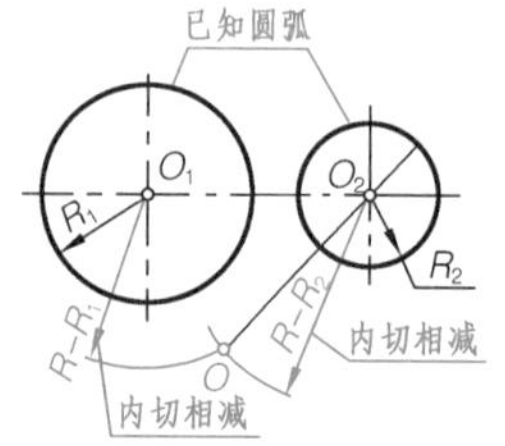	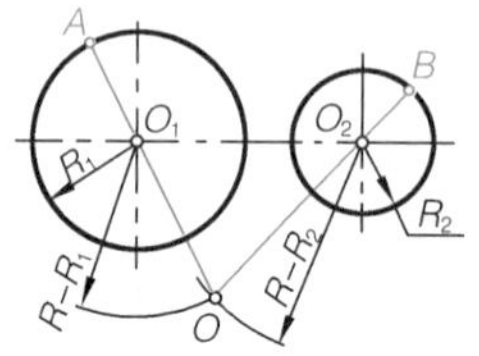	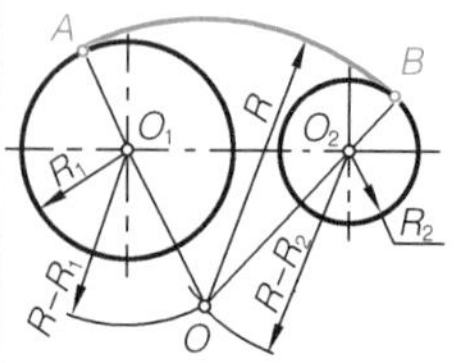
	混合连接	 吊钩	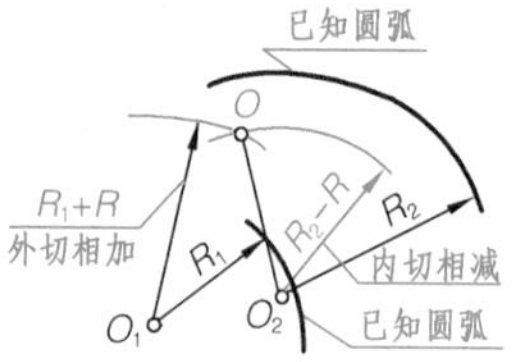	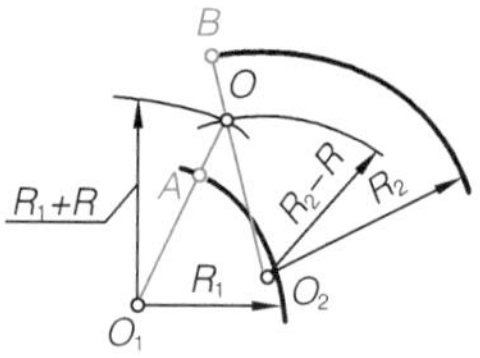	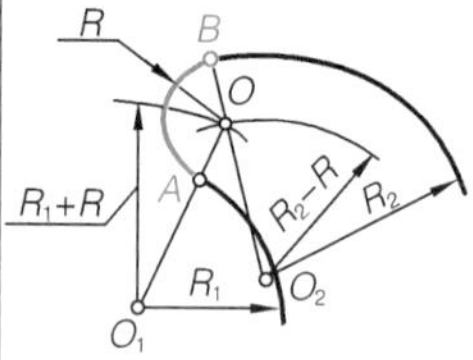

二、制图标准

国家标准《技术制图》是一项基础技术标准，是工程界图样的通用性规定；国家标准《机械制图》是一项机械专业制图标准，它们是绘制、识读和使用图样的准绳，我们必须认真学习和遵守。

现以“GB/T 14689—2008《技术制图 图纸幅面和格式》”为例，说明标准的构成。

国家标准（简称国标）由标准编号（GB/T 14689—2008）和标准名称（技术制图 图纸幅面和格式）两部分构成。“GB/T”表示推荐性国家标准，“14689”表示标准顺序号，“2008”表示标准的发布年份；标准名称则表示这是技术制图标准中关于图纸的幅面和格式的规定。

1. 图纸的幅面和格式（GB/T 14689—2008）

（1）图纸幅面尺寸

标准幅面共有五种，其尺寸见表 1-3-3，绘制图样时应优先采用这些幅面尺寸。必要时可以沿幅面加长、加宽，加长、加宽幅面尺寸在 GB/T 14689—2008 中另有规定。

基本幅面的尺寸关系如图 1-3-2 所示。

表 1-3-3　　幅面及图框尺寸　　mm

幅面代号	幅面尺寸 $B\times L$	周边尺寸		
		a	c	e
A0	841×1189			20
A1	594×841		10	
A2	420×594	25		
A3	297×420			10
A4	210×297		5	

注：图框尺寸 a、c、e 的含义见下文。

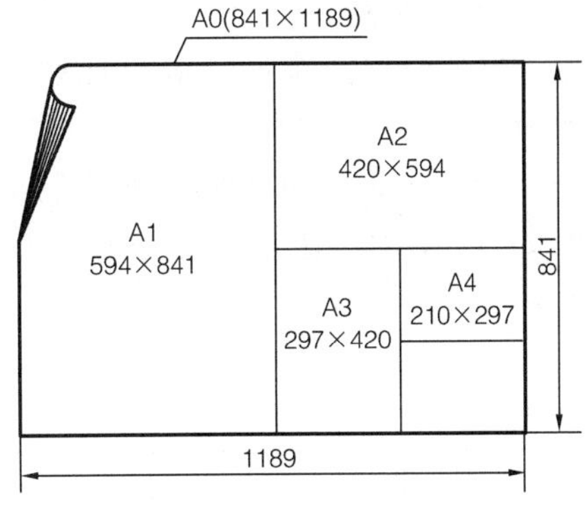

图 1-3-2　基本幅面的尺寸关系

(2)图框

绘图前，在图纸上必须先用粗实线画出图框。图框有两种格式，一种是不留装订边的，另一种是留有装订边的，如图 1-3-3 所示，宽度 e 及 a 和 c 可从表 1-3-3 中查出。

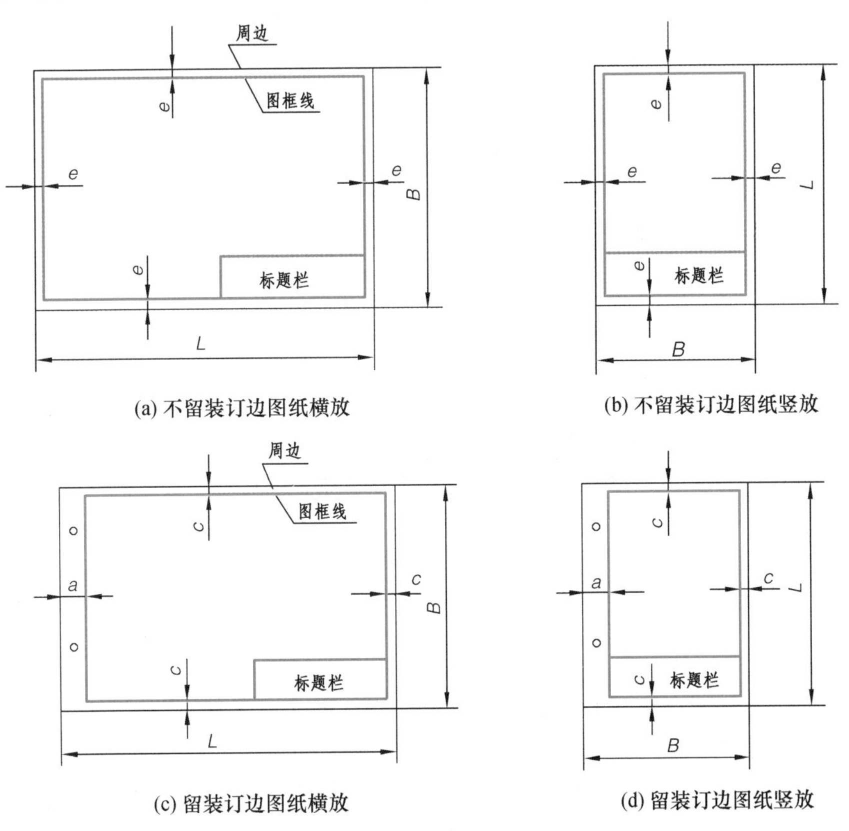

图 1-3-3　图框格式

(3)标题栏

每张图样上都必须画出标题栏，标题栏的位置一般应在图纸的右下角，如图 1-3-3 所示。

GB/T 10609.1—2008《技术制图 标题栏》对标题栏的内容、格式与尺寸做了规定，如图 1-3-4 所示。学生作业用标题栏如图 1-3-5 所示。

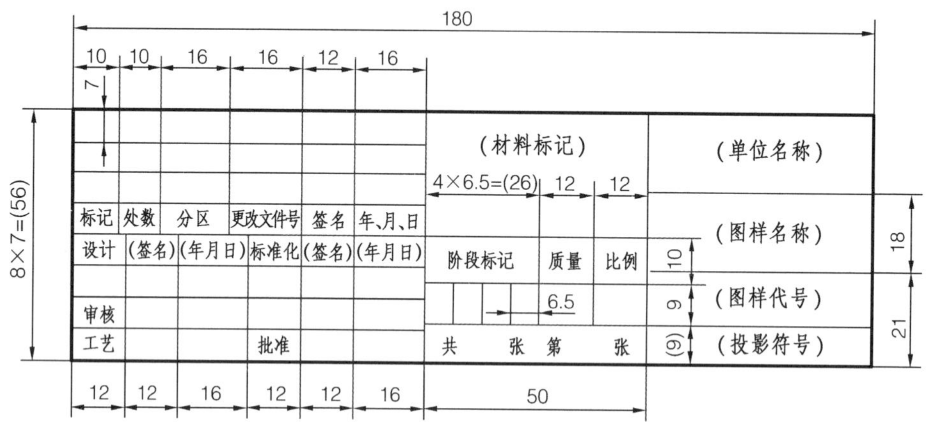

图 1-3-4 标题栏

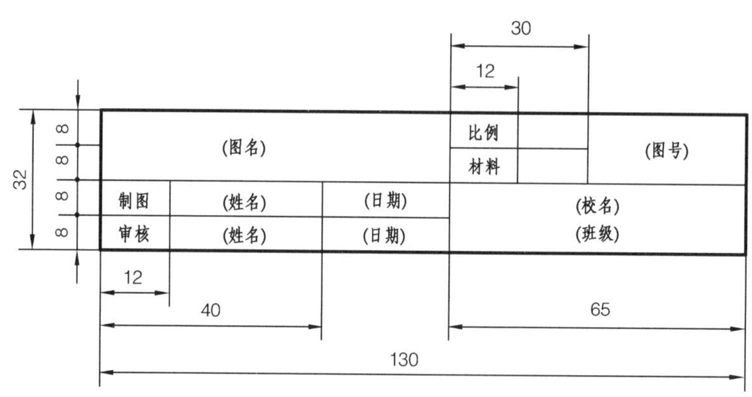

图 1-3-5 学生作业用标题栏

2. 图线(GB/T 17450—1998 和 GB/T 4457.4—2002)

(1)线型及图线尺寸

GB/T 4457.4—2002《机械制图 图样画法 图线》规定了机械图样中采用的 9 种图线，其名称、线型、宽度和一般应用见表 1-3-4，图线应用示例如图 1-3-6 所示。

表 1-3-4　　机械制图的基本图线及其应用(摘自 GB/T 4457.4—2002)

序号	线型		名称	图线宽度/mm	在图上的一般应用
01	实线		粗实线	b (约 0.5、0.7)	可见轮廓线、剖切符号用线
			细实线	约 b/2	(1)尺寸线及尺寸界线 (2)剖面线 (3)重合断面的轮廓线 (4)螺纹的牙底线及齿轮的齿根线 (5)指引线 (6)分界线及范围线 (7)过渡线
			波浪线	约 b/2	(1)断裂处的边界线 (2)剖与未剖部分的分界线
			双折线	约 b/2	(1)断裂处的边界线 (2)局部剖视图中剖与未剖部分的分界线
02	虚线		细虚线	约 b/2	不可见轮廓线
			粗虚线	b	允许表面处理的表示线
03			细点画线	约 b/2	(1)轴线 (2)对称线和中心线 (3)齿轮的节圆和节线
			粗点画线	b	限定范围的表示线
04			细双点画线	约 b/2	(1)相邻辅助零件的轮廓线 (2)极限位置的轮廓线 (3)假想投影的轮廓线 (4)中断线

粗线、细线的宽度比例为 2∶1,图线的宽度应根据图纸幅面大小和所表达对象的复杂程度,在 0.13 mm、0.18 mm、0.25 mm、0.35 mm、0.5 mm、0.7 mm、1 mm、1.4 mm、2 mm 中选取。在同一图样中,同类图线的宽度应一致。

(2)图线的画法

如图 1-3-7 所示为图线的正确画法。

基本线型重合绘制的优先顺序:可见轮廓线(粗实线)→不可见轮廓线(细虚线)→各种用途的细实线→轴线和对称线(细点画线)→假想线(细双点画线)。

3. 比例(GB/T 14690—1993)

图样中机件要素的线性尺寸与实际机件要素的线性尺寸之比称为比例。

绘制图样时,一般应从表 1-3-5 规定的系列中选取适当比例,必要时才允许选取表中括号内的比例。

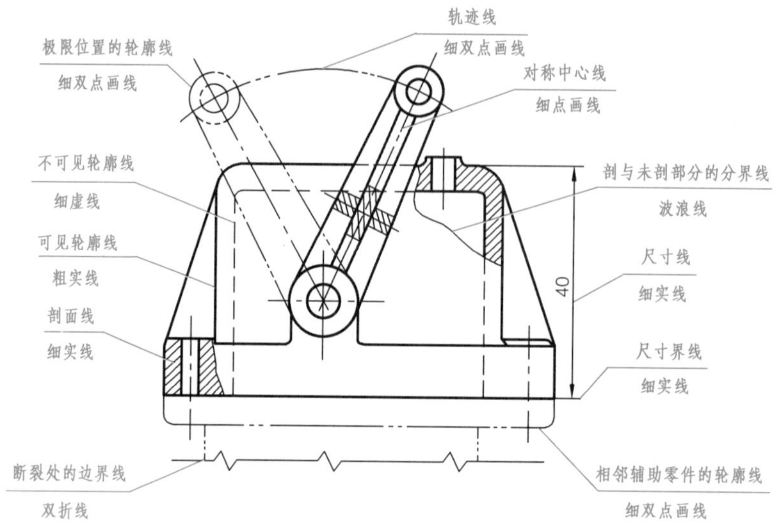

图 1-3-6　图线应用示例

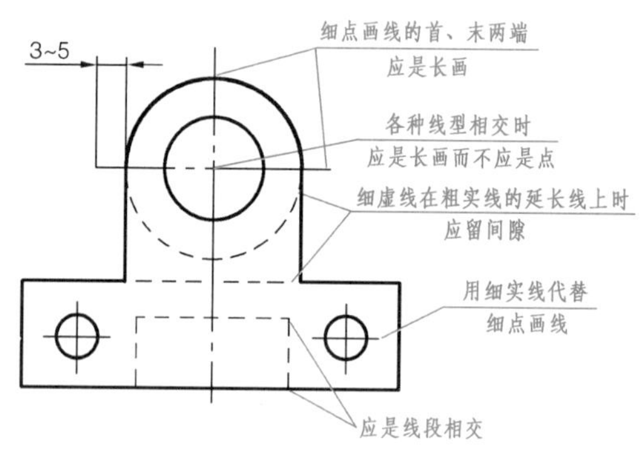

图 1-3-7　图线的正确画法

表 1-3-5　**绘图的比例**

原值比例	1∶1
缩小比例	(1∶1.5)　1∶2　(1∶2.5)　(1∶3)　(1∶4)　1∶5　(1∶6)　1∶10　$1:1\times10^n$　$(1:1.5\times10^n)$　$1:2\times10^n$　$(1:2.5\times10^n)$　$(1:3\times10^n)$　$(1:4\times10^n)$　$1:5\times10^n$　$(1:6\times10^n)$
放大比例	2∶1　(2.5∶1)　(4∶1)　5∶1　$1\times10^n:1$　$2\times10^n:1$　$(2.5\times10^n:1)$　$(4\times10^n:1)$　$5\times10^n:1$

注：n 为正整数，必要时可采用括号中的比例。

图形中所标注的尺寸数值必须是实物的实际大小，与绘制的图形的大小无关。同一机件的各个视图一般采用相同的比例，并需在标题栏的比例栏中写明采用的比例，如 1∶1。当同一机件的某个视图采用了不同比例绘制时，必须另行标明所用比例。

任务实施

一、准备工作

要想正确绘制平面图形，必须先分析图形，即对图形进行尺寸分析和线段分析。

1. 尺寸分析

根据在平面图形中所起的作用，尺寸可分为定形尺寸与定位尺寸两大类。

(1)定形尺寸

用于确定线段的长度、圆弧的半径、圆的直径和角度等大小的尺寸称为定形尺寸，如图 1-3-8 中的 $\phi5$、$\phi20$、$R12$、$R50$、15 等。

(2)定位尺寸

用于确定线段在平面图形中所处位置的尺寸称为定位尺寸，如图 1-3-8 中的尺寸 8，确定了$\phi5$圆孔轴线的位置；45 确定了 $R50$ 圆弧水平方向的位置等。

定位尺寸应从尺寸基准出发标注，平面图形中常用的尺寸基准多为图形的对称中心线、较大圆的中心线或图形的轮廓边线等。

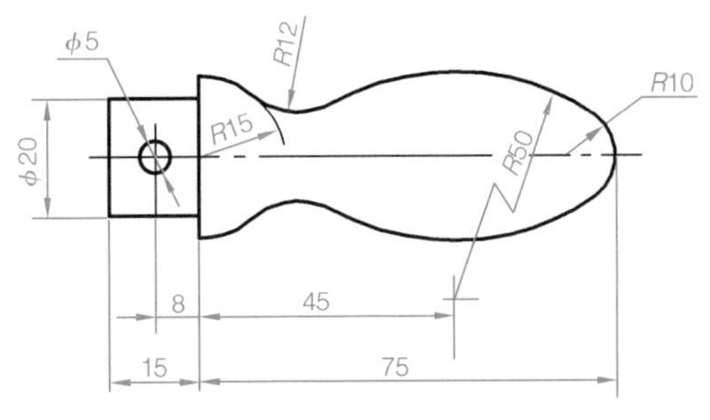

图 1-3-8 手柄平面图

2. 线段分析

平面图形中的线段通常由直线和圆弧组成，根据定位尺寸完整与否可分为如下三类：

(1)已知线段：定形尺寸和定位尺寸都齐全的线段，如图 1-3-8 中的尺寸 $R15$；

(2)中间线段：只有定形尺寸和一个定位尺寸，而缺少另一个定位尺寸的线段，如图 1-3-8中的尺寸 $R50$；

(3)连接线段：只有定形尺寸而无定位尺寸的线段，如图 1-3-8 中的尺寸 $R12$。

由于已知线段定位尺寸齐全，故可直接画出；而中间线段虽然缺少一个定位尺寸，但它总是与一个已知线段光滑连接，利用相切的条件便可画出；连接线段则由于缺少两个定位尺寸，因此，唯有借助于它和已经画出的两条线段的相切条件才能画出来。因此作图时应先画已知线段，再画中间线段，最后画连接线段。

3. 确定比例，选择图幅，固定图纸(略)

二、作图方法和步骤

1. 绘制底稿

绘制底稿的步骤如图 1-3-9 所示。

绘制底稿时，应注意以下几点：

(1)绘制底稿用 H 或 2H 铅笔，笔芯应经常修磨以保持尖锐；

(2)底稿上要分清线型，但线型暂时不分粗细，并要画得很轻很细，作图力求准确。

2. 检查、描深底稿

在描深以前必须检查底稿。加深后的图纸应整洁、没有错误，线型层次清晰，线条光滑、均匀并浓淡一致。

(a) 画图框和标题栏

(b) 合理、匀称地布图，画出图形定位线

(c) 画出已知线段

(d) 画出中间线段

(e) 画出连接线段

(f) 校对、修改图形，画尺寸界线、尺寸线

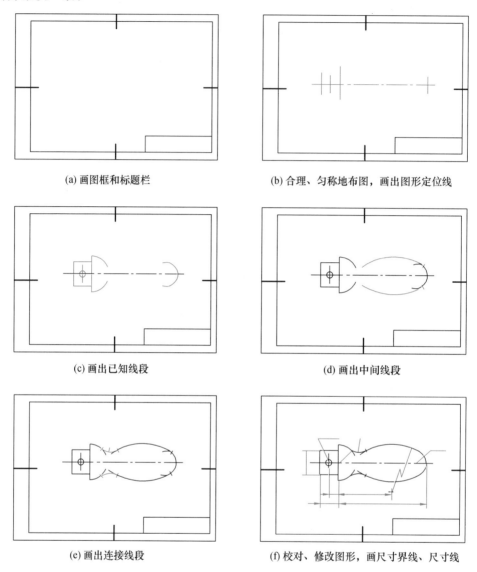

图 1-3-9　绘制手柄平面图的步骤

3. 标注尺寸、填写标题栏等

知识拓展

一、字体(GB/T 14691—1993)

图样中除了用图形表达机件的结构形状外，还需要用文字、数字说明机件的名称、大小、材料和技术要求等。为使字体美观、易写、整齐，要求在图样中书写的汉字、数字、字母必须做到字体工整、笔画清楚、间隔均匀、排列整齐。

各种字体的大小要选择适当。字体大小分为 20、14、10、7、5、3.5、2.5、1.8 八种号数。

字体的号数即字体的高度(单位:mm)。

1. 汉字

图样上的汉字应写成长仿宋体,并应采用国家正式公布推行的简化字。汉字的高度不应小于 3.5 mm,字宽约等于字高的 2/3。

长仿宋字的书写要领是:横平竖直、注意起落、结构匀称、填满方格。

2. 阿拉伯数字、罗马数字、拉丁字母和希腊字母

数字和字母有正体和斜体之分,一般情况下用斜体。斜体字字头向右倾斜,与水平基准线成 75°。字母和数字按笔画宽度情况分为 A 型和 B 型两类,A 型字体的笔画宽度(d)为字高(h)的 1/14,B 型字体的笔画宽度为字高的 1/10,即 B 型字体比 A 型字体的笔画要粗一点。

3. 字体示例

汉字、字母和数字的示例见表 1-3-6。

表 1-3-6　**字体**

字体		示例
长仿宋体汉字	10 号	字体工整笔画清楚间隔均匀排列整齐
	7 号	横平竖直注意起落结构均匀填满方格
	5 号	技术制图机械电子汽车航空船舶土木建筑矿山井坑港口纺织焊接设备工艺
	3.5 号	螺纹齿轮端子接线飞行指导驾驶轮位挖填施工引水通风闸阀坝棉麻化纤
拉丁字母	大写斜体	*ABCDEFGHIJKLMNOPQRSTUVWXYZ*
	小写斜体	*abcdefghijklmnopqrstuvwxyz*
阿拉伯数字	斜体	*0123456789*
	正体	0123456789
罗马数字	斜体	*I II III IV V VI VII VIII IX X*
	正体	I II III IV V VI VII VIII IX X
字体的应用		$\phi 20^{+0.010}_{-0.023}$　$7^{\circ}{}^{+1^{\circ}}_{-2^{\circ}}$　$\frac{3}{5}$　10JS5(±0.003)　M24-6h $\phi 25\frac{H6}{m5}$　$\frac{II}{2:1}$　$\frac{A}{5:1}$　Ra 6.3　R8　5%　3.50

二、尺寸标注

1. 尺寸标注基本规则

(1)机件的真实大小应以图样上所注的尺寸数值为依据,与图形的大小及绘图的准确度无关。

(2)图样中的尺寸以 mm 为单位时,不需标注单位符号或名称,如果采用其他单位,则必须注明相应的单位符号。

(3)对机件的每一尺寸,一般只标注一次,并应标注在反映该结构最清晰的图形上。

(4)图样中所标注的尺寸为该图样所示机件的最后完工尺寸,否则应另加说明。

2. 尺寸组成

一个完整的尺寸由尺寸数字、尺寸界线、尺寸线和尺寸线的终端符号组成,标注示例如图 1-3-10 所示。

(1)尺寸数字用于表明机件实际尺寸的大小。尺寸数字采用阿拉伯数字书写,且同一张图上的字高要一致。

(2)尺寸线用于表明所注尺寸的度量方向,尺寸线只能用细实线绘制。尺寸线的终端符号有三种形式:箭头、斜线和圆点,机械制图多采用箭头。箭头尖端应与尺寸界线接触,其画法如图 1-3-11 所示。当采用箭头时,在地方不够的情况下,允许用圆点代替箭头。斜线用细实线绘制。

(3)尺寸界线用于标明所注尺寸的度量范围,应自图形的轮廓线、轴线、对称中心线引出,用细实线绘制。

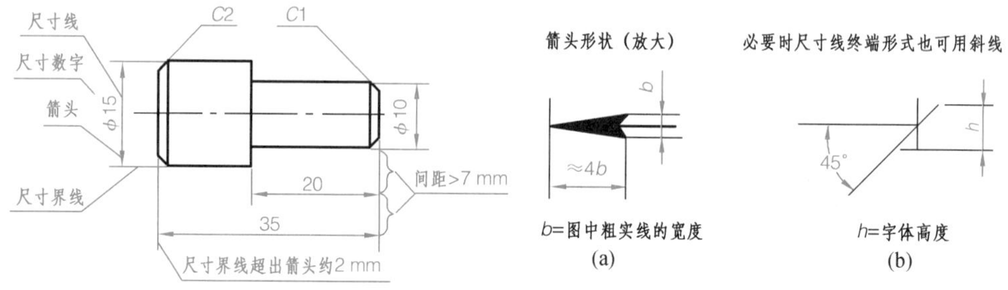

图 1-3-10 尺寸的标注示例

图 1-3-11 尺寸线的终端形式

(4)标注尺寸时,应尽可能使用符号和缩写词。尺寸标注常用的符号和缩写词见表 1-3-7。

表 1-3-7 尺寸标注常用的符号和缩写词

名 称	符号和缩写词	名 称	符号和缩写词
直径	ϕ	45°倒角	C
半径	R	深度	↧
球直径	$S\phi$	沉孔或锪平	⌴
球半径	SR	埋头孔	∨
厚度	t	均布	EQS
正方形边长	□	弧长	⌒

3. 常见尺寸的标注方法

表 1-3-8 对常见尺寸的标注方法做了进一步说明。

表 1-3-8 常见尺寸标注方法

项目	说 明	图 例
尺寸数字	(1)线性尺寸的数字一般标注在尺寸线的上方，也允许标注在尺寸线的中断处	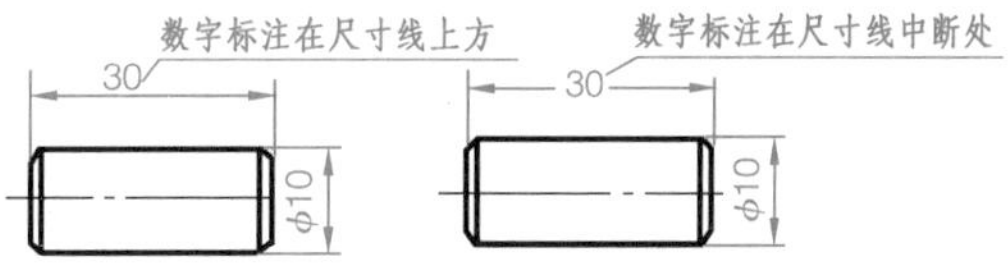 数字标注在尺寸线上方 30 φ10；数字标注在尺寸线中断处 30 φ10
	(2)线性尺寸的数字应按右栏中左图所示的方向填写，并尽量避免在图示 30°范围内标注尺寸。当不可避免时，按右栏右图标注	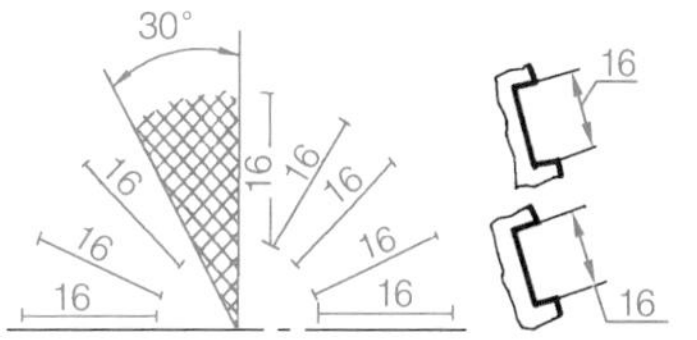 30° 16 16 16 16 16 16 16 16；16 16
	(3)数字不可被任何图线穿过。当不可避免时，图线必须断开	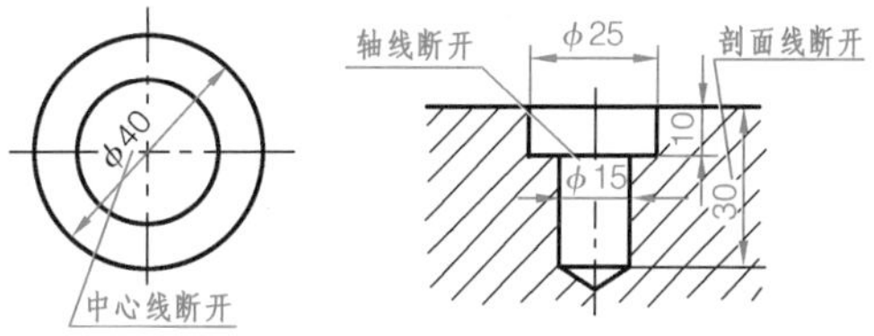 φ40 中心线断开；轴线断开 φ25 剖面线断开 10 φ15 30
尺寸线	(1)尺寸线必须用细实线单独画出。轮廓线、中心线或其延长线均不可做尺寸线使用。 (2)标注线性尺寸时，尺寸线必须与所标注的线段平行	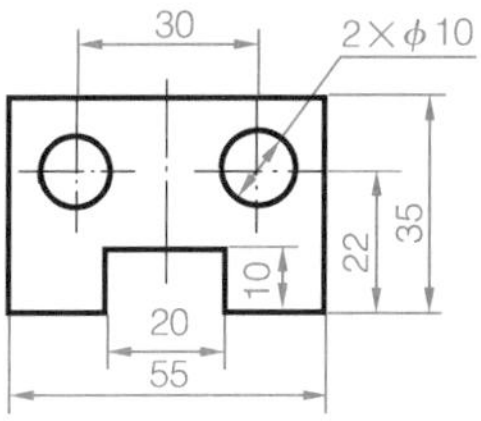 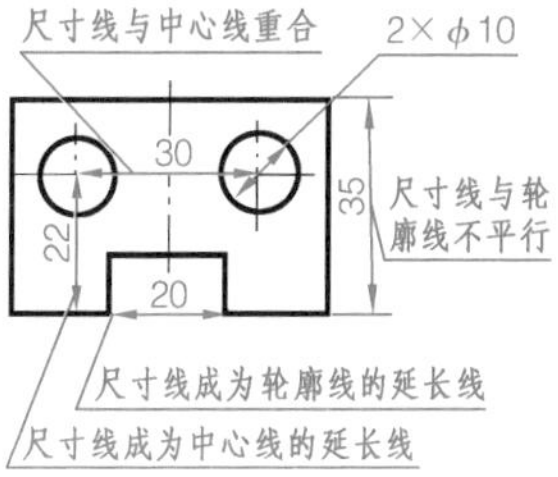 30 2×φ10 35 22 10 20 55 正确；尺寸线与中心线重合 2×φ10 30 35 尺寸线与轮廓线不平行 22 20 尺寸线成为轮廓线的延长线 尺寸线成为中心线的延长线 错误
尺寸界线	(1)尺寸界线用细实线绘制，也可以将轮廓线（图(a)）或中心线（图(b)）做尺寸界线。 (2)尺寸界线应与尺寸线垂直。当尺寸界线过于贴近轮廓线时，允许倾斜画出(图(c))。 (3)在光滑过渡处标注尺寸时，必须用细实线将轮廓线延长，从它们的交点引出尺寸界线(图(d))	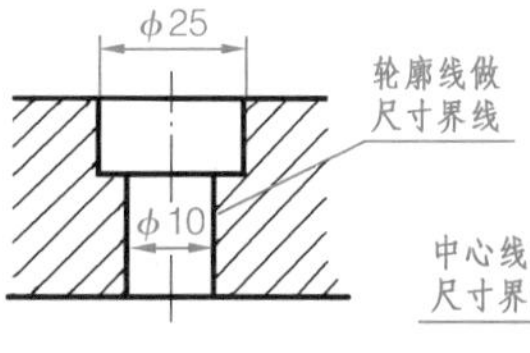 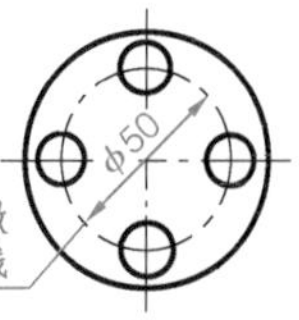 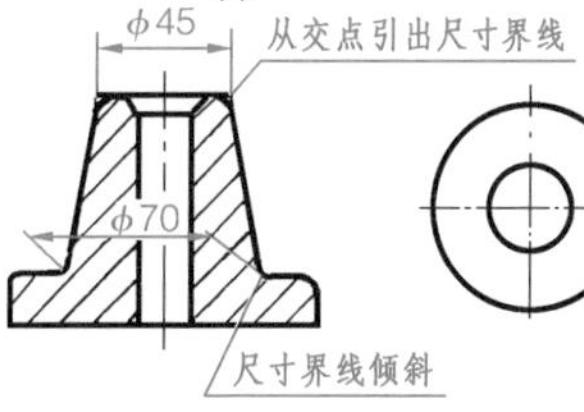 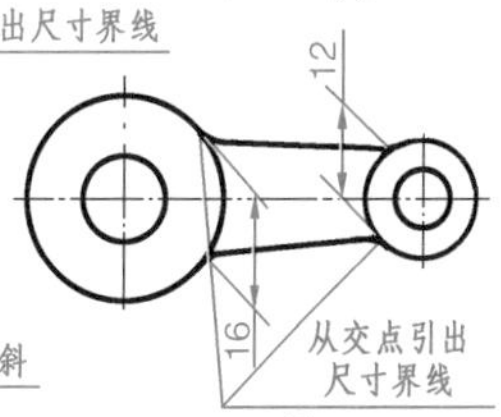 φ25 轮廓线做尺寸界线 φ10 (a)；φ50 中心线做尺寸界线 (b)；φ45 从交点引出尺寸界线 φ70 尺寸界线倾斜 (c)；12 16 从交点引出尺寸界线 (d)

续表

项目	说　明	图　例
直径与半径	标注直径尺寸时，应在尺寸数字前加注直径符号“ϕ”；标注半径尺寸时，应在尺寸数字前加注半径符号“R”。尺寸线应通过圆心	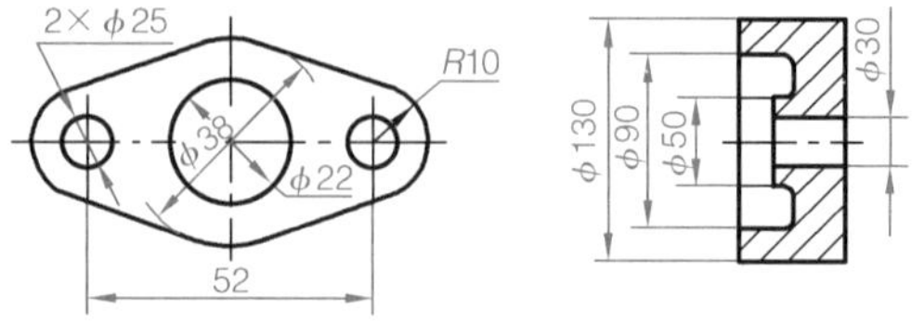 2×ϕ25　R10　ϕ38　ϕ22　52　ϕ130　ϕ90　ϕ50　ϕ30
	标注小直径或小半径尺寸时，箭头和数字都可以布置在外面	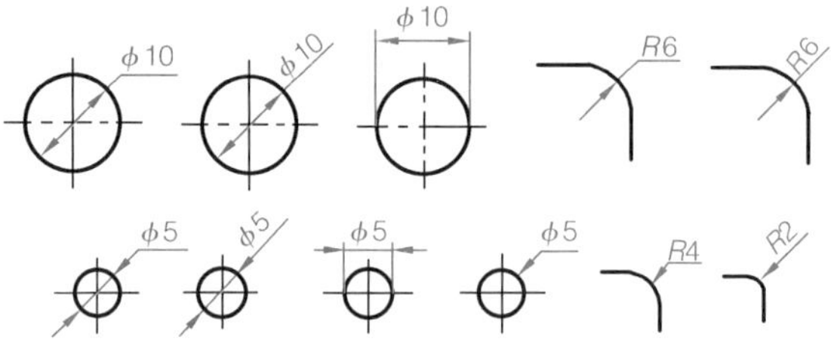 ϕ10　ϕ10　ϕ10　R6　R6　ϕ5　ϕ5　ϕ5　ϕ5　R4　R2
小尺寸	(1)标注一连串的小尺寸时，可用小圆点或斜线代替箭头，但最外两端箭头仍应画出。 (2)小尺寸可按右图所示标注	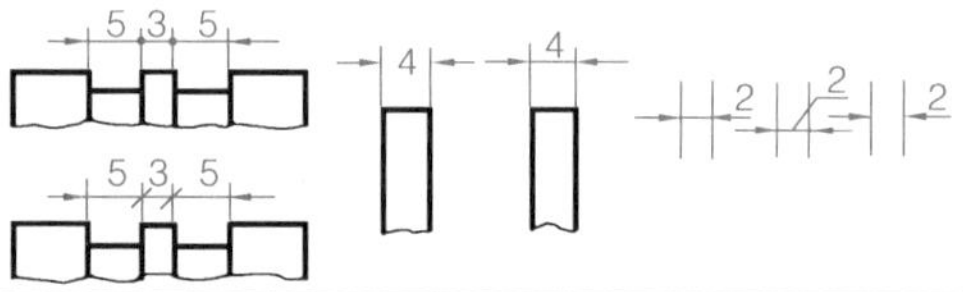 5 3 5　5 3 5　4　4　2　2　2
角度	(1)角度的数字一律水平填写。 (2)角度的数字应写在尺寸线的中断处，必要时允许写在外面或引出标注。 (3)角度的尺寸界线必须沿径向引出	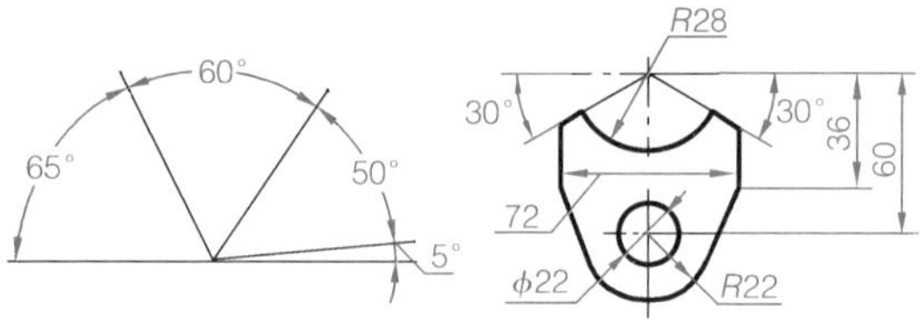 60°　65°　50°　5°　R28　30°　30°　36　60　72　ϕ22　R22

任务四 绘制与识读组合体三视图

学习目标

掌握立体的截交线和相贯线的画法；掌握组合体的形体分析法和组合体的组合形式；掌握组合体三视图的画法和尺寸标注方法；熟练掌握识读组合体三视图的方法和步骤。

实例1　绘制顶尖三视图

实例分析

图1-4-1所示为车床顶尖被一个正垂面和一个水平面截切，圆柱体和圆锥体被平面切割后产生了截交线。本实例主要介绍车床顶尖被截切后其表面交线的画法。

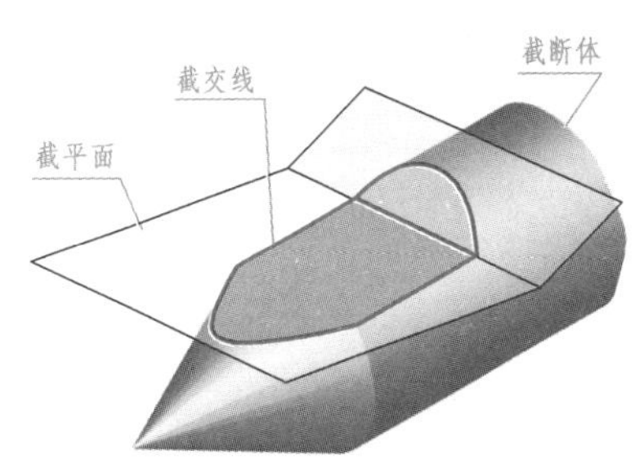

图1-4-1　顶尖的截交线

相关知识

一、截交线

1. 截交线的形成

工程上经常遇到平面和立体、立体和立体相交的情形。基本体被平面截切，该平面称为截平面，截切后的立体称为截断体。截平面与基本体表面所产生的交线（即截平面的轮廓线）称为截交线，如图1-4-1所示。

2. 截交线的基本性质

(1)共有性：截交线是截平面与基本体表面的共有线。

(2)封闭性：截交线必为一个封闭的平面图形（平面折线、平面曲线或两者的组合）。

3. 求截交线的方法

截交线上的点必定是截平面与基本体表面的共有点，所以求截交线的投影，实质就是求出截平面与基本体表面的全部共有点的投影集合。

二、回转体的截交线

1. 回转体截交线的求法

(1)积聚性法：利用具有积聚性的投影求截交线(适合圆柱)。

(2)素线法：利用立体表面的素线求截交线(适合圆锥)。

(3)辅助平面法：利用所作的辅助平面求截交线(适合圆锥、球)。

2. 圆柱的截交线

当截平面与圆柱轴线的相对位置不同时，其截交线有三种不同的形状，见表 1-4-1。

表 1-4-1　截平面与圆柱轴线的相对位置不同时的三种截交线

截平面的位置	与轴线平行	与轴线垂直	与轴线倾斜
轴测图			
投影图			
截交线的形状	矩形	圆	椭圆

(1)圆柱被正垂面截切的三视图的绘制

如图 1-4-2 所示，圆柱被正垂面斜切，截交线的形状为椭圆，因截平面为正垂面，故截交线的正面投影积聚为一直线，截交线的水平投影与圆柱面的水平投影重合为一圆，截交线的侧面投影为椭圆，故只需作出截交线的侧面投影。

圆柱的截交线

作图步骤：

①作截交线上的特殊位置点的投影。由图 1-4-2(a)可知，截交线上的最低点Ⅰ和最高点Ⅱ分别是最左素线和最右素线与截平面的交点，最前点Ⅲ和最后点Ⅳ分别是最前素线和最后素线与截平面的交点，先作出正面投影 1′、2′、3′、(4′)及水平投影 1、2、3、4，最后作出 1″、2″、3″、4″。

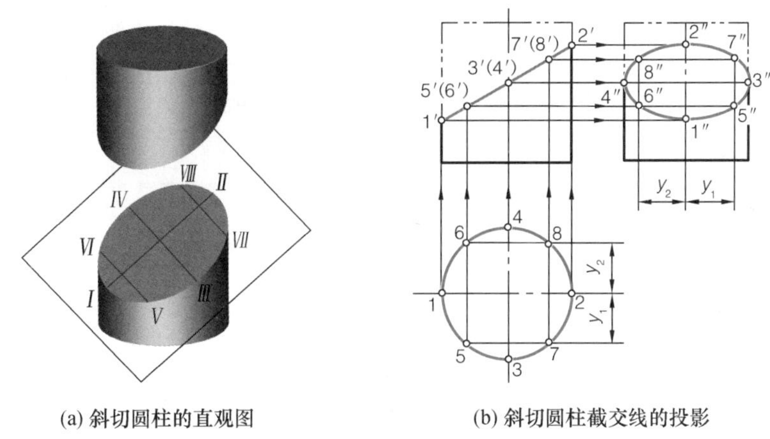

(a) 斜切圆柱的直观图　(b) 斜切圆柱截交线的投影

图 1-4-2　斜切圆柱

②作截交线上一般位置点的投影。在截交线的正面投影上选取 5′、(6′)、7′、(8′)，求出水平投影 5、6、7、8，最后作出 5″、6″、7″、8″。

③依次光滑地连接 1″、5″、3″、7″、2″、8″、4″、6″、1″，即得截交线的侧面投影，如图 1-4-2(b)所示。

④检查、描深，完成全图。

(2)圆柱被平面截切开槽后的侧面投影的作图方法和步骤如图 1-4-3 所示，读者可自行分析。

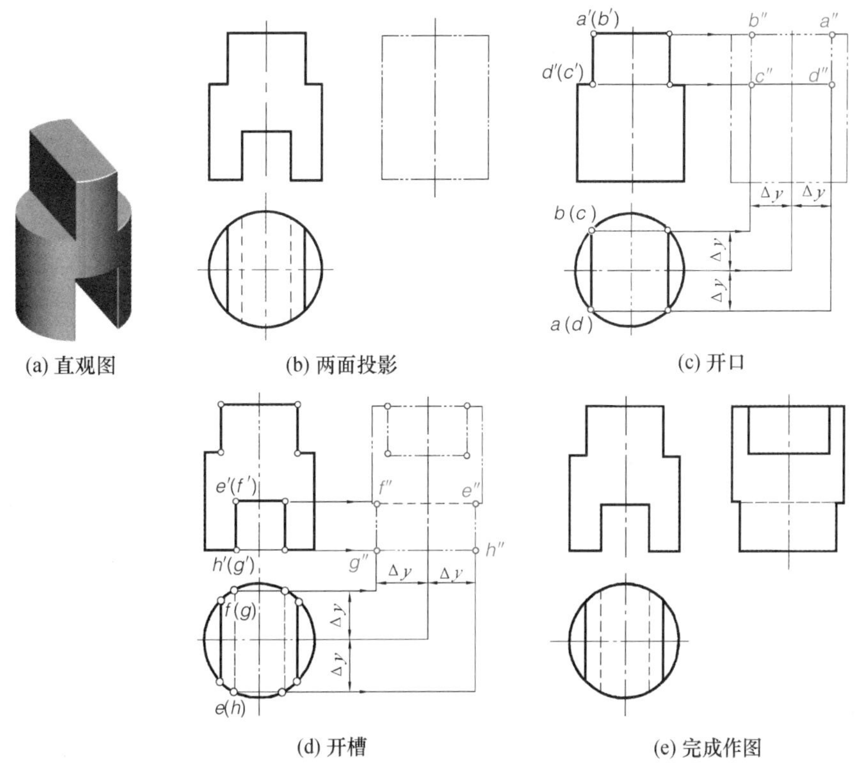

(a) 直观图　(b) 两面投影　(c) 开口　(d) 开槽　(e) 完成作图

图 1-4-3　用水平面和侧平面截切圆柱

3. 圆锥的截交线

当截平面与圆锥轴线的相对位置不同时，其截交线有五种不同的形状，见表 1-4-2。

表 1-4-2　　截平面与圆锥轴线的相对位置不同时的截交线

截平面的位置	与轴线垂直	过圆锥顶点	平行于任一素线	与轴线倾斜（不平行于任一素线）	与轴线平行
轴测图					
投影图					
截交线的形状	圆	过锥顶的三角形	抛物线＋直线	椭圆或双曲线＋直线	双曲线＋直线

绘制被正平面截切的圆锥截交线，如图 1-4-4 所示。

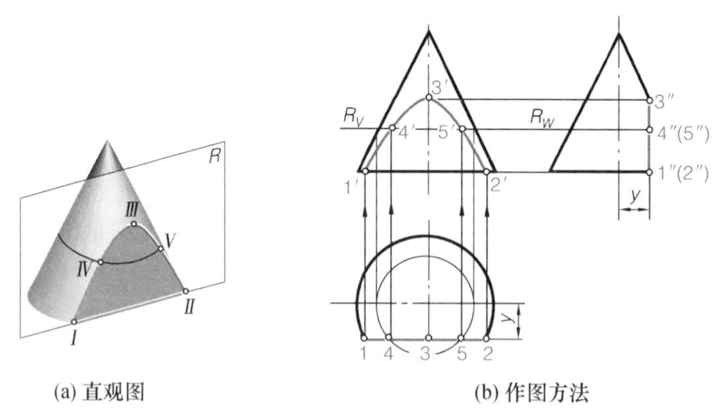

(a) 直观图　　(b) 作图方法

图 1-4-4　用正平面截切圆锥

如图 1-4-4(a)所示，因截平面为正平面，平行于圆锥轴线，故其截交线为双曲线＋直线，截交线的水平投影和侧面投影都积聚为直线，正面投影反映实形。

作图步骤：

①作特殊位置点的投影。由最高点Ⅲ和最低点Ⅰ、Ⅱ的侧面投影和水平投影作出正面投影 1′、2′、3′。

②用辅助平面法求一般位置点的投影。作辅助平面 R 与圆锥相交得一圆，该圆的水平投影与截平面的水平投影相交得 4 和 5 两点，再由 4、5 和 4″、(5″)求出 4′、5′。

③依次将 1′、4′、3′、5′、2′连成光滑曲线，即得截交线的正面投影，如图 1-4-4(b)所示。

④检查、描深，完成全图。

任务实施

绘制顶尖截交线，如图 1-4-5 所示。

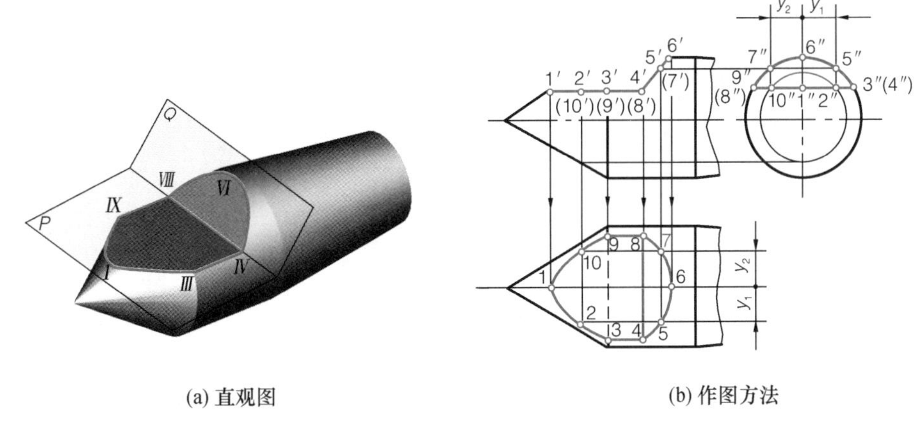

(a) 直观图　　(b) 作图方法

图 1-4-5　用水平面和正垂面截切顶尖

如图 1-4-5(a)所示，顶尖头部由同轴的圆锥与圆柱组合而成。水平面 P 截切圆锥所得的截交线是双曲线，截切圆柱所得的截交线为两条直线；正垂面 Q 截切圆柱所得的截交线是一段椭圆曲线。

作图步骤：

①作特殊位置点的投影。根据正面投影和侧面投影，可作出截交线上Ⅰ、Ⅲ、Ⅳ、Ⅵ、Ⅷ、Ⅸ六个特殊点的水平投影 1、3、4、6、8、9。

②利用辅助圆法求出一般位置点 2、10，根据投影规律作出一般位置点 5、7。

③依次将各点的水平投影光滑连接，所得到的一个封闭的平面图形即所求，如图 1-4-5(b)所示。

知识拓展

一、平面立体的截交线

平面立体的截交线是由直线所组成的封闭的平面多边形。此多边形的各个顶点为截平面与平面立体各棱线的交点，多边形的各边是截平面与平面立体各表面的交线。

如图 1-4-6(a)所示，四棱锥被正垂面 P 斜切，截交线为四边形，其四个顶点分别是四条侧棱与截平面的交点。

作图步骤：

①作出具有积聚性的截交线各端点的正面投影 2′、(1′)、3′、(4′)。

②作出各顶点的水平投影 1、2、3、4 和侧面投影 1″、2″、3″、4″。

③依次将各顶点的同名投影连线，即得截交线的投影，如图 1-4-6(b)所示。

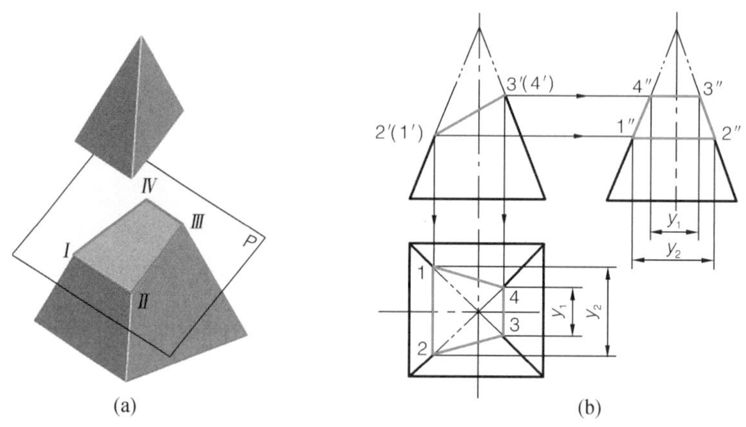

图 1-4-6　用正垂面截切四棱锥

二、球的截交线

任何位置的截平面截切球的截交线都是圆。当截平面平行于某一投影面时，截交线在该投影面上的投影为圆的实形，且与原轮廓圆同心，在另外两投影面上的投影都积聚为直线；当截平面垂直于某一投影面时，在该投影面上的投影积聚为倾斜于轴线的直线，另两面投影为椭圆；当截平面处于一般位置时，截交线的三面投影均为椭圆。球的截交线见表 1-4-3。

表 1-4-3　　截平面与球的截交线

截平面的位置	平行于投影面		垂直于投影面
	水平面	正平面	正垂面
立体图			
三面投影图			

如图 1-4-7(a)所示，球体的左右两个截平面对称，且为侧平面，其截交线的侧面投影为圆，水平投影积聚为直线。球体上部凹槽为由两个侧平面和一个水平面开的槽，侧平面与球面交线在侧面的投影为圆弧，水平投影积聚成直线；水平面与球面的交线在水平面的投影为一条圆弧，侧面投影为一条直线。

作图步骤：

①作左右两平面截切球的截交线投影。水平投影为直线，侧面投影为圆。

②作圆柱孔的投影。因其水平投影和正面投影不可见，所以为细虚线，其侧面投影为圆。

③作凹槽投影。凹槽侧面的水平投影可根据正面投影作出，侧面投影的圆弧半径 R_1 等于正面投影中的 z；凹槽水平面的侧面投影根据正面投影作出，被遮挡部分用细虚线画出，水平投影的圆弧半径 R_2 等于侧面投影中的 y，如图 1-4-7(b)所示。

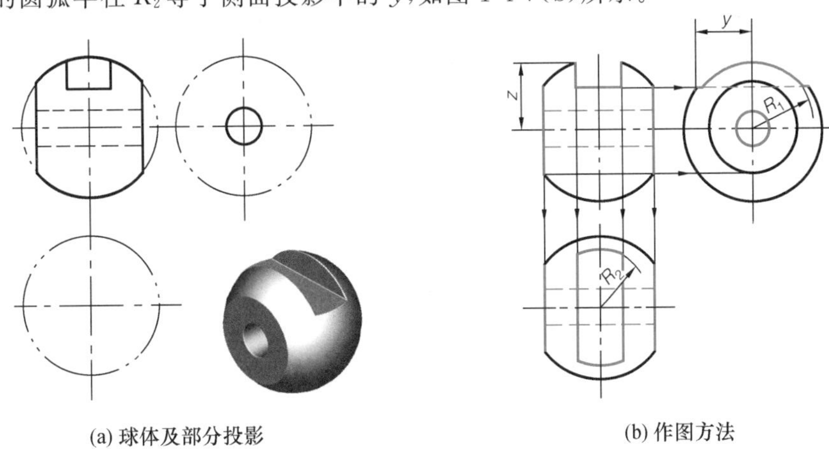

(a) 球体及部分投影　　(b) 作图方法

图 1-4-7　求截切、挖孔、开槽球的截交线

实例 2　绘制三通管三视图

实例分析

如图 1-4-8 所示为在生产中经常使用的三通管立体图，由图可以看出，带孔两圆柱垂直相交，其交线一般为曲线(相贯线)。机件上常见的相贯线多数是由两回转体相交而成的，本实例主要介绍两回转体相贯线的性质及画法。

图 1-4-8　三通管立体图

相关知识

相贯线

1. 相贯线的形成

立体之间相交称为相贯，其表面产生的交线称为相贯线。如图 1-4-9 所示为基本体相贯。

2. 相贯线的基本性质

(1)共有性：相贯线是两个基本体表面的共有线，是两个相贯体表面一系列共有点的集合。

(2)封闭性：由于基本体具有一定的范围，所以相贯线一般为封闭的空间曲线。

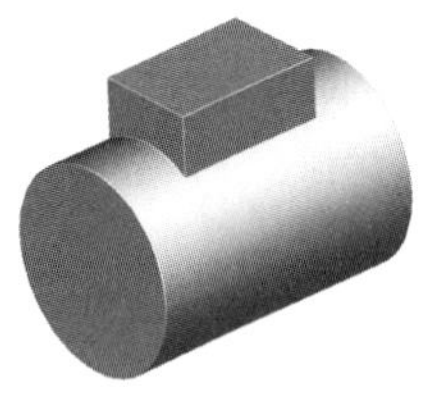

(a) 平面立体与曲面立体相贯

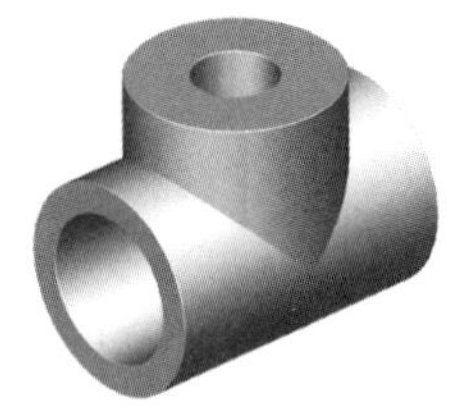

(b) 曲面立体与曲面立体相贯

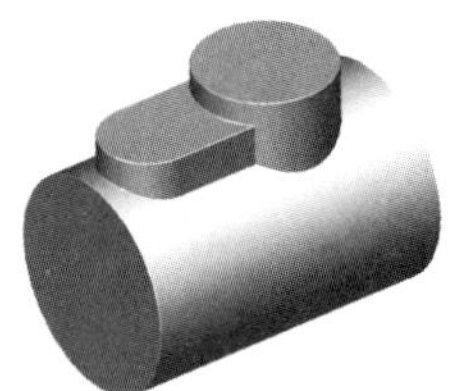

(c) 多体相贯

图 1-4-9　基本体相贯

3. 求相贯线的一般方法

(1)积聚性法

当相贯体中的圆柱体轴线垂直于某一投影面时，则在该投影面的投影积聚为圆，可利用圆柱投影的积聚性求出相贯线的其他投影。

(2)辅助平面法

利用三面共点的原理，通过求一系列共有点的投影来求出属于相贯线上的点。

任务实施

绘制三通管(略去左右两端及上端法兰部分)三视图，如图 1-4-10 所示。

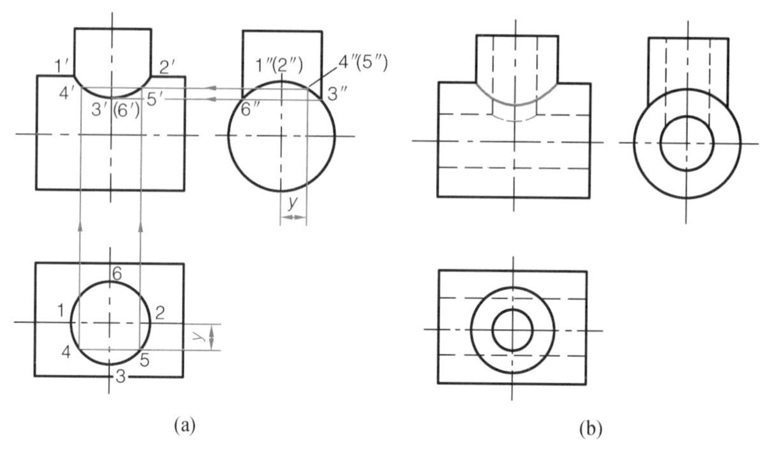

图 1-4-10　三通管三视图

两圆柱正交，大、小圆柱轴线分别垂直于侧立投影面和水平投影面，大圆柱的侧面投影及小圆柱的水平投影积聚为圆，则相贯线的水平投影为圆，侧面投影为圆的一部分，又因两圆柱相贯线前后对称，故前半部分与后半部分相贯线的正面投影重合。

相贯线
(以三通管为例)

作图步骤：

①作特殊位置点的投影。相贯线上的特殊位置点位于圆柱回转轮廓素线上。最高点Ⅰ、Ⅱ(也是最左、最右点)的正面投影可直接作出，最低点Ⅲ、Ⅵ(也是最前、最后点)的正面投影 3′、(6′)由侧面投影 3″、6″作出。

②作一般位置点的投影。利用积聚性和点的投影规律，根据水平投影 4、5 和侧面投影 4″、(5″)，作出正面投影 4′、5′。

③依次光滑连接各点，即得相贯线的正面投影。

④同理作出两内孔的相贯线，描深并完成三通管三视图。

知识拓展

一、圆柱相贯线的变化趋势

如图 1-4-11 所示，圆柱正交的相贯线随着两圆柱直径大小的相对变化，其形状、弯曲方向也随之改变。当两圆柱的直径不等时，相贯线在正面投影中总是朝向大圆柱的轴线弯曲；当两圆柱的直径相等时，相贯线则变成两个平面曲线（椭圆），从前往后看，投影成两条相交直线。相贯线的水平投影则重影在圆周上。

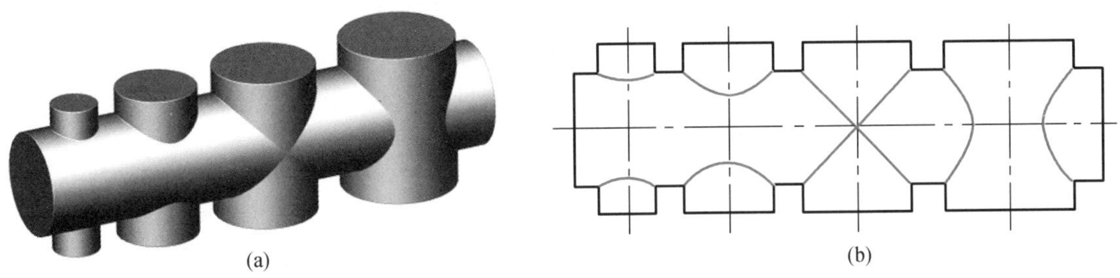

图 1-4-11　圆柱正交的相贯线

二、相贯线的近似画法

如图 1-4-12 所示，通常采用简化画法作出相贯线的投影，读者可自行分析。

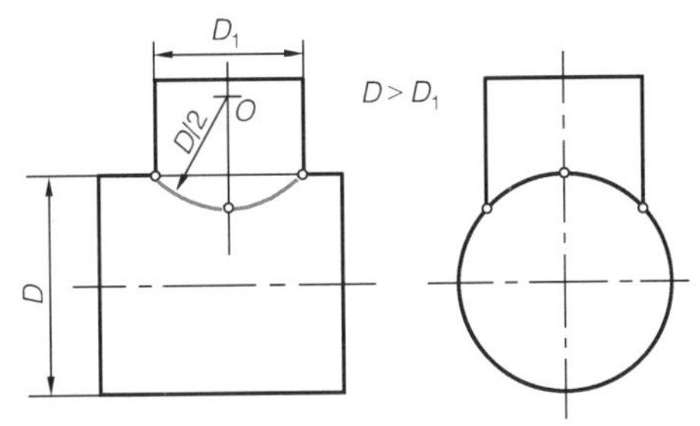

图 1-4-12　用圆弧代替相贯线

三、利用辅助平面法求相贯线

如图 1-4-13 所示为圆柱与圆锥正交（相贯）。在圆柱与圆锥相交的部分作一辅助平面 P，辅助平面截切圆柱与圆锥得出两组截交线，而截交线的交点即相贯线上的点。

因圆柱与圆锥正交，故相贯线为前后对称的空间曲线。大圆柱轴线垂直于侧立投影面，相贯线的侧面投影为圆的一部分（与圆柱面投影重合），需求出相贯线的正面投影和水平投影。

作图步骤：

①作特殊位置点的投影。如图 1-4-14(b)所示，根据相贯线最高点（也是最左、最右点）和最低点（也是最前、最后点）的侧面投影 $1''$、$(5'')$、$3''$、$7''$可求出其正面投影 $1'$、$5'$、$3'$、$(7')$及

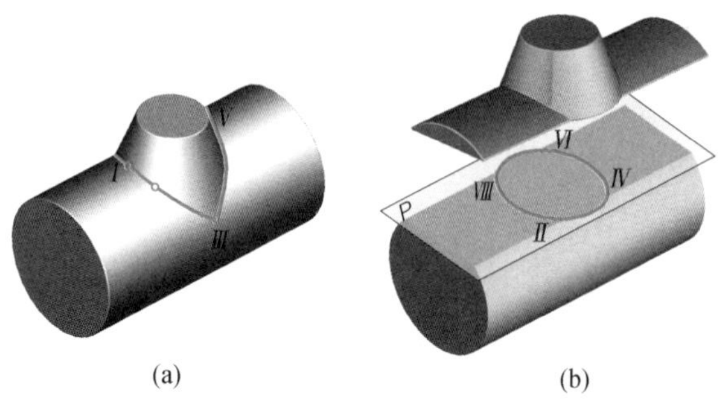

图 1-4-13 圆柱与圆锥正交(相贯)

水平投影 1、5、3、7。

②一般位置点的投影。作一辅助水平面 P,两截交线的交点 2、4、6、8(水平投影)即相贯线上的点。根据其作出正面投影 2′、(8′)、4′、(6′),如图 1-4-14(c)所示。

③将正面投影的可见点(与不可见点重合)、水平投影各点依次光滑连接,即得相贯线的投影,检查、描深,完成全图,如图 1-4-14(d)所示。

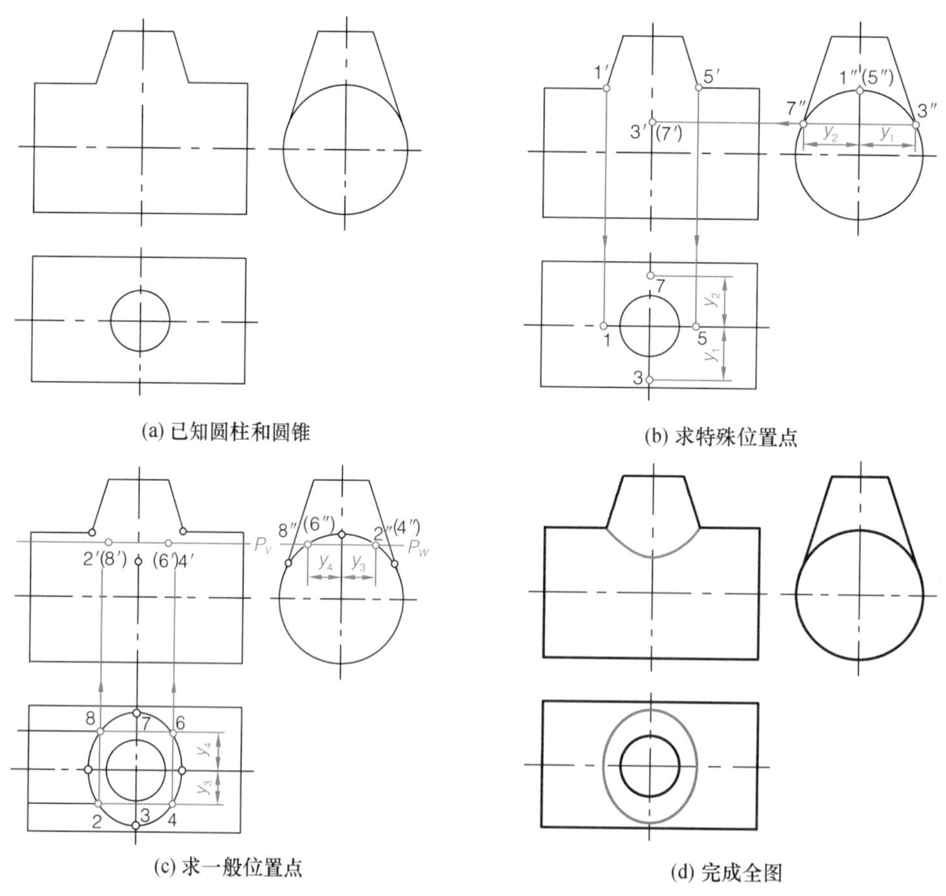

(a) 已知圆柱和圆锥

(b) 求特殊位置点

(c) 求一般位置点

(d) 完成全图

图 1-4-14 圆柱与圆锥正交的相贯线

四、相贯线的特殊情况

如图 1-4-15 所示，在一般情况下，两回转体的相贯线是空间曲线，但在特殊情况下，也可能是平面曲线。

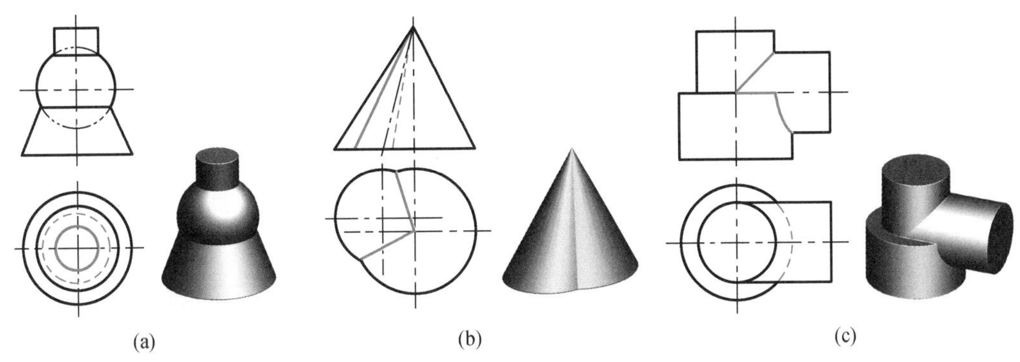

图 1-4-15　相贯线的特殊情况(一)

当圆柱与圆柱、圆柱与圆锥相交且公切于一个球面时，图中相贯线为两个垂直于 V 面的椭圆，椭圆的正面投影积聚为直线段，如图 1-4-16 所示。

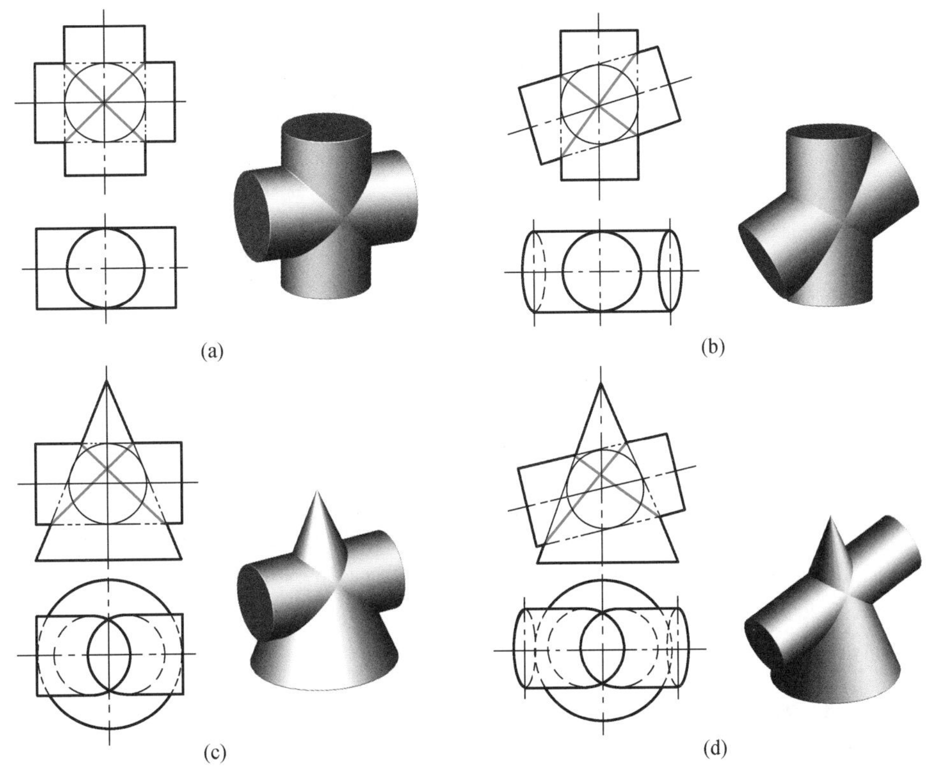

图 1-4-16　相贯线的特殊情况(二)

实例3 识读与绘制组合体三视图

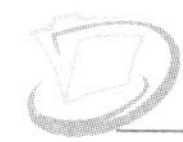

实例分析

如图1-4-17所示为轴承座的立体图和三视图，它是由两个以上基本几何体组合而成的整体，即组合体。轴承座的识读和绘制能够将画图、识图、标注尺寸的方法加以总结、归纳，将前面所学的知识有效地收拢并加以综合运用，以便在以后学习绘制零件图时加以灵活运用。

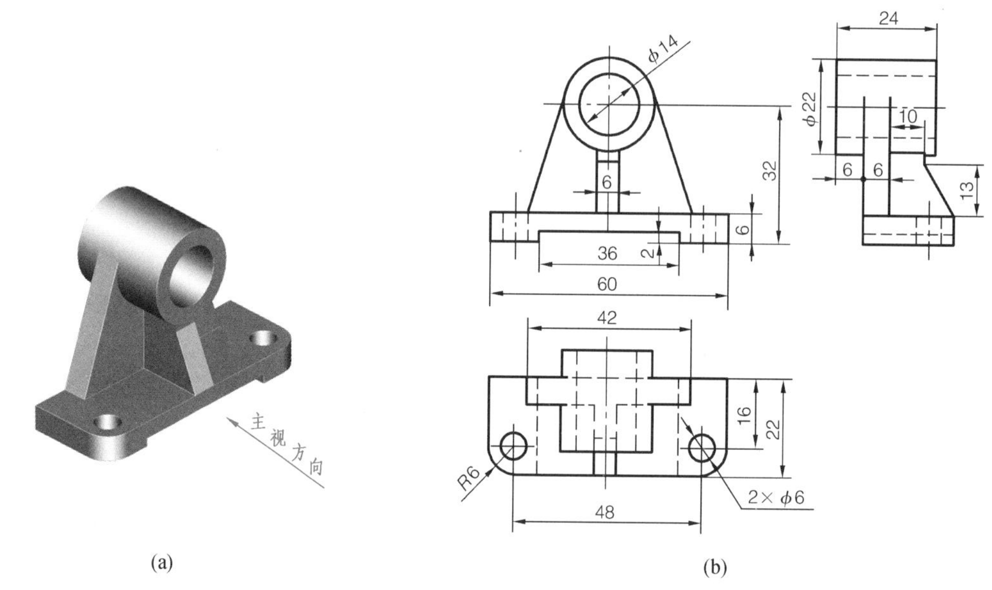

图1-4-17 轴承座的立体图和三视图

相关知识

一、组合体的形体分析法

假想把组合体分解成若干个基本体，弄清各基本体的形状、相对位置和组合形式的方法称为形体分析法。形体分析法是画图、识图和标注尺寸的基本方法。

如图1-4-18所示的组合体由底板Ⅰ(四棱柱板)、圆柱体Ⅱ、肋板Ⅲ(三棱柱)组成。其组合形式和相对位置关系为：圆柱体Ⅱ与肋板Ⅲ均叠放在底板Ⅰ上面；肋板Ⅲ对称分布于圆柱体Ⅱ两侧，且与圆柱体Ⅱ相交；底板Ⅰ的两侧中间各挖去一个形体Ⅴ；底板Ⅰ和圆柱体Ⅱ的正中间同轴挖去一个圆柱体Ⅳ。

二、组合体的组合形式

1. 叠加型

如图1-4-19(a)所示，该形体是由圆柱体Ⅰ与四棱柱板Ⅱ堆积而成的组合体。

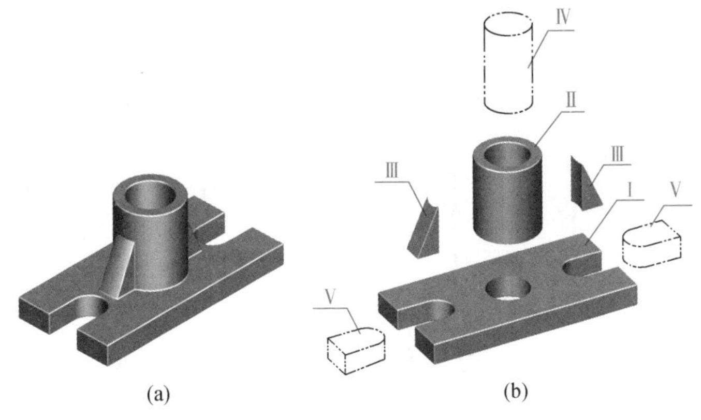

(a)　　(b)

图 1-4-18　组合体的形体分析

2. 切割型

如图 1-4-19(b)所示，该形体是由四棱柱Ⅰ切去三棱柱Ⅱ、Ⅲ并挖去圆柱体Ⅳ而成的组合体。

3. 综合型

如图 1-4-19(c)所示，该形体是既有叠加又有切割的综合型组合体。

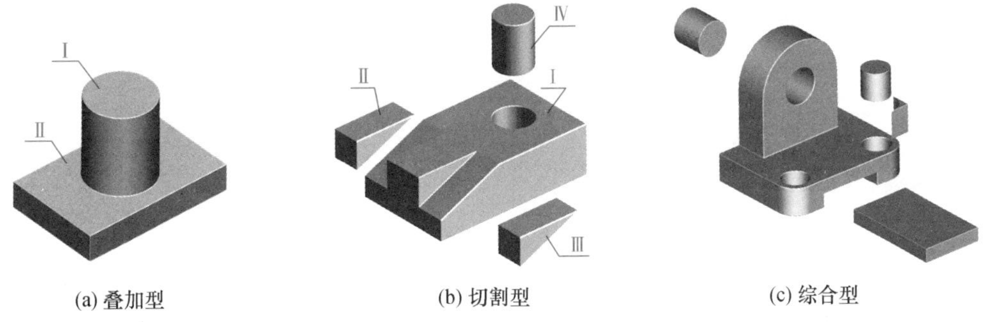

(a) 叠加型　　(b) 切割型　　(c) 综合型

图 1-4-19　组合体的组合形式

三、基本体间的表面连接关系

(1)相邻两基本体间的表面共面，结合处没有界线，在视图上不画出两表面的界线，如图 1-4-20 中的主视图所示。

(2)两基本体的表面不共面，在视图上画出表面界线，如图 1-4-21 中的主、左视图所示。

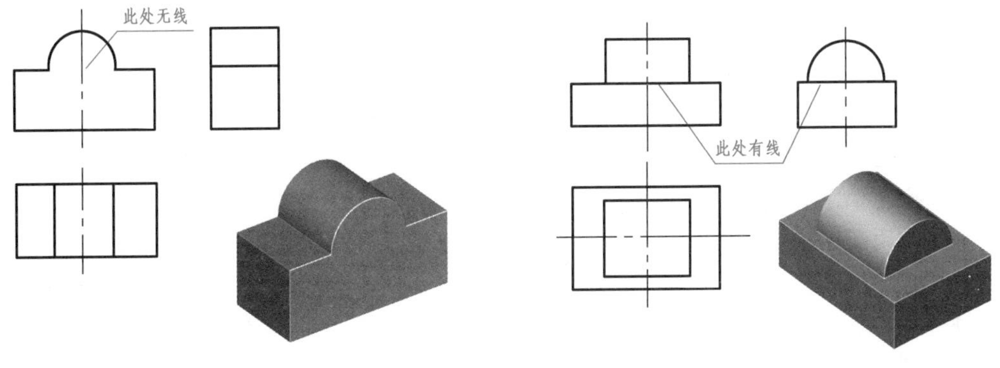

图 1-4-20　表面平齐　　图 1-4-21　表面不平齐

(3)两基本体表面相切,平面与曲面光滑过渡,在视图上相切处规定不画切线,如图 1-4-22(a)所示。

(4)两基本体表面相交,相交处应画出交线,如图 1-4-22(b)所示。

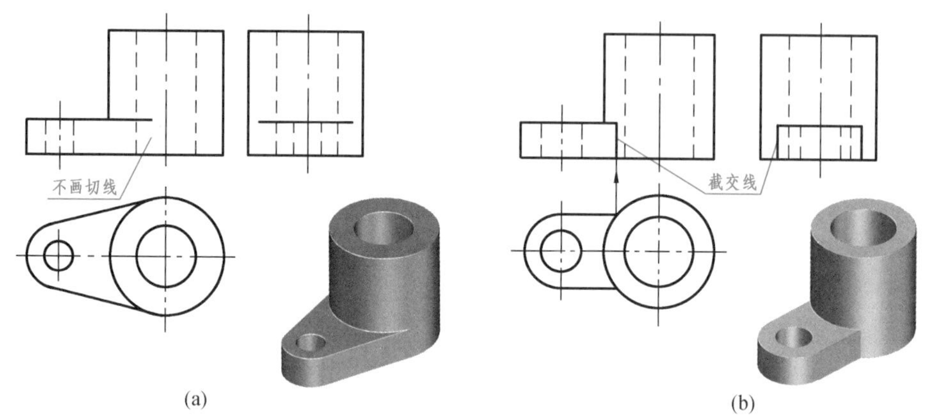

图 1-4-22 两形体表面相切、相交

任务实施

轴承座三视图的画法

如图 1-4-23 所示,该轴承座由底板Ⅰ、支承板Ⅱ、肋板Ⅲ和空心圆柱体Ⅳ组成。

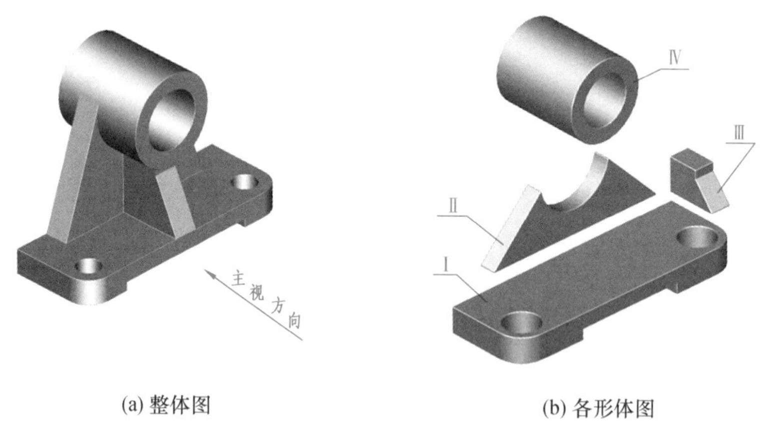

图 1-4-23 轴承座的形体分析

该轴承座三视图的画法与步骤如下:

1. 选择主视图

确定主视图的投射方向是画图的一个关键环节。主视图一般应能较明显地反映出组合体的主要特征,并尽可能使形体上的主要面平行于投影面,以便使投影得到实形,同时考虑组合体的自然安放位置,还要考虑其他视图表达的清晰性。如图 1-4-23(a)所示的轴承座,沿箭头方向所得的视

形体分析法
(以轴承座为例)

图满足了上述的基本要求，可作为主视图投射方向。

2. 选择比例、确定图幅并布置视图

主视图确定之后，可根据实物大小，按标准规定选择适当的比例和图幅。在通常情况下，尽量选用 1∶1 的比例。确定图幅时，应根据视图的面积大小及标注尺寸和标题栏的位置来进行。

3. 画底稿

绘制步骤如图 1-4-24 所示。

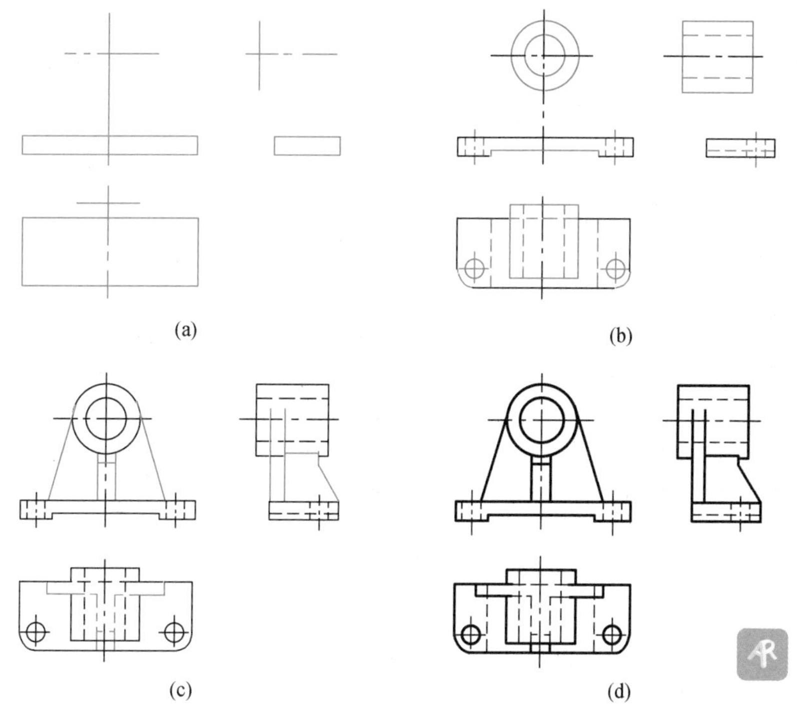

图 1-4-24　轴承座三视图的绘制步骤

绘图时应注意以下问题：

(1)用形体分析法逐个画基本体。画基本体时，应从形状特征明显的视图画起，再按投影规律，几个视图配合着画。

(2)画图顺序：先画主体，后画细节；先画可见的图线，后画不可见的图线；先画圆弧，后画直线。

4. 检查、描深

底稿画完并检查无误后，再加粗描深。

知识拓展

尺寸标注方法

1. 平面立体的尺寸标注方法

平面立体一般应标注其长、宽、高三个方向的尺寸。常见的标注方法如图 1-4-25 所示。

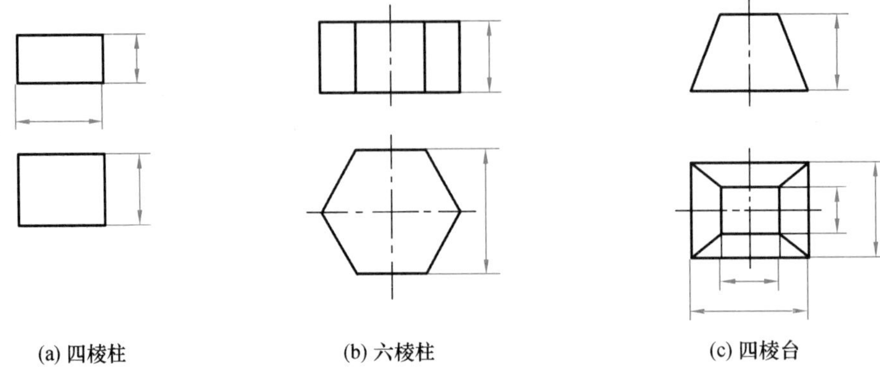

图 1-4-25 常见平面立体的尺寸标注方法

2. 平面立体被截切后的尺寸标注方法

平面立体被截切后，应先标注基本体的长、宽、高三个方向的尺寸，再标注切口的大小和位置尺寸，如图 1-4-26 所示。

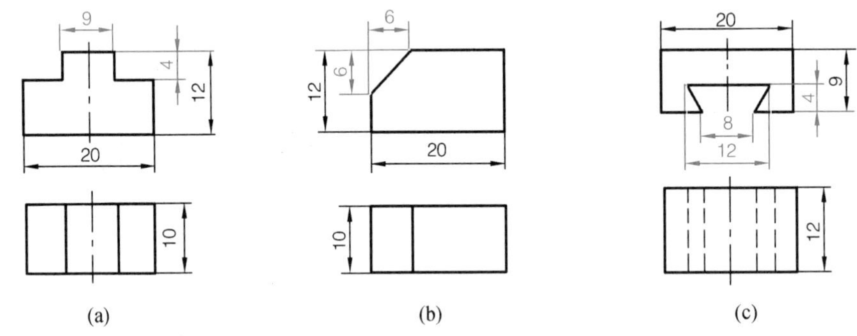

图 1-4-26 平面立体被截切后的尺寸标注方法

3. 回转体的尺寸标注方法

回转体一般应标注直径尺寸和高度尺寸。回转体的直径一般应标注在投影为非圆的视图上，常见标注方法如图 1-4-27 所示。

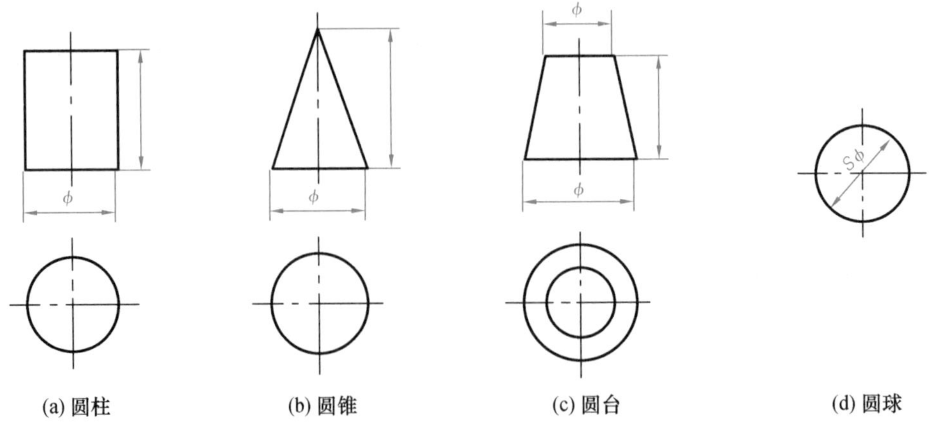

图 1-4-27 常见回转体的尺寸标注方法

4. 曲面立体被截切后的尺寸标注方法

曲面立体被截切后，应首先标注出没有被截切时形体的尺寸，然后再标注出切口的形状尺寸。对于不对称的切口，还要标注出确定切口位置的尺寸。如图 1-4-28 所示。

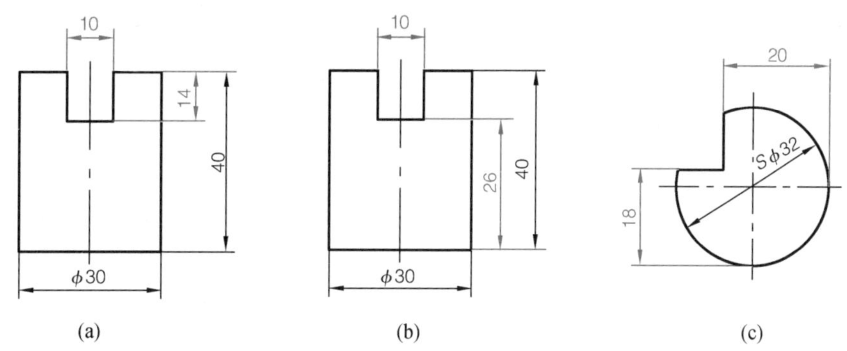

图 1-4-28　曲面立体被截切后的尺寸标注方法

5. 常见结构的尺寸标注方法(图 1-4-29)

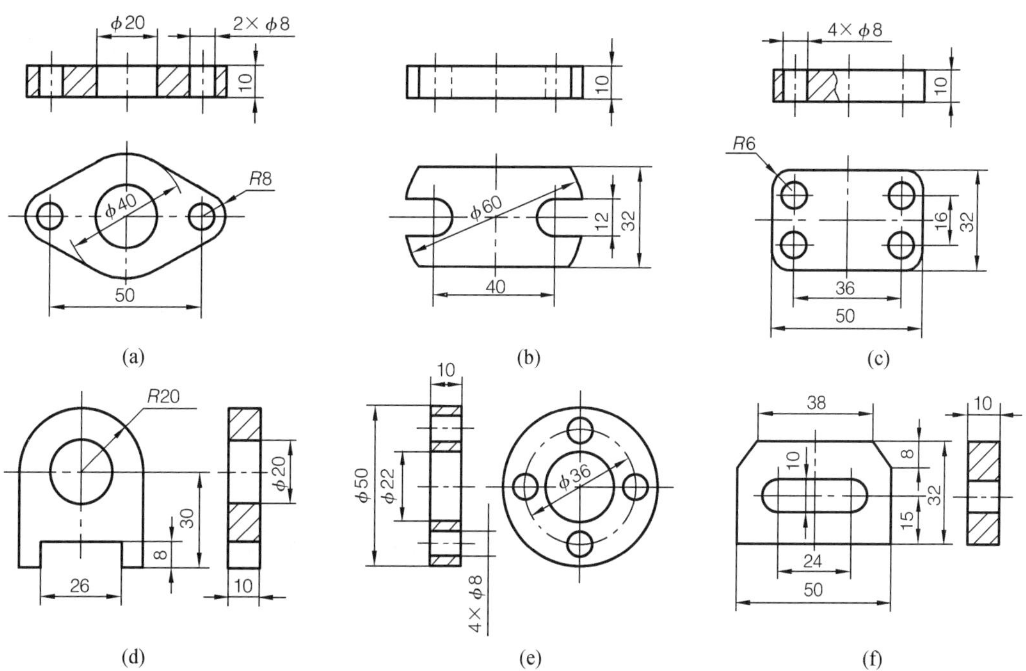

图 1-4-29　常见结构的尺寸标注方法

6. 组合体的尺寸标注方法

(1)尺寸基准

在标注组合体尺寸时，首先选定长、宽、高三个方向的尺寸基准，通常选择形体的对称面、底面、重要端面、回转体轴线等作为尺寸基准。如图 1-4-30(a)所示，以支架右面作为长度方向尺寸基准，以底板的前后对称面作为宽度方向尺寸基准，以底板的底面作为高度方向尺寸基准。

(2)组合体视图中的尺寸种类

①定形尺寸:确定组合体各组成部分形状大小的尺寸。

如图 1-4-30(b)所示,把支架分为底板、竖板以及肋板三个基本部分,这三个部分的定形尺寸分别为:底板长 66、宽 44、高 12,圆角 $R10$ 以及底板上两圆孔直径$\phi10$;竖板长 12、宽 36(用 $R18$ 的形式给出),圆孔直径$\phi18$,圆弧半径 $R18$;肋板长 26、宽 10、高 18。

②定位尺寸:确定各组成部分之间相对位置的尺寸。

如图 1-4-30(b)所示,俯视图中的尺寸 56 是底板上两圆孔长度方向的定位尺寸,24 是两圆孔宽度方向的定位尺寸,左视图中的尺寸 42 是竖板孔$\phi18$高度方向的定位尺寸。

③总体尺寸:确定组合体总长、总高、总宽的尺寸。

如图 1-4-30(b)所示,底板的长度尺寸 66 和宽度尺寸 44 分别是形体的总长和总宽尺寸,其总高尺寸是由尺寸 42 和 $R18$ 相加来决定的。

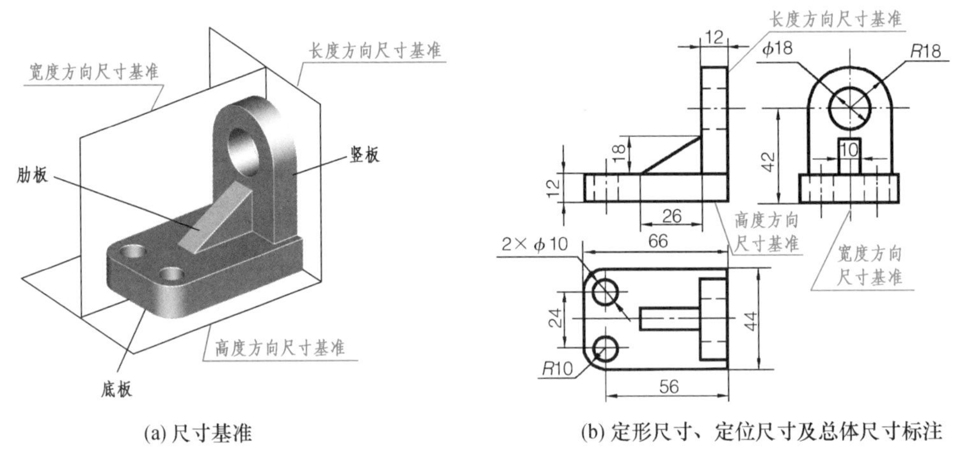

(a) 尺寸基准　　(b) 定形尺寸、定位尺寸及总体尺寸标注

图 1-4-30　支架的尺寸分析

实例 4　识读压块三视图

实例分析

绘图和读图是学习机械制图的两个主要任务。绘图是运用正投影法把空间物体表示在平面图形上,如图 1-4-31(a)所示的压块立体图,根据该立体图画出图 1-4-31(b)所示的三视图,即由物体到图形;而读图是根据平面图形想象出空间组合体的结构和形状,即由图形到物体,所以读图是绘图的逆过程。组合体的读图就是在看懂组合体视图的基础上,想象出组合体各组成部分的结构形状及相对位置的过程。本实例主要介绍读图的基本要领和方法,

不断培养学生的空间想象能力，以达到逐步提高读图能力的目的。

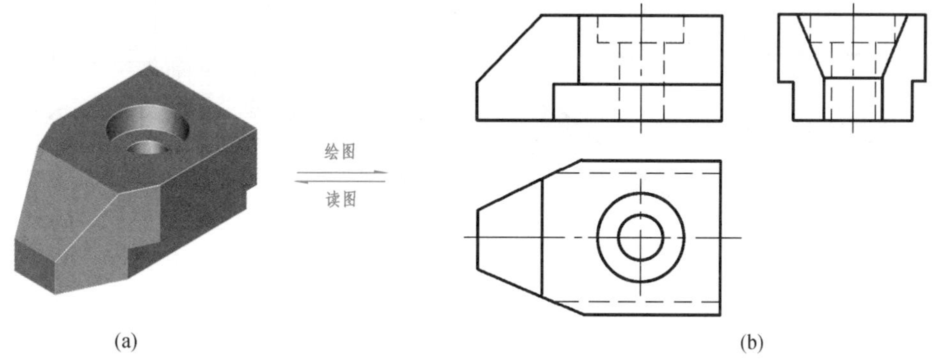

图 1-4-31　压块的立体图和三视图

相关知识

一、读图要领

在组合体的三视图中，主视图是最能反映物体的形状和位置特征的视图，但一个视图往往不能完全确定物体的形状和位置，必须按投影的对应关系与其他视图配合对照，才能完整、确切地反映物体的形状结构和位置。

1. 几个视图联系起来分析

当一个视图或两个视图分别相同时，其表达的形体可能是不同的，如图 1-4-32 所示。

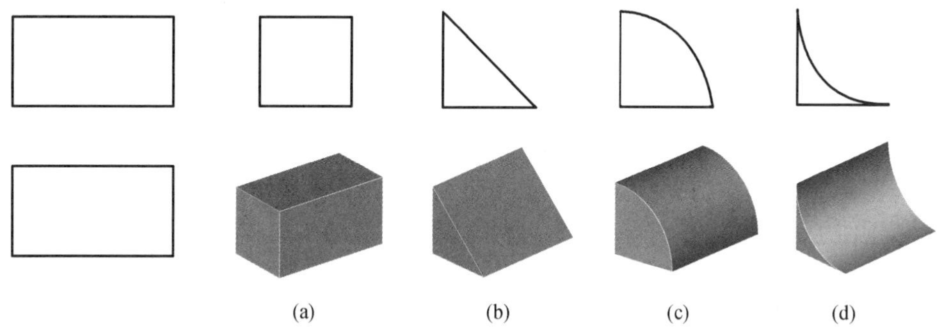

图 1-4-32　两个视图相同的不同形体

2. 善于抓住特征视图

(1)形状特征视图：如图 1-4-33 所示，三个形体的左视图反映形体的形状最明显，它是形状特征视图。

(2)位置特征视图：如图 1-4-34 所示，左视图是反映形体上Ⅰ与Ⅱ两部分位置关系最明显的视图，它是位置特征视图。

3. 读懂视图中图线、线框的含义

(1)视图中图线的含义

①可能是回转体上一条素线的投影，如图 1-4-35(a)所示。

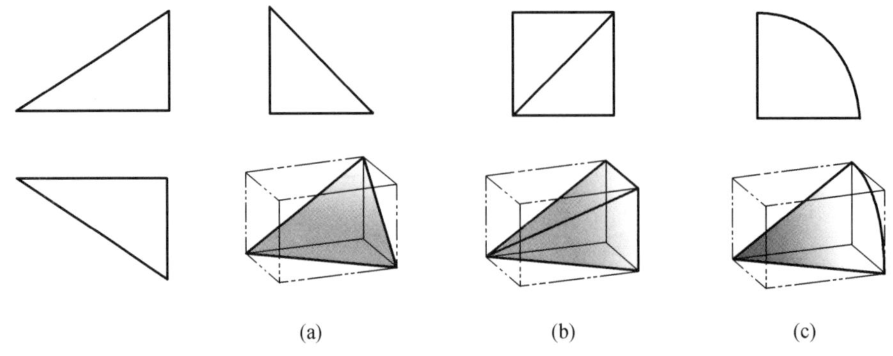

图 1-4-33　形状特征明显的左视图

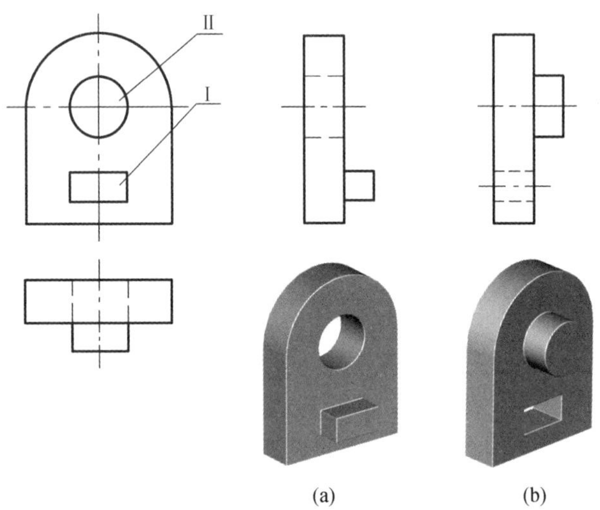

图 1-4-34　位置特征明显的左视图

②可能是平面立体上一条棱线的投影，如图 1-4-35(b)所示。

③可能是一个平面的积聚投影，如图 1-4-35(c)所示。

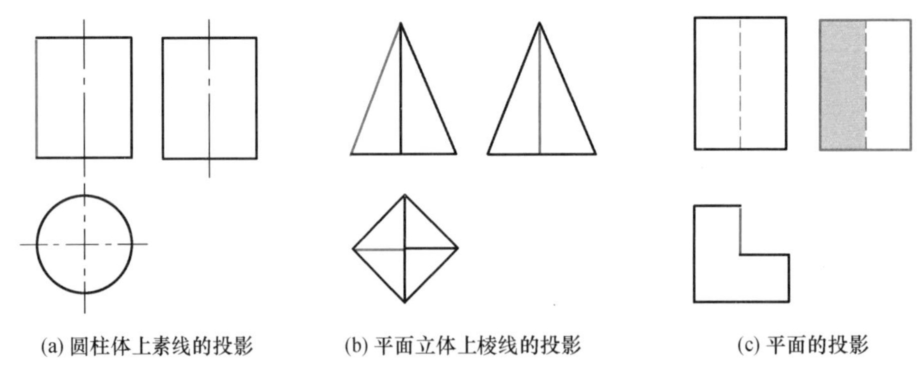

(a) 圆柱体上素线的投影
(b) 平面立体上棱线的投影
(c) 平面的投影

图 1-4-35　视图中图线的含义

(2)视图中线框的含义

视图中的一个封闭线框一般情况下表示一个面的投影，大线框内包含小线框通常是两个面凹凸不平或者是有通槽，如图 1-4-34 所示。

两个相邻线框表示两个面高低不平或相交，如图 1-4-36 所示。

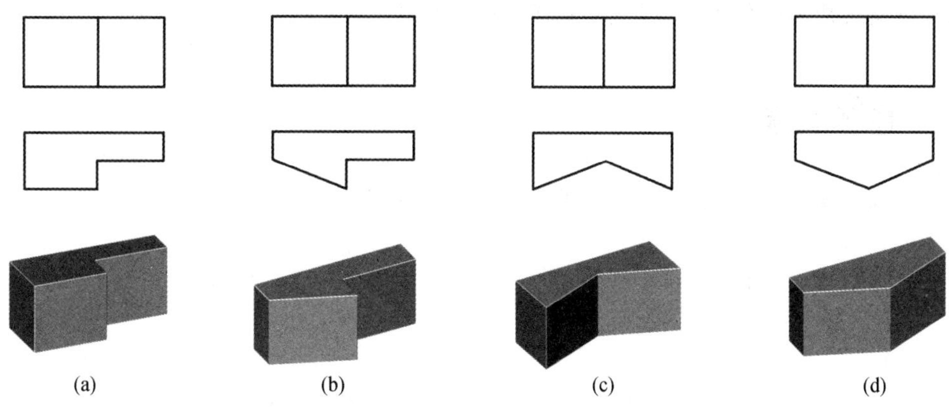

(a)　(b)　(c)　(d)

图 1-4-36　视图中线框的含义

4. 读图要记基本体

由于组合体是由若干个基本体组成的，所以看组合体的视图时，要时刻记住基本体的投影特性(前面已介绍过)。

5. 读图时要注意投影面垂直面和一般位置平面投影的类似性

投影面垂直面和一般位置平面的投影具有类似性，如图 1-4-37 所示，读图时应加以注意。

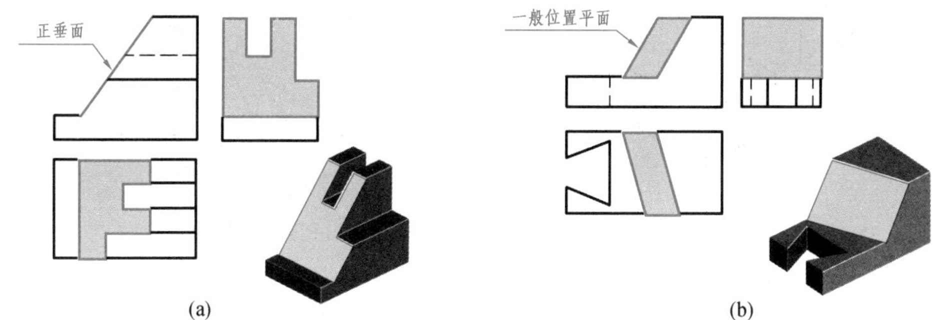

(a)　(b)

图 1-4-37　投影面垂直面和一般位置平面投影的类似性

二、读图的基本方法

1. 形体分析法

形体分析法既是画图、标注尺寸的基本方法，也是读图的基本方法。运用这种方法读图应按下面几个步骤进行：

(1)对应投影关系将视图中的线框分解为几个部分。

(2)抓住每部分的特征视图，按投影对应关系想象出每个组成部分的形状。

(3)分析确定各组成部分的相对位置关系、组合形式以及表面的连接方式。

(4)最后综合起来想象整体形状。

2. 线面分析法

有许多切割型组合体有时无法运用形体分析法将其分解成若干个组成部分，这时读图需要采用线面分析法。所谓线面分析法就是运用投影规律把物体的表面分解为线、面等几何要素，通过分析这些几何要素的空间形状和位置来想象物体各表面的形状和相对位置，并借助立体概念想象物体形状，以达到看懂视图的目的。

任务实施

用线面分析法识读图 1-4-31(b)所示的压块三视图。

1. 分析整体形状

将压块三视图的缺角补齐，可知其基本轮廓是矩形，说明它是由长方体切割而成的，如图 1-4-38(a)所示。

2. 内部结构分析

如图 1-4-38(b)所示，从主视图斜线 1′出发，在俯、左视图中找出与之对应的线框 1 与 1″，由此可知，Ⅰ面是正垂面，长方体被正垂面Ⅰ切掉一角。同理，如图 1-4-38(c)所示，长方体又被前后对称的铅垂面Ⅱ截切；如图 1-4-38(d)所示，被前后对称的正平面Ⅲ和水平面Ⅳ截切。经过分析，可以想象出压块的形状，如图 1-4-31(a)所示。

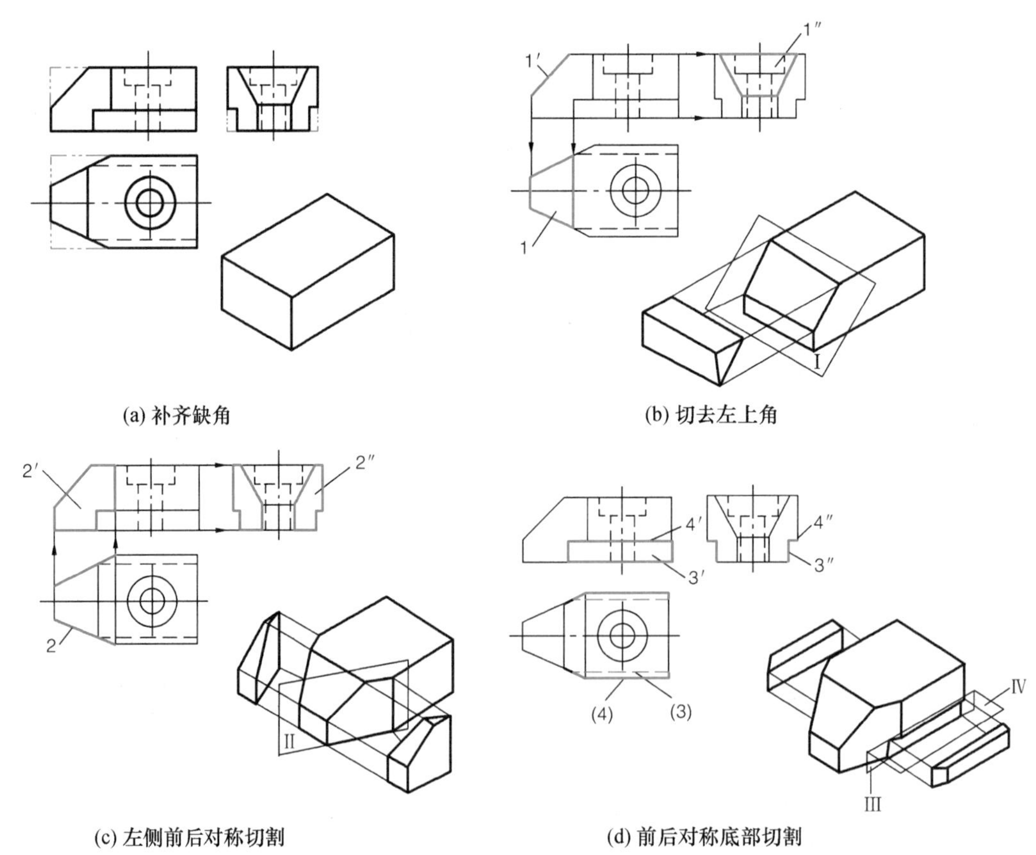

(a) 补齐缺角

(b) 切去左上角

(c) 左侧前后对称切割

(d) 前后对称底部切割

图 1-4-38　用线面分析法读图

知识拓展

在读图练习中，常常要求由已知的两个视图补画出第三视图，或补画视图中所缺的图线，这是检验和提高读图能力的方法之一。

一、补画视图

补画视图实质是读图与画图的综合训练，一般分两步进行：首先根据已给出的两个视图，利用形体分析法及线面分析法想象出物体的形状，然后在看懂视图的基础上补画第三视图。

如图 1-4-39(a)所示的组合体，从主、俯两个视图可以看出该组合体左右对称。形体Ⅰ是以水平投影的形状为底面的柱体，左、右两侧有不到底的方形槽。形体Ⅳ是半个圆柱体，其上底面与形体Ⅰ上的方槽底面平齐，前后与方槽等宽，其中还有与形体Ⅳ的半圆柱面同轴线的小圆柱通孔。形体Ⅱ为四棱柱，左、右和后部分别切掉一个小四棱柱。形体Ⅲ是四棱柱上部叠加的半圆柱，然后挖一圆柱孔。通过分析，可以想象出组合体的形状，如图 1-4-39(b)所示。

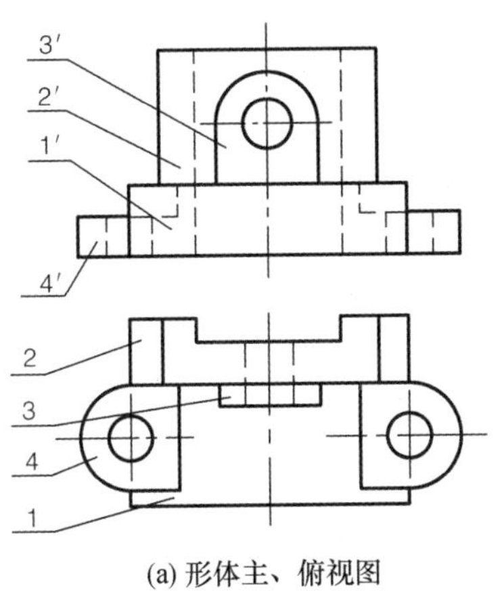

(a) 形体主、俯视图

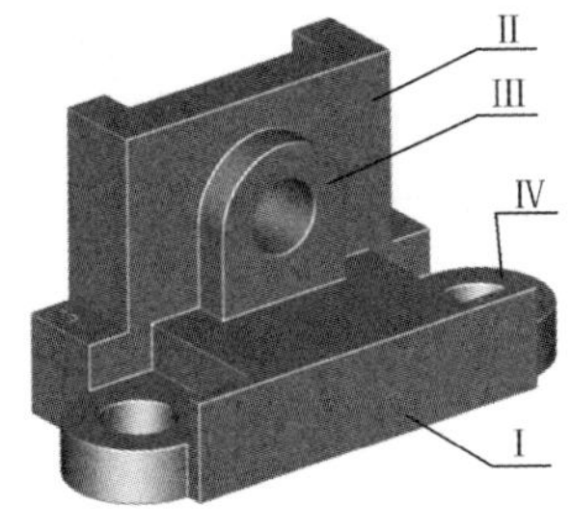

(b) 形体轴测图

图 1-4-39 补画视图

作图步骤如图 1-4-40 所示。

二、补画漏线

视图虽然漏线，但表达的物体通常是确定的，因此补画漏线通常也分两步进行：首先根据视图中的已知图线，利用读图方法想象出物体的形状，找出漏线的视图；然后在看懂视图的基础上，依据投影规律，从视图中的特征明显处出发，在另外两个视图中分别找出对应投影，漏一处补一处。注意分析相邻两部分之间交线的投影。

补画漏线的步骤如图 1-4-41 所示。

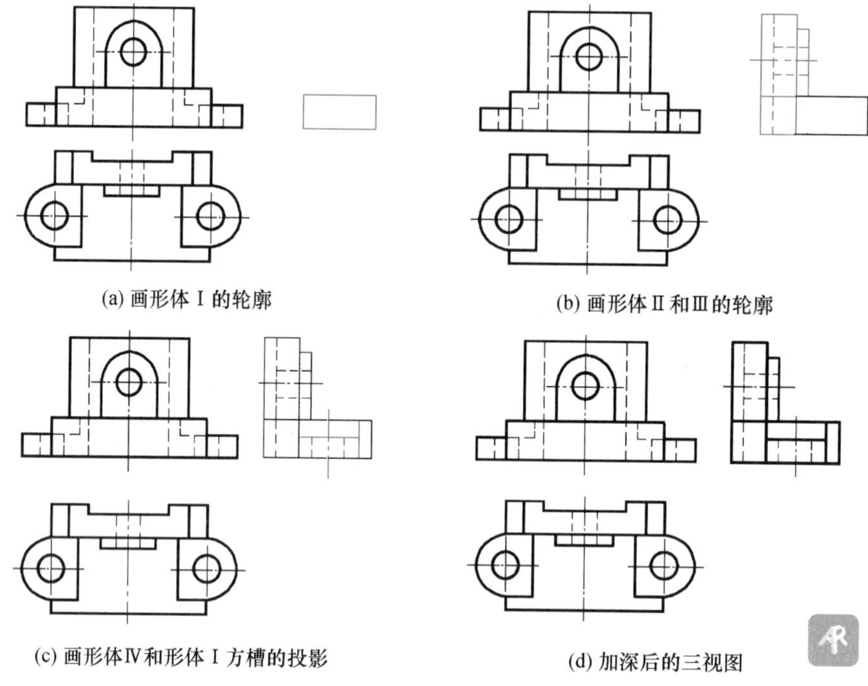

(a) 画形体Ⅰ的轮廓
(b) 画形体Ⅱ和Ⅲ的轮廓
(c) 画形体Ⅳ和形体Ⅰ方槽的投影
(d) 加深后的三视图

图 1-4-40　补画视图的步骤

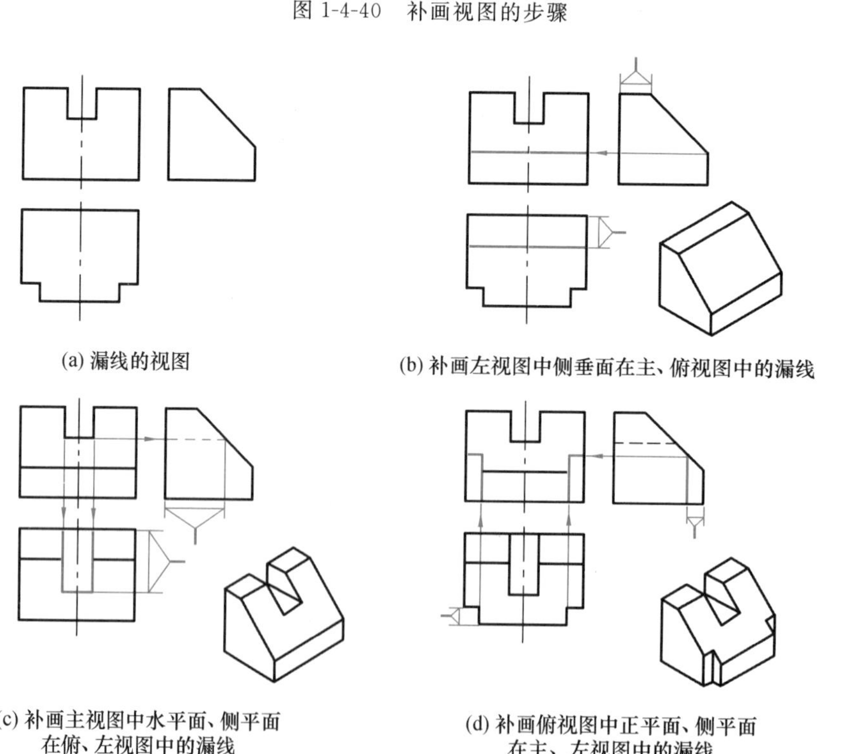

(a) 漏线的视图
(b) 补画左视图中侧垂面在主、俯视图中的漏线
(c) 补画主视图中水平面、侧平面
在俯、左视图中的漏线
(d) 补画俯视图中正平面、侧平面
在主、左视图中的漏线

图 1-4-41　补画漏线的步骤

任务五

绘制正等轴测图

学习目标

了解轴测投影的基本概念和特性；掌握正等轴测图的画法；熟悉斜二轴测图的画法；能够通过绘制简单形体的正等轴测图，提高空间想象能力和空间思维能力。

实例　根据形体的三视图绘制其正等轴测图

实例分析

如图1-5-1(a)所示为用正投影法绘制的形体三视图，其度量性好，能准确地表达物体的形状和位置关系，但缺乏立体感。而图1-5-1(b)所示的轴测图是用单面投影来表达物体空间结构形状的，比较直观，是一种有实用价值的图示方法。本实例主要介绍形体正等轴测图的绘制。

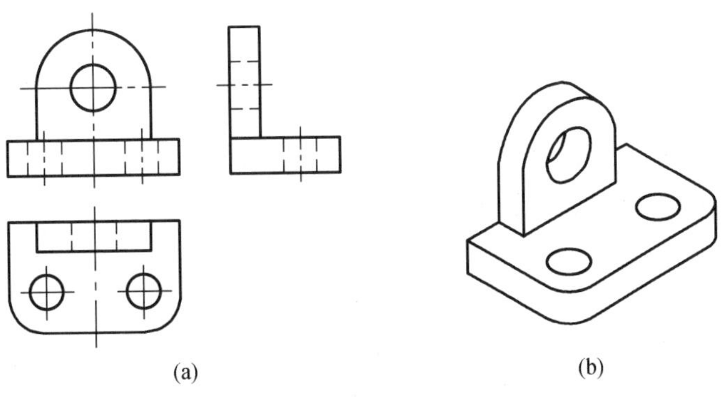

图1-5-1　形体的三面投影与单面投影

一、正等轴测图

1. 轴测图的形成

将物体连同确定物体的直角坐标系，沿不平行于任一坐标面的方向，用平行投影法将其投射在单一投影面上所得的图形称为轴测图。用正投影法得到的轴测图称为正轴测图，用斜投影法得到的轴测图称为斜轴测图。

当三个坐标轴与轴测投影面倾斜的角度相同时，用正投影法得到的轴测图称为正等轴测图，简称正等测。

2. 正等轴测图的形成及参数

正等轴测图的形成及参数如图 1-5-2 所示。

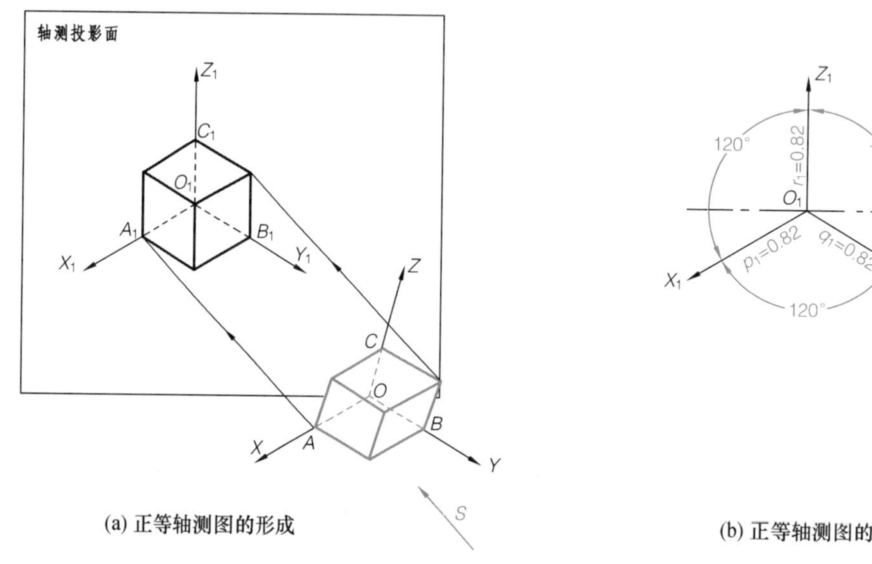

(a) 正等轴测图的形成　　(b) 正等轴测图的参数

图 1-5-2　正等轴测图的形成及参数

（1）轴测轴：直角坐标轴 OX、OY、OZ 在轴测投影面上的投影 O_1X_1、O_1Y_1、O_1Z_1 称为轴测投影轴，简称轴测轴。

（2）轴间角：轴测轴之间的夹角称为轴间角，如 $\angle X_1O_1Y_1$、$\angle Y_1O_1Z_1$、$\angle X_1O_1Z_1$。

（3）轴向伸缩系数：在空间三坐标轴上分别取长度 OA、OB、OC，它们的轴测投影长度为 O_1A_1、O_1B_1、O_1C_1，令 $p_1=O_1A_1/OA$，$q_1=O_1B_1/OB$，$r_1=O_1C_1/OC$，则 p_1、q_1、r_1 分别称为 OX、OY、OZ 轴的轴向伸缩系数。

3. 轴测图的投影特性

（1）与坐标轴平行的线段，其轴测投影与相应的轴测轴平行。

（2）物体上相平行的线段，其轴测投影也平行。

二、正等轴测图的画法

正等轴测图的轴间角均为 120°，如图 1-5-2(b)所示。由于空间的三个坐标轴与轴测投影面的倾角相同，所以它们的轴向伸缩系数均相同，$p_1=q_1=r_1=0.82$。为简化作图，可将轴向伸缩系数简化为 1，称为简化轴向伸缩系数，即所有与坐标轴平行的线段，在作图时其长度都取实长。这样画出的图形，其轴向尺寸均放大到 1/0.82≈1.22 倍。

1. 平面立体的正等轴测图画法

以正六棱柱的正等轴测图为例，平面立体的正等轴测图作图步骤如图 1-5-3 所示。

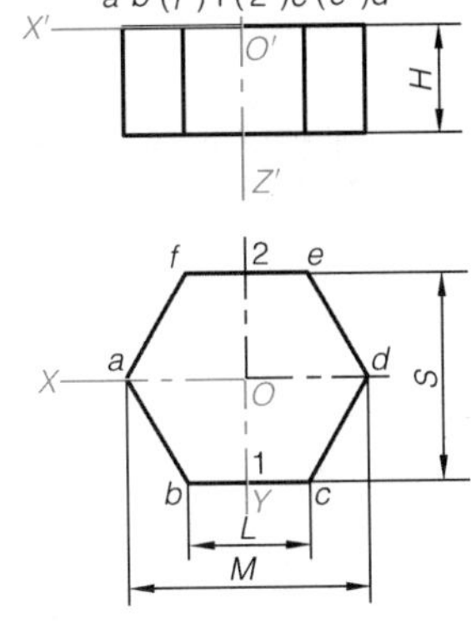

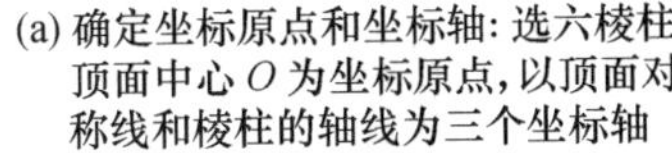

(a) 确定坐标原点和坐标轴：选六棱柱顶面中心 O 为坐标原点，以顶面对称线和棱柱的轴线为三个坐标轴

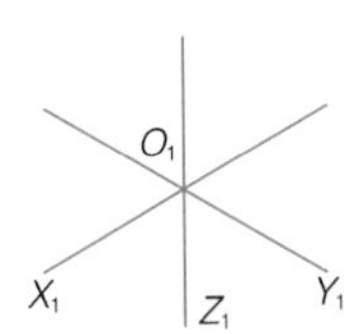

(b) 在适当位置作轴测轴

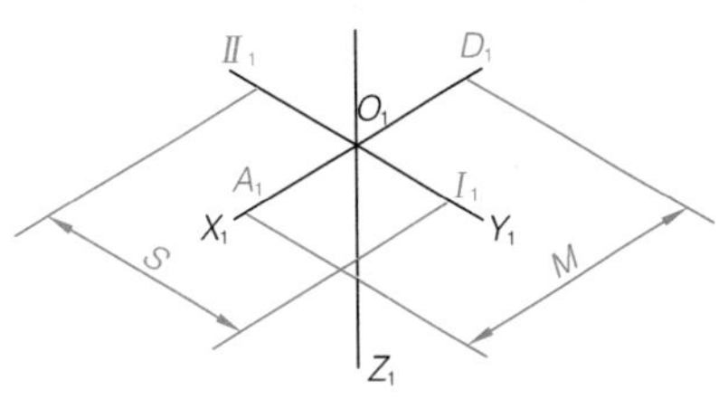

(c) 沿 O_1X_1 量取 M，沿 O_1Y_1 量取 S，得到点 A_1、D_1、I_1、II_1

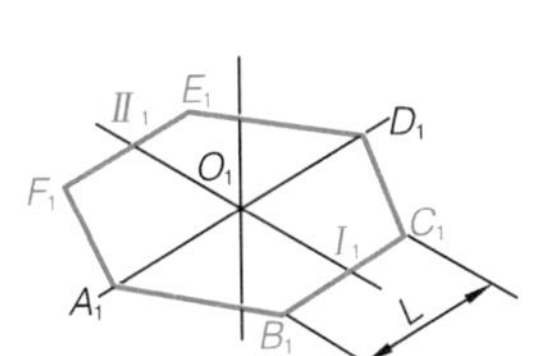

(d) 过 I_1、II_1 作 O_1X_1 轴的平行线，并量取 L 得到点 B_1、C_1、E_1、F_1，顺次连线，完成顶面的轴测图

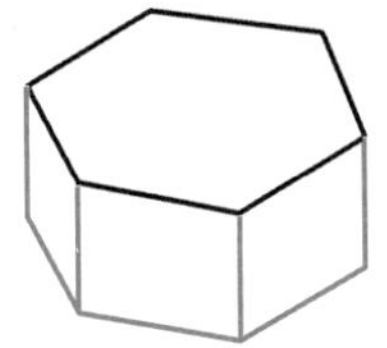

(e) 过各顶点向下作直线平行于 O_1Z_1 轴，分别截取棱线的高度为 H，定出底面上的点并顺次连线，描深，完成全图

图 1-5-3　正六棱柱正等轴测图的作图步骤

2. 回转体的正等轴测图画法

平行于坐标面的圆的正等轴测图为椭圆。作圆的正等轴测图时，应弄清椭圆的长、短轴方向。分析图 1-5-4 所示的图形(图中的菱形为与圆外切的正方形的轴测投影)即可看出，椭圆长轴的方向与菱形的长对角线重合，椭圆短轴的方向垂直于椭圆长轴，即与菱形的短对角线重合，其方向与相应的轴测轴一致，该轴测轴就是垂直于圆所在平面的坐标轴的投影。圆的正等轴测图可用四心圆法近似画出。

四心圆法的作图步骤如图 1-5-4 所示。

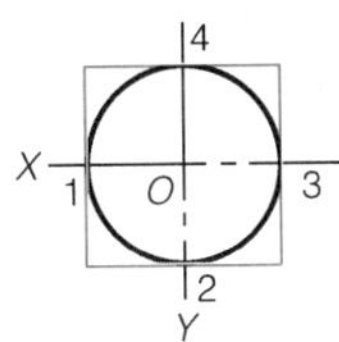

(a) 通过圆心 O 作圆的外切正方形，切点为1、2、3、4

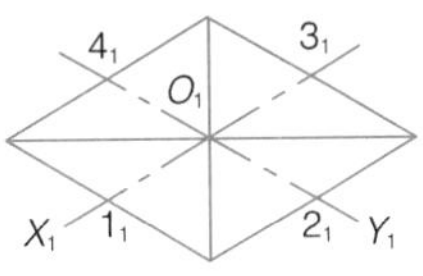

(b) 作轴测轴和切点 1_1、2_1、3_1、4_1，过各点作外切正方形的轴测图，并作对角线

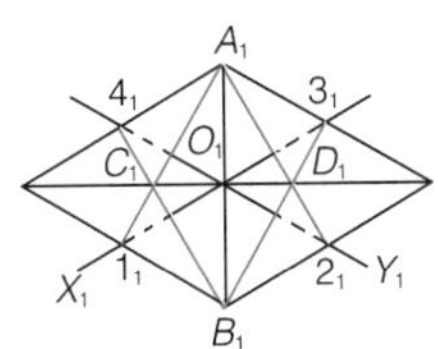

(c) 连接 A_11_1、A_12_1、B_13_1、B_14_1，交得圆心 C_1、D_1，A_1、B_1 即短对角线的顶点，C_1、D_1 在长对角线上

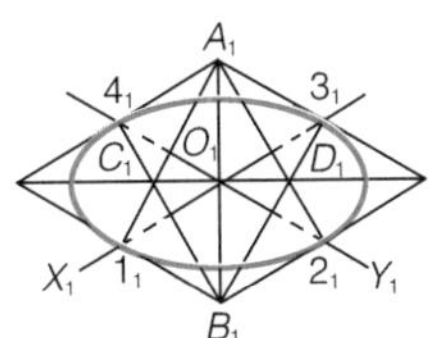

(d) 以 A_1、B_1 为圆心，A_11_1 长为半径，作圆弧 $\overset{\frown}{1_12_1}$、$\overset{\frown}{3_14_1}$；以 C_1、D_1 为圆心，C_11_1 长为半径，作圆弧 $\overset{\frown}{1_14_1}$、$\overset{\frown}{2_13_1}$，连成近似椭圆

图 1-5-4　四心圆法的作图过程

如图 1-5-5 所示为三种位置平面圆及圆柱的正等轴测图，请读者仔细观察并分析。

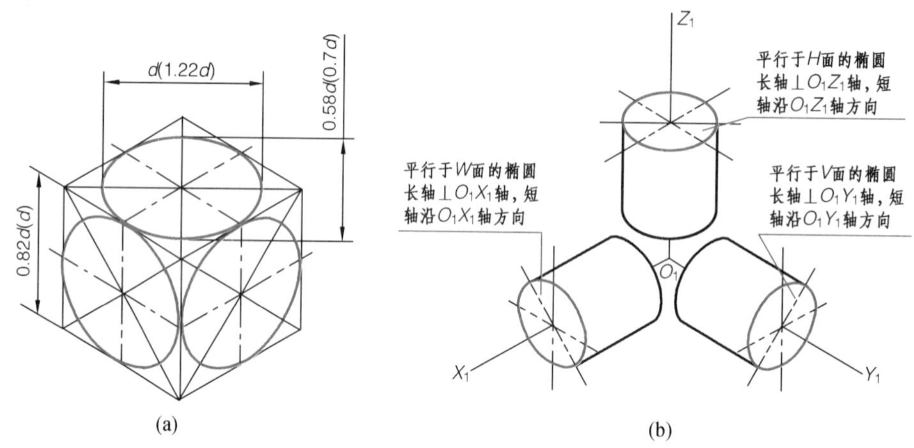

图 1-5-5　三种位置平面圆及圆柱的正等轴测图

用四心圆法绘制圆柱的正等轴测图，如图 1-5-6 所示。

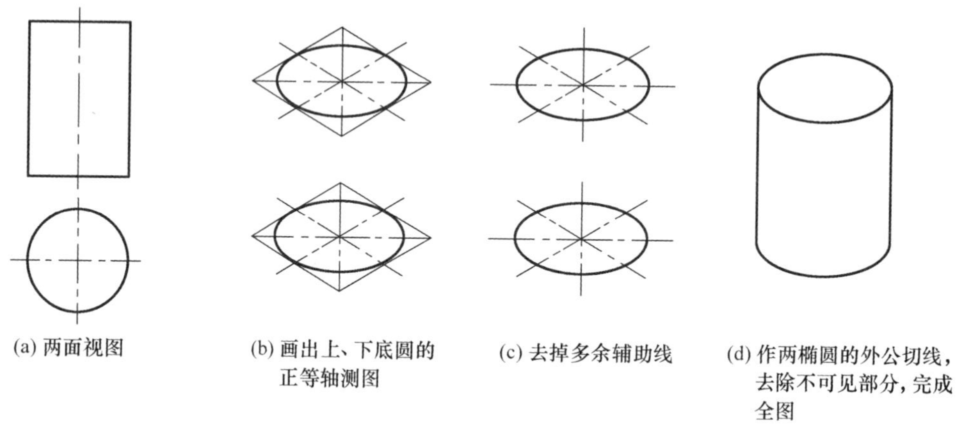

(a) 两面视图　(b) 画出上、下底圆的正等轴测图　(c) 去掉多余辅助线　(d) 作两椭圆的外公切线，去除不可见部分，完成全图

图 1-5-6　圆柱正等轴测图的作图步骤

任务实施

已知形体的两面视图如图 1-5-7(a)所示，绘制该形体的正等轴测图(尺寸从三视图中量取)。具体步骤如图 1-5-7 所示。

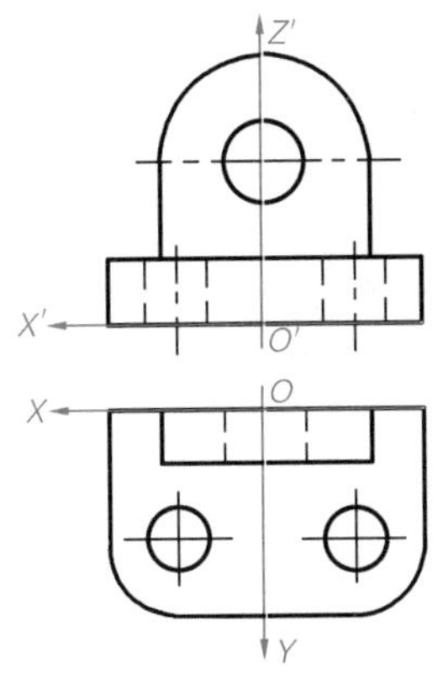

(a) 确定坐标原点及坐标轴

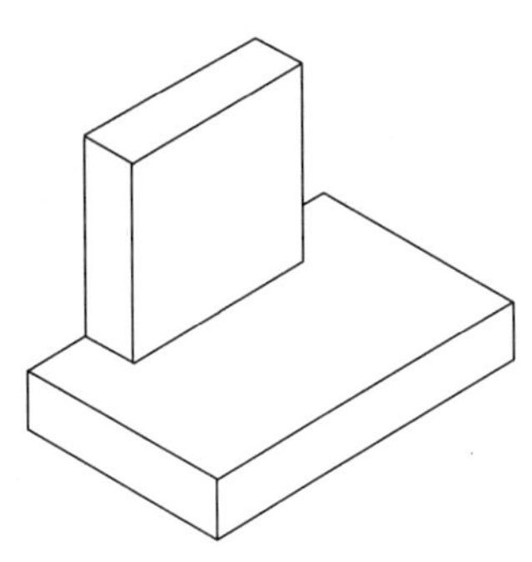
(b) 绘制底板及竖板的正等轴测图

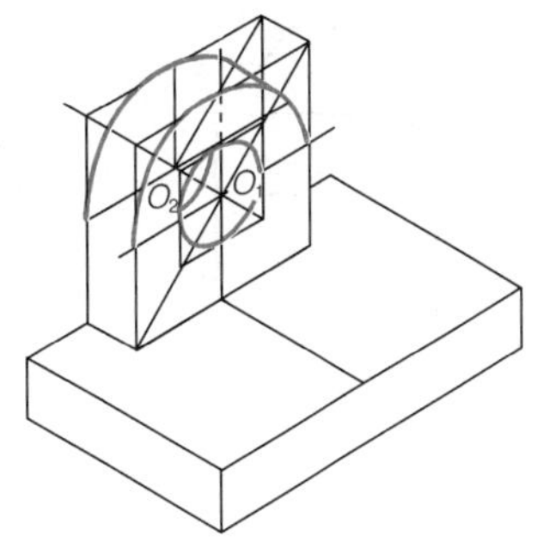

(c) 绘制竖板半圆柱、圆孔的正等轴测图

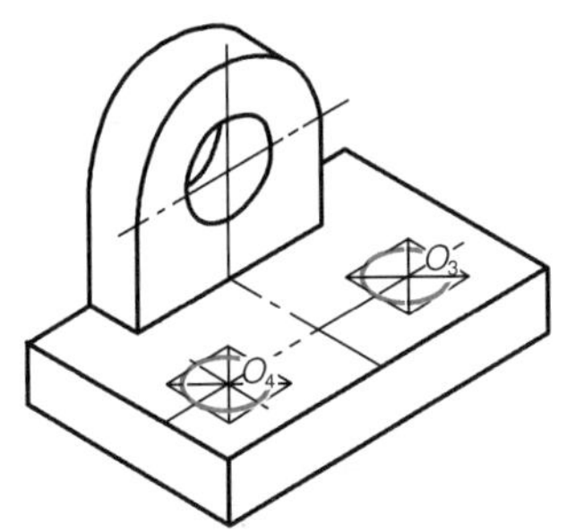

(d) 绘制底板圆孔的正等轴测图

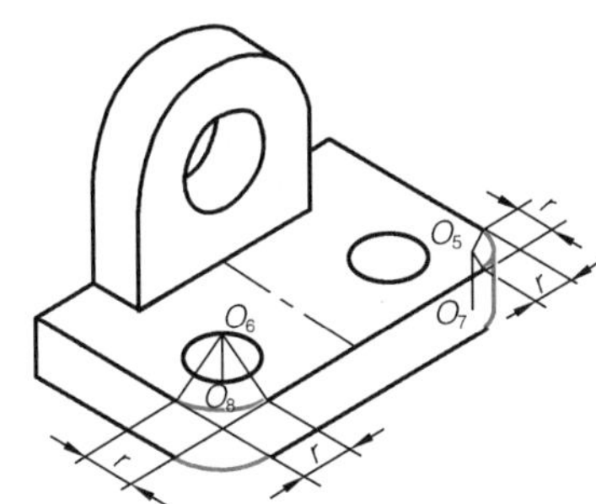

(e) 绘制底板圆角的正等轴测图

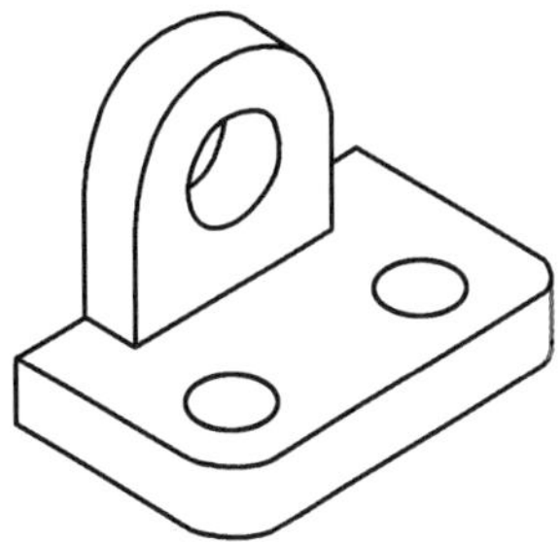
(f) 擦去多余图线，描深完成全图

图 1-5-7　绘制形体的正等轴测图

知识拓展

斜二轴测图

1. 斜二轴测图的形成

当物体上的两个坐标轴 OX、OZ 与轴测投影面平行，而投射方向与轴测投影面倾斜时，所得的轴测图称为斜二轴测图，如图 1-5-8 所示。

2. 斜二轴测图的参数

斜二轴测图的参数如图 1-5-9 所示。

(1)轴间角：$\angle X_1O_1Z_1=90°$，$\angle X_1O_1Y_1=\angle Y_1O_1Z_1=135°$。

(2)轴向伸缩系数：$p=r=1$，$q=0.5$。

(3)轴测轴：如图 1-5-8 所示，斜二轴测图的轴测轴有一个显著的特征，即物体正面 OX 轴和 OZ 轴的轴测投影没有变形。对于那些在正面上形状复杂以及在正面上有圆的单方向物体，这一轴测投影的特征使斜二轴测图的绘制变得十分简单。

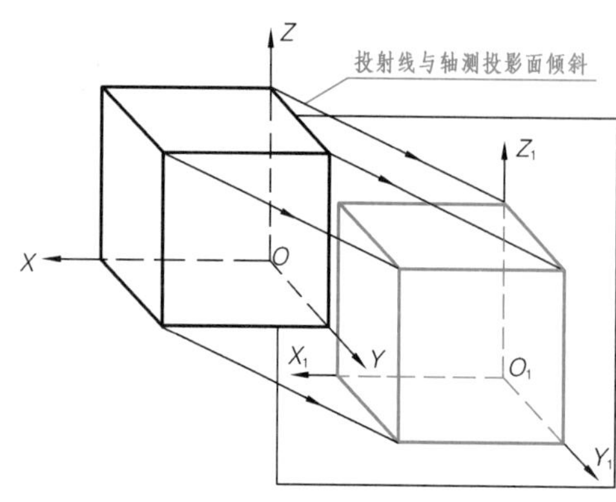

图 1-5-8 斜二轴测图的形成

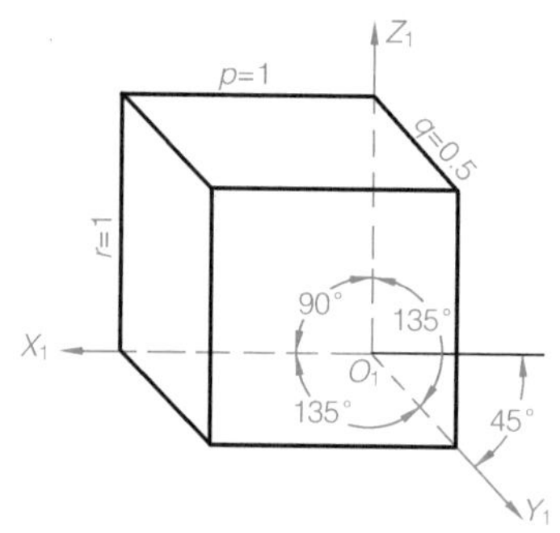

图 1-5-9 斜二轴测图的参数

3. 斜二轴测图的画法

绘制图 1-5-10(a)所示正面形状复杂的单方向形体的斜二轴测图。

作图步骤如图 1-5-10 所示。

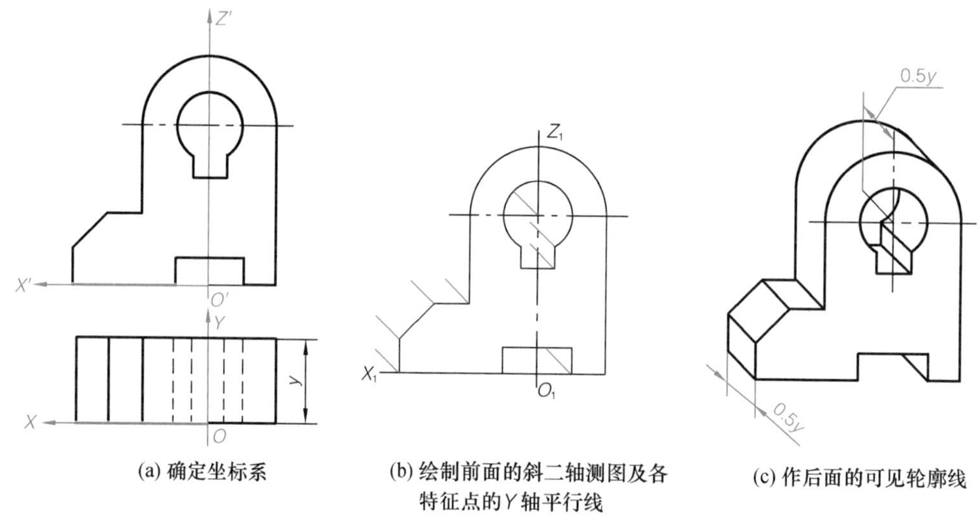

(a) 确定坐标系

(b) 绘制前面的斜二轴测图及各特征点的Y轴平行线

(c) 作后面的可见轮廓线

图 1-5-10 绘制形体的斜二轴测图

任务六 识读各种图样

学习目标

正确理解视图、剖视图、断面图、其他图样画法的概念、标注方法以及读图和画图方法；掌握基本视图、局部视图、斜视图的画法及标注方法；掌握剖视图（用单一平面剖切）、断面图的画法和标注方法，能看懂机件的视图、剖视图及断面图。

实例1 识读摇杆零件的视图

实例分析

如图1-6-1所示为摇杆零件的立体图。在实际生产中，当机件的形状和结构比较复杂时，如果仍用三视图表达，则难以把机件的内、外形状准确、完整、清晰地表达出来。本实例在组合体三视图的基础上，根据表达需要，进一步增加了视图数量（六个基本视图和三种辅助视图），扩充了图样画法，并通过各种图例使学生进一步加深理解，巩固所学知识，从而为机械图样和零件图的绘制及识读奠定坚实的基础。

图1-6-1 摇杆零件的立体图

相关知识

视图主要用来表达机件的外部结构形状。国家标准《技术制图　图样画法　视图》(GB/T 17451—1998)规定，视图分为基本视图、向视图、局部视图和斜视图。

1. 基本视图

(1)基本视图的形成

当机件的外部形状在各个方向（上下、左右、前后）都不相同，仅用三个视图不能清晰地表达时，可在原有三个投影面的基础上再增设三个投影面组成六面体，国家标准将这六个面规定为基本投影面。机件向基本投影面投射所得的视图称为基本视图。

基本视图包括主视图、俯视图、左视图、右视图（从右向左投射）、仰视图（从下向上投射）、后视图（从后向前投射）。

基本视图

（2）基本视图的配置关系

六个基本投影面的展开方法如图 1-6-2 所示。展开后六个基本视图的配置关系如图1-6-3所示，六个基本视图仍符合“长对正、高平齐、宽相等”的投影规律。

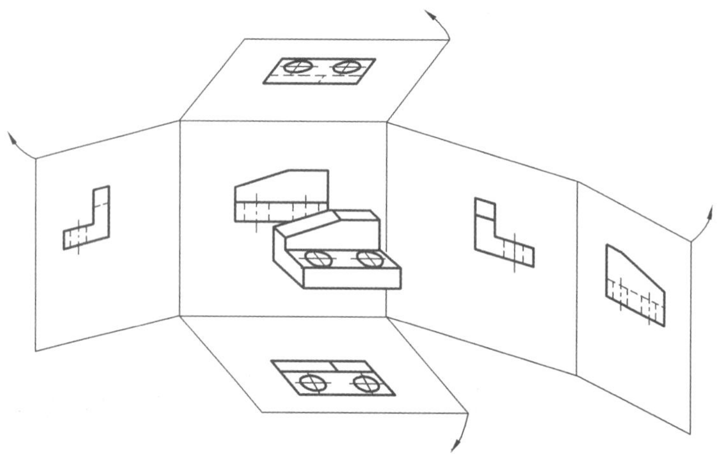

图 1-6-2　六个基本投影面的展开方法

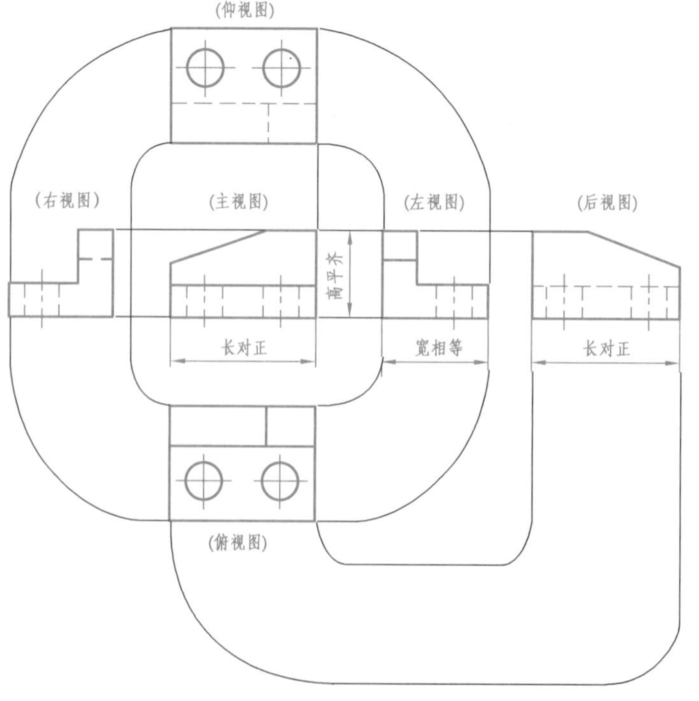

图 1-6-3　六个基本视图的配置关系

2. 向视图

未按规定位置配置的基本视图称为向视图。绘图时应在向视图上方标注“×”(“×”为大写拉丁字母)，在相应视图的附近用箭头指明投射方向并标注相同的字母，如图 1-6-4 所示。

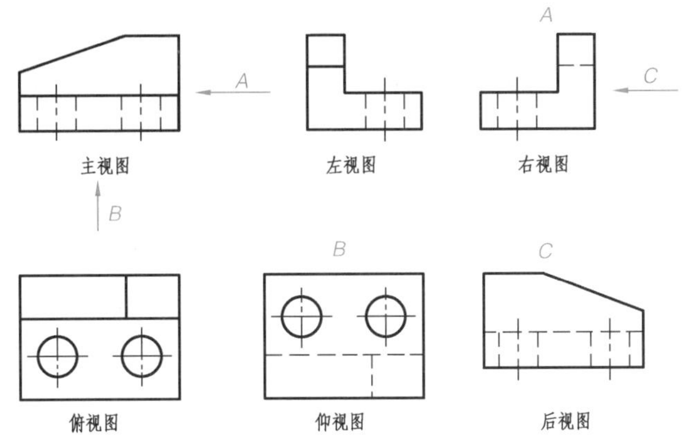

图 1-6-4　向视图及其标注

3. 局部视图

局部视图是将物体的某一部分向基本投影面投射所得的视图，用于表达机件的局部形状。

画法及标注：局部视图的局部断裂边界线用波浪线或双折线表示，如图 1-6-5 中的 A 局部视图所示。当局部视图按基本视图的配置形式配置且中间没有其他视图隔开时，可省略标注；当所表示的局部结构的外形轮廓是完整的封闭图形时，断裂边界线可省略不画，如图 1-6-5 所示。

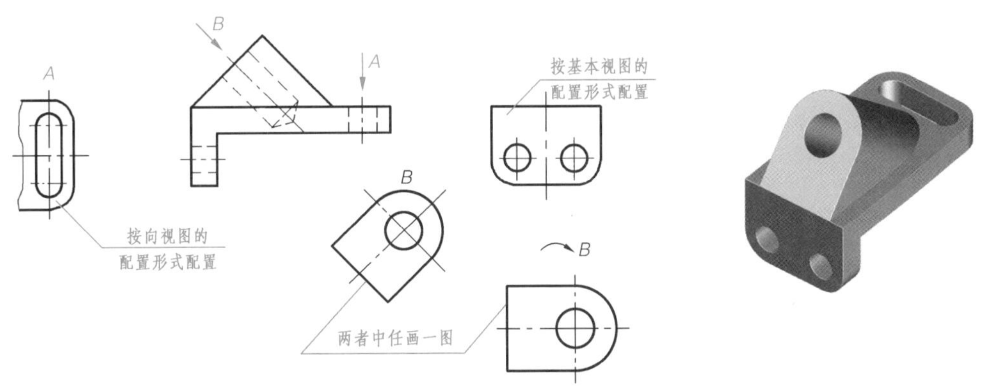

图 1-6-5　局部视图和斜视图

4. 斜视图

当机件的某一部分结构是倾斜的，在基本投影面上无法表达实形时，可将倾斜部分向与之平行的投影面投射，得到实形。这种将机件倾斜部分向不平行于任何基本投影面的平面(斜投影面)投射所得到的视图，称为斜视图，如图 1-6-5 中的 B 斜视图所示。

斜视图的画法及标注如下：

(1)斜视图的配置和标注方法以及断裂边界的画法与局部视图基本相同，一般按投影关系配置，如图 1-6-5 所示。

（2）必要时也可将图形旋转，放置在适当的位置上，但标注时应画出旋转符号，其方向要与实际旋转方向一致，表示该视图名称的字母应靠近旋转符号的箭头端，如图 1-6-5 所示。当要注明图形的旋转角度时，应将其标注在字母之后。

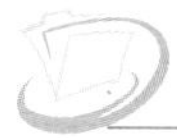

任务实施

摇杆零件的表达方案如图 1-6-6 所示，采用了一个基本视图（主视图）、一个局部左视图（省略标注）、一个 *A* 斜视图和一个局部右视图（省略标注）。

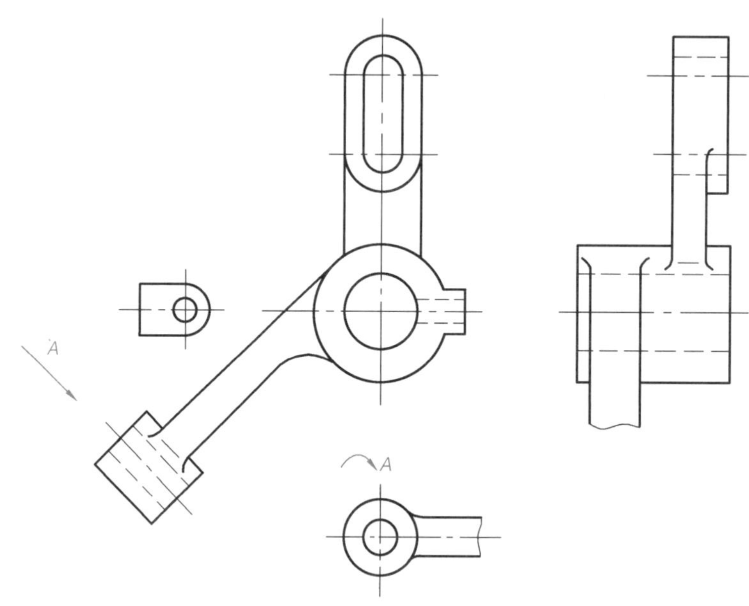

图 1-6-6　摇杆零件的表达方案

实例 2　识读各种剖视图

实例分析

如图 1-6-7 所示为四通管立体图，当用视图表达机件时，其内部孔的结构都用细虚线来表示，内部结构形状越复杂，视图中就会出现越多的细虚线，就会使图形不够清晰，既不便于画图、识图，也不便于标注尺寸。为了解决这些问题，国家标准（GB/T 17452—1998 和 GB/T 4458.6—2002）规定了剖视图的基本画法，通常可以采用剖视的方法来表达机件的内部结构和形状。本实例主要介绍各种剖视图的画法、标注和识读，并分析各种表达方案的优、缺点，以提高对机件图样画法的理解能力。

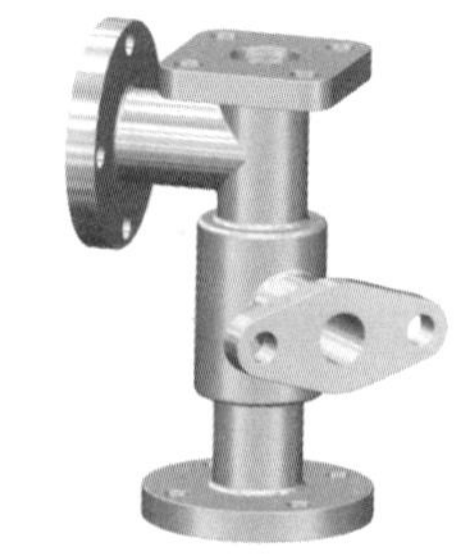

图 1-6-7　四通管立体图

相关知识

一、剖视图

1. 剖视图的概念

假想用剖切平面(也可用柱面)剖开机件,然后移去观察者和剖切平面之间的部分,将余下的部分向投影面投射,所得到的图形称为剖视图(简称剖视)。剖视图主要用来表达机件的内部结构形状,如图 1-6-8 所示。

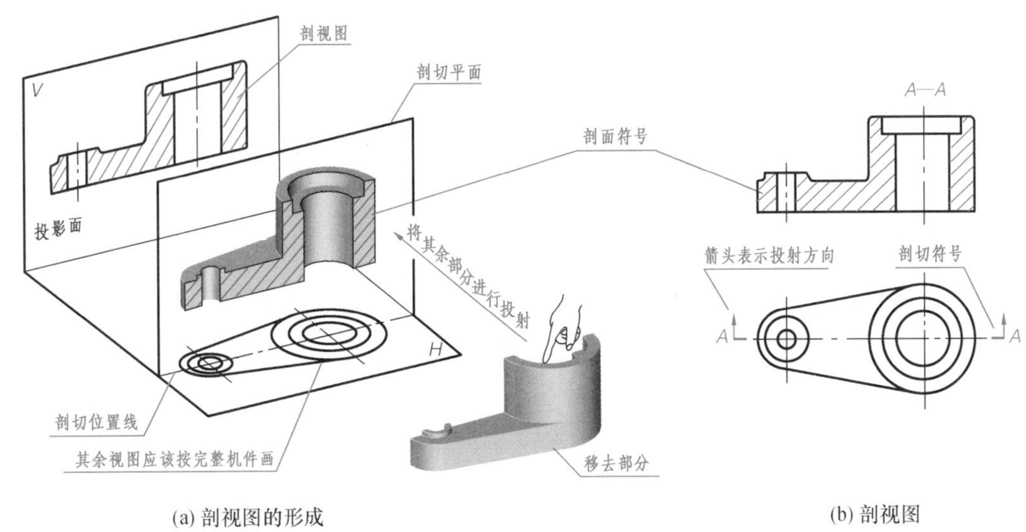

(a) 剖视图的形成　　(b) 剖视图

图 1-6-8　剖视图的概念与形成

2. 剖视图的形成、画法及标注

(1)剖:确定剖切平面的位置,假想剖开机件,剖切平面应通过剖切结构的对称平面或轴线,如图 1-6-8(a)所示。

剖视图的概念及形成

(2)移:将处在观察者和剖切平面之间的部分移去,将其余部分全部向投影面投射。因剖切只是假想的,所以其他视图仍应完整地画出,如图 1-6-8(a)中俯视图仍应完整地画出。

(3)画:在投影面上画出机件剩余部分的投影,剖视图中的细虚线一般可省略。机件被剖切时,剖切平面与机件接触的部分称为剖面,国家标准(GB/T 4458.6—2002)规定,在剖视图的剖面区域内要画出剖面符号,如图 1-6-8 所示。不同的材料采用不同的剖面符号。各种材料的剖面符号详见国家标准。

在机械设计中,规定金属材料的剖面符号用与水平方向成 45°且间隔均匀的细实线画出,称为剖面线。同一机件的剖视图中所有剖面线的倾斜方向和间隔必须一致。

当剖面线与主要轮廓线平行或垂直时,可画成与水平方向成 30°或 60°,如图 1-6-9 所示。

(4)标:在剖视图的上方标注其名称“×—×”(“×”为大写拉丁字母),在相应的视图附近用剖切符号(由粗短画和箭头组成)表示剖切位置(粗短画)和投射方向(箭头),并标注相同的字母,如图 1-6-8(b)所示。

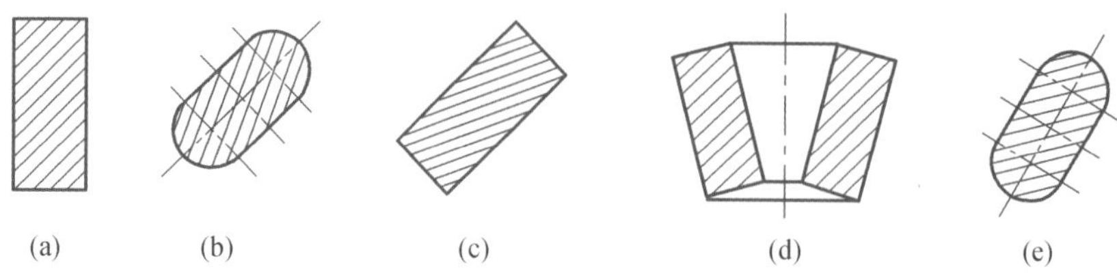

图 1-6-9 剖面线的角度

当剖视图按投影关系配置，中间又没有其他图形隔开时（图 1-6-8(b)），可省略箭头。当单一剖切平面通过机件的对称平面或基本对称平面，且剖视图按投影关系配置，中间又没有其他图形隔开时，可完全省略标注，如图 1-6-8(b)俯视图中的剖切符号、字母都可省略。

二、剖视图的种类

1. 全剖视图

用假想的剖切平面完全剖开机件所得到的剖视图称为全剖视图。全剖视图主要用于表达不对称机件的内部结构或外形简单的对称机件的内部结构，如图 1-6-8(b)所示。

2. 半剖视图

当机件具有对称平面时，以对称平面为界，用剖切平面剖开机件的一半所得到的剖视图称为半剖视图，简称半剖。其标注方法与全剖视图相同，如图 1-6-10 所示。

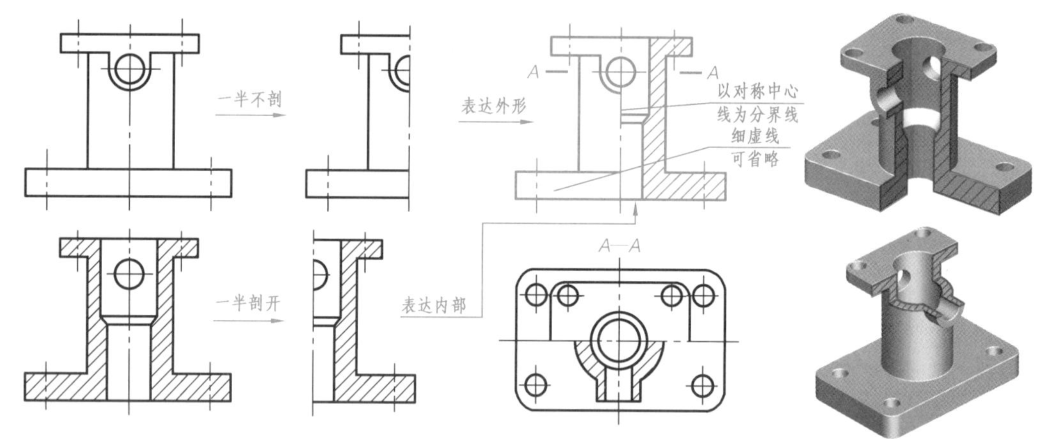

图 1-6-10 半剖视图的形成、画法及标注

半剖视图能在一个图形中同时反映机件的内部形状和外部形状，标注方法与全剖视图的标注方法相同，故主要用于内、外结构形状都需要表达的对称机件。

半剖视图

3. 局部剖视图

用剖切平面局部地剖开机件，所得到的剖视图称为局部剖视图，简称局部剖。如图 1-6-11 所示的轴类零件的两种表达方案，若采用图 1-6-11(a)所示的主、左视图的画法，左视图细虚线较多，则难以清晰地表达出零件局部的内部结构。此时，主视图若采用图 1-6-11(b)所示的局部剖视图，则可看出该机件左端的圆孔和右端的长圆槽，并省略了左视图。

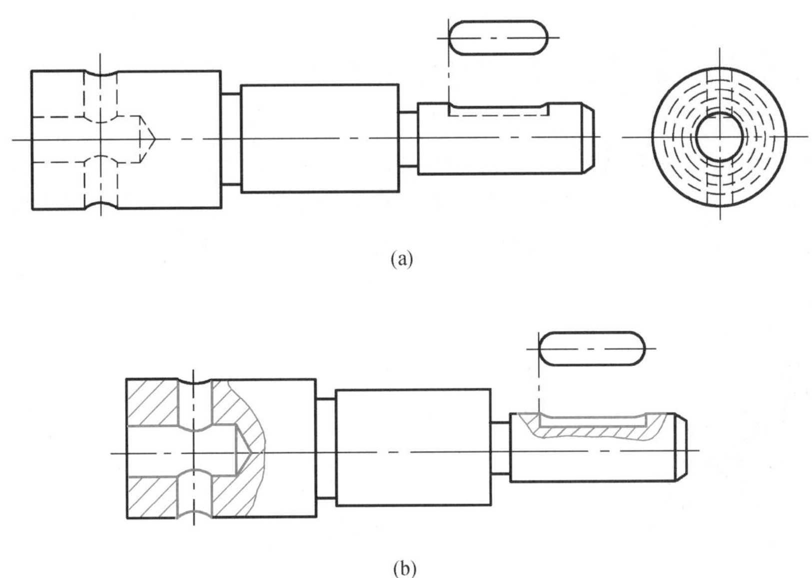

图 1-6-11　机件的局部剖视图

局部剖视图的标注方法与全剖视图基本相同。若为单一剖切平面剖切且剖切位置明显，则可以省略标注，如图 1-6-11 所示。图 1-6-12 所示为画局部剖视图时应注意的问题。

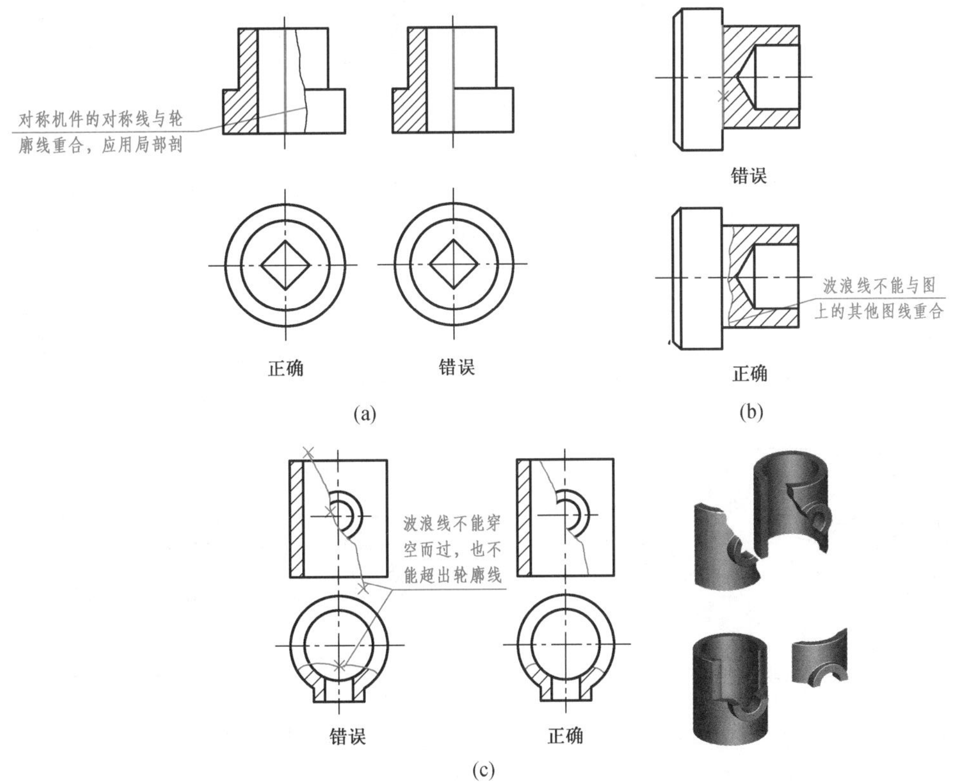

图 1-6-12　画局部剖视图时应注意的问题

三、剖切面的种类

1. 单一剖切面

(1)用一个平行于基本投影面的剖切面将机件剖开称为单一剖,如图 1-6-8(a)所示。

(2)用不平行于任何基本投影面的单一斜剖切平面将机件剖开(以往称斜剖),如图 1-6-13 所示。采用斜剖画剖视图时,可按照箭头所指的投射方向画出斜剖视图。

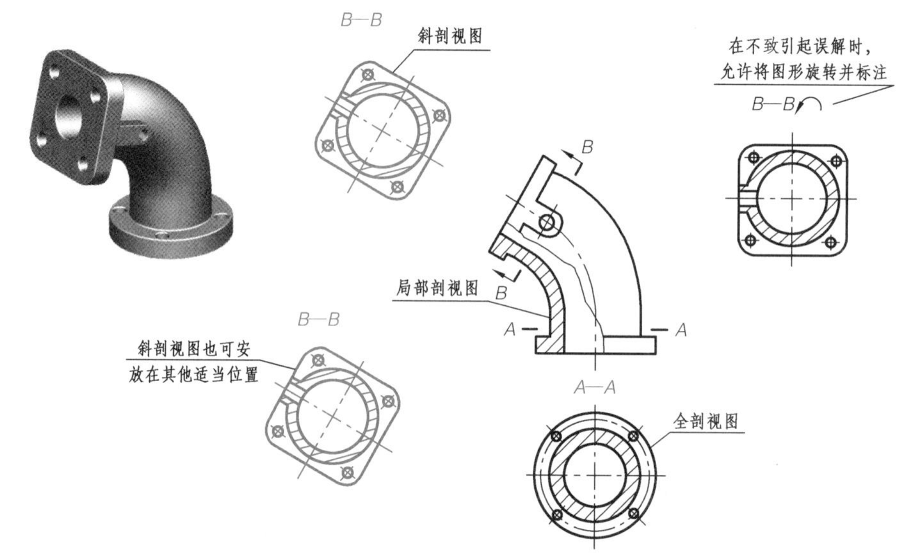

图 1-6-13 斜剖

(3)单一剖切柱面。为了准确地表达在圆周上分布的某些结构,有时采用柱面剖切。画这种剖视图时常采用展开画法,如图 1-6-14 所示为用单一剖切柱面获得的全剖视图和半剖视图。

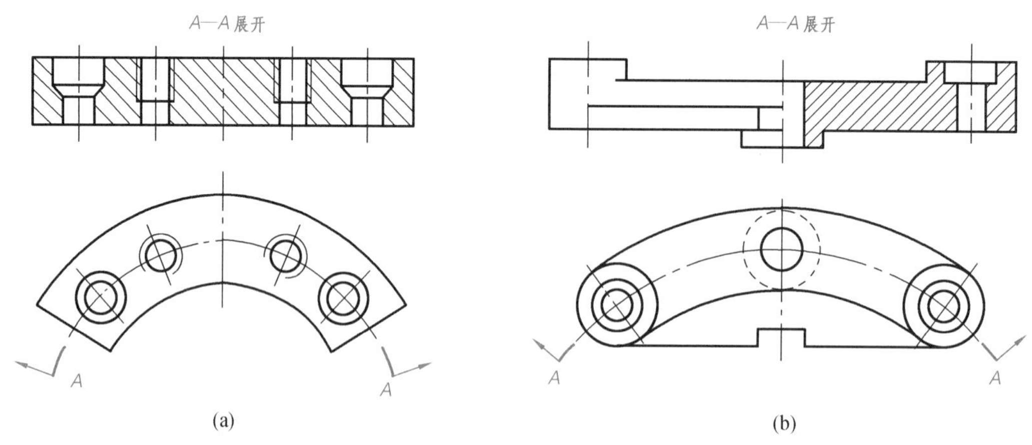

图 1-6-14 用单一剖切柱面切得的全剖视图和半剖视图

2. 几个相交的剖切面

用几个相交的剖切面剖切机件(以往称旋转剖),如图 1-6-15 所示。

采用旋转剖时，先假想按剖切位置剖开机件，然后将剖切面剖开的结构以及有关部分旋转到与选定的投影面平行的位置，再进行投射。在剖切面之后的结构一般仍按原位置画出，如图 1-6-15 所示俯视图中的小孔。

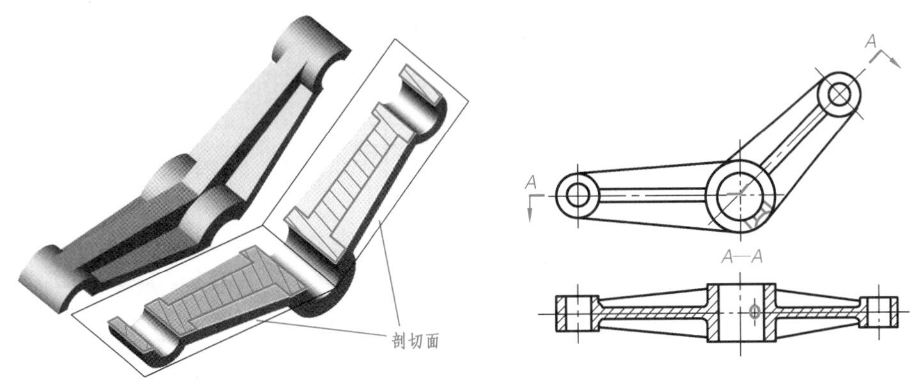

图 1-6-15　用两相交的剖切面剖切机件

3. 几个平行的剖切面

用几个平行的剖切面剖切机件(以往称阶梯剖)，如图 1-6-16 所示。

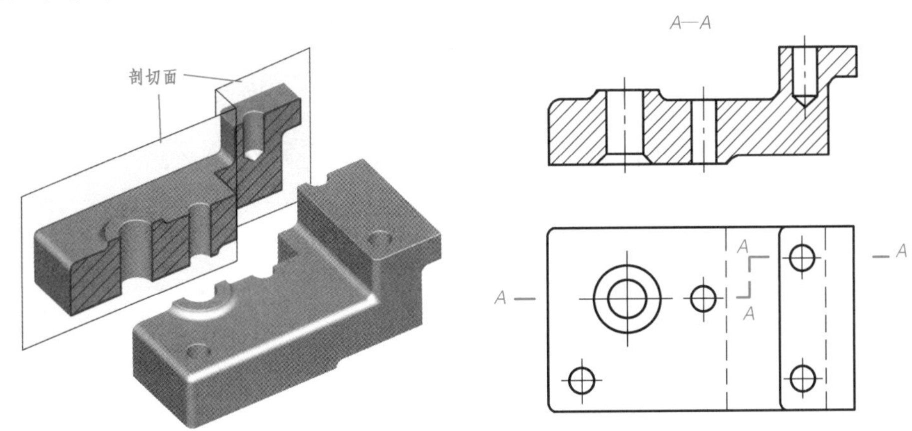

图 1-6-16　用两平行剖切面剖切机件

采用阶梯剖时，假想由几个平行剖切面剖切机件，所得到的剖视图在同一平面上，因此不应画出剖切面连接处分界面的投影，如图 1-6-17(a)所示。在剖视图上不应出现不完整的孔、槽等要素，如图 1-6-17(b)所示。当两个要素在图形上具有公共对称中心线或轴线时，可以各画一半，此时应以对称中心线或轴线为界，如图 1-6-17(c)所示。

4. 几种剖切面的应用

(1)用组合的剖切面剖切机件(以往称复合剖)，如图 1-6-18 所示。

如前所述三种剖切面剖切机件，可分别获得全剖视图、半剖视图和局部剖视图。但有些机件用上述三种剖切面剖切不能满足需要，则可用复合剖。

(2)在剖视图的剖面区域中可做一次局部剖视(称为剖中剖)，两者剖面线应同方向、同间隔，但要互相错开，并用指引线标出局部剖视图的名称，如图 1-6-19 所示。

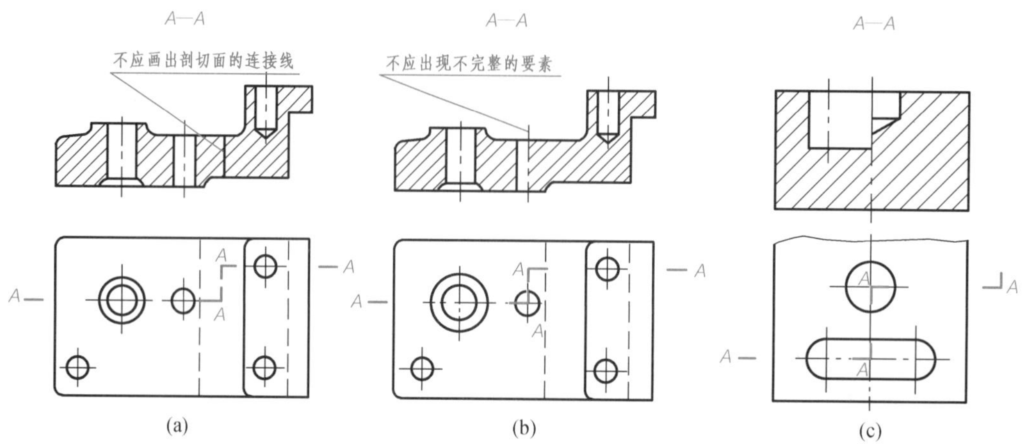

图 1-6-17　画阶梯剖时的注意事项

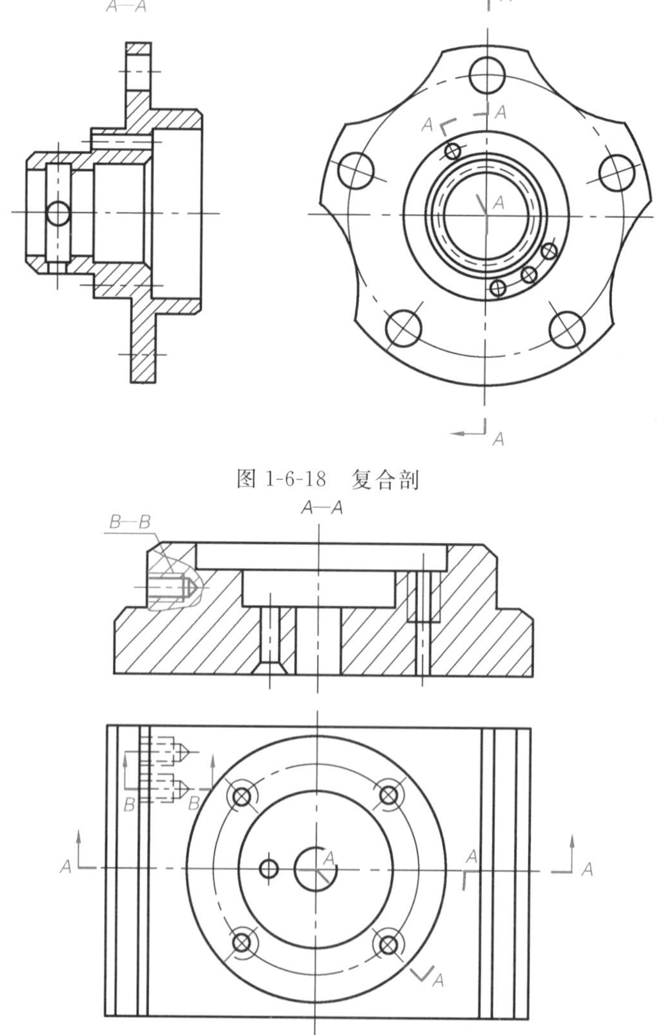

图 1-6-18　复合剖

图 1-6-19　剖视图中的局部剖视

任务实施

识读图 1-6-20 所示四通管机件的一组图形。

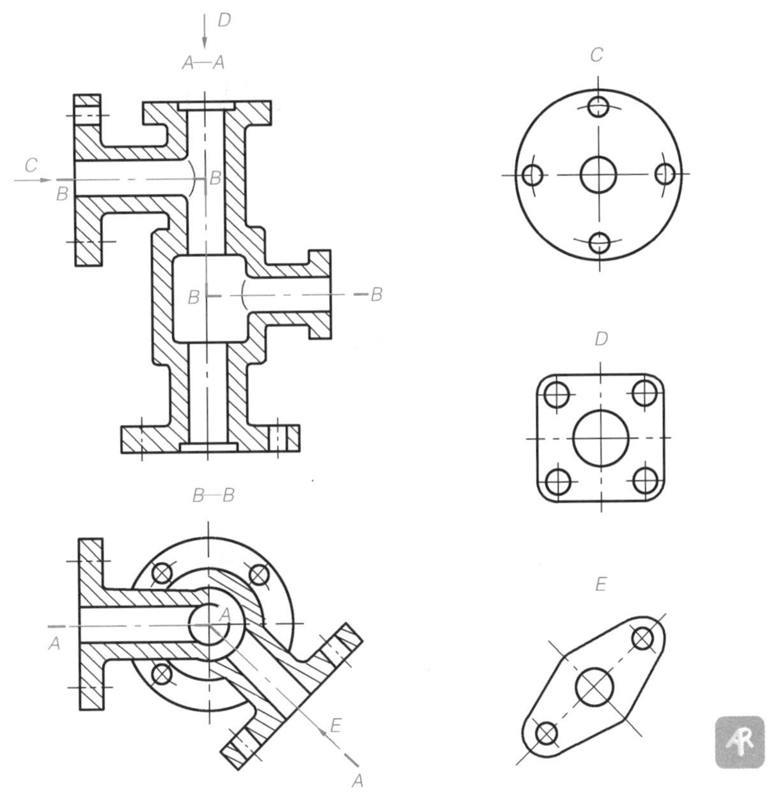

图 1-6-20　四通管机件的视图表达方案

1. 四通管的视图分析

(1)*A*—*A* 剖视的主视图，其剖切符号画在 *B*—*B* 剖视图中，按投影关系配置，省略箭头。

(2)*B*—*B* 剖视的俯视图，其剖切符号画在 *A*—*A* 剖视图中，按投影关系配置，省略箭头。

(3)*C* 局部视图、*D* 局部视图、*E* 斜视图未按投影关系配置，表示投射方向的箭头画在了 *A*—*A* 剖视图和 *B*—*B* 剖视图相应结构的附近。

2. 想象机件各部分形状

在剖视图中带有剖面线的封闭线框，表示物体被剖切的剖面区域(实体部分)；不带剖面线的空白封闭线框，表示机件的空腔或远离剖切平面后的结构形状。主视图中的空白线框表示四通管内腔。通过主视图、*C* 局部视图、*E* 斜视图，可看出该机件是圆形四通管。左端管与主管相贯在上，右端管与主管相贯在下，同时与正面有一倾角。

C 局部视图反映出凸缘为圆形及四个均布的光孔，*E* 斜视图反映出凸缘为双卵形及两个光孔。*D* 局部视图表示主管上部为方形法兰，并分布有四个光孔；从 *B*—*B* 全剖视图可知主管下部为圆形法兰，并均布四个光孔。

3. 综合想象整体形状

以主、俯视图为主，确定四通管主体形状，然后再把各部分综合起来想象整体形状，其结果为图 1-6-7 所示的立体图。

实例 3 识读传动轴零件图

实例分析

如图 1-6-21 所示的传动轴，如果仅采用前面所学的视图和剖视图的画法来表达该轴的结构显然不合适。本实例将进一步学习断面图、机械制图的规定画法及常用图形简化画法的有关知识。

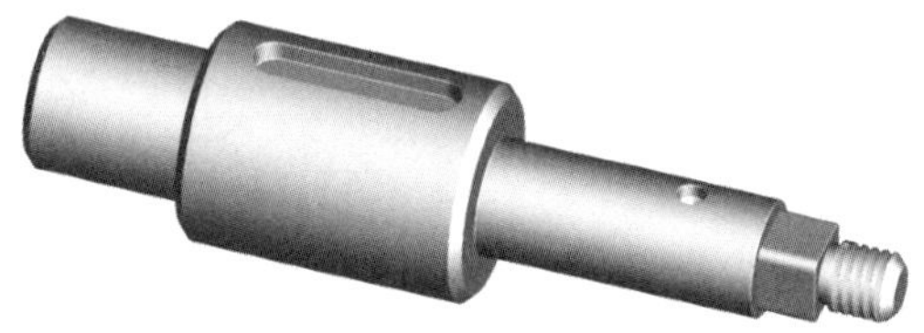

图 1-6-21 传动轴的立体图

相关知识

一、断面图的概念

假想用剖切面将机件某处断开，仅画出该剖切面与机件接触部分(截断面)的图形，这个图形称为断面图，简称断面，如图 1-6-22 所示。

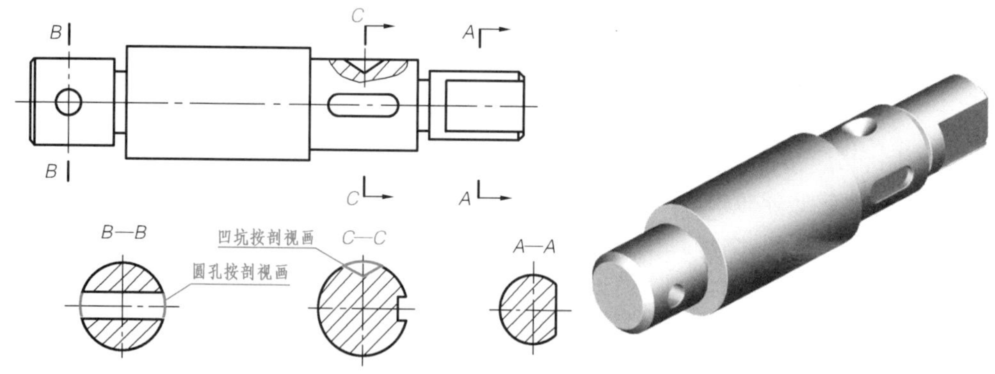

图 1-6-22 断面图的画法及其与视图、剖视图的比较

断面图与剖视图的区别：注意区分断面图与剖视图，断面图只画出机件被切处的截断面形状。剖视图除了画出物体截断面形状之外，还应画出截断面后的所有可见部分的投影。

二、断面图的种类

断面图按其配置的位置不同，可分为移出断面图和重合断面图。

1.移出断面图

移出断面图是画在视图外的断面图，其轮廓线用粗实线绘制，用粗短画表示剖切位置，箭头表示投射方向，拉丁字母表示移出断面图名称，剖面线应与表示同一机件的剖视图上的剖面线方向、间隔相一致，如图 1-6-22 所示。

(1)画移出断面图时的注意事项

①当剖切面通过回转面形成的孔、凹坑的轴线时，这些结构应按剖视绘制，如图 1-6-22 所示。

②当剖切面通过非圆孔且会导致出现完全分离的两个断面时，这些结构应按剖视绘制，如图 1-6-23、图 1-6-24 所示。

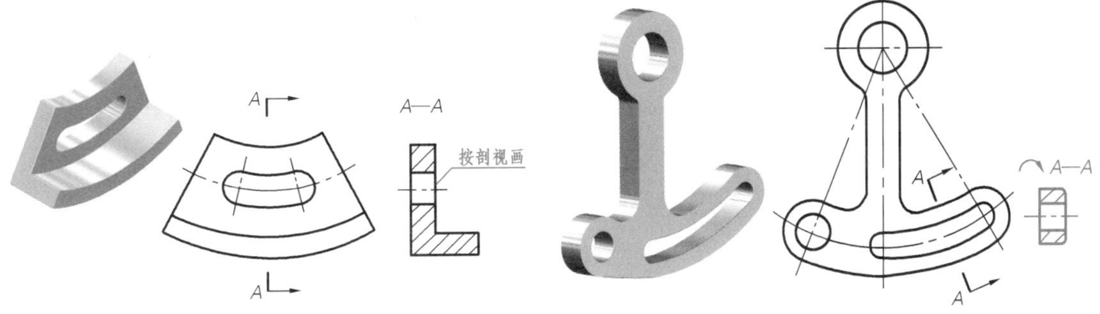

图 1-6-23 孔处用剖视代替断面(一)　　图 1-6-24 孔处用剖视代替断面(二)

③当移出断面图形对称时，可配置在视图的中断处，如图 1-6-25 所示。

④绘制由两个或多个相交的剖切平面剖切机件所得的移出断面图时，图形的中间应断开，如图 1-6-26 所示。

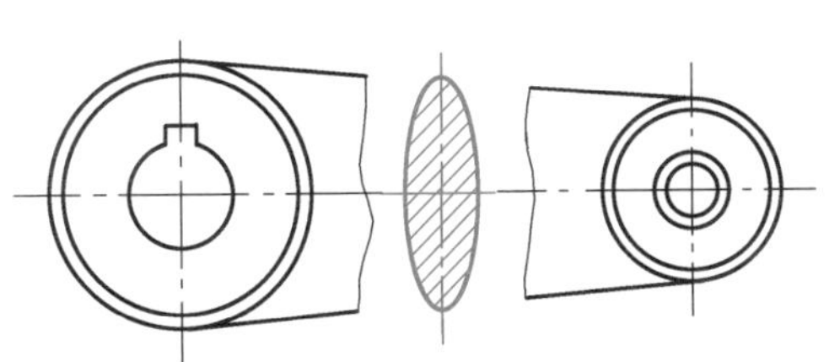

图 1-6-25 画在视图中断处的移出断面图

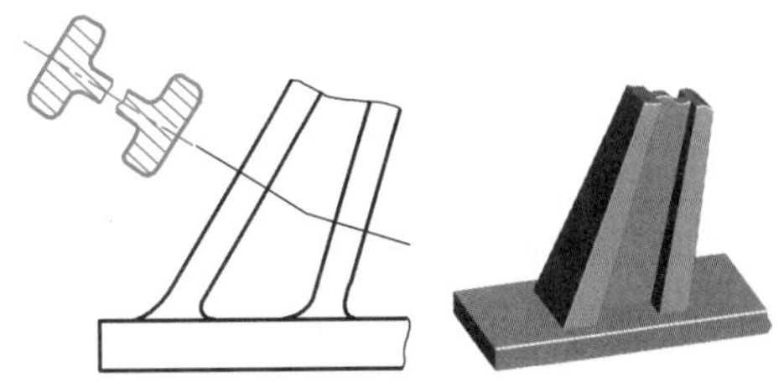

图 1-6-26 相交剖切平面切得的移出断面图

(2)移出断面图的配置与标注(表 1-6-1)

表 1-6-1　　移出断面图的配置与标注

配置	移出断面图	
	对称	不对称
配置在剖切线或剖切符号的延长线上	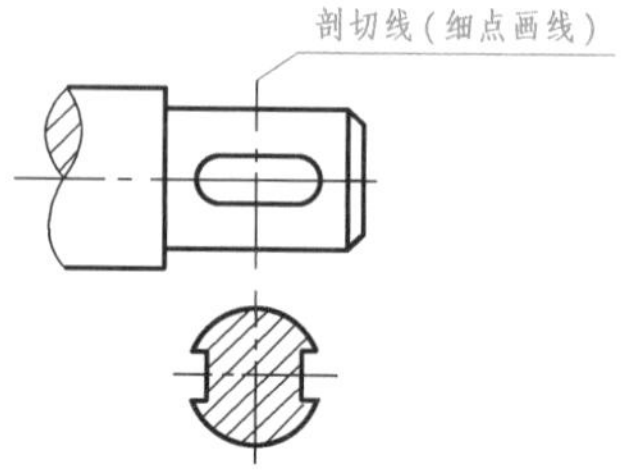 剖切线(细点画线) 不必标注字母和剖切符号	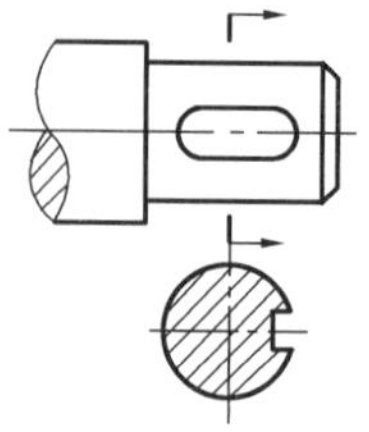 不必标注字母
按投影关系配置	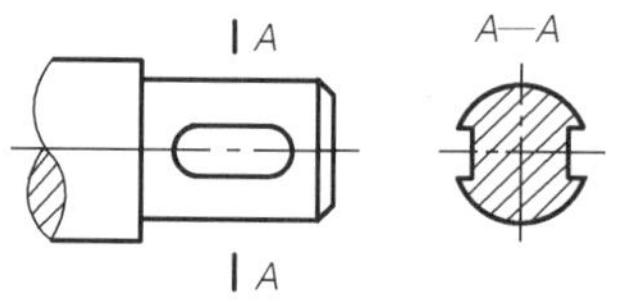 A A A—A 不必标注箭头	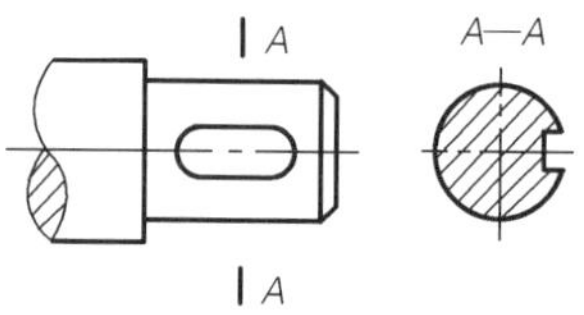 A A A—A 不必标注箭头
配置在其他位置	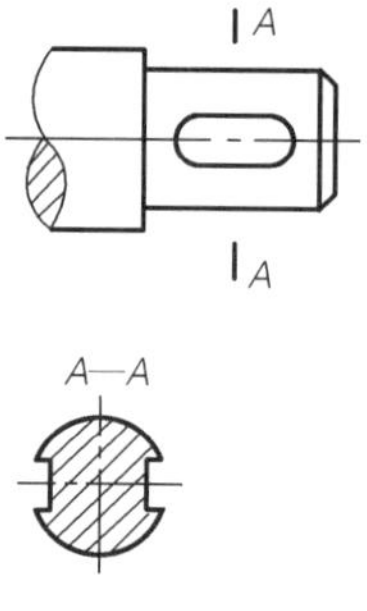 A A A—A 不必标注箭头	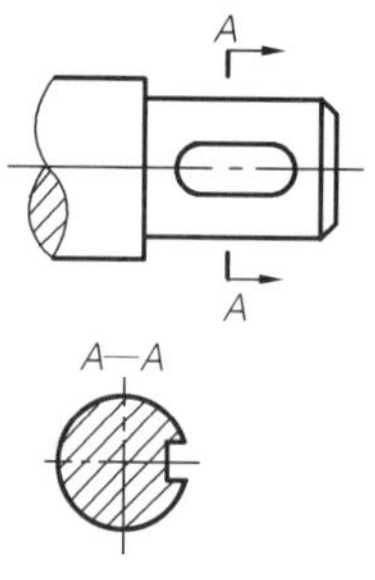 A A A—A 应标注剖切符号(含箭头)和字母
配置在视图中断处	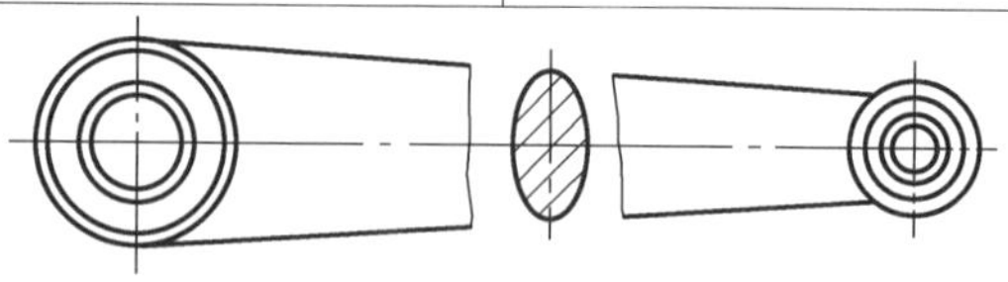 不必标注(图形不对称时,移出断面图不得画在中断处)	

2. 重合断面图

画在视图内的断面图称为重合断面图。重合断面图的轮廓用细实线绘制,如图 1-6-27 所示。

重合断面图和移出断面图的画法基本相同,其区别仅是画在图中的位置不同及采用的线型不同。当视图中的轮廓线与重合断面图的图线重叠时,视图中的轮廓线仍连续画出,不可间断,如图 1-6-27(a)所示。

不对称的重合断面图当不致引起误解时,可省略标注,如图 1-6-27(a)所示。对称的重合断面图不必标注,如图1-6-27(b)、图 1-6-27(c)所示。

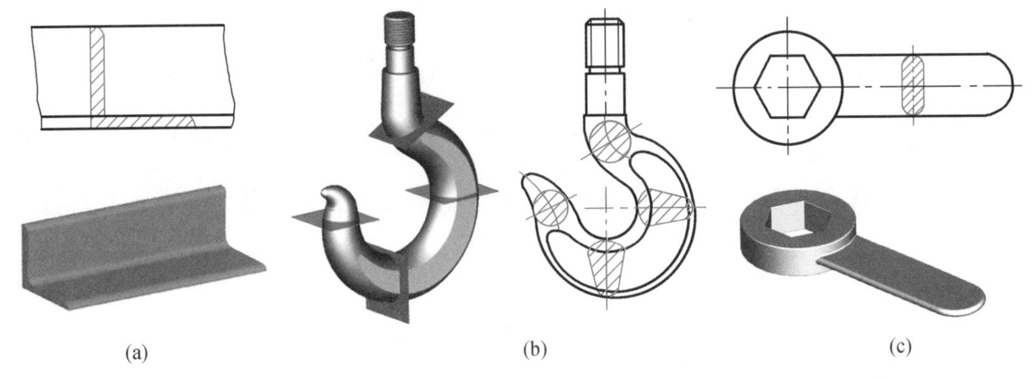

图 1-6-27　重合断面图的画法

任务实施

识读图 1-6-28 所示传动轴的一组视图。

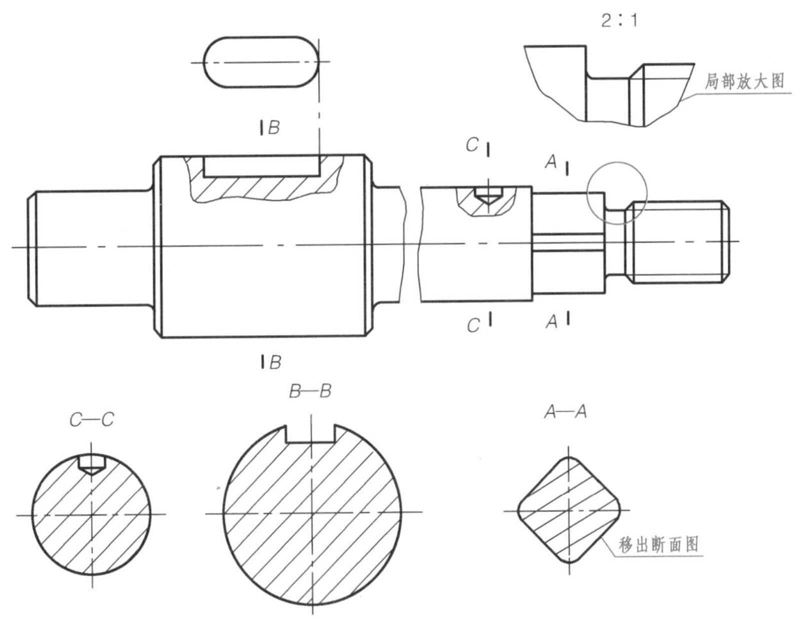

图 1-6-28　传动轴的表达方案

1. 传动轴的视图和结构分析

(1)局部视图：采用第三角投影画法表达其键槽结构形状。

(2)局部剖视图：表达轴上键槽的长度和深度以及回转小孔底部的锥形形状。

(3)局部放大图：表达螺纹退刀槽处的结构(局部放大图在"知识拓展"中介绍)，只画放大的局部，断裂处有波浪线，表达方法与主视图相同，都是用视图表示外形，因为只有这一处局部放大，所以用圆圈画出放大部位，不标序号，局部放大图样上也只标注放大比例。

(4)轴的断裂：表达出轴具有一定的长度，按实长标注(轴的断裂表示法在"知识拓展"中介绍)。

(5)断面图 $C—C$：其剖切面过小孔的轴线，所以按规定此结构处按剖视图来画，它属于自由配置，但图形对称，所以不必标注箭头。

断面图 $B—B$：表示键槽的结构。与断面图 $C-C$ 相似，不同的是剖到的结构不是回转结构，故只画截断面形状。

断面图 $A—A$：表示该段轴的结构形状。根据图形可想象此处是方轴，结构对称，配置在剖切线的延长线上，不必标注。

(6)简化画法：表达轴上部分的被加工平面，其画法省略两条线（简化画法在“知识拓展”中介绍）。

2. 综合想象出传动轴的形状

综合想象出传动轴的形状，如图 1-6-21 所示。

知识拓展

为使图形清晰和画图简便，国家标准(GB/T 4458.1—2002 和 GB/T 4458.6—2002)还规定了局部放大图和图样的一些规定画法，供绘图时选用。

一、规定画法

1. 局部放大图

将机件的部分结构用大于原图形的比例绘出的图形称为局部放大图，如图 1-6-29 所示。

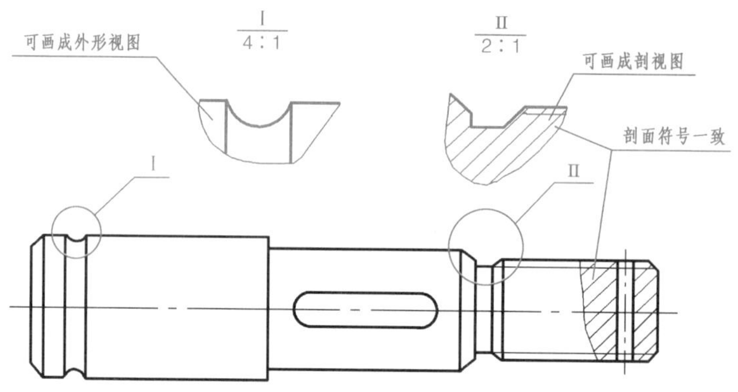

图 1-6-29 局部放大图

当机件上的细小结构在视图中表达不清楚或不便于标注尺寸和技术要求时，可采用局部放大图。局部放大图可画成视图、剖视图、断面图，它与被放大部分的图样画法无关。

画局部放大图时应注意：

(1)局部放大图应尽量配置在被放大部位的附近，并用细实线圈出被放大的部位。当机件上被放大的部位仅一处时，局部放大图的上方只需注明所采用的比例；当同一机件上有几个部位需要局部放大时，必须用罗马数字依次标明被放大的部位，并在局部放大图的上方标出相应的罗马数字和所采用的比例，如图 1-6-29 所示。

必须指出，局部放大图上所标注的比例是指该图形中机件要素的尺寸与实际机件相应要素的尺寸之比，与原图比例无关。

(2)同一机件上不同部位的局部放大图，当图形相同或对称时，只需要画出一个，必要时可用几个图形表达同一个被放大部位的结构，如图 1-6-30 所示。

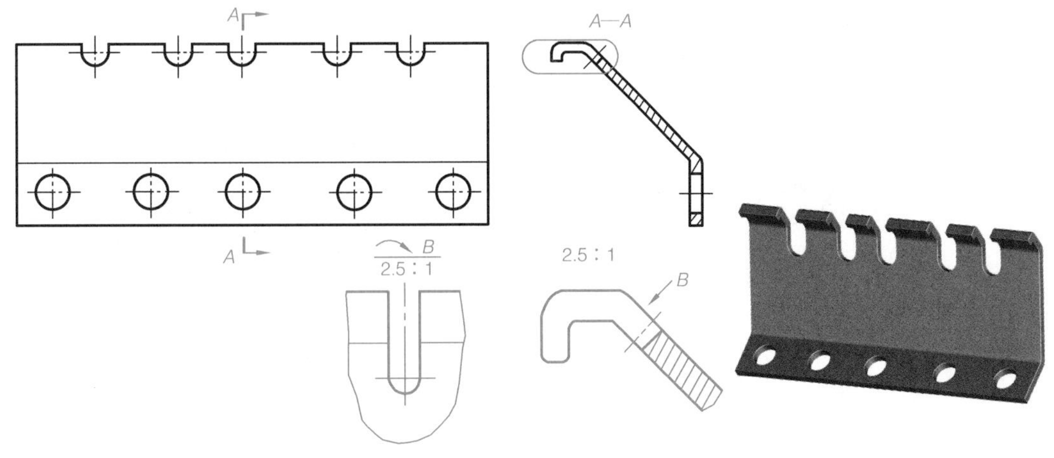

图 1-6-30　用几个图形表达同一个被放大部位的结构

2. 肋、轮辐、薄壁及相同结构的规定画法

(1)对于机件的肋、轮辐及薄壁等,如果按纵向剖切,则这些结构都不画剖面线,而用粗实线与其邻接部分分开,如图 1-6-31 和图 1-6-32 所示。

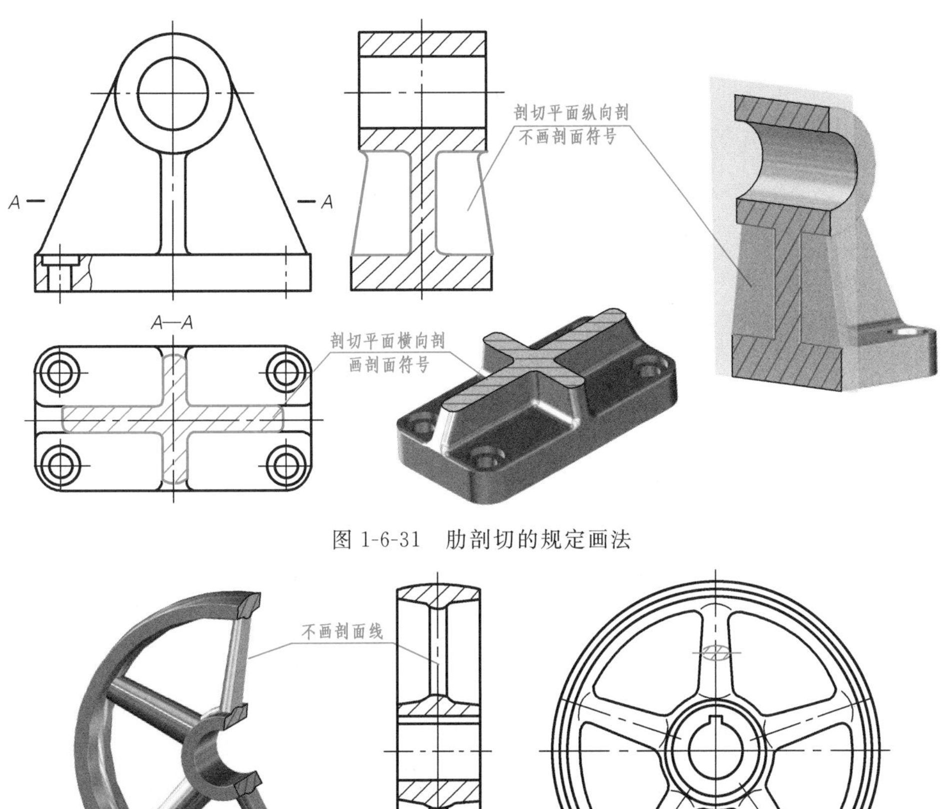

图 1-6-31　肋剖切的规定画法

图 1-6-32　轮辐剖切的规定画法

（2）当回转体上均匀分布的肋、轮辐、孔等结构不处于剖切平面上时，应将这些结构旋转到剖切平面上来表达（先旋转后剖切），如图 1-6-33 所示。

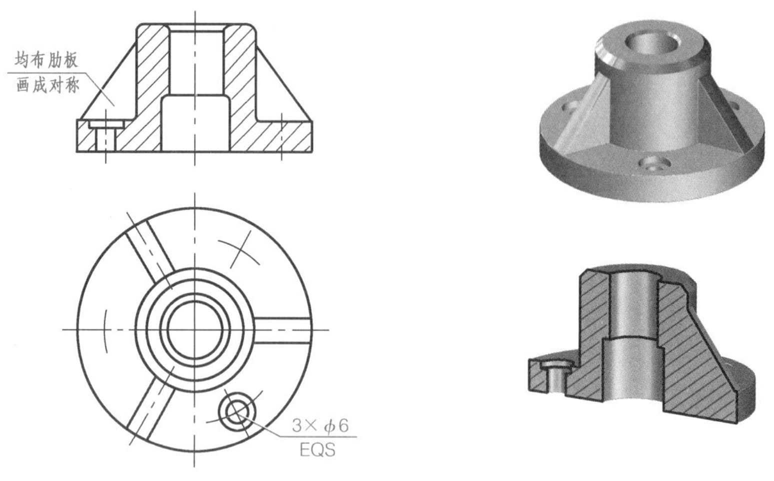

图 1-6-33　回转体机件上均布结构的规定画法

3. 相同结构的规定画法

（1）当机件上具有较多相同结构（如齿、槽等）且这些结构按一定规律分布时，只需画出几个完整的结构，其余用细实线连接，在零件图中还必须注明这些相同结构的总数，如图 1-6-34所示。

（2）若干直径相同且成规律分布的孔（如圆孔、螺孔等），可以仅画出一个或几个，其余只需用细点画线表示其中心位置，在零件图中还应注明孔的总数，如图 1-6-35 所示。

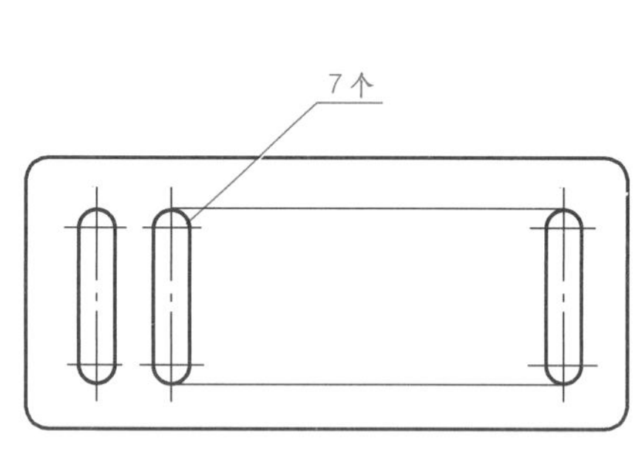

图 1-6-34　相同结构的规定画法

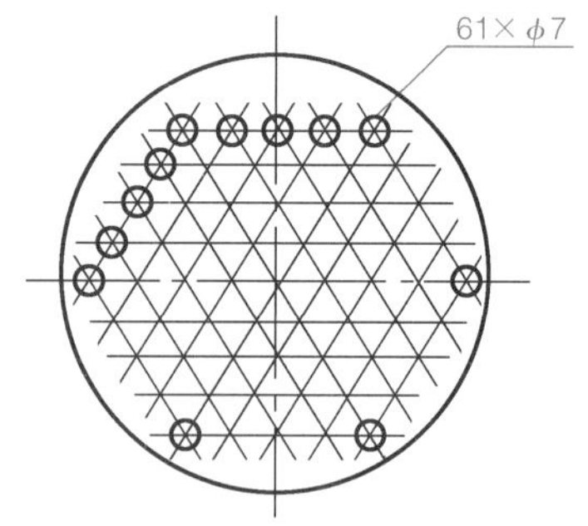

图 1-6-35　相同直径且成规律分布的孔的规定画法

4. 其他规定画法

（1）网状物、编织物或机件上的滚花部分，可在轮廓线之内示意地画出一部分粗实线，并加旁注或在技术要求中注明这些结构的具体要求，如图 1-6-36 所示。

（2）较长的机件（如轴、杆等），当其沿长度方向的形状一致或按一定规律变化时，可断开后缩短绘制，但尺寸要标注实际长度，如图 1-6-37 所示。

二、简化画法

（1）机件上较小的结构及斜度等，如果在一个图形中已表达清楚，则其他视图中该部分

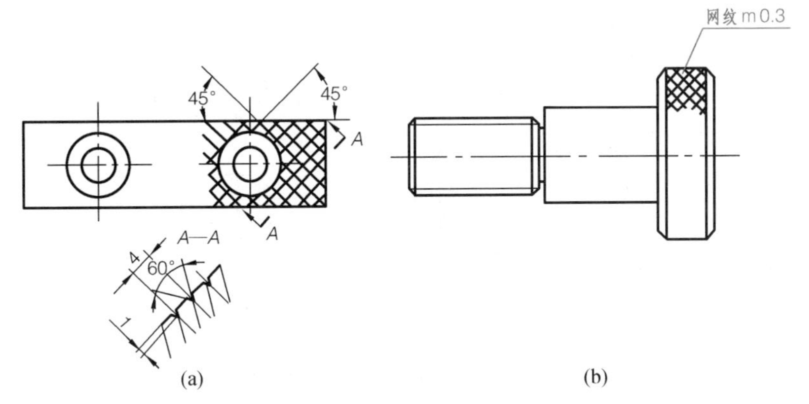

图 1-6-36 网状物及滚花表面的规定画法

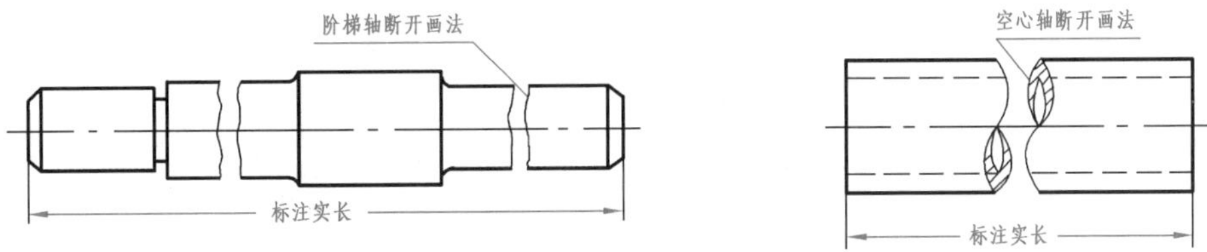

图 1-6-37 较长机件的规定画法

的投影可以简化或省略，如图 1-6-38(a)所示。此外，当图形不能充分表达平面时，可用平面符号(相交两细实线)表示，如图 1-6-38(b)所示。

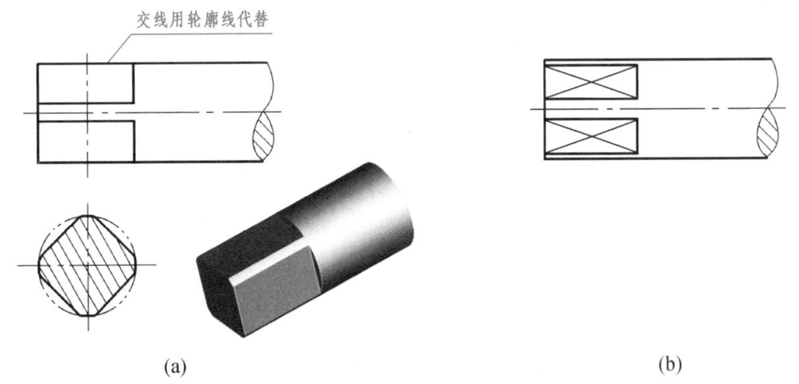

图 1-6-38 方头交线及平面的简化画法

(2)圆柱、圆锥面上因钻小孔、铣键槽等出现的交线允许简化，但必须有一个视图已清楚地表达了孔、槽的形状，如图 1-6-39 所示。

(3)圆柱形法兰盘和类似机件上均匀分布的孔，可按图 1-6-40 所示的方法表示(由机件外向该法兰盘端面投射)。

(4)在不致引起误解时，对称机件的视图可画一半或四分之一，并在对称中心线的两端画出两条与其垂直的平行细实线，如图 1-6-41 所示。

(5)与投影面的倾斜角度小于或等于 30°的圆或圆弧，其投影可用圆或圆弧代替，如图 1-6-42 所示。

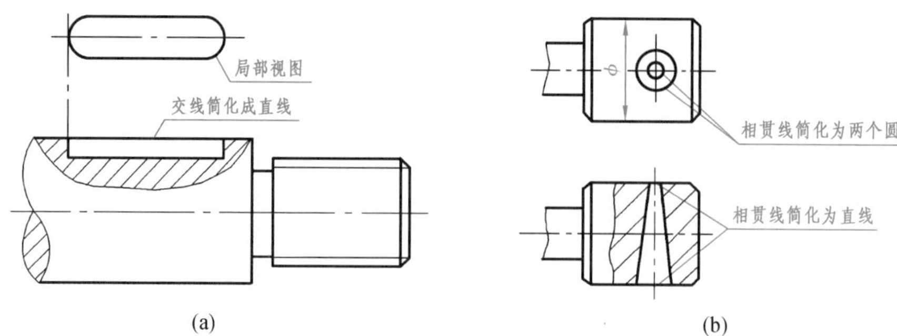

图 1-6-39　圆柱面上交线的简化画法

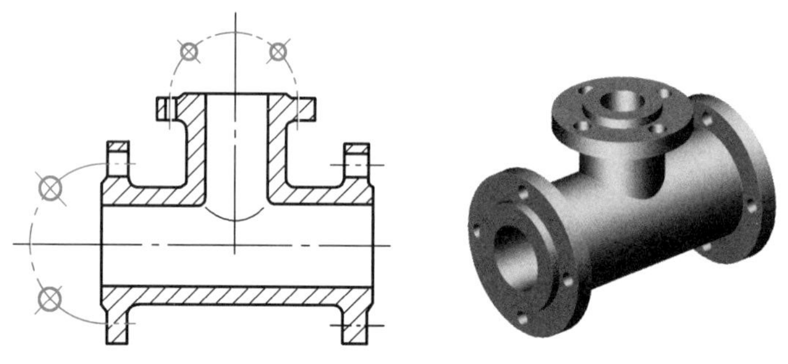

图 1-6-40　圆柱形法兰盘均布孔的简化画法

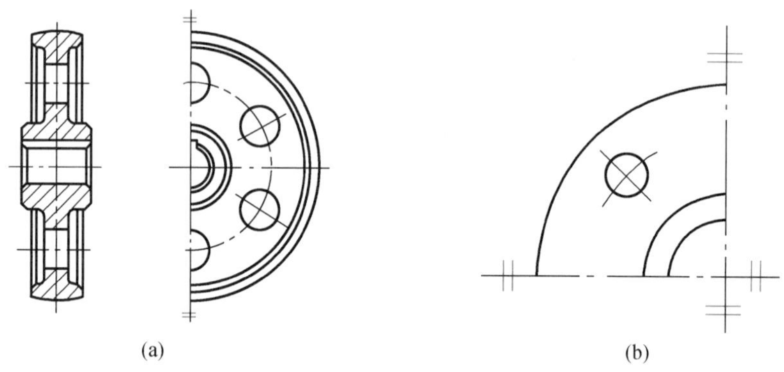

图 1-6-41　对称机件的简化画法

(6)机件上斜度不大的结构，如果在一个视图中已表达清楚，则在其他视图中可按小端画出，如图 1-6-43 所示。

(7)在不致引起误解时，零件图中的小圆角、锐边的小倒圆或 45°小倒角允许省略不画，但必须在视图中注明尺寸或在技术要求中加以说明，如图 1-6-44 所示。

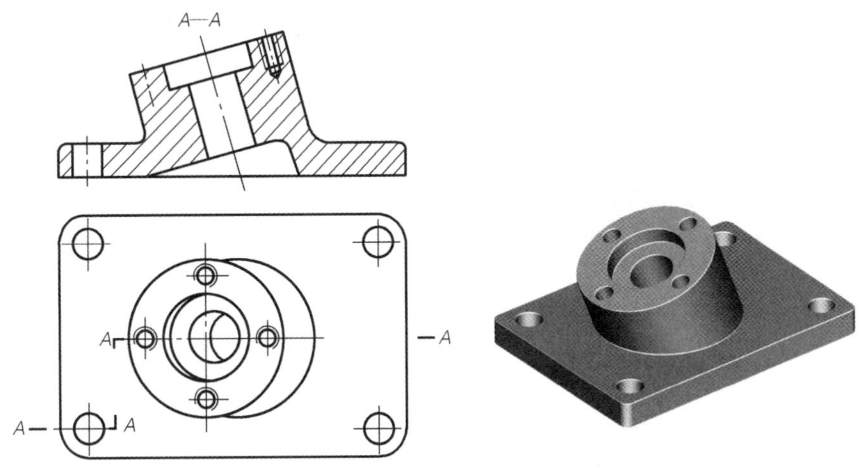

图 1-6-42　与投影面倾斜的圆的简化画法

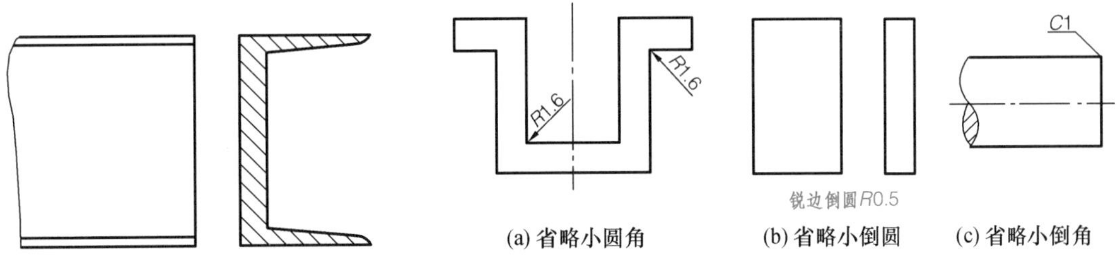

(a) 省略小圆角　(b) 省略小倒圆　(c) 省略小倒角

图 1-6-43　小斜度的简化画法

图 1-6-44　小圆角、小倒圆、小倒角的简化画法

第二部分 技能模块

本模块以项目形式介绍了螺纹连接件、齿轮、轴承、键、销、弹簧等标准件、常用件的绘制方法，以及零件图的内容、作用、技术要求和装配图的内容、作用、表达方法。

本模块以转子油泵为载体，选择其主要零件为研究对象，介绍了轴套类零件、轮盘类零件、箱体类零件、叉架类零件及相关标准件、常用件的表达，最后介绍了装配图的绘制。

每个项目均由“学习引导”引出，提出了本模块应该掌握的基本内容。接着按照“相关知识”“任务实施”“知识拓展”这三个环节来进行具体讲述。

“相关知识”：围绕“学习引导”提出的问题，介绍解决这些问题应该掌握的知识和技能。

“任务实施”：以“相关知识”中介绍的知识为理论基础，解决“学习引导”中提出的问题。

“知识拓展”：对与“相关知识”有关的知识体系进行拓展。

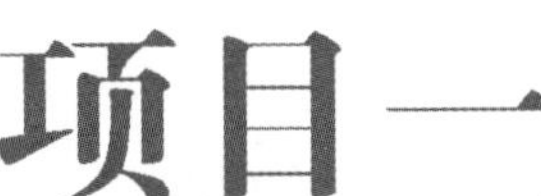

项目一

绘制轴套类零件图

学习引导

1.零件图的作用是什么？一张完整的零件图包括哪些内容？轴套类零件的结构、表达方案、尺寸标注有何特点？零件图尺寸标注应注意哪些问题？

2.轴套类零件上有哪些工艺结构？应如何标注？

3.零件图上的技术要求有哪些？表面粗糙度、尺寸公差和几何公差应如何标注与识读？

4.如何绘制轴上键槽的图形？

5.轴套类零件的绘图方法和步骤是什么？

6.如何识读轴套类零件图？

相关知识

机器和部件都是由零件组合而成的。表示零件结构、大小及技术要求的图样称为零件图。在生产过程中，必须按照零件图进行生产的准备、加工及检验。因此，零件图是制造和检验零件的依据，是生产中的重要技术文件。本项目以转子油泵的泵轴（图 2-1-1）为例，学习轴套类零件的绘制方法及相关知识。

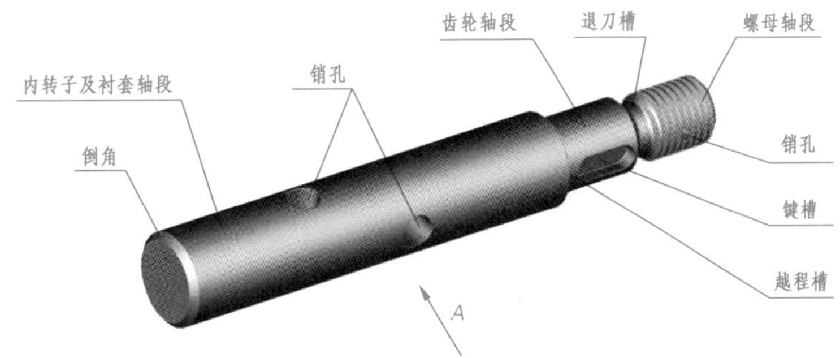

图 2-1-1　转子油泵的泵轴

一、零件图的内容

如图 2-1-2 所示，零件图的内容如下：

(1)图形：选用适当的图样画法(视图、剖视图、断面图、局部放大图等)，用一组图形将零件各部分的结构和形状正确、完整、清晰地表达出来。

(2)尺寸：正确、完整、清晰、合理地标注出零件在制造和检验时所需要的全部尺寸。

(3)技术要求：用规定的符号、代号、标记或文字说明，标注出零件在制造、检验和装配时应达到的各项技术指标和要求，如零件的表面粗糙度、尺寸公差、几何公差及材料热处理要求等。

(4)标题栏：标题栏应填写零件的名称、材料、比例、质量、图号及制图、审核人员的责任签字等。

二、轴套类零件的视图选择

1. 主视图的选择

主视图是一组图形的核心。一般情况下，无论是绘图还是读图，都应从主视图入手。在选择零件主视图时，应考虑以下两个原则：

(1)零件的放置位置

①零件的加工位置

如图 2-1-1 所示，常用的轴套类零件的主体一般都是由几段同轴回转体组成的，其表面多在车床和磨床上加工，为了加工时看图方便，选择零件主视图时要符合零件的加工位置。如图 2-1-2 所示，将泵轴的轴线水平放置，用一个主视图表达其主体结构。

②零件的工作位置

有些零件的加工比较复杂，需要在各种不同的机床上加工，而加工时的装夹位置又各不相同，这时主视图就应按零件在机器中的工作位置画出。

(2)投射方向

零件图主视图要尽可能多地反映零件的形状和位置特征，如图 2-1-1 所示的泵轴，选择 *A* 方向作为主视图投射方向较好。

2. 其他视图的选择

凡是在主视图中没有表达清楚的部分，需要选择其他视图来表达。所选的其他视图应各有其重点表达内容，并尽量减少视图的数量，以方便画图与看图。

3. 表达方法的选择

如图 2-1-2 所示，对于轴上的局部结构，可以采用局部剖视图、移出断面图、局部放大图来表达。

三、轴套类零件的尺寸分析

零件图上的尺寸是加工和检验零件的重要依据，尺寸标注要求正确、完整、清晰和合理。

1. 合理选择尺寸基准

根据用途的不同，轴套类零件的尺寸基准可分为设计基准和工艺基准。

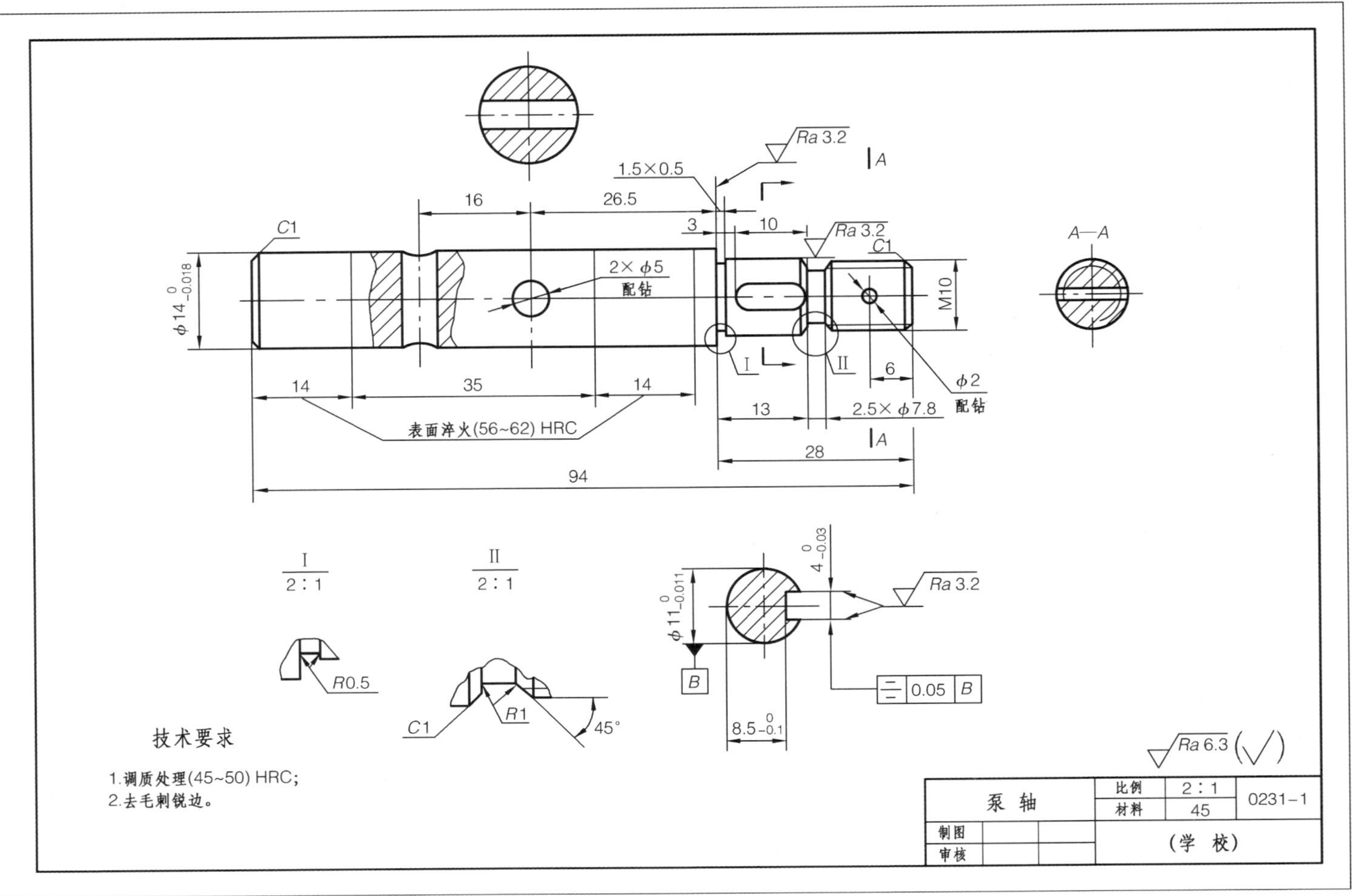
Ra 3.2
A
1.5×0.5
16
26.5
3
10
Ra 3.2
C1
A—A
C1
2×φ5
配钻
φ14 0 −0.018
M10
I
II
6
φ2
配钻
14
35
14
13
2.5×φ7.8
表面淬火(56~62) HRC
A
28
94
I
2 : 1
II
2 : 1
4 0 −0.03
φ11 0 −0.011
Ra 3.2
R0.5
B
0.05 B
C1
R1
45°
8.5 0 −0.1
技术要求
1.调质处理(45~50) HRC;
2.去毛刺锐边。
Ra 6.3
泵轴
比例
2 : 1
0231-1
材料
45
制图
审核
(学校)

图 2-1-2　泵轴零件图

(1)设计基准

设计基准是指根据零件的结构、设计要求及为确定该零件在机器中的位置和几何关系所选定的基准。轴套类零件的尺寸分为径向尺寸和轴向尺寸。如图 2-1-3 所示,为了保证泵轴上各段圆柱转动平稳,要求各段圆柱在同一轴线上,所以轴线是径向设计基准。轴上装配齿轮时是靠轴肩定位来保证齿轮传动的正确啮合,所以轴肩是轴向设计基准。

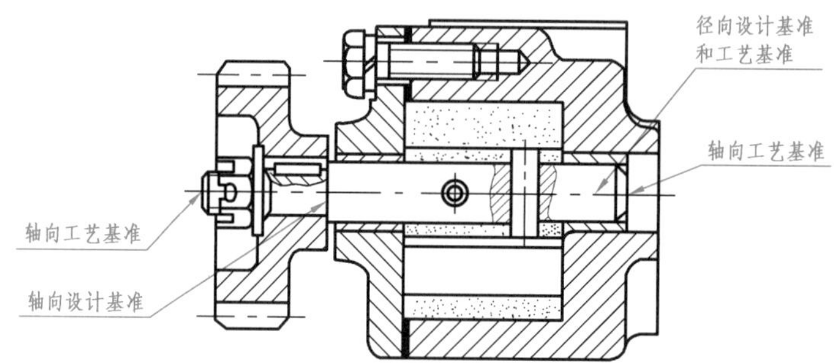

图 2-1-3 轴套类零件的尺寸基准

(2)工艺基准

在零件加工、测量和装配过程中所使用的基准称为工艺基准。泵轴加工时要用顶尖支承轴的两端,因此轴线也是径向工艺基准。泵轴两端面是测量轴向尺寸的起点,为轴向工艺基准,如图 2-1-3 所示。

2. 尺寸标注的原则

(1)重要尺寸直接注出

重要尺寸是指影响零件在机器中的工作性能、精度和配合的尺寸,它在图上应直接注出。如图 2-1-4 所示的泵轴,其上安装齿轮轴段的长度、孔的中心位置及孔的中心距都属于重要尺寸,应该直接注出,而不是由其他尺寸计算得出。

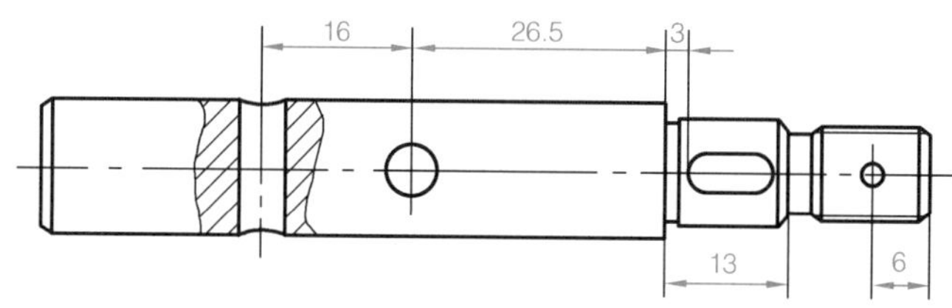

图 2-1-4 重要尺寸应直接注出

(2)避免出现封闭尺寸链

由同一方向首尾相接组成封闭的一组尺寸,称为封闭尺寸链。如图 2-1-5(a)所示,轴长度方向的尺寸 a、b、c、d 首尾相连,构成了一条封闭尺寸链,实际加工起来却很困难。因为加工尺寸 b、c、d 时会产生误差,这些误差积累到尺寸 a 上,而尺寸 a 又有一定的精度要求,这样就不能很好地保证设计要求。如果要保证尺寸 a 的精度要求,就要提高 b、c、d 每一段尺寸的精度,这样必然会给加工带来困难,增加成本。所以标注尺寸时,尽量挑选一个不重要的尺寸空出不注,例如图 2-1-5(b)中,轴环尺寸 c 可不标注。

(3)按加工顺序标注尺寸

按加工顺序标注的尺寸符合加工过程,方便加工和测量。如图 2-1-6(a)所示的阶梯轴的尺寸,就是按其在车床上的加工顺序(图 2-1-6(b)～图 2-1-6(e))进行标注的。

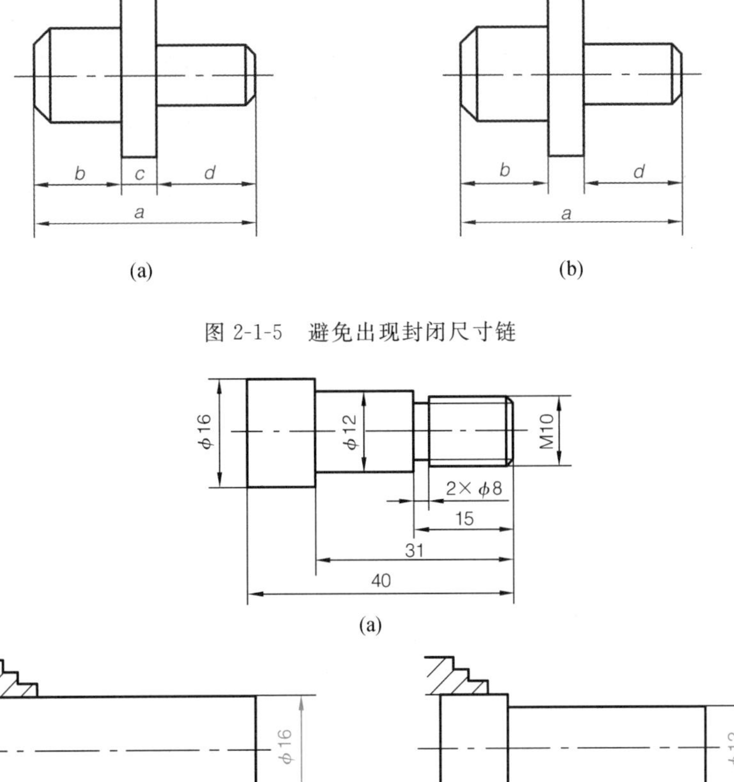

(a)　　(b)

图 2-1-5　避免出现封闭尺寸链

(a)

(b)　　(c)

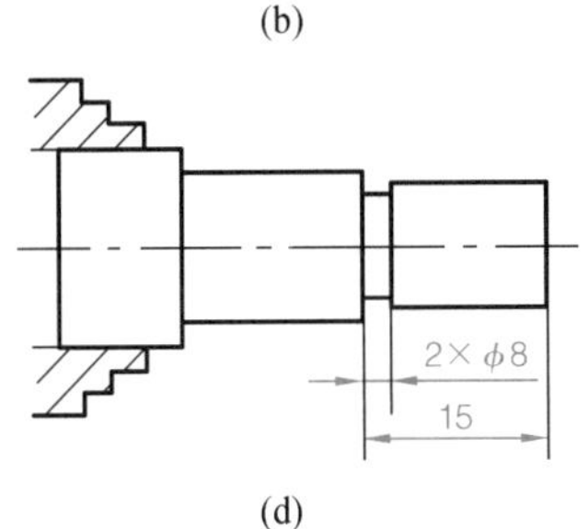

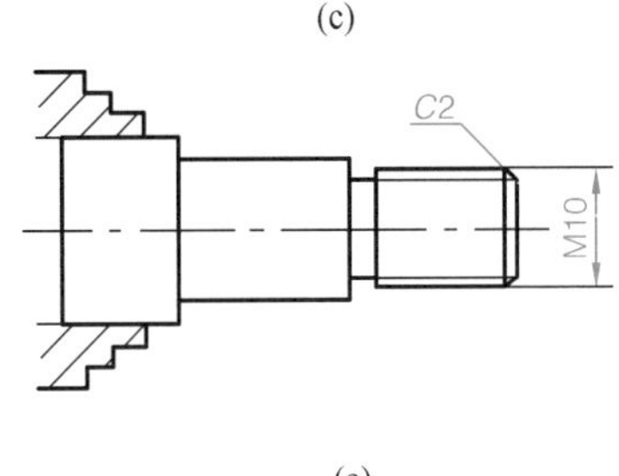

(d)　　(e)

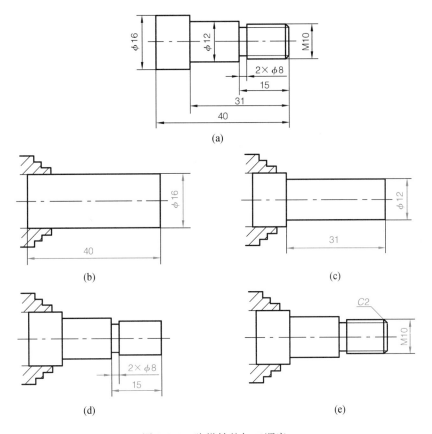

图 2-1-6　阶梯轴的加工顺序

(4)同一种加工方法的尺寸应集中标注

为了便于加工,往往将同一种加工方法所需的尺寸集中标注。如图 2-1-2 所示的泵轴,与车削相关的轴向尺寸和径向尺寸集中标注在主视图中,而键槽采用铣削加工,将这部分尺寸集中在两处标注,即主视图中的 3、10 和移出断面图中的 8.5、4。

(5)尺寸标注应便于测量

尺寸标注有多种方案,应使所注尺寸便于测量。如图 2-1-7 所示的结构,两种不同的标注方案中,不便于测量的标注方案是不合理的。

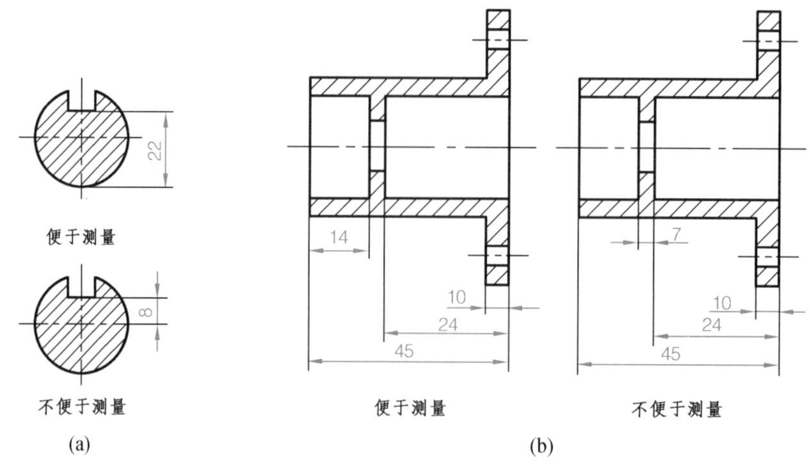

图 2-1-7 尺寸标注应便于测量

3. 零件上常见结构的尺寸标注

零件上常见结构较多，它们的尺寸注法已基本标准化，表 2-1-1 为零件上常见孔的尺寸注法。

表 2-1-1 **零件上常见孔的尺寸注法**

类型		简化注法	一般注法	说明
光孔	一般孔	4× ϕ4↧10　4× ϕ4↧10	4× ϕ4　10	↧:深度符号 4×ϕ4↧ 10 表示直径为 4 mm、均匀分布的 4 个光孔，光孔深为 10 mm
	精加工孔	4× ϕ4H7↧10 ↧12　4× ϕ4H7↧10 ↧12	4× ϕ4H7　10　12	4 个光孔钻孔深度为 12 mm，钻孔后精加工至深度 10 mm，直径尺寸为ϕ4H7
	锥销孔	锥销孔ϕ4 配作　锥销孔ϕ4 配作	锥销孔ϕ4 配作	ϕ4 mm 是与锥销孔相配的圆锥销的小端直径（公称直径）。锥销孔通常是将两零件装在一起后加工的，故注“配作”

续表

类型		简化注法	一般注法	说明
沉孔	锥形沉孔	4×ϕ7 ⌵ϕ13×90°；4×ϕ7 ⌵ϕ13×90°	90°；ϕ13；4×ϕ7	⌵：埋头孔符号 4×ϕ7表示直径为 7 mm、均匀分布的 4 个孔。锥形沉孔的最大直径为 ϕ13 mm，锥角为 90°
	柱形沉孔	4×ϕ7 ⌴ϕ13↧4.5；4×ϕ7 ⌴ϕ13↧4.5	ϕ13；4.5；4×ϕ7	⌴：沉孔符号 4 个柱形沉孔直径为ϕ13 mm，深度为 4.5 mm，均匀分布
	锪平沉孔	4×ϕ7 ⌴ϕ13；4×ϕ7 ⌴ϕ13	锪平；ϕ13；4×ϕ7	⌴：锪平沉孔符号 锪平沉孔直径ϕ13 mm，锪平深度不必标注，一般锪平到不出现毛坯面为止
螺纹孔	通孔	4×M8；4×M8	4×M8	4 × M8 表示直径为 8 mm、均匀分布的 4 个螺纹孔，中径和顶径公差带代号为 6H
	不通孔	4×M8↧10；4×M8↧10	4×M8；10	4 个均匀分布的 M8 螺纹孔，螺纹的深度为 10 mm
		4×M8↧10 孔↧12；4×M8↧10 孔↧12	4×M8；10；12	4 个 M8 螺纹孔，螺纹的深度为 10 mm，钻孔深度为 12 mm

四、轴上键槽及轴的工艺结构

如图 2-1-1 所示的泵轴，在安装齿轮的轴段上有键槽，另外考虑轴的加工工艺要求，其上有倒角、圆角、退刀槽、越程槽等，有的细长轴上两端还有中心孔结构。

1. 轴上键槽

轴上键槽根据与其配合使用的键的结构形状的不同而不同，如图 2-1-8 所示。

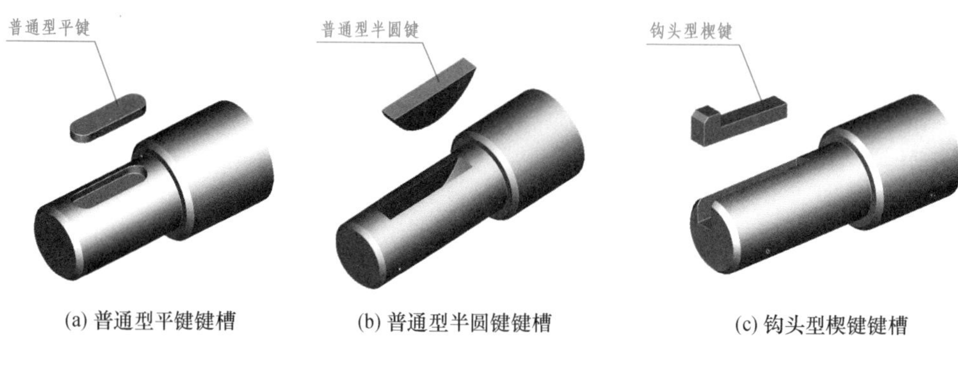

(a) 普通型平键键槽　(b) 普通型半圆键键槽　(c) 钩头型楔键键槽

图 2-1-8　轴上键槽

轴上键槽的加工方法如图 2-1-9 所示。

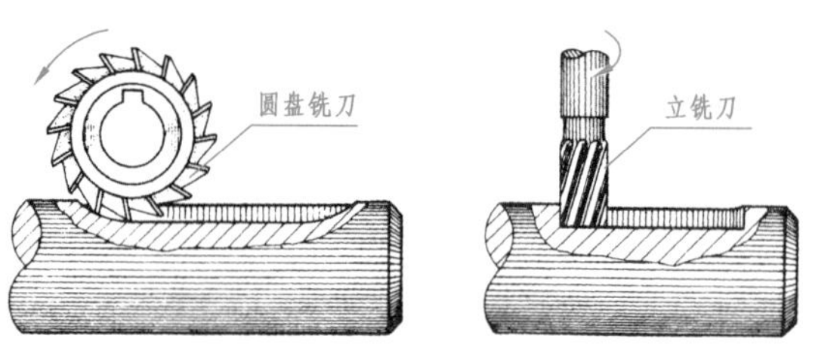

(a) 铣削轴上平键键槽

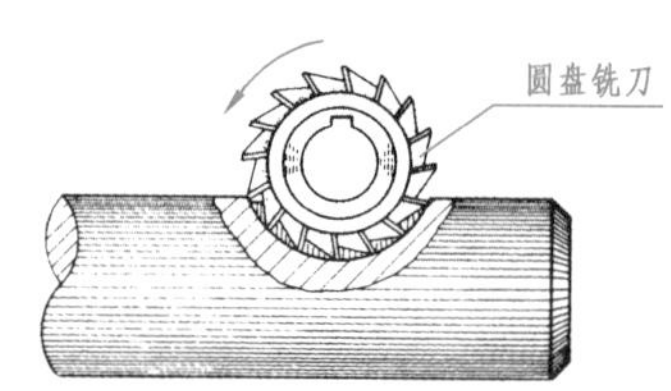

(b) 铣削轴上半圆键键槽

图 2-1-9　轴上键槽的加工方法

轴上普通型平键键槽和普通型半圆键键槽的画法和尺寸标注如图 2-1-10(a)、图 2-1-10(b)所示，图中键槽的宽度 b 和深度尺寸 t_1 可查相应的标准(普通型平键见附表 1)。图 2-1-10(c)是泵轴上键槽的图形及尺寸，尺寸 3 是键槽的定位尺寸。轴上钩头型楔键的键槽与普通型平键的键槽类似，不同之处是在普通型平键键槽的基础上将键槽开通至轴端。

2. 轴的工艺结构

(1)倒角

为了便于装配和操作安全，常将轴和孔的端部加工成倒角，如图 2-1-2 所示泵轴两端的倒角均为 $C1$。图 2-1-11 所示为倒角的结构及尺寸标注，当角度为 45°时，尺寸标注可简化，如 $C2$。

(2)圆角

为了避免因应力集中而产生裂纹，轴肩处应加工圆角。图 2-1-12 所示为泵轴上的圆角结构及尺寸标注。

(3)退刀槽及越程槽

为了使刀具能走完加工表面而又不碰撞与其相邻部位，同时又能使相关的零件在装配

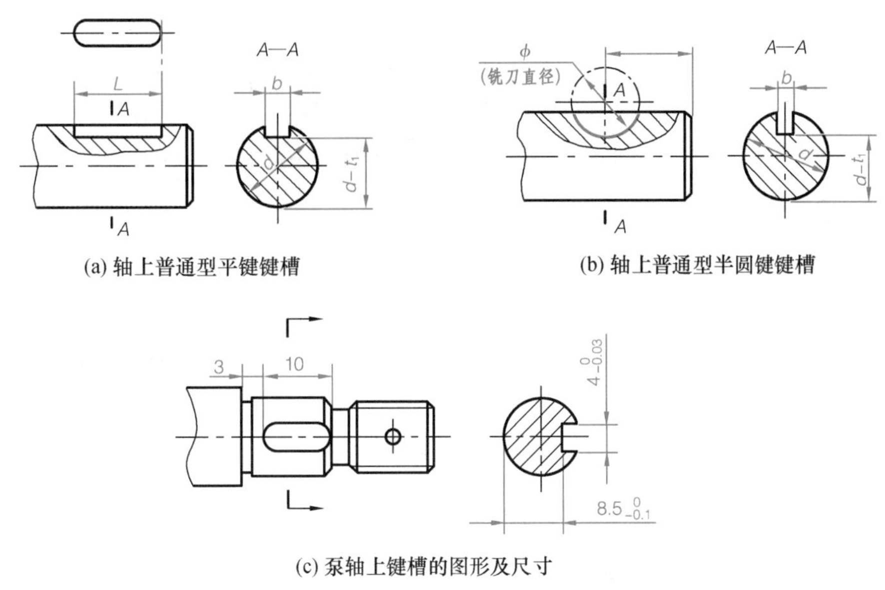

(a) 轴上普通型平键键槽

(b) 轴上普通型半圆键键槽

(c) 泵轴上键槽的图形及尺寸

图 2-1-10　轴上键槽的画法及尺寸标注

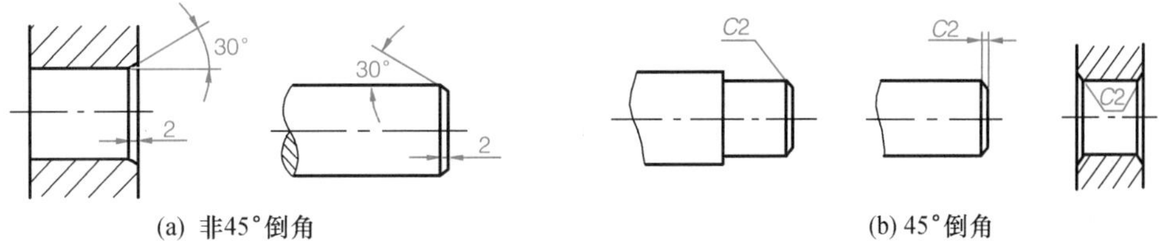

(a) 非45°倒角

(b) 45°倒角

图 2-1-11　倒角的结构及尺寸标注

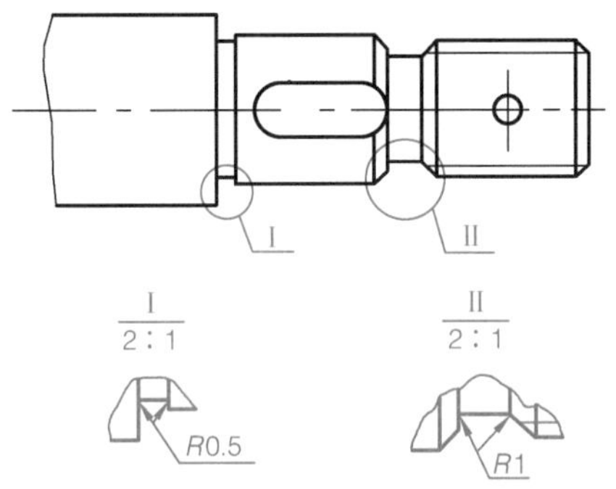

图 2-1-12　泵轴上的圆角结构及尺寸标注

时易于靠紧，车削螺纹时常在加工表面的台肩处预先加工出退刀槽，在磨削表面的台肩处预先加工出越程槽。图 2-1-13 所示为泵轴上的退刀槽和越程槽及其尺寸标注。退刀槽和越程槽的尺寸可按“槽宽×槽深”或“槽宽×直径”的形式标注，如图 2-1-13 所示。退刀槽和越程槽的结构尺寸可查阅国标 GB/T 3—1997 和 GB/T 6403.5—2008。

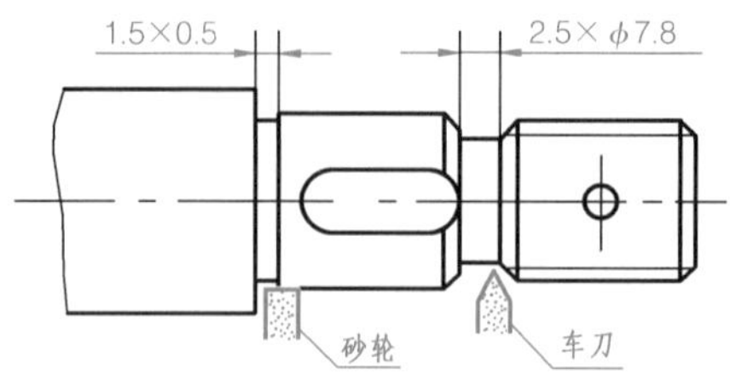

图 2-1-13 泵轴上的退刀槽和越程槽及其尺寸标注

(4)中心孔

为了保证各段轴具有较高的同轴度以及减小细长轴加工时的变形量,加工轴时经常用中心孔进行定位安装。中心孔分为 A 型、B 型、C 型、R 型,如图 2-1-14 所示,常用的是 A 型和 B 型。各种中心孔的尺寸及规定表示法可查阅相关手册。

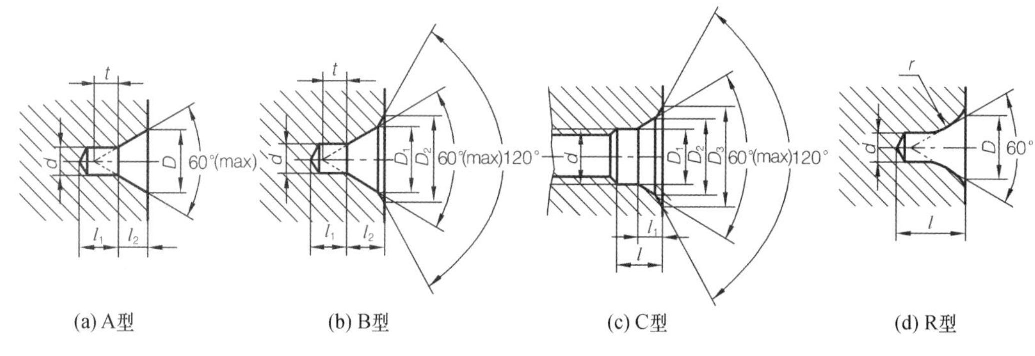

(a) A型 (b) B型 (c) C型 (d) R型

图 2-1-14 中心孔

任务实施

前面对泵轴零件的结构、视图选择、尺寸及工艺结构等进行了分析,下面绘制泵轴的零件图。

1. 确定比例,选择图幅

根据泵轴的大小及其复杂程度,确定采用 2∶1 的比例绘图。考虑图形大小、尺寸标注、标题栏及技术要求所需要的位置,确定用横放的 A3 图幅。

2. 绘制图形

(1)打底稿

①绘制图框和标题栏。

②布置图形,确定图形的位置。绘制轴线、中心线及轴的轮廓线,如图 2-1-15 所示。

③绘制轴上键槽、2×ϕ5孔、ϕ2孔的形状图形及断面图,以及Ⅰ、Ⅱ两处的局部放大图,如图 2-1-16 所示。

④绘制螺纹(螺纹的规定画法在项目三中介绍)。

⑤擦去多余的图线,检查并修改错误。

⑥加深图形。

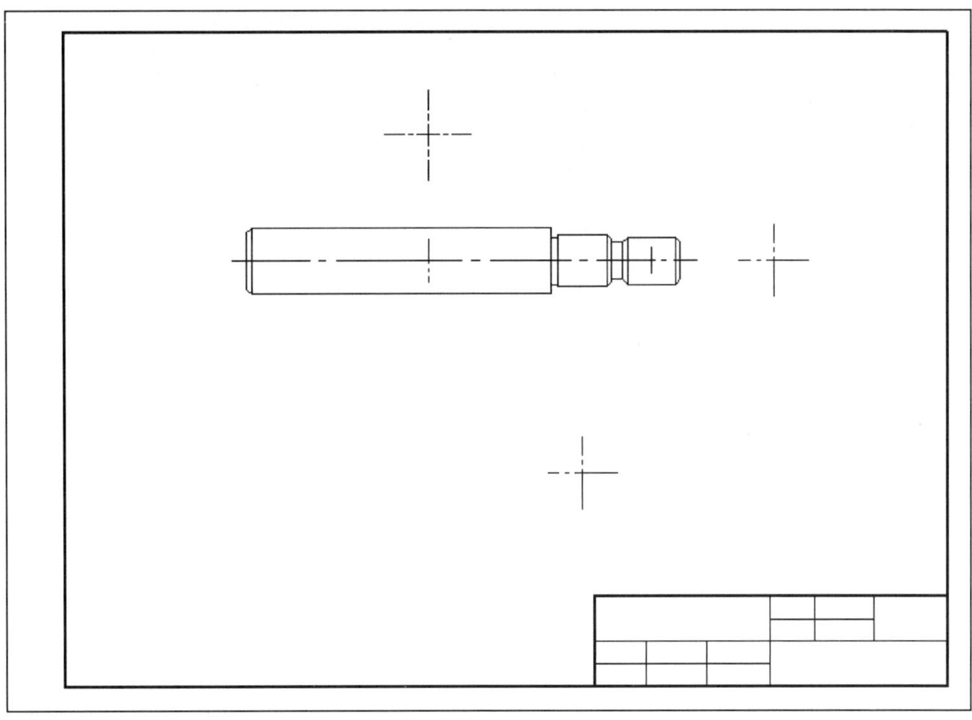

图 2-1-15　绘制泵轴零件图(一)

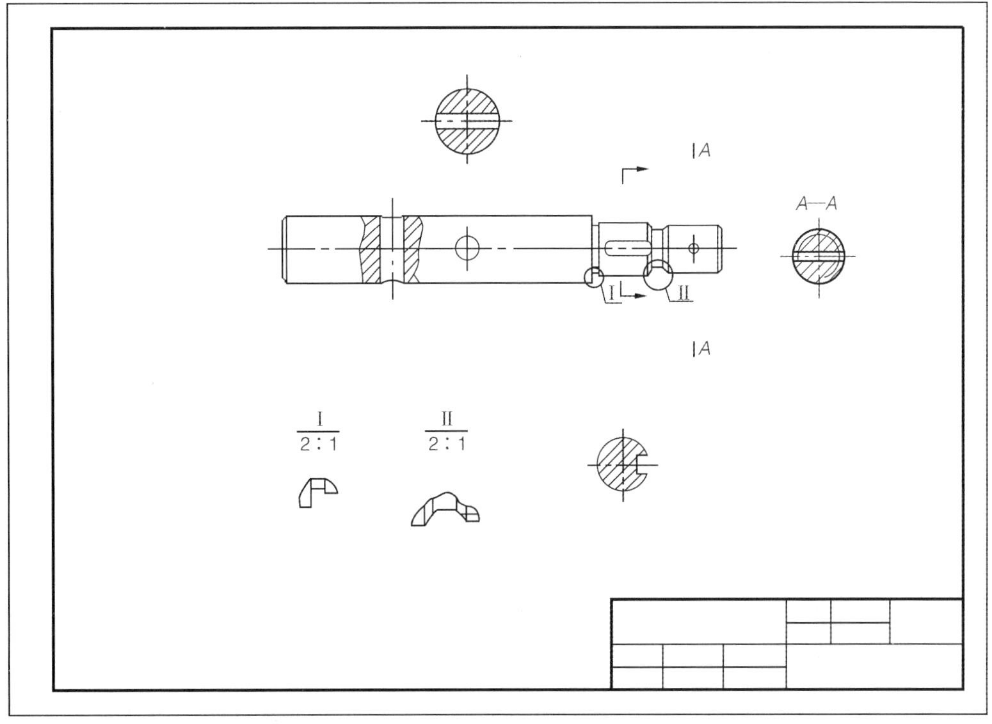

图 2-1-16　绘制泵轴零件图(二)

(2)选择尺寸基准，绘制尺寸界线、尺寸线和箭头，如图 2-1-17 所示。

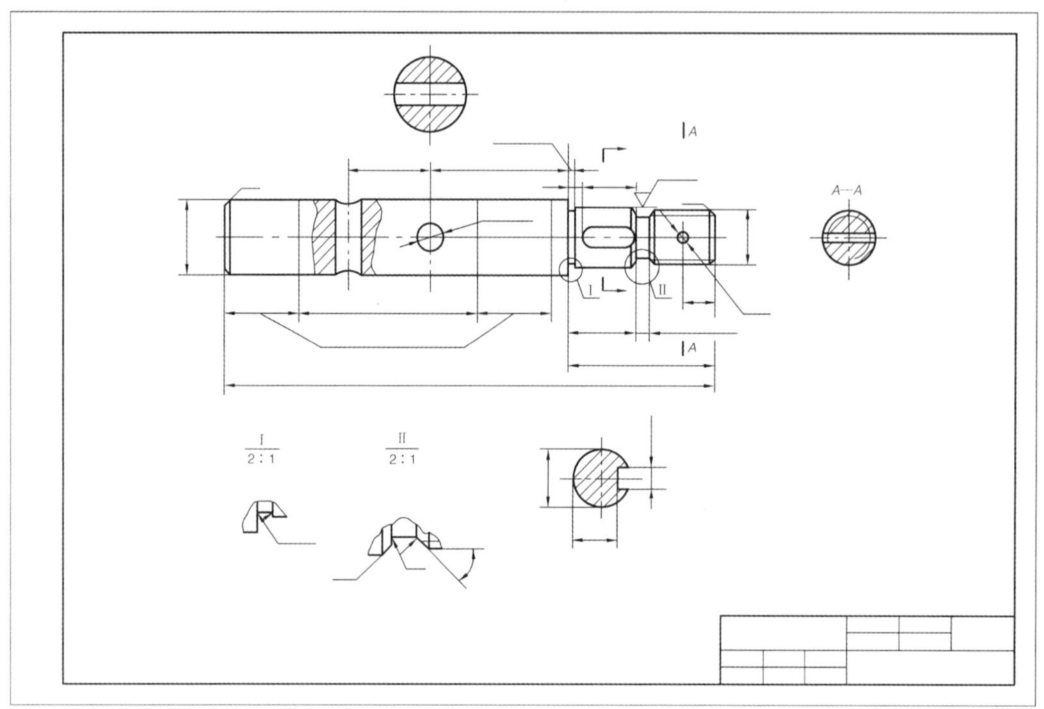

图 2-1-17 绘制泵轴零件图(三)

(3)填写尺寸数字，标注泵轴各表面的粗糙度符号、尺寸公差、几何公差和技术要求等项目，并将零件的名称、比例、材料、质量等内容填写到标题栏中。

(4)审核全图。

最终完成的图形如图 2-1-2 所示。

知识拓展

零件图除了用于表达零件的形状和大小之外，还要求把零件在制造、加工、检验、测量时的技术要求用规定的符号、代号或标记标注在图形上，或用简明的文字注写在标题栏的附近。技术要求的项目主要有零件表面粗糙度、尺寸公差、几何公差以及材料热处理等。

一、表面粗糙度

表面粗糙度、表面波纹度、表面缺陷、表面纹理和表面几何形状组成了零件表面结构。表面结构的各项要求在图样上的表示法在 GB/T 131—2006 中均有具体规定，现主要介绍常用的表面粗糙度表示法。

1. 表面粗糙度的概念

零件在加工时由于受到刀具与加工面的摩擦、金属塑性变形及机床的高频振动等影响，在零件的加工表面上总是存在着宏观和微观的几何形状误差，即微小的峰谷高低程度及其间距状况，称为表面粗糙度，如图 2-1-18 所示。表面粗糙度反映了零件表面的光滑程度，其数值的大小会影响到零件的配合性质、定位精度、疲劳强度、抗腐蚀性、密封性等，因此要根据零件表面的工作情况合理选择表面粗糙度。

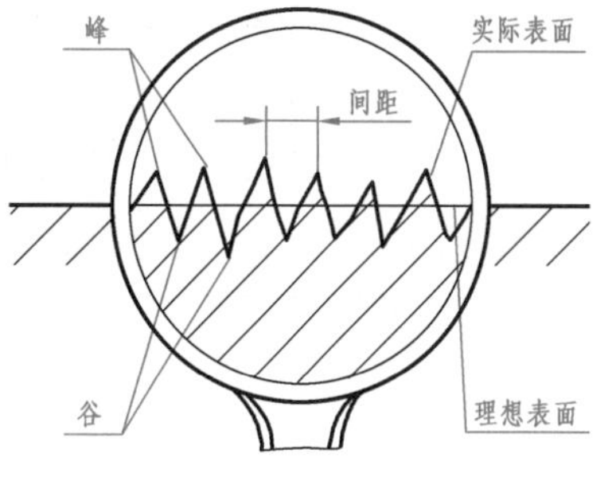

图 2-1-18　表面粗糙度的概念

2. 表面粗糙度的评定参数

(1)轮廓算术平均偏差 Ra

如图 2-1-19 所示，Ra 是在一个取样长度内纵坐标值 $z(x)$ 绝对值的算术平均值。

$$Ra = \frac{1}{lr}\int_0^{lr} |z(x)| \, dx$$

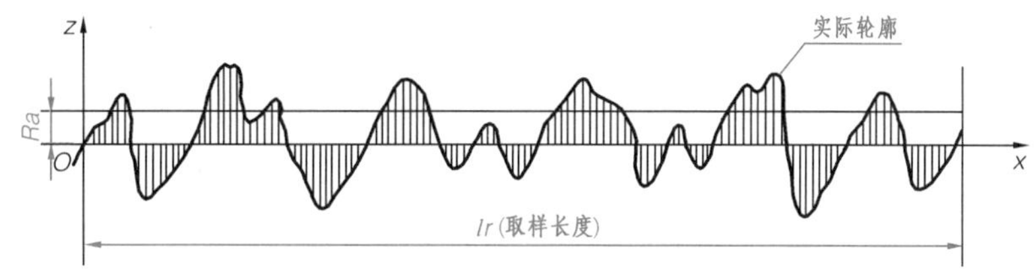

图 2-1-19　轮廓算术平均偏差 Ra

(2)轮廓最大高度 Rz

如图 2-1-20 所示，Rz 是在一个取样长度内，最大轮廓峰高 Zp 和最大轮廓谷深 Zv 之和。

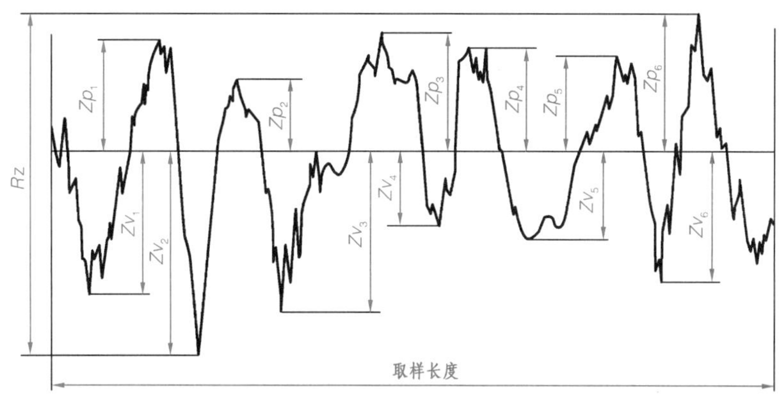

图 2-1-20　轮廓最大高度 Rz

3. 表面粗糙度 Ra 的值与加工方法

表面粗糙度的主要评定参数是轮廓算术平均偏差 Ra，如图 2-1-2 所示泵轴的安装齿轮轴段表面及轴肩、键槽两个侧面 Ra 的值均为 3.2 μm，泵轴其余表面 Ra 的值均为 6.3 μm。Ra 值越大，表面越粗糙，加工成本越低；Ra 值越小，表面越光滑，加工成本越高。因此，设计时应根据零件表面的工作要求选取合适的表面粗糙度，尽量降低加工成本。表面结构参数值的大小与加工方法、所用刀具以及工件材料等因素有密切关系，轮廓算术平均偏差 Ra 的优先使用系列值及对应的加工方法和适用范围可查阅相关手册。

4. 表面粗糙度符号、代号及其含义

表 2-1-2 是图样上表示零件表面粗糙度的符号、代号及其含义。

表 2-1-2　　表面粗糙度的符号、代号及其含义(GB/T 131—2006)

符号与代号		含　义
符号		基本图形符号,未指定工艺方法的表面,当通过一个注释解释时可单独使用
		扩展图形符号,用去除材料方法获得的表面;仅当其含义是“被加工表面”时可单独使用
		扩展图形符号,不去除材料的表面,也可用于表示保持上道工序形成的表面,不管这种状况是通过去除材料或不去除材料形成的
		完整图形符号,在上述三个符号的长边上均可加一横线,用于标注有关参数和说明
代号	*Ra* 3.2	表示去除材料,单向上限值,默认传输带,*R* 轮廓,算术平均偏差为 3.2 μm,评定长度为 5 个取样长度(默认),“16%规则”(默认)
	Rz max 3.2	表示去除材料,单向上限值,默认传输带,*R* 轮廓,粗糙度最大高度的最大值为 3.2 μm,评定长度为 5 个取样长度(默认),“最大规则”
	U *Ra* max 3.2 L *Ra* 0.8	表示不允许去除材料,双向极限值,两极限值均使用默认传输带,*R* 轮廓,上限值:算术平均偏差 3.2 μm,评定长度为 5 个取样长度(默认),“最大规则”,下限值:算术平均偏差 0.8 μm,评定长度为 5 个取样长度(默认),“16%规则”(默认)

5. 表面粗糙度符号的画法及有关规定

表面粗糙度符号的画法如图 2-1-21 所示,表面粗糙度的评定参数及其数值以及对零件表面的其他要求在表面粗糙度符号中的标注位置如图 2-1-22 所示(参见 GB/T 131—2006)。

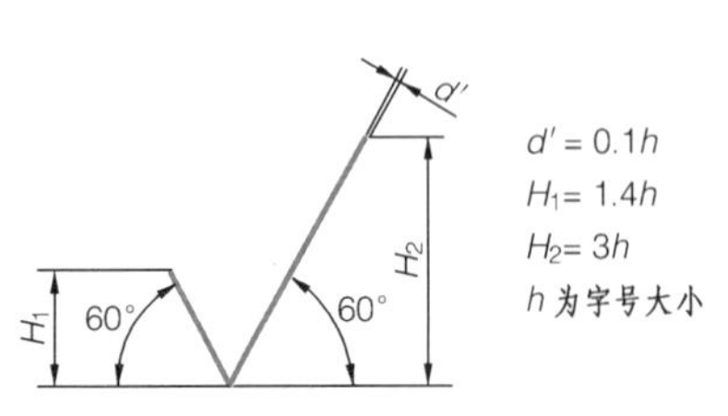

图 2-1-21　表面粗糙度符号的画法

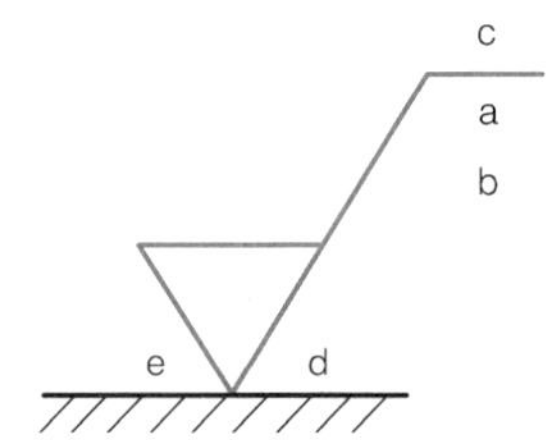

图 2-1-22　表面粗糙度代号注法

在图 2-1-22 中，各代号表示的含义如下：

a、b：粗糙度参数代号及其数值；

c：加工方法，如车、铣等；

d：表面纹理和方向；

e：加工余量。

6. 表面粗糙度在图样中的标注方法（GB/T 131—2006）

（1）表面粗糙度在图样中标注的基本原则

①表面粗糙度符号、代号一般注在可见轮廓线、尺寸线、引出线或它们的延长线上，符号的尖端必须从材料外指向表面。

②在同一图样上，表面粗糙度要求对每一表面一般只标注一次，并尽可能标注在相应的尺寸及其公差的同一视图上。除非另有说明，否则所标注的表面粗糙度要求均是对加工后零件表面的要求。

③表面粗糙度符号、代号的标注方向和读取方向应与尺寸的注写和读取方向一致，如图 2-1-23 所示。

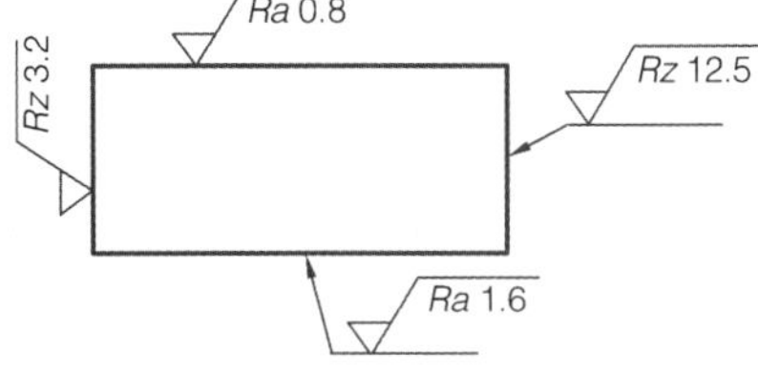

图 2-1-23　表面粗糙度的注写方向

（2）表面粗糙度要求在图样中的标注方法（表 2-1-3）

表 2-1-3　　表面粗糙度要求在图样中的标注方法

标注位置	标注图例	说　明
标注在轮廓线或其延长线上	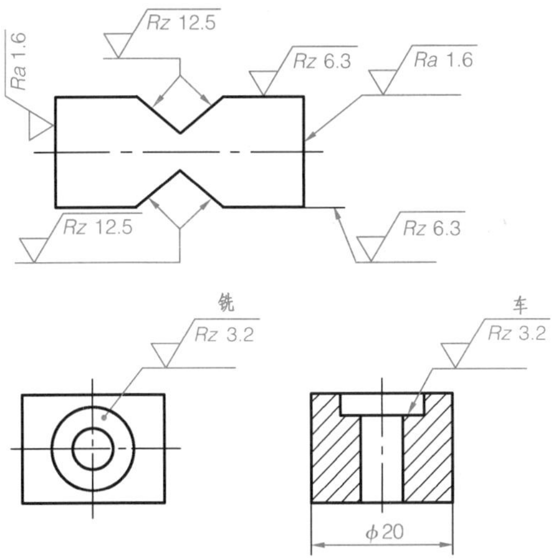 Ra 1.6　Rz 12.5　Rz 6.3　Ra 1.6　Rz 12.5　Rz 6.3　铣　Rz 3.2　车　Rz 3.2　ϕ20	其符号应从材料外指向接触表面或其延长线，或用箭头指向表面或其延长线。必要时可以用黑点或箭头引出标注
标注在特征尺寸的尺寸线上	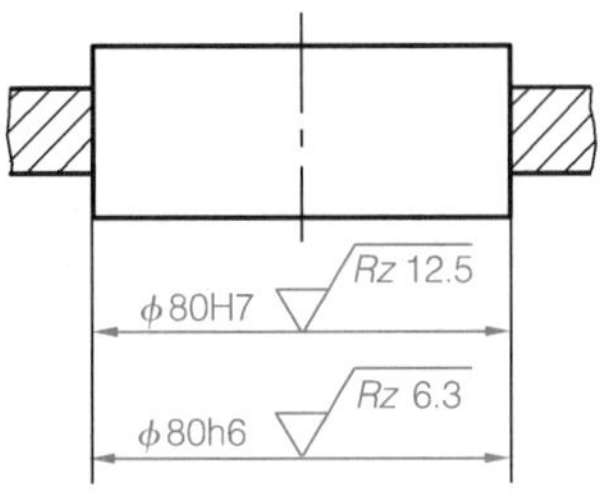 ϕ80H7　Rz 12.5　ϕ80h6　Rz 6.3	在不至于引起误解时，表面粗糙度要求可以标注在给定的尺寸线上

续表

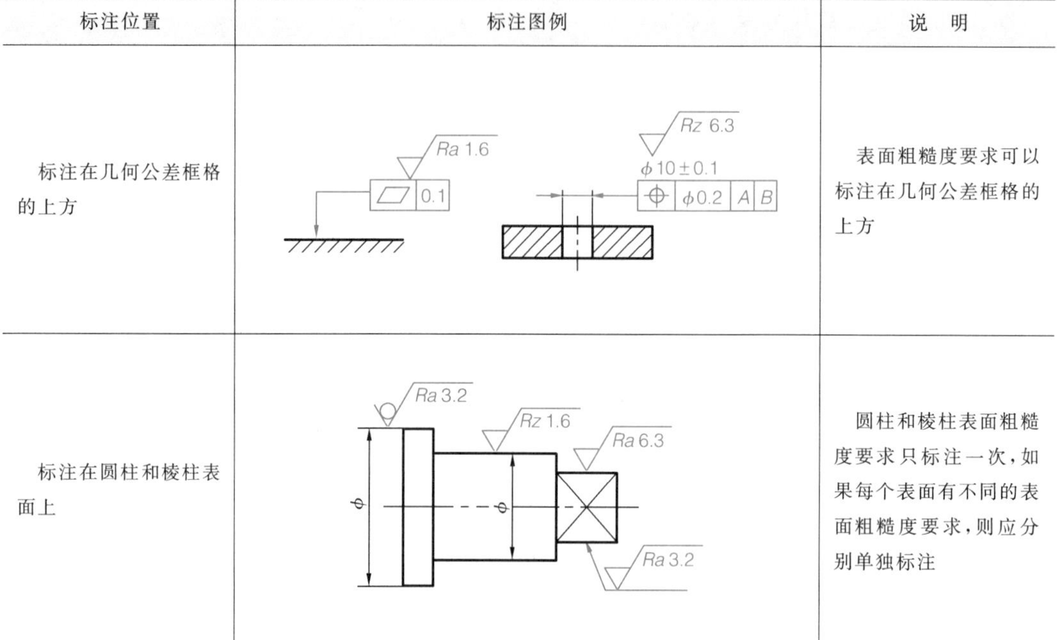

标注位置	标注图例	说 明
标注在几何公差框格的上方		表面粗糙度要求可以标注在几何公差框格的上方
标注在圆柱和棱柱表面上		圆柱和棱柱表面粗糙度要求只标注一次，如果每个表面有不同的表面粗糙度要求，则应分别单独标注

(3)表面粗糙度要求的简化注法(表 2-1-4)

表 2-1-4　　表面粗糙度要求的简化注法

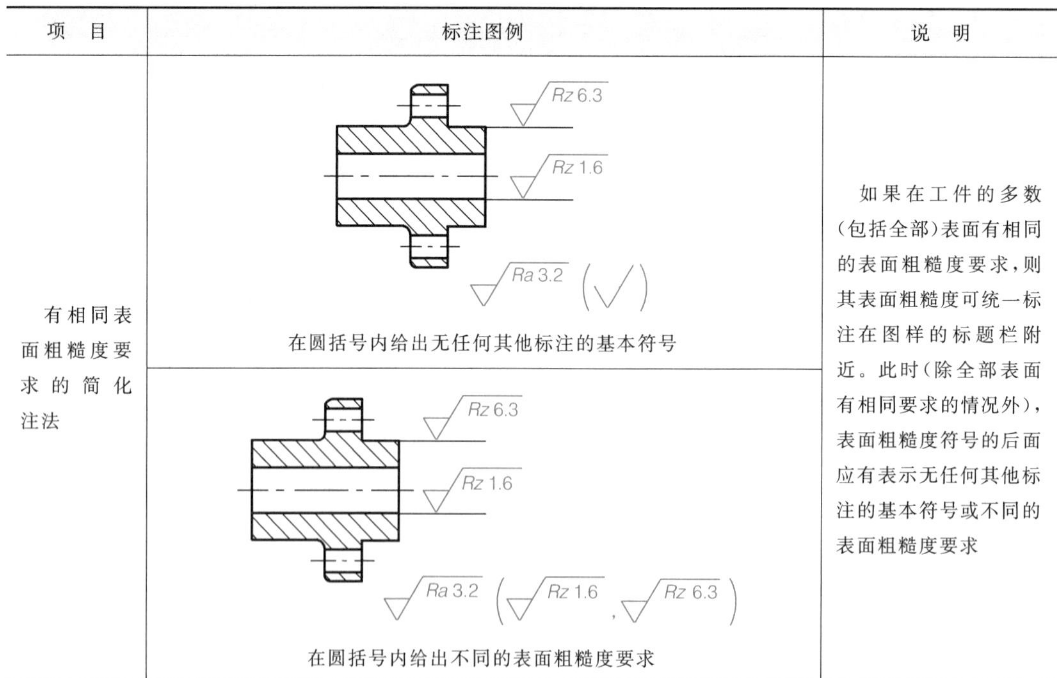

项 目	标注图例	说 明
有相同表面粗糙度要求的简化注法	在圆括号内给出无任何其他标注的基本符号 在圆括号内给出不同的表面粗糙度要求	如果在工件的多数(包括全部)表面有相同的表面粗糙度要求，则其表面粗糙度可统一标注在图样的标题栏附近。此时(除全部表面有相同要求的情况外)，表面粗糙度符号的后面应有表示无任何其他标注的基本符号或不同的表面粗糙度要求

续表

项　目	标注图例		说　明
多个表面有共同要求的注法	用带字母的完整符号的简化注法	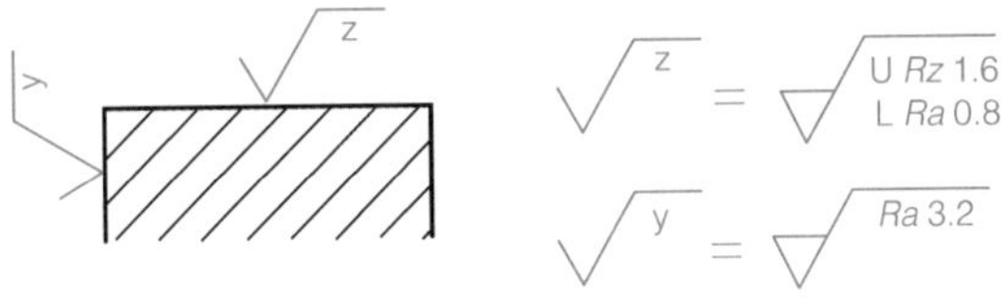 z　y　z = U Rz 1.6 L Ra 0.8　y = Ra 3.2	当多个表面具有相同的表面粗糙度要求或图纸空间有限时，可以采用简化注法
	只用表面粗糙度符号的简化注法	 = Ra 3.2 未指定工艺方法的多个表面粗糙度的简化注法  = Ra 3.2 要求去除材料的多个表面粗糙度的简化注法  = Ra 3.2 不允许去除材料的多个表面粗糙度的简化注法	可以用图 2-1-21 和图 2-1-22 所示的表面粗糙度图形符号，以等式的形式给出对多个表面共同的表面粗糙度要求

二、极限与配合

1. 互换性和公差

从一批规格大小相同的零件中，不经挑选和修配任取一件便能顺利地装配到其他零件上，并达到功能要求，这种性能称为互换性。为了实现产品的互换性，应使相配合的零件具有一定的精度。由于各种因素的影响，不能保证每个零件的尺寸是一个理想的固定值，因此在满足互换性的前提下允许尺寸有一个变动量，这个允许尺寸的变动量称为公差。由图2-1-2可见，泵轴安装衬套的轴段直径标注为$\phi 14_{-0.018}^{\ 0}$，它表示该轴段的最大直径是$\phi 14$，最小直径是$\phi 13.982$，若尺寸不在此范围内，则与衬套孔配合时达不到品质要求。最大直径与最小直径之差的绝对值（$|14-13.982|=0.018$）即尺寸公差，简称公差。

2. 基本术语

现以转子油泵中衬套（衬套孔尺寸为$\phi 14_{+0.016}^{+0.043}$）及泵轴与之配合段（尺寸为$\phi 14_{-0.018}^{\ 0}$）为例，介绍极限与配合的常用术语，见表 2-1-5。

表 2-1-5　　极限与配合的常用术语

术　语	定　义	举　例	
		孔(D)	轴(d)
图　例	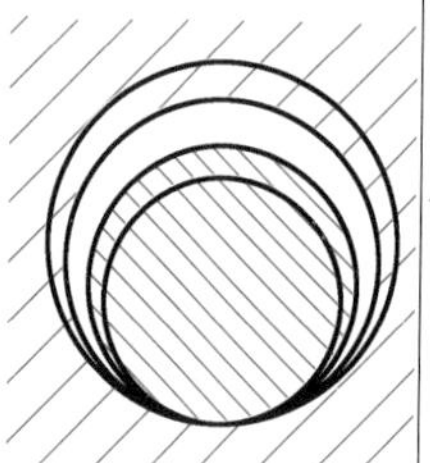	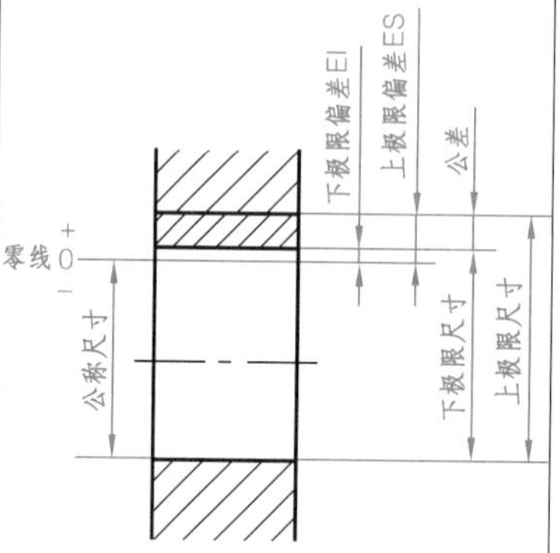 衬套孔$\phi 14^{+0.043}_{+0.016}$	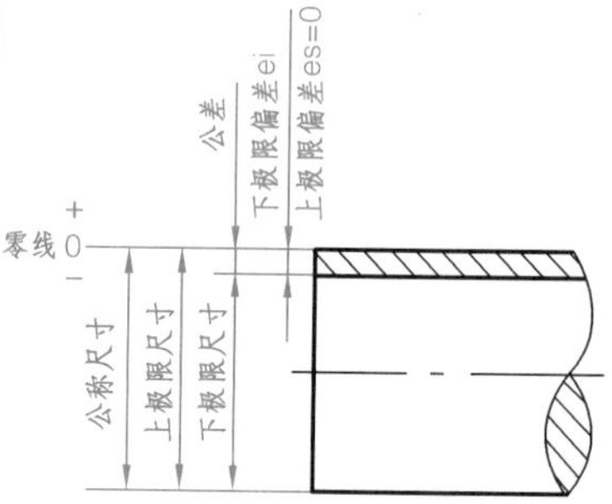 泵轴$\phi 14^{\ 0}_{-0.018}$
公称尺寸	设计给定的尺寸，通过它并应用上、下极限偏差可计算出上、下极限尺寸	$D=14$	$d=14$
实际尺寸	通过实际测量获得的尺寸		
极限尺寸	允许尺寸变动的两个极限，它以公称尺寸为基础来确定		
上极限尺寸	两个极限尺寸中较大的一个尺寸	$D_{max}=14.043$	$d_{max}=14$
下极限尺寸	两个极限尺寸中较小的一个尺寸	$D_{min}=14.016$	$d_{min}=13.982$
尺寸偏差（偏差）	某一尺寸减去其公称尺寸所得的代数差，偏差可以为正、负或零值		
极限偏差	极限尺寸减去公称尺寸所得的代数差		
上极限偏差	上极限尺寸减去公称尺寸所得的代数差	$ES=D_{max}-D$ $=14.043-14=+0.043$	$es=d_{max}-d=14-14=0$
下极限偏差	下极限尺寸减去公称尺寸所得的代数差	$EI=D_{min}-D$ $=14.016-14=+0.016$	$ei=d_{min}-d=13.982-14$ $=-0.018$
尺寸公差（公差）	上极限尺寸减去下极限尺寸的值，或是上极限偏差减去下极限偏差的值。公差是允许尺寸的变动量	$T_h=D_{max}-D_{min}$ $=14.043-14.016=0.027$ 或 $T_h=ES-EI$ $=0.043-0.016=0.027$	$T_s=d_{max}-d_{min}$ $=14-13.982=0.018$ 或 $T_s=es-ei=0-(-0.018)$ $=0.018$

续表

<table>
<tr><th rowspan="2">术 语</th><th rowspan="2">定 义</th><th colspan="2">举 例</th></tr>
<tr><th>孔(D)</th><th>轴(d)</th></tr>
<tr><td>零线</td><td>在极限与配合图解中，表示公称尺寸的一条直线，以其为基准确定偏差和公差。零线沿水平方向绘制，正偏差位于其上，负偏差位于其下</td><td colspan="2" rowspan="2"> 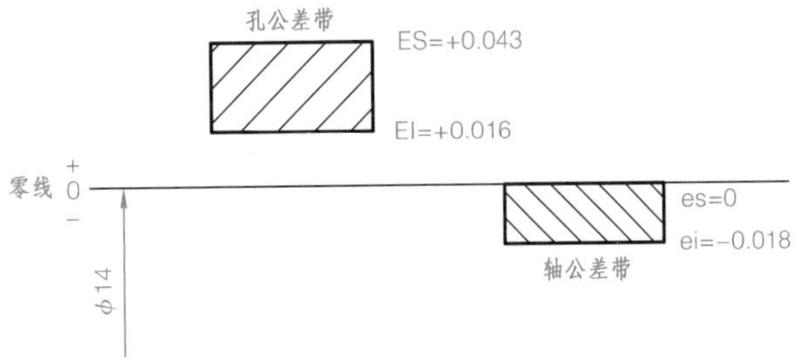孔公差带
ES=+0.043
EI=+0.016
零线 + 0 −
es=0
ei=−0.018
轴公差带
φ14</td></tr>
<tr><td>公差带</td><td>在公差带图中，由代表上、下极限偏差或上、下极限尺寸的两条直线所限定的区域。公差带由公差大小及其相对于零线的位置来确定</td></tr>
</table>

3. 标准公差与基本偏差

(1)标准公差：国家标准所列的用以确定公差带大小的任一公差。

标准公差分为 20 级，即 IT01、IT0、IT1、…、IT18。其中“IT”表示标准公差，阿拉伯数字表示公差等级，从 IT01 到 IT18 等级依次降低。各级标准公差的数值见表 2-1-6。

表 2-1-6　　标准公差数值(GB/T 1800.1—2009)

公称尺寸/mm		标准公差等级																	
		IT1	IT2	IT3	IT4	IT5	IT6	IT7	IT8	IT9	IT10	IT11	IT12	IT13	IT14	IT15	IT16	IT17	IT18
大于	至	μm											mm						
—	3	0.8	1.2	2	3	4	6	10	14	25	40	60	0.1	0.14	0.25	0.4	0.6	1	1.4
3	6	1	1.5	2.5	4	5	8	12	18	30	48	75	0.12	0.18	0.3	0.48	0.75	1.2	1.8
6	10	1	1.5	2.5	4	6	9	15	22	36	58	90	0.15	0.22	0.36	0.58	0.9	1.5	2.2
10	18	1.2	2	3	5	8	11	18	27	43	70	110	0.18	0.27	0.43	0.7	1.1	1.8	2.7
18	30	1.5	2.5	4	6	9	13	21	33	52	84	130	0.21	0.33	0.52	0.84	1.3	2.1	3.3
30	50	1.5	2.5	4	7	11	16	25	39	62	100	160	0.25	0.39	0.62	1	1.6	2.5	3.9
50	80	2	3	5	8	13	19	30	46	74	120	190	0.3	0.46	0.74	1.2	1.9	3	4.6
80	120	2.5	4	6	10	15	22	35	54	87	140	220	0.35	0.54	0.87	1.4	2.2	3.5	5.4
120	180	3.5	5	8	12	18	25	40	63	100	160	250	0.4	0.63	1	1.6	2.5	4	6.3
180	250	4.5	7	10	14	20	29	46	72	115	185	290	0.46	0.72	1.15	1.85	2.9	4.6	7.2
250	315	6	8	12	16	23	32	52	81	130	210	320	0.52	0.81	1.3	2.1	3.2	5.2	8.1
315	400	7	9	13	18	25	36	57	89	140	230	360	0.57	0.89	1.4	2.3	3.6	5.7	8.9
400	500	8	10	15	20	27	40	63	97	155	250	400	0.63	0.97	1.55	2.5	4	6.3	9.7

注：公称尺寸小于或等于 1 mm 时，无 IT14～IT18。

(2)基本偏差：用以确定公差带相对于零线位置的上极限偏差或下极限偏差，一般为靠近零线的那个极限偏差。基本偏差系列如图 2-1-24 所示。从图中可以看出，当公差带在零线以上时，下极限偏差为基本偏差；当公差带在零线以下时，上极限偏差为基本偏差。

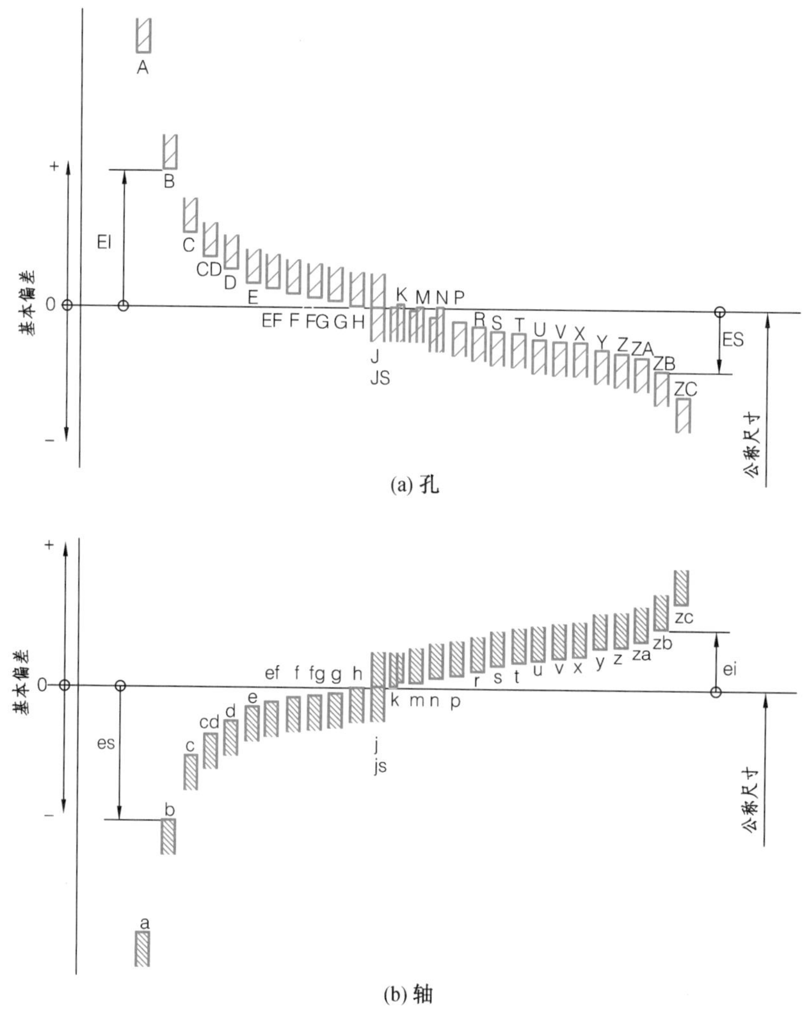

图 2-1-24 基本偏差系列

国标已将基本偏差标准化，其代号用拉丁字母表示，大写为孔，小写为轴，轴、孔各有 28 种。孔的基本偏差中 A～H 为下极限偏差，J～ZC 为上极限偏差；轴的基本偏差中 a～h 为上极限偏差，j～zc 为下极限偏差；JS 和 js 的公差带均匀地分布在零线两边，孔和轴的上、下极限偏差分别为＋IT/2和－IT/2。基本偏差只表示公差带在公差带图中的位置，而不表示公差带的大小，因此公差带一端是开口的，开口的一端由标准公差限定。轴的基本偏差数值见附表 2，孔的基本偏差数值见附表 3。

4. 公差带代号

公差带代号由基本偏差代号(字母)与公差等级(数字)组成。如ϕ14F8 为孔的公差带代号，ϕ14h7 为轴的公差带代号。

尺寸公差在零件图中的标注形式如图 2-1-25 所示。例如，对称偏差表示为ϕ10JS5(±0.003)。

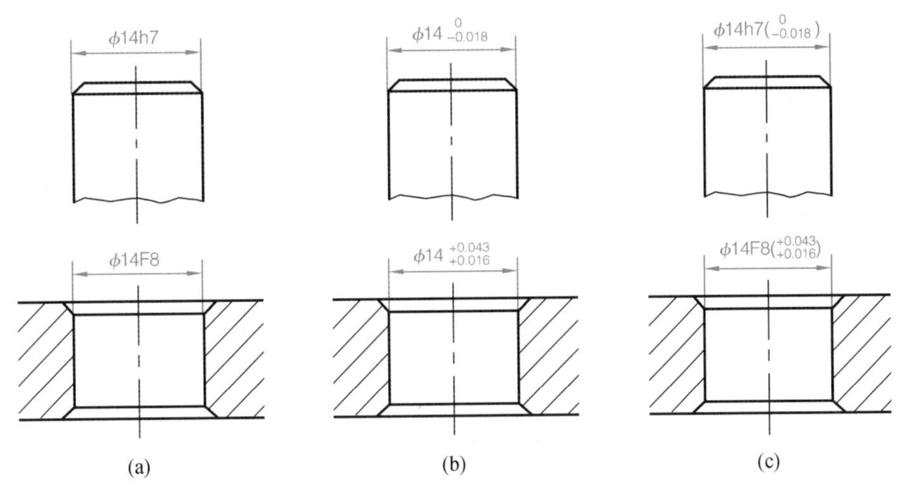

图 2-1-25　尺寸公差在零件图中的标注形式

三、几何公差

1. 几何公差概述

图样中几何公差的要求以框格的形式给出，如图 2-1-2 中的 |⌯|0.05|B|。零件在加工过程中不仅存在尺寸误差，还存在形状和位置等几何误差。如图 2-1-26 所示的光轴，由于发生弯曲，尽管轴各段截面尺寸都在$\phi30f7$ 范围内，但会影响孔、轴进行正常的装配。

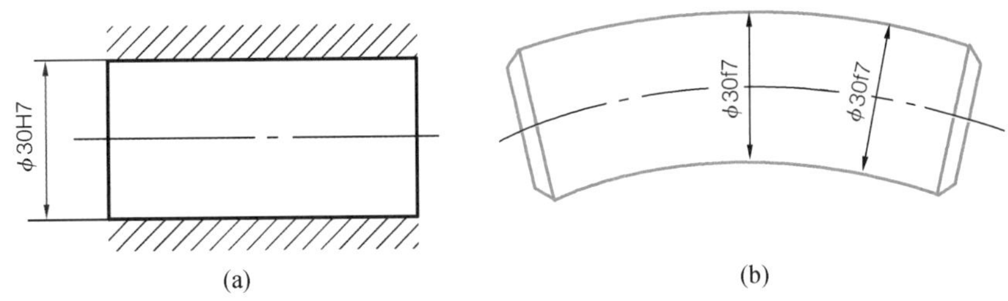

图 2-1-26　形状误差对孔和轴使用性能的影响

几何公差包括形状、方向、位置和跳动公差。几何公差标注的示例如图 2-1-27(a)所示。形状误差是指实际要素的形状相对其理想要素形状的变动量，如图2-1-27(b)所示，位置(方向、跳动)误差是指关联几何要素的实际位置相对其理想位置的变动量，如图 2-1-27(c)所示。几何公差是指零件的实际形状和实际位置对理想形状和理想位置所允许的最大变动量。

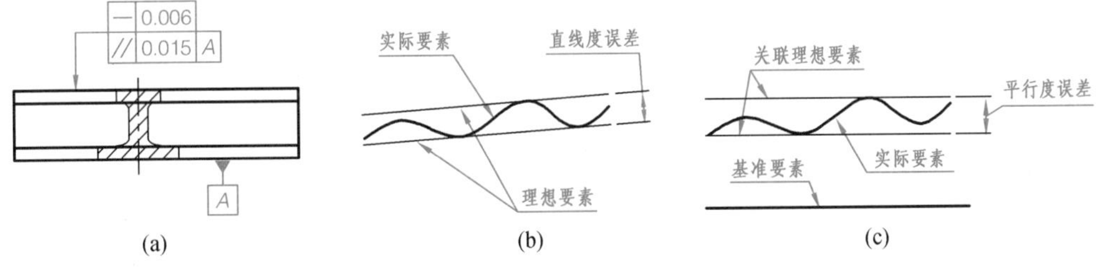

图 2-1-27　几何公差

现主要介绍国家标准《产品几何技术规范(GPS) 几何公差 形状、方向、位置和跳动公差标注》(GB/T 1182—2008)中产品几何技术规范(GPS)的部分内容。

2. 几何公差的研究对象

基本几何体均由点、线、面构成，这些点、线、面称为几何要素(简称要素)。如图 2-1-28 所示，组成这个零件的几何要素有：点，如球心、锥顶；线，如圆柱素线、圆锥素线、轴线；面，如球面、圆柱面、圆锥面、端平面。几何公差的研究对象就是零件要素本身的形状精度及相关要素之间的方向和位置等精度问题。

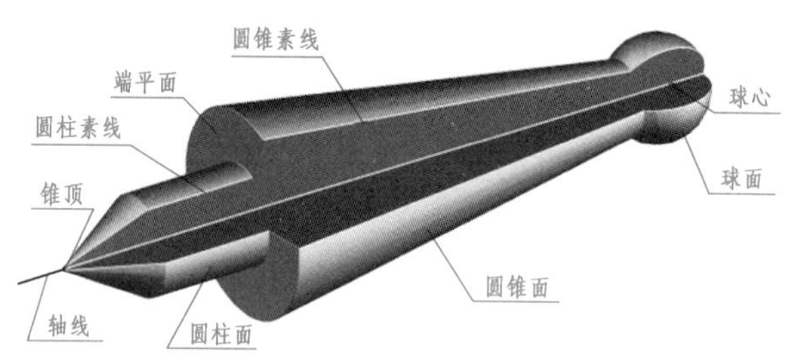

图 2-1-28 零件的几何要素

3. 几何公差的几何特征及其符号

几何公差的几何特征及其符号见表 2-1-7。

表 2-1-7　几何公差的几何特征及其符号

公差类型	几何特征	符　号	有无基准要求
形状公差	直线度	—	无
	平面度	▱	无
	圆度	○	无
	圆柱度	⌭	无
	线轮廓度	⌒	无
	面轮廓度	⌓	无
方向公差	平行度	//	有
	垂直度	⊥	有
	倾斜度	∠	有
	线轮廓度	⌒	有
	面轮廓度	⌓	有
位置公差	位置度	⌖	有或无
	同心度(用于中心点)	◎	有
	同轴度(用于轴线)	◎	有
	对称度	⌯	有
	线轮廓度	⌒	有
	面轮廓度	⌓	有

续表

公差类型	几何特征	符　号	有无基准要求
跳动公差	圆跳动	↗	有
	全跳动	⌰	有

4. 几何公差代号

几何公差代号包括几何公差框格及指引线、几何公差特征项目符号、几何公差数值和其他有关符号、基准符号等，如图 2-1-29 所示。

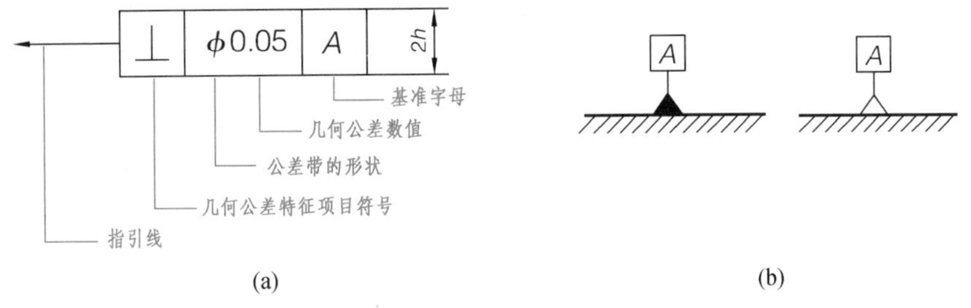

(a)　　(b)

图 2-1-29　几何公差代号及基准符号

5. 几何公差的一般标注规则

(1)用带箭头的指引线将框格与被测要素相连，按以下方式标注：

①当被测要素为轮廓线或表面时，将箭头置于被测要素的轮廓线或轮廓线的延长线上，必须与尺寸线明显地错开，如图 2-1-30(a)、图 2-1-30(b)所示。当公差涉及表面时，箭头也可指向引出线的水平线，引出线引自被测表面，如图 2-1-30(c)所示。

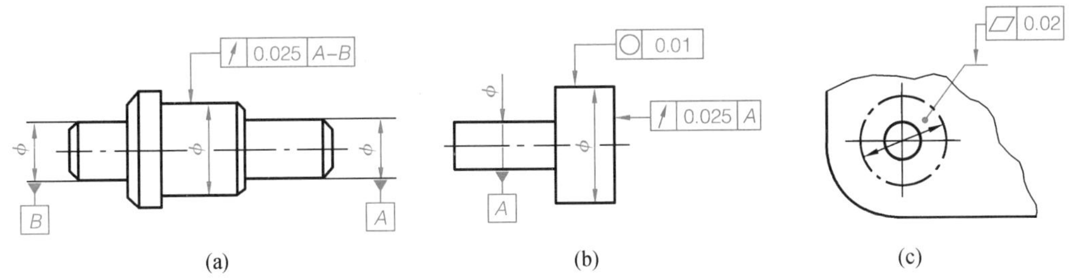

(a)　　(b)　　(c)

图 2-1-30　被测要素为轮廓线或表面

②当被测要素为轴线或对称面时，带箭头的指引线应与尺寸线对齐，如图 2-1-31(a)、图 2-1-31(b)所示。

③当指引线的箭头与尺寸线的箭头重叠，该尺寸线的箭头可以省略，如图 2-1-31(c)、图 2-1-31(d)所示。

(2)带有基准字母的基准符号应放置的位置

①当基准要素是轮廓线或表面时，基准符号应置于要素的外轮廓线或其延长线上，与尺寸线明显地错开，如图 2-1-32(a)所示。基准三角形也可放置在该轮廓面引出线的水平线上，如图 2-1-32(b)所示。

②当基准要素是轴线或对称面时，其基准符号中的竖直线应与尺寸线对齐，如图2-1-31(a)、图 2-1-31(b)所示。

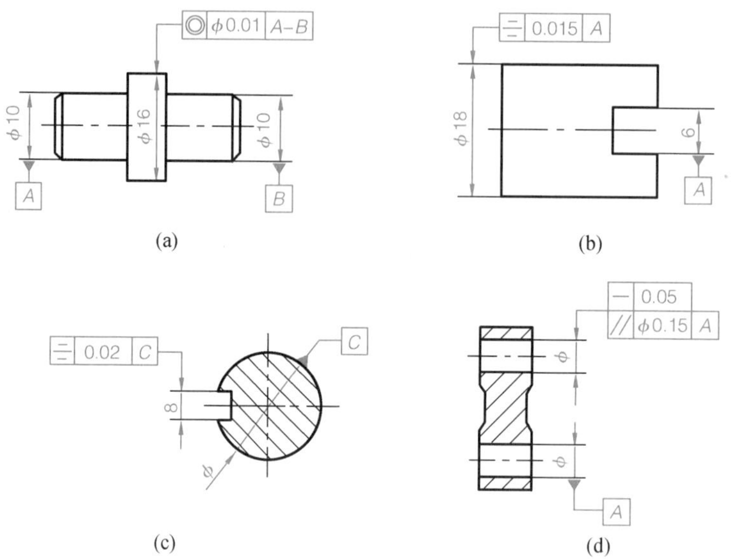

图 2-1-31 被测要素为轴线或对称面

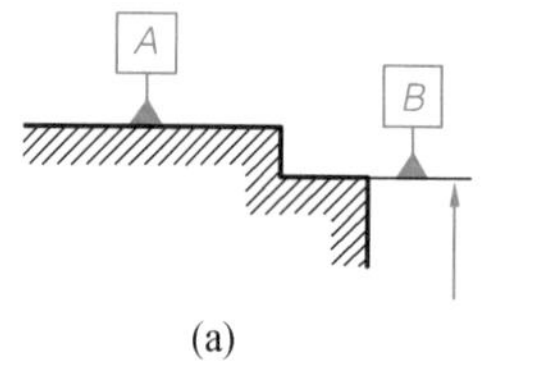

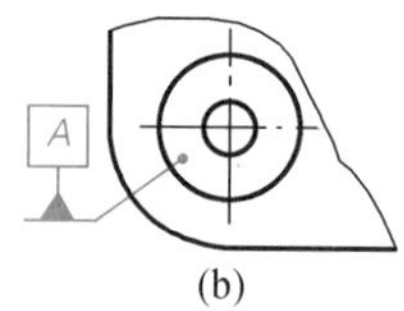

图 2-1-32 基准要素为轮廓线或表面

③若尺寸线安排不下两个箭头或尺寸线的一个箭头与基准三角形重叠，则可用基准三角形代替尺寸线的一个箭头，如图 2-1-31(c)、图 2-1-31(d)所示。

(3)当多个被测要素有相同的几何公差要求时，可从一个框格内的同一端引出多个指示箭头，如图 2-1-33(a)所示；当同一个被测要素有多项几何公差要求时，可在一个指引线上画出多个公差框格，如图 2-1-33(b)所示。

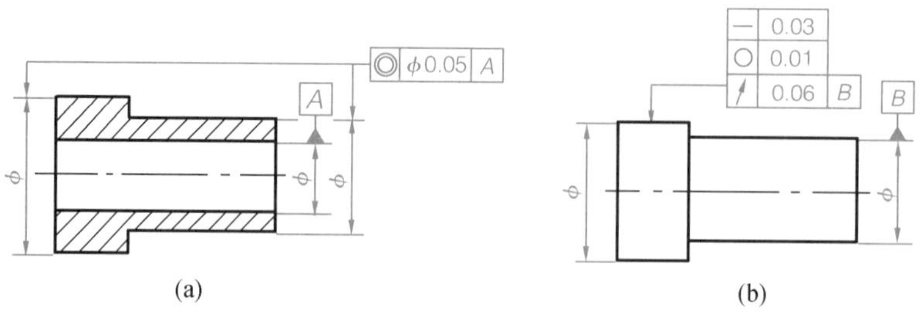

图 2-1-33 多个被测要素或多项几何公差要求

(4)由两个或两个以上基准要素组成的基准称为公共基准，如图 2-1-34(a)所示的公共轴线及图 2-1-34(b)所示的公共对称面。公共基准的字母应将各个字母用横线连接起来，并书写在公差框格的同一个格内。

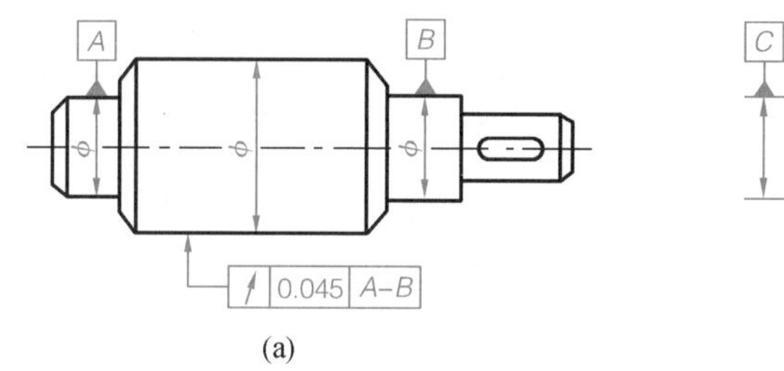

(a)

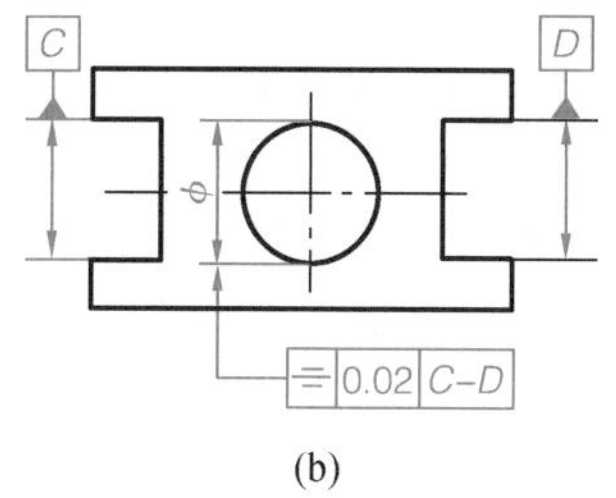

(b)

图 2-1-34　公共基准

四、锥度

锥度是指正圆锥的底圆直径与圆锥高度之比，圆台锥度就是两个底圆直径之差与圆台高度之比，如图 2-1-35(b)所示，即

$$\text{锥度} = \frac{D}{H} = \frac{D-d}{L} = 2\tan\frac{\alpha}{2} = \frac{1}{n}$$

锥度符号如图 2-1-35(c)所示，符号方向应与锥度方向一致。锥度标注在与指引线相连的基准线上，如图 2-1-35(d)所示。

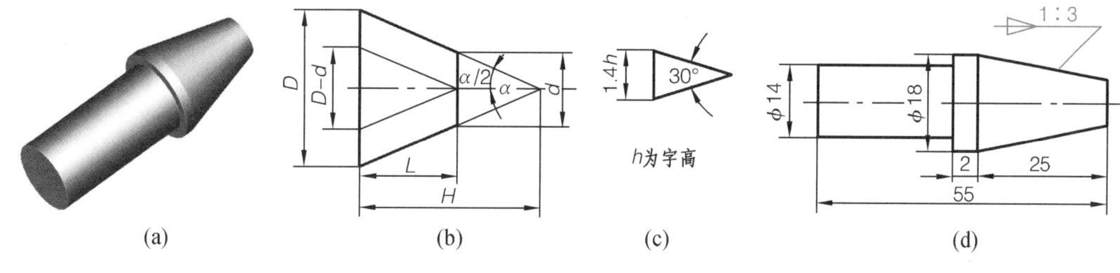

(a)　(b)　(c)　(d)

图 2-1-35　锥度及其符号

五、识读轴套类零件图

正确、熟练地识读零件图，是工程技术人员和技术工人必须具备的基本功。以图 2-1-36 所示的一级圆柱齿轮减速器从动轴零件图为例，读图步骤如下：

1. 读标题栏，浏览全图

从图 2-1-36 中的标题栏可以看出，该零件的名称是从动轴，属于轴套类零件，起着支承和传动的作用，绘图比例为 1∶1，材料是 45 钢。

2. 分析视图表达方案，想象零件形状

从动轴按加工位置摆放，轴线水平，其主体结构为若干段同轴回转体，具有轴向尺寸大而径向尺寸小的特点，根据工作的需要，其上常加工有键槽、倒角、圆角、中心孔等结构。采用一个主视图表达其主要结构及其上键槽的位置和形状，两个断面图分别表达两个键槽的宽度和深度。根据以上的分析想象出从动轴的形状，如图 2-1-37 所示。

3. 分析尺寸

以水平轴线作为径向尺寸基准，标注各轴段的直径尺寸 $\phi 40^{+0.050}_{+0.034}$、$\phi 45$、$\phi 50^{+0.021}_{+0.002}$、$\phi 55^{+0.060}_{+0.041}$、$\phi 64$。

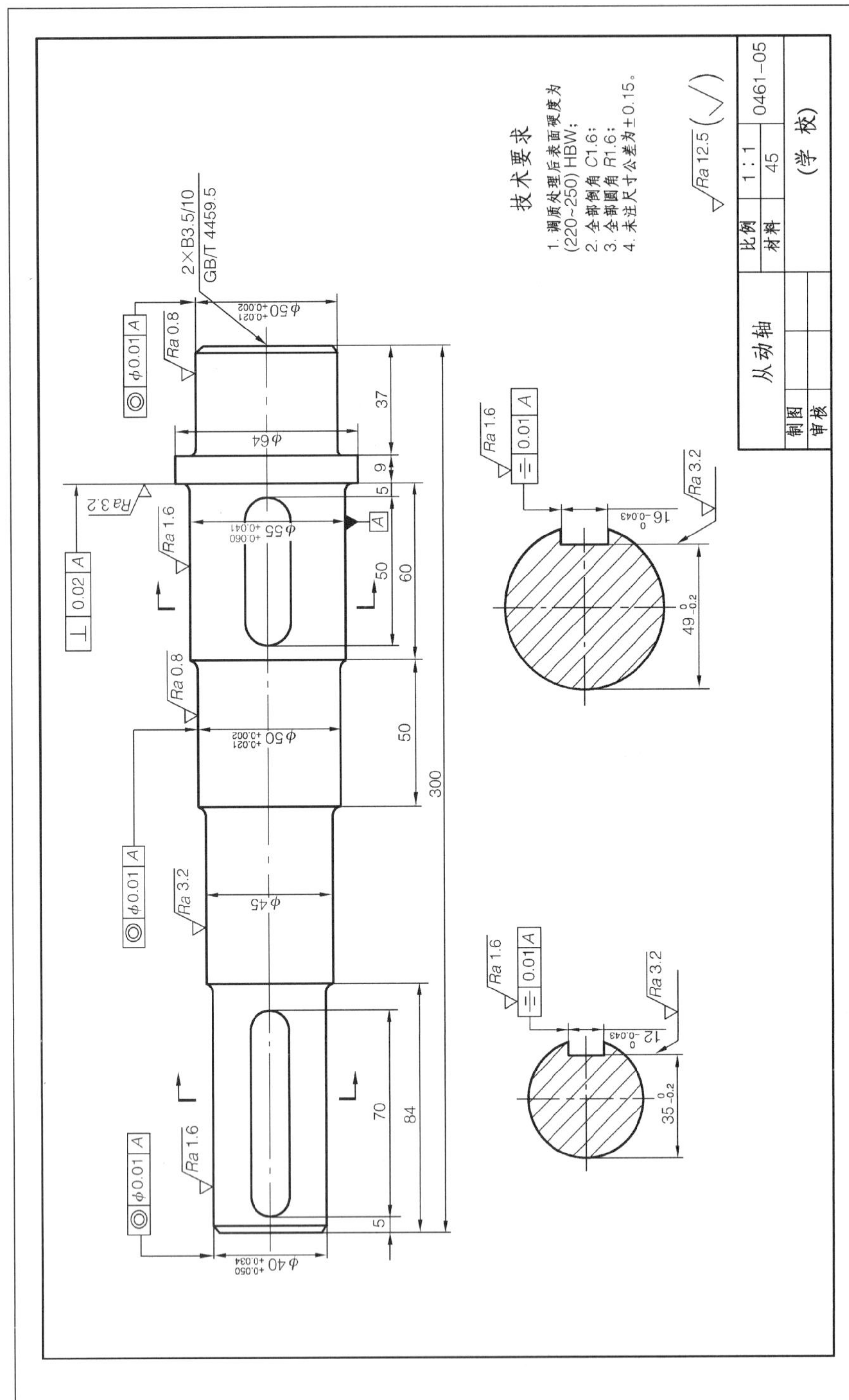

图 2-1-36　一级圆柱齿轮减速器从动轴零件图

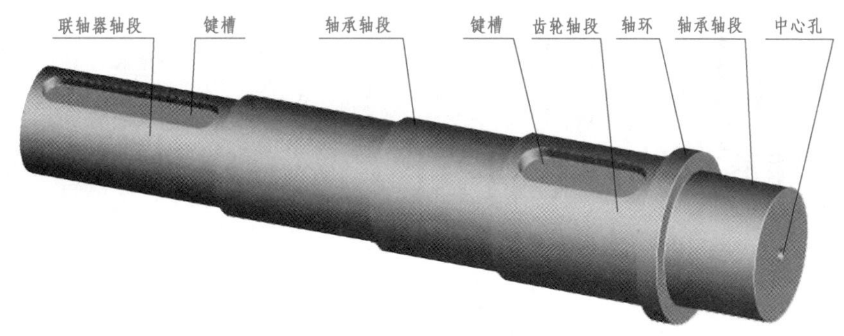

图 2-1-37　一级圆柱齿轮减速器从动轴立体图

根据从动轴在减速器中的作用及位置，轴向以 $\phi55^{+0.060}_{+0.041}$ 齿轮轴段的右侧轴肩为主要尺寸基准，以轴的左端面为辅助尺寸基准。安装齿轮轴段的长度 60 和安装联轴器轴段的长度 84 为重要尺寸，从尺寸基准出发直接注出。为下料方便，直接注出轴的总长度 300。

4. 分析技术要求

(1)表面粗糙度

从动轴表面粗糙度 Ra 的值要求较高，与轴承孔配合的轴段 Ra 的上限值为 0.8 μm，与齿轮和联轴器配合的轴段及两个键槽的两侧面 Ra 的上限值为 1.6 μm，$\phi45$轴段以及两个键槽的底面 Ra 的上限值为 3.2 μm，$\sqrt{Ra\ 12.5}$ $(\sqrt{})$表示图中除已标注表面粗糙度要求的表面以外，其他表面具有相同的表面粗糙度值，Ra 的上限值为 12.5 μm。

(2)尺寸公差

从动轴与轴承及齿轮配合轴段的尺寸精度要求较高，其尺寸公差分别为$\phi40^{+0.050}_{+0.034}$、$\phi50^{+0.021}_{+0.002}$、$\phi55^{+0.060}_{+0.041}$，键槽的深度尺寸分别为$35^{\ 0}_{-0.2}$、$49^{\ 0}_{-0.2}$，宽度尺寸分别为$12^{\ 0}_{-0.043}$、$16^{\ 0}_{-0.043}$。

(3)几何公差

| ◎ | ϕ0.01 | A |：表示 $\phi40^{+0.050}_{+0.034}$、$\phi50^{+0.021}_{+0.002}$ 的轴线相对于 $\phi55^{+0.060}_{+0.041}$ 轴线的同轴度，公差值为ϕ0.01 mm。

| ⊥ | 0.02 | A |：表示 $\phi55^{+0.060}_{+0.041}$ 右侧轴肩相对于 $\phi55^{+0.060}_{+0.041}$ 轴线的垂直度，公差值为0.02 mm。

| ⌯ | 0.01 | A |：表示键槽的两个侧面的对称平面相对于 $\phi55^{+0.060}_{+0.041}$ 轴线的对称度，公差值为 0.01 mm。

(4)其他要求

从动轴热处理及其他技术要求见图中“技术要求”中的内容。

项目二 绘制轮盘类零件图

学习引导

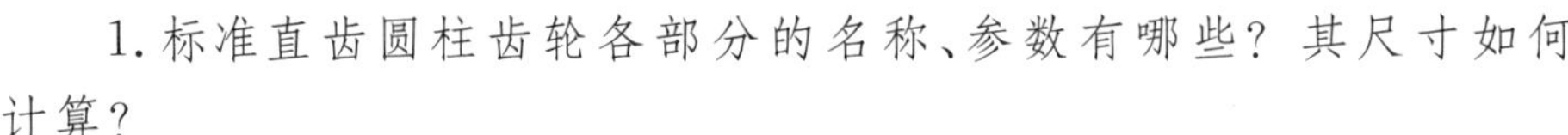

1. 标准直齿圆柱齿轮各部分的名称、参数有哪些？其尺寸如何计算？
2. 如何绘制单个直齿圆柱齿轮及齿轮啮合的图形？
3. 如何绘制轮毂上的键槽的图形？
4. 轮盘类零件的结构、表达方案、尺寸标注有何特点？
5. 轮盘类零件图的绘图方法和步骤是什么？
6. 如何识读轮盘类零件图？

相关知识

转子油泵中的传动齿轮、泵盖(图 2-2-1)等均属于轮盘类零件，此类零件呈盘状，其主体结构一般由直径不等的回转体组成(也可能有少量非回转体结构，如盖板、轮缘等)，径向尺寸比轴向尺寸大，其上常有销孔、槽、螺纹孔、凸台、肋、轮辐等结构。常见的轮盘类零件有手轮、带轮、齿轮、法兰、箱盖和端盖等。

(a) 传动齿轮

(b) 泵盖

图 2-2-1　转子油泵中的传动齿轮和泵盖

一、标准直齿圆柱齿轮基本知识

在齿轮传动中，圆柱齿轮主要用于两平行轴之间的传动，其外形是圆柱形，轮齿的方向有直齿、斜齿、人字齿等，如图 2-2-2 所示。

圆柱齿轮的典型结构由轮缘、轮毂和辐板三部分组成。轮缘上有若干个轮齿，轮毂孔有键槽，如图 2-2-3 所示。

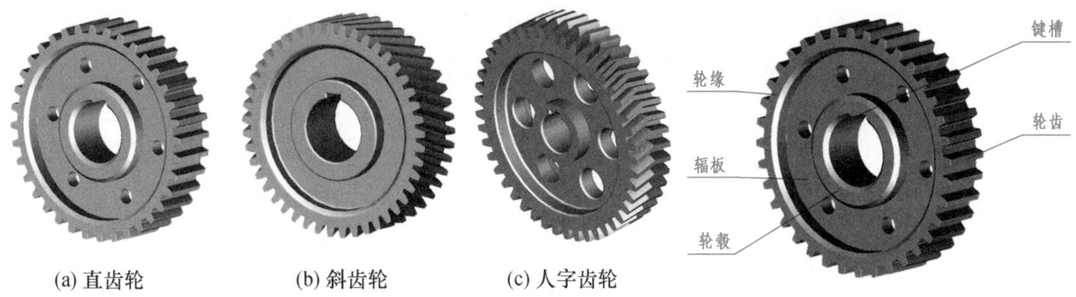

图 2-2-2 圆柱齿轮　　图 2-2-3 圆柱齿轮的典型结构

1. 标准直齿圆柱齿轮的名称及尺寸

(1)标准直齿圆柱齿轮各部分的名称代号如图 2-2-4 所示。

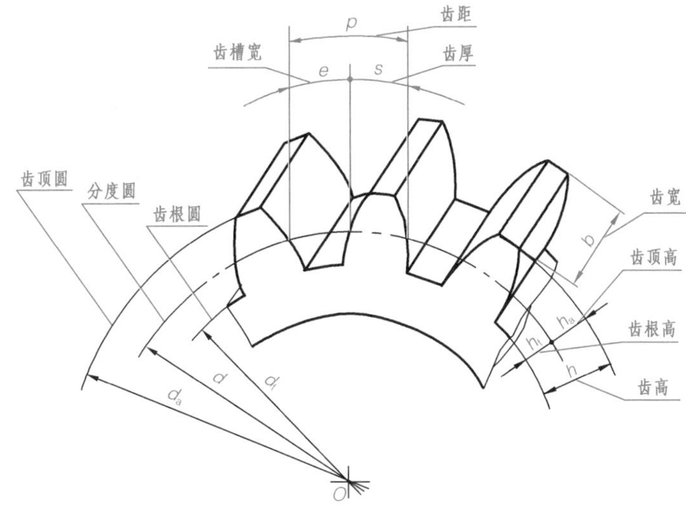

图 2-2-4 标准直齿圆柱齿轮各部分的名称代号

①齿顶圆 过轮齿顶部所作的圆，其直径用字母 d_a 表示。

②齿根圆 过轮齿根部所作的圆，其直径用字母 d_f 表示。

③分度圆 对于标准齿轮，分度圆是指在齿顶圆与齿根圆之间齿厚和齿槽宽相等的圆，是齿轮尺寸计算的一个基准圆，其直径用字母 d 表示。

④齿顶高 齿顶圆与分度圆之间的径向距离，用字母 h_a 表示。

⑤齿根高 齿根圆与分度圆之间的径向距离，用字母 h_f 表示。

⑥齿高 齿顶圆与齿根圆之间的径向距离，用字母 h 表示，$h=h_a+h_f$。

⑦齿距 在齿轮上，相邻两齿同侧齿廓之间的分度圆弧长，用字母 p 表示。齿距由齿槽宽(用字母 e 表示)和齿厚(用字母 s 表示)组成。在标准齿轮的分度圆上，齿距、齿槽宽和齿厚的关系为 $e=s=p/2$。

(2)主要参数和几何尺寸计算

①主要参数

齿轮主要参数有齿数、模数和压力角。

齿数 z:齿轮上轮齿的数目。

模数 m:齿轮分度圆周长 $\pi d = pz$,则分度圆直径 $d = z\dfrac{p}{\pi}$,令 $m = \dfrac{p}{\pi}$,则 $d = mz$,即 $m = \dfrac{d}{z}$。为了方便设计和制造,减小齿轮成形刀具的规格,模数 m 已经标准化,见表 2-2-1。

表 2-2-1　渐开线圆柱齿轮模数(GB/T 1357—2008)

第一系列	1　1.25　1.5　2　2.5　3　4　5　6　8　10　12
第二系列	1.125　1.375　1.75　2.25　2.75　3.5　4.5　5.5　(6.5)　7　9　11

注:选用模数时,应优先采用第一系列,其次是第二系列,括号内的模数尽可能不用。

压力角 α:一对相互啮合轮齿的齿廓在分度圆啮合点处的受力方向与瞬时运动方向的夹角,如图 2-2-5 所示。国家标准规定标准齿轮的压力角 $\alpha=20°$。

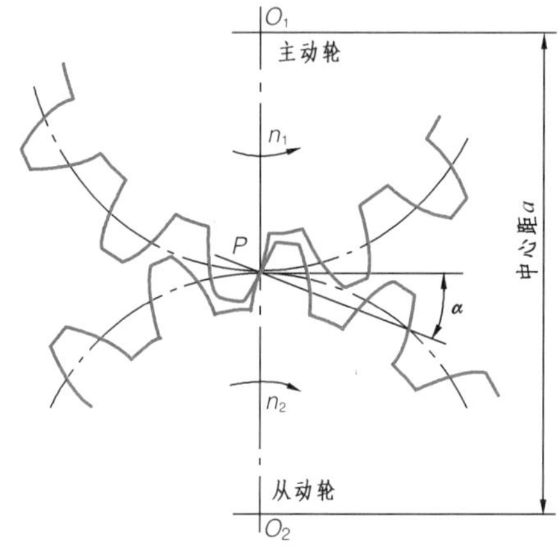

图 2-2-5　标准直齿圆柱齿轮的压力角

②标准直齿圆柱齿轮几何尺寸计算公式(表 2-2-2)。

表 2-2-2　外啮合标准直齿圆柱齿轮几何尺寸计算公式

基本参数:模数 m,齿数 z			计算举例
名　称	符　号	计算公式	已知:$m=3$,$z=18$
齿顶高	h_a	$h_a=m$	$h_a=3$
齿根高	h_f	$h_f=1.25m$	$h_f=3.75$
齿高	h	$h=h_a+h_f=2.25m$	$h=6.75$
分度圆直径	d	$d=mz$	$d=54$
齿顶圆直径	d_a	$d_a=m(z+2)$	$d_a=60$
齿根圆直径	d_f	$d_f=m(z-2.5)$	$d_f=46.5$
齿距	p	$p=\pi m$	$p=9.42$
齿厚	s	$s=\dfrac{p}{2}=\dfrac{\pi m}{2}$	$s=4.71$
齿槽宽	e	$e=\dfrac{p}{2}=\dfrac{\pi m}{2}$	$e=4.71$
中心距	a	$a=\dfrac{m}{2}(z_1+z_2)$	

二、单个圆柱齿轮的规定画法

如图 2-2-6 所示，国家标准(GB/T 4459.2—2003)对单个圆柱齿轮轮齿的画法做了如下规定(齿轮的其他结构按真实投影画出)：

(1)齿顶圆和齿顶线用粗实线绘制；分度圆和分度线用细点画线绘制；齿根圆和齿根线用细实线绘制或省略不画。

(2)在剖视图中，齿根线用粗实线绘制，轮齿部分不画剖面线。

(3)对于斜齿或人字齿圆柱齿轮，可用三条细实线表示齿形线。

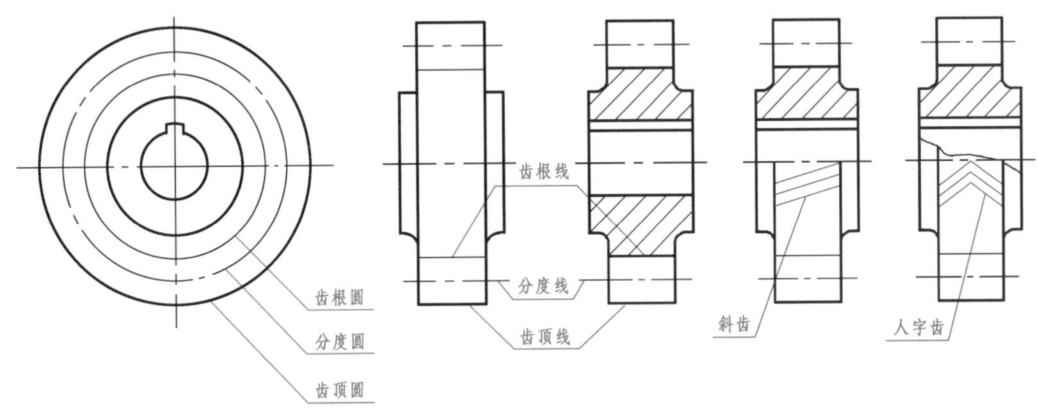

图 2-2-6　单个圆柱齿轮的规定画法

三、轮毂上的键槽

转子油泵中传动齿轮与泵轴之间用键连接，因此在齿轮轮毂孔上加工有键槽，如图 2-2-7(a)所示。轮毂上键槽的插制方法如图 2-2-7(b)所示。键槽的宽度 b 和深度尺寸 t_2 可查相应的标准(普通型平键见附表 1)，图 2-2-7(c)所示为轮毂上键槽的画法及尺寸注法。传动齿轮上键槽的尺寸注法如图 2-2-7(d)所示。

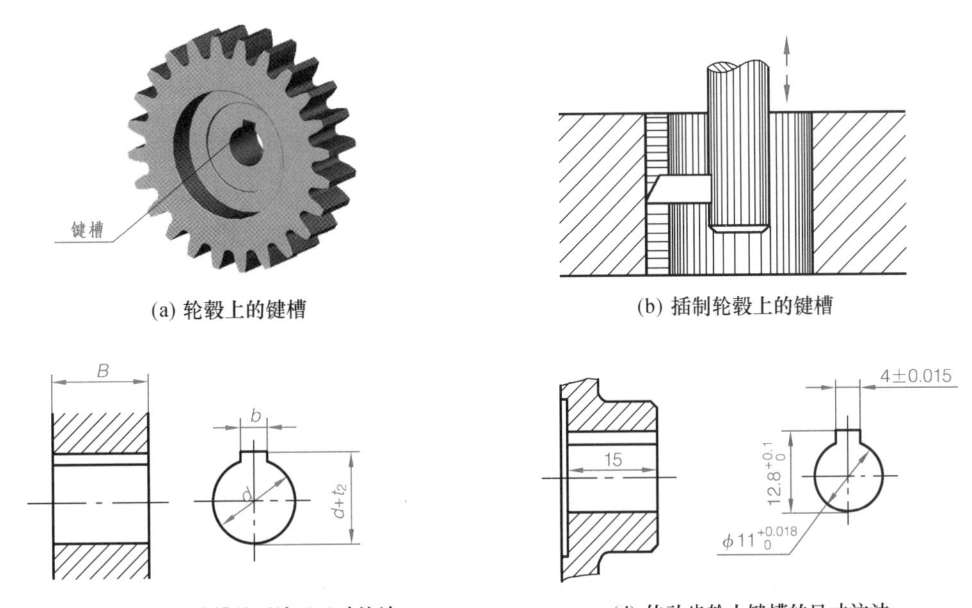

(a) 轮毂上的键槽　(b) 插制轮毂上的键槽

(c) 轮毂上键槽的画法及尺寸注法　(d) 传动齿轮上键槽的尺寸注法

图 2-2-7　轮毂上的键槽

任务实施

一、绘制转子油泵传动齿轮零件图

1. 表达方案的选择

齿轮的视图表达方法与一般的轮盘类零件相同，采用两个基本视图。主视图按照工作位置布置，轴线水平放置，键槽在轴线的上方，采用全剖主视图表达孔、轮毂、辐板和轮缘的结构；左视图主要表达键槽的尺寸、形状。

2. 计算齿轮轮齿部分的尺寸

根据齿轮的基本参数 z 和 m，计算齿轮轮齿部分的尺寸，见表 2-2-2 中的计算举例。

3. 绘制图形

（1）确定比例，选择图幅

根据传动齿轮的大小及零件的复杂程度，选择 1∶1 的比例，用 A4 图幅，横放。绘制图框、标题栏及齿轮啮合特性表。

（2）画视图

①布置视图。

在图纸上布置主视图和左视图的位置，要考虑标注尺寸及技术要求等的位置，画出齿轮的外轮廓线，如图 2-2-8 所示。

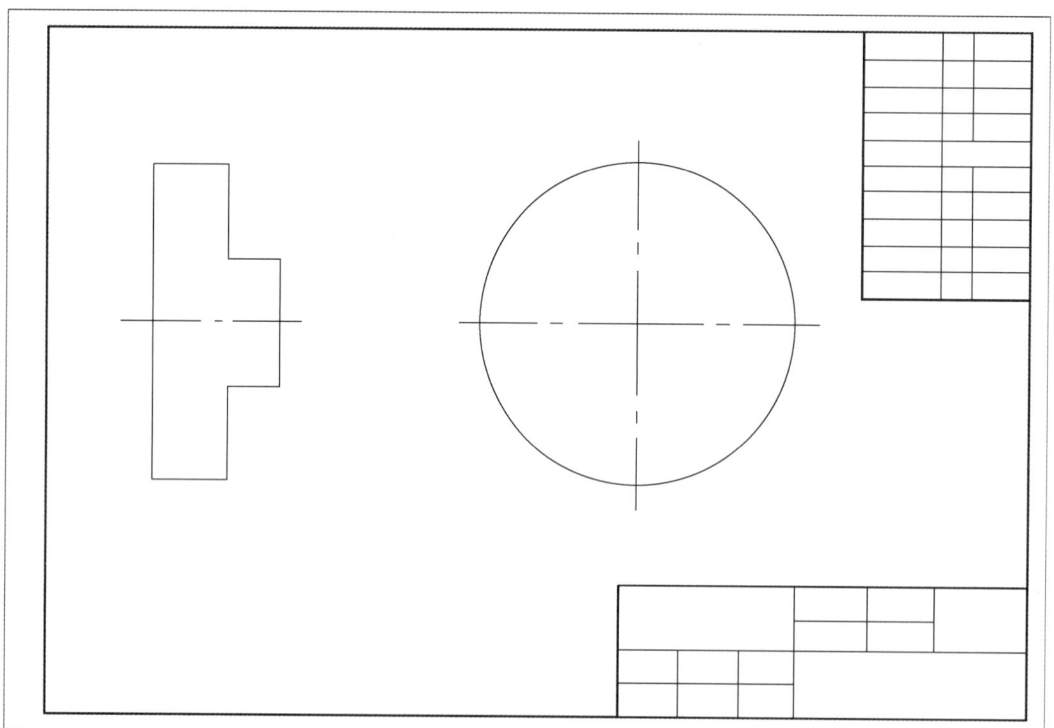

图 2-2-8　绘制传动齿轮零件图（一）

②画一组视图，如图 2-2-9 所示。

按国标规定的齿轮画法，在左视图中绘制齿顶圆、分度圆及齿根圆（可以省略不画），按投影关系绘制齿顶线、分度线和齿根线；

绘制辐板、轮毂、轴孔及键槽的投影；

绘制倒角、圆角等细节；

加深图形：齿顶线和齿顶圆用粗实线绘制；分度线和分度圆用细点画线绘制；剖视图中的齿根线用粗实线绘制；齿根圆用细实线绘制或省略不画；

绘制剖面线：轮齿部分不画剖面线。

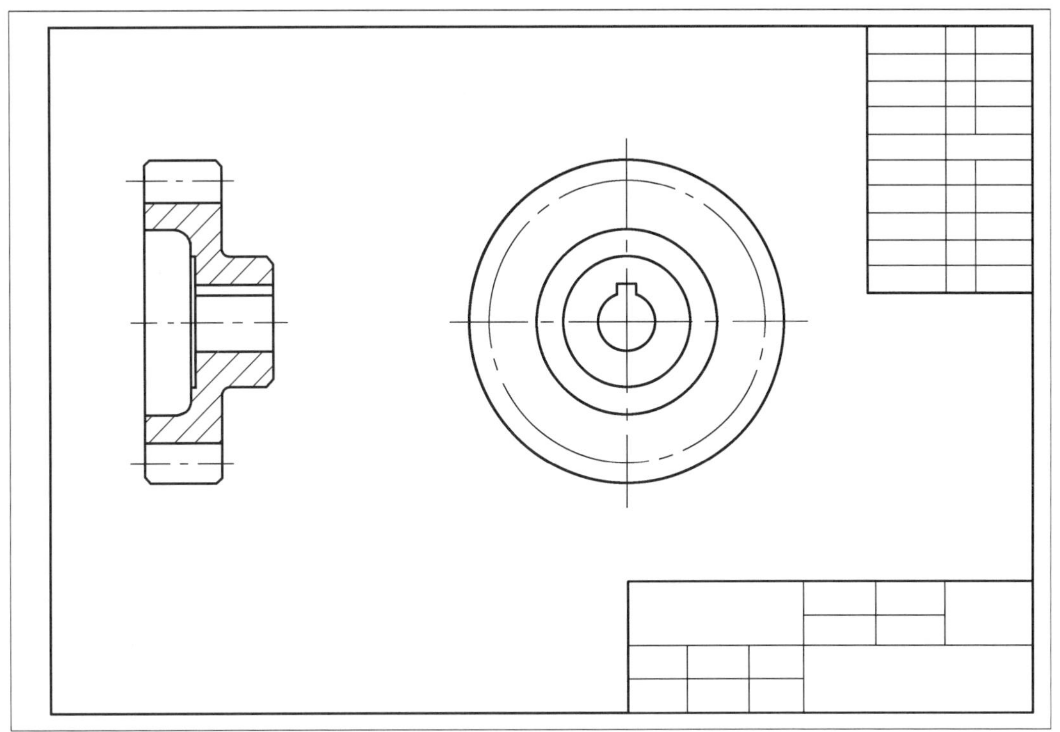

图 2-2-9　绘制传动齿轮零件图（二）

4. 尺寸标注（图 2-2-10）

（1）选择尺寸基准

齿轮零件图上的尺寸按回转体零件的尺寸标注。径向尺寸以轮毂孔轴线为基准，轴向尺寸以轮毂右端面为主要尺寸基准，以齿轮左端面为辅助尺寸基准。

（2）绘制尺寸界线、尺寸线及箭头

依次画出径向和轴向的尺寸界线和尺寸线，其中齿根圆直径不标注，加工时由其他参数控制；键槽的尺寸按国标的要求标注。

5. 填写尺寸数字、标题栏、技术要求及齿轮啮合特性表

具体如图 2-2-11 所示。

6. 传动齿轮的技术要求

（1）表面粗糙度

齿顶圆的表面粗糙度 Ra 的上限值为 3.2 μm，齿面的表面粗糙度 Ra 的上限值为 1.6 μm，轮

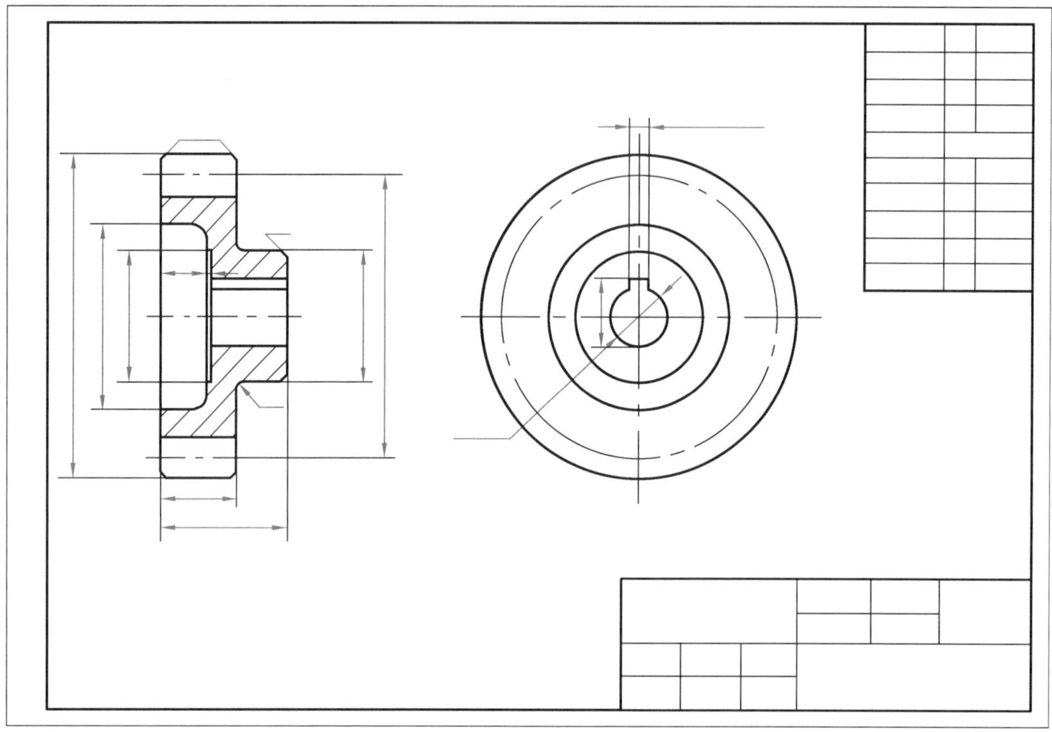

图 2-2-10　绘制传动齿轮零件图(三)

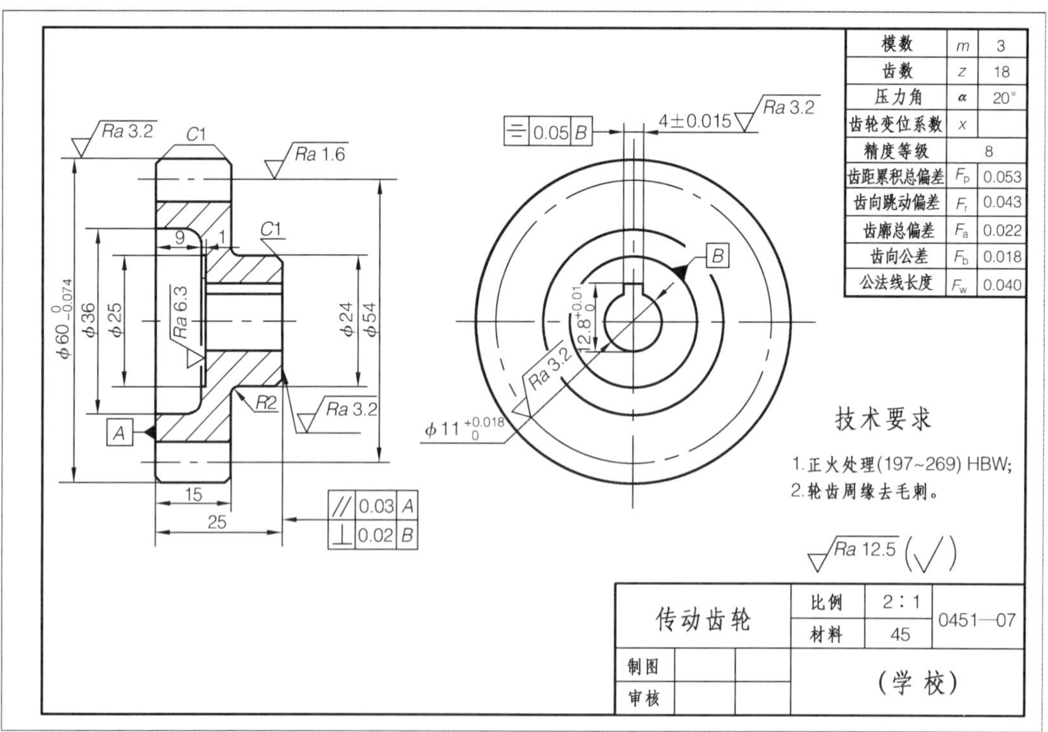

图 2-2-11　绘制传动齿轮零件图(四)

毂孔中键槽两侧面、轮毂右端面 Ra 的上限值为 3.2 μm，$\phi25$孔右端面 Ra 的上限值为 6.3 μm，图中未注表面粗糙度的表面 Ra 的上限值为 12.5 μm。

(2)尺寸公差

传动齿轮齿顶圆$\phi60_{-0.074}^{\ 0}$，上极限偏差为 0，下极限偏差为−0.074，公差为 0.074，查表知其公差带代号为 h9，基本偏差代号为 h，公差等级为 9 级；

轮毂孔直径尺寸为$\phi11_{\ 0}^{+0.018}$，上极限偏差为+0.018，下极限偏差为 0，公差为 0.018，查表知其公差带代号为 H7，基本偏差代号为 H，公差等级为 7 级；

键槽的宽度尺寸为 4±0.015，上极限偏差为+0.015，下极限偏差为−0.015，公差为 0.03，查表知其公差带代号为 JS9，基本偏差代号为 JS，公差等级为 9 级；

键槽的深度尺寸为 $12.8_{\ 0}^{+0.01}$，上极限偏差为+0.01，下极限偏差为 0，公差为 0.01。

(3)几何公差

| // | 0.03 | A |：轮毂的右端面相对于齿轮左端面的平行度公差值为 0.03 mm。

| ⊥ | 0.02 | B |：齿轮右端面相对于轮毂轴孔轴线的垂直度公差值为 0.02 mm。

| ⌯ | 0.05 | B |：键槽两侧面的对称平面相对于轮毂轴孔轴线的对称度公差值为 0.05 mm。

(4)其他要求

传动齿轮的其他要求见图中“技术要求”中的内容。

(5)齿轮啮合特性表

该表布置在图纸的右上角，其内容有齿轮的基本参数、公法线长度和精度等级等。

二、绘制转子油泵泵盖零件图

1.结构特点

转子油泵的泵盖立体图如图 2-2-12 所示，泵盖属于轮盘类零件，主体结构为同轴回转体，轴向尺寸小，径向尺寸大。为与衬套配合，中间加工有通孔，对称分布的两个销孔为安装定位销所用，均匀分布的 3 个圆孔为螺钉安装孔。

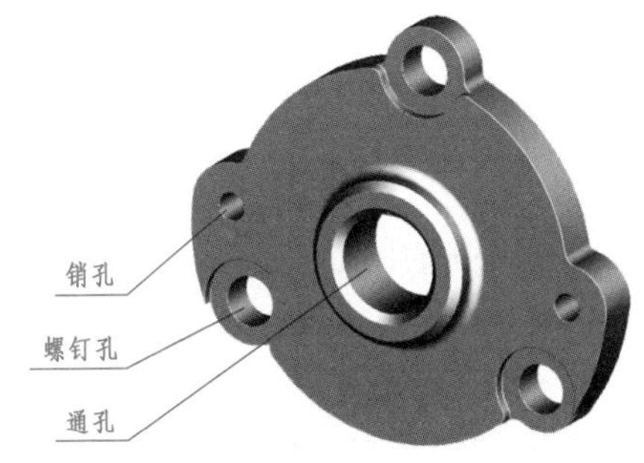

图 2-2-12　泵盖立体图

2.视图表达方案分析

泵盖主视图按工作位置布置，即轴线水平放置。主视图采用全剖视图，表达中间通孔及 3 个螺钉孔的内部结构；左视图主要表达泵盖的外形及其上孔的形状及分布情况；销孔的内部结构用局部剖视图表达。

3. 绘制图形

(1)确定比例,选择图幅

根据泵盖的大小及零件的复杂程度,选择 2∶1 的比例,用 A4 图幅,横放。绘制图框及标题栏。

(2)画视图

①布置视图。

在图纸上布置主视图和左视图的位置,要考虑标注尺寸、局部剖视图及技术要求等的位置,画出泵盖的图形定位线及外轮廓线,如图 2-2-13 所示。

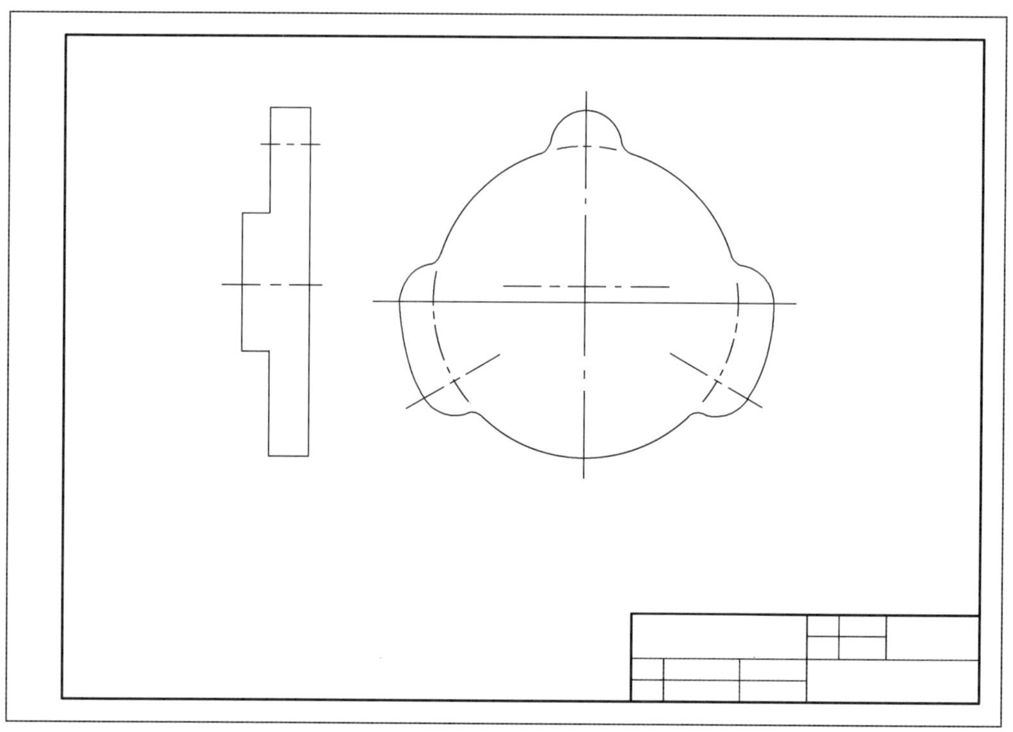

图 2-2-13　绘制泵盖零件图(一)

②画一组视图,如图 2-2-14 所示。

确定中间通孔、螺钉孔及销孔的位置,绘制它们的左视图;

在主视图上画出中间通孔及螺钉孔的图形;

绘制销孔的局部剖视图的轮廓;

绘制倒角、圆角等细节;

绘制主视图及 *A*—*A* 局部剖视图中的剖面线;

检查、加深图形。

4. 尺寸标注(图 2-2-15)

(1)选择尺寸基准

泵盖零件图上的尺寸按回转体零件的进行标注。径向尺寸以中间通孔轴线为基准,轴向以泵盖右端面为尺寸基准。泵盖的外圆柱面ϕ68的轴线与中间通孔的轴线之间的偏心距

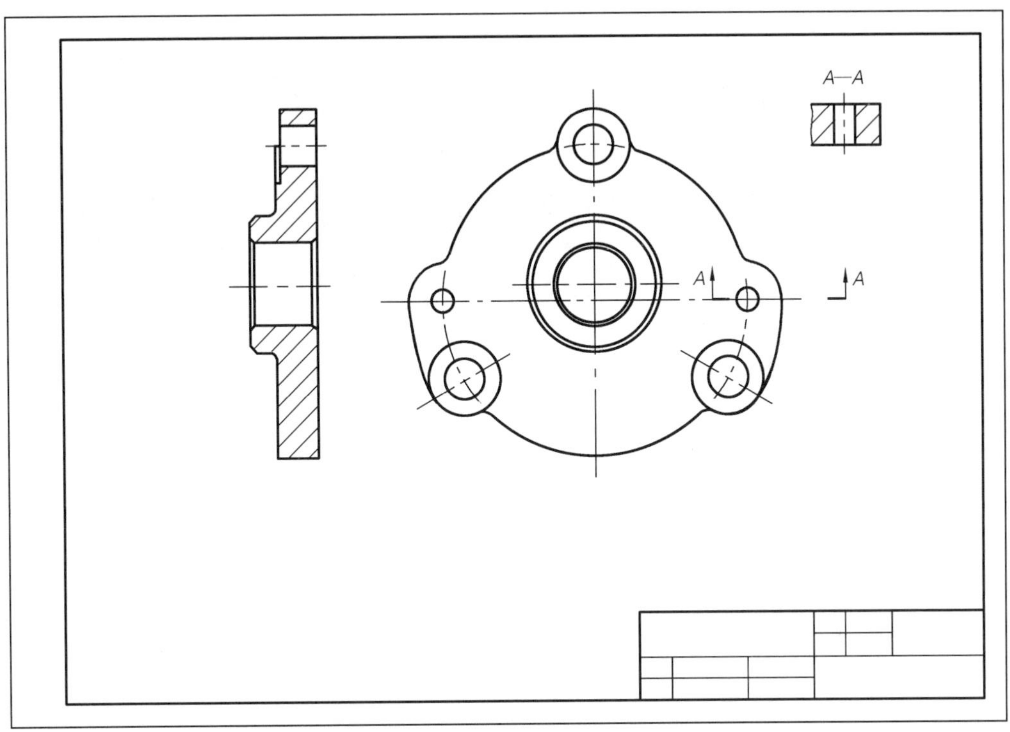

图 2-2-14　绘制泵盖零件图(二)

3.5±0.015 是重要尺寸,应直接注出。

(2)绘制尺寸界线、尺寸线及箭头

依次画出径向和轴向的尺寸界线、尺寸线和箭头。

5. 填写尺寸数字、标题栏和技术要求等

具体如图 2-2-15 所示。

6. 泵盖的技术要求

泵盖与衬套的配合面、销孔表面、螺钉孔表面及左右端面精度要求较高。

(1)表面粗糙度

泵盖的左、右端面为与其他零件表面的接触面,表面粗糙度 Ra 的上限值为 1.6 μm;销孔与销配合,表面粗糙度 Ra 的上限值为 1.6 μm;通孔与衬套配合,表面粗糙度 Ra 的上限值为 3.2 μm;3 个螺钉锪平孔表面粗糙度 Ra 的上限值为 6.3 μm;螺纹孔表面粗糙度 Ra 的上限值为 3.2 μm;倒角表面粗糙度 Ra 的上限值为 12.5 μm;图中未注表面粗糙度的表面为不去除材料的表面(即非机械加工面)。

(2)尺寸公差

中间通孔直径为 $\phi18^{+0.043}_{+0.016}$,上极限偏差为+0.043,下极限偏差为+0.016,公差为 0.027,查表知其公差带代号为 F8,基本偏差代号为 F,公差等级为 8 级;

销孔直径尺寸为 $\phi5^{+0.012}_{0}$,上极限偏差为+0.012,下极限偏差为 0,公差为 0.012,查表知其公差带代号为 H7,基本偏差代号为 H,公差等级为 7 级;

泵盖的外圆柱面 $\phi68$ 的轴线与中间通孔的轴线之间的偏心距为 3.5±0.015,上极限偏差为+0.015,下极限偏差为−0.015,公差为 0.03。

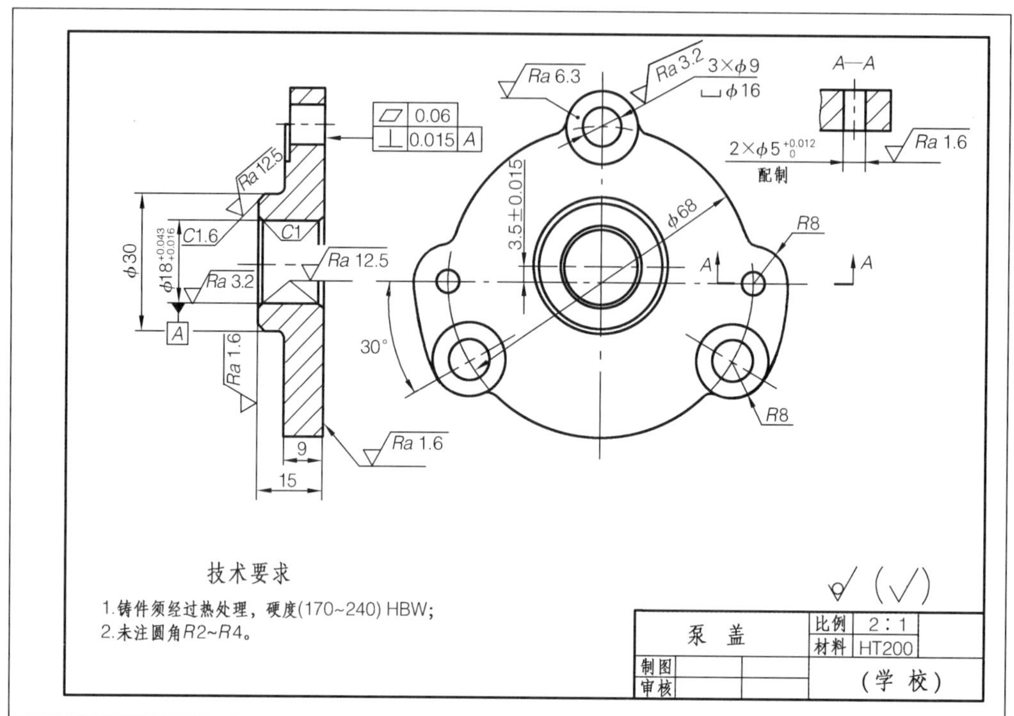

图 2-2-15 绘制泵盖零件图(三)

(3)几何公差

⏥	0.06

：泵盖右端面的平面度公差值为 0.06 mm。

⊥	0.015	A

：泵盖右端面相对于$\phi 18^{+0.043}_{+0.016}$孔轴线的垂直度公差值为 0.015 mm。

(4)其他要求

泵盖的其他要求见图中“技术要求”中的内容。

三、识读轮盘类零件图

以图 2-2-16 所示的法兰盘零件图为例，介绍识读轮盘类零件图的步骤。

1. 读标题栏，浏览全图

从图 2-2-16 的标题栏可以看出，该零件的名称是法兰盘，属于轮盘类零件，它起着支承、轴向定位及密封的作用，绘图比例为 1∶1，材料是 45 钢。

2. 分析视图表达方案，想象零件形状

法兰盘按加工位置和工作位置摆放，轴线水平，其主体结构为若干段同轴回转体，具有轴向尺寸小而径向尺寸大的特点，根据工作的需要，其上常加工有凸台、凹坑、螺纹孔、销孔等结构。采用一个全剖的主视图表达其主要结构及其上螺纹孔、销孔及 4 个螺钉安装孔的结构，左视图表达零件的外形、孔的形状特点和分布情况，局部放大图表达越程槽的结构。根据以上的分析想象出法兰盘的立体图如图 2-2-17 所示。

3. 分析尺寸

以水平轴线作为径向尺寸基准，标注各外圆柱面和内孔的直径$\phi 70^{-0.010}_{-0.029}$、$\phi 55^{\ 0}_{-0.019}$、

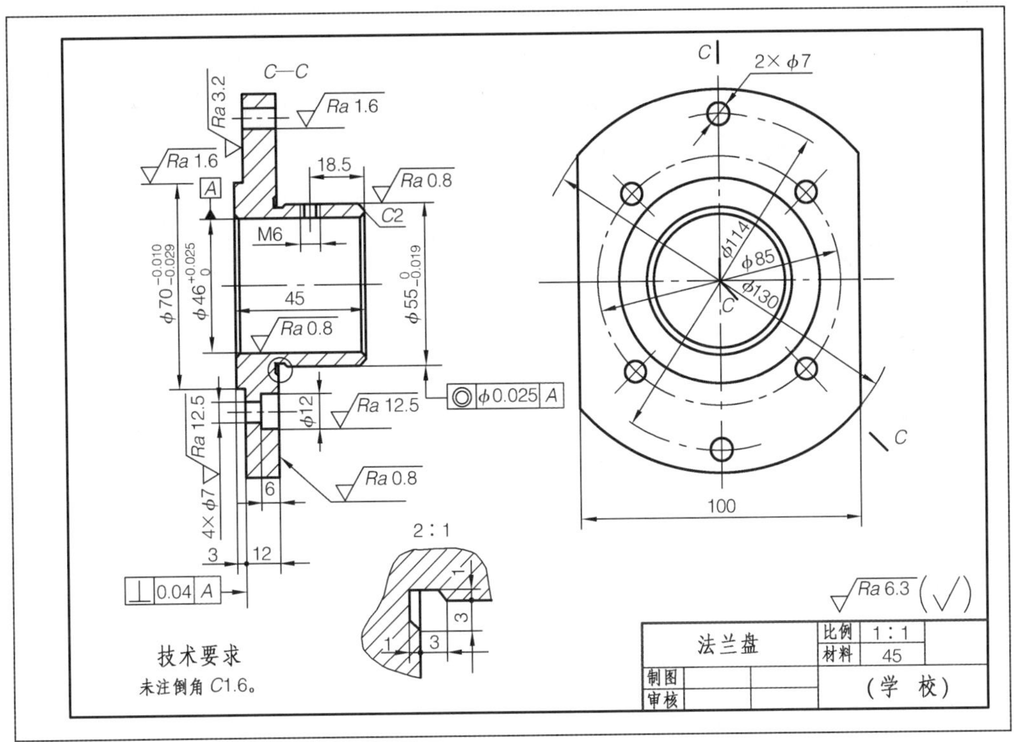

图 2-2-16　法兰盘零件图

$\phi46^{+0.025}_{0}$、$\phi130$及孔的定位圆的直径$\phi114$、$\phi85$。

根据法兰盘的作用及其位置，轴向以$\phi130$左侧台阶接触面为主要的尺寸基准。法兰盘的轴向尺寸和各圆柱面直径尺寸多注在主视图中，多个等径、均匀分布的小孔一般常用“n×、EQS”等形式标注。

图 2-2-17　法兰盘立体图

4. 分析技术要求

(1)表面粗糙度

销孔的安装面、法兰盘的配合面和接触面的粗糙度 Ra 的上限值要求较高，为 0.8 μm、1.6 μm 及 3.2 μm，螺钉安装孔 Ra 的上限值为 12.5 μm，其余表面 Ra 的上限值为 6.3 μm。

(2)尺寸公差

法兰盘与轴、孔的配合表面尺寸精度要求较高，其尺寸公差分别为$\phi70^{-0.010}_{-0.029}$、$\phi46^{+0.025}_{0}$、$\phi55^{0}_{-0.019}$。

(3)几何公差

◎	φ0.025	A

：表示 $\phi55^{0}_{-0.019}$ 的轴线相对于 $\phi46^{+0.025}_{0}$ 轴线的同轴度公差为ϕ0.025 mm；

⊥	0.04	A

：表示 $\phi130$ 的左端面相对于 $\phi46^{+0.025}_{0}$ 轴线的垂直度公差为 0.04 mm。

(4)其他要求

法兰盘的其他要求见图中“技术要求”的文字叙述。

知识拓展

齿轮传动被广泛应用于机器和部件中，它可以传递动力，也可以改变转速和旋转方向。常用齿轮传动的种类如图 2-2-18 所示。

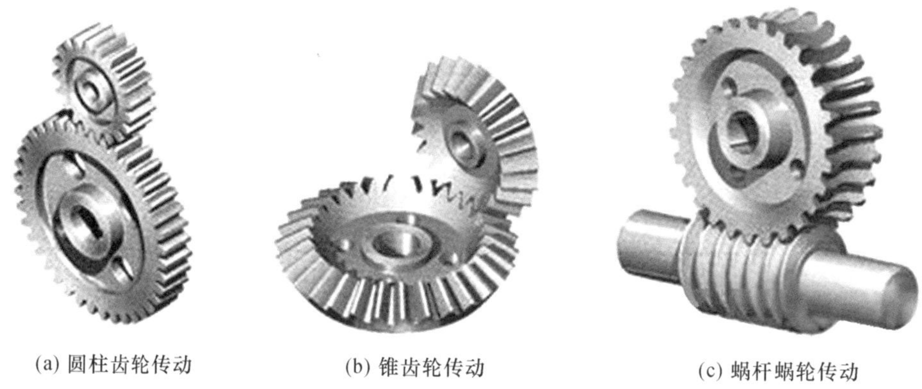

(a) 圆柱齿轮传动　　(b) 锥齿轮传动　　(c) 蜗杆蜗轮传动

图 2-2-18　常用齿轮传动的种类

(1)圆柱齿轮传动：用于两平行轴之间的传动。

(2)锥齿轮传动：用于两相交轴(两轴夹角通常是 90°)之间的传动。

(3)蜗杆蜗轮传动：用于两交叉轴之间的传动。

一、圆柱齿轮啮合画法

1. 齿轮啮合的中心距

两啮合齿轮轴线之间的距离称为中心距，用字母 a 表示，如图 2-2-19(a)所示。一对外啮合标准直齿圆柱齿轮的中心距为：$a=(d_1+d_2)/2=m(z_1+z_2)/2$。

2. 圆柱齿轮啮合的规定画法

圆柱齿轮啮合的规定画法的关键是啮合区的画法，其他部分仍按单个齿轮的规定画法绘制。

圆柱齿轮啮合的规定画法如图 2-2-19 所示。

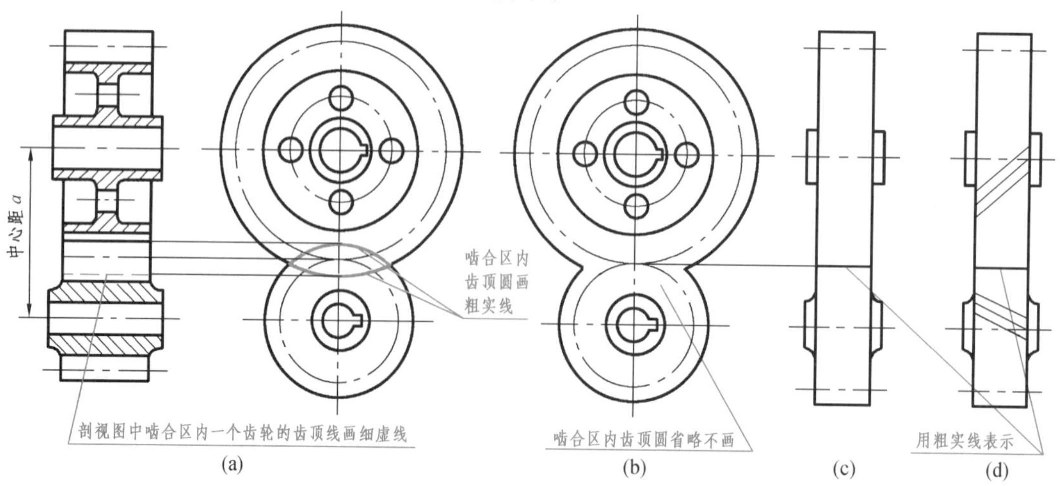

图 2-2-19　一对圆柱齿轮啮合的规定画法

(1)在表示齿轮端面的视图中,啮合区内齿顶圆一律规定用粗实线绘制,如图 2-2-19(a)所示,也可省略不画,如图 2-2-19(b)所示;相切的两节圆需用细点画线画出,两齿根圆省略不画。

(2)在非圆投影图中,若作剖视,两齿轮节线重合,用细点画线绘出,齿根线画粗实线。齿顶线的画法是将一个齿轮的齿顶视为可见,画粗实线,另一个齿轮的齿顶为被遮住部分画细虚线(图 2-2-19(a)),也可省略不画;若不作剖视,啮合区的齿顶线和齿根线不必画出,节线画成粗实线(图 2-2-19(c)、图 2-2-19(d))。

(3)啮合区内主、从动轮的详细画法如图 2-2-20 所示。齿顶与齿根之间应留 0.25m 的间隙。

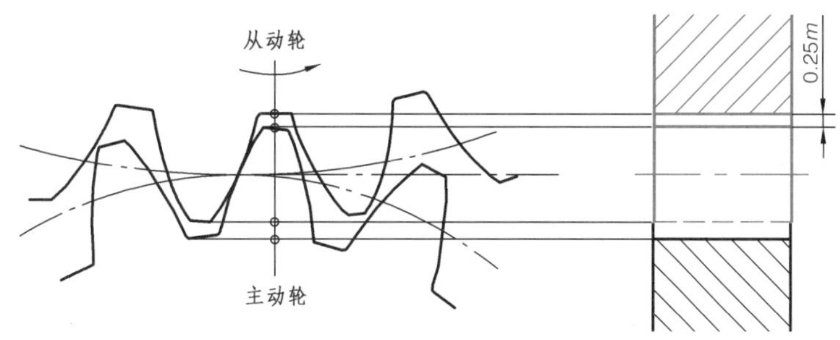

图 2-2-20　啮合区内主、从动轮的详细画法

二、直齿锥齿轮的画法

1. 直齿锥齿轮的各部分名称

直齿锥齿轮是用来传递两相交轴之间的运动,两轴在通常情况下相交 90°。锥齿轮的齿形是在圆锥面上加工而成的,其齿形一端大、另一端小。为了设计和制造方便,国家标准规定以大端模数为标准模数来确定其他尺寸,如齿顶圆、分度圆和齿根圆尺寸。

锥齿轮各部分的名称及符号如图 2-2-21 所示。参数值按大端计算,当两齿轮轴线相交成 90°时,直齿锥齿轮各部分尺寸计算公式见表 2-2-3。

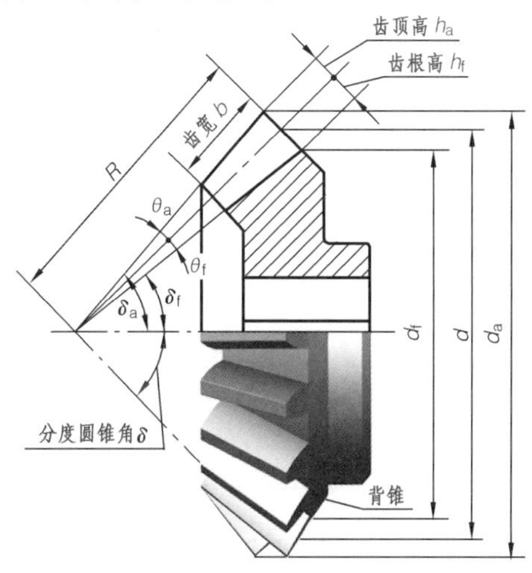

图 2-2-21　锥齿轮各部分的名称及符号

表 2-2-3 直齿锥齿轮各部分尺寸计算公式

名　称	代　号	计算公式
齿数	z_1、z_2	基本参数
大端模数	m	基本参数
分度圆锥角	δ	$\tan\delta_1 = z_1/z_2$，$\tan\delta_2 = z_2/z_1$
顶锥角	δ_a	$\delta_a=\delta+\theta_a$
根锥角	δ_f	$\delta_f=\delta-\theta_f$
分度圆直径	d	$d = mz$
齿顶高	h_a	$h_a = m$
齿根高	h_f	$h_f = 1.2\ m$
齿全高	h	$h = 2.2\ m$
齿顶圆直径	d_a	$d_a = m(z+2\cos\delta)$
齿根圆直径	d_f	$d_f = m(z-2.4\cos\delta)$
齿顶角	θ_a	$\theta_a = \arctan(2\sin\delta/ z)$
齿根角	θ_f	$\theta_f = \arctan(2.4\sin\delta/ z)$
锥距	R	$R = mz(2\sin\delta)$
齿宽	b	$b \leqslant R/3$

2. 直齿锥齿轮的规定画法

(1)单个直齿锥齿轮的规定画法

锥齿轮主视图通常画成剖视图，轮齿按不剖画。先画分度圆锥线(细点画线)，根据分度圆直径画出背锥线，再画出齿高和齿宽，如图 2-2-22(a)、图 2-2-22(b)所示。

在投影为圆的视图中，齿形部分只画出大小端齿顶圆(粗实线)和大端分度圆(细点画线)。齿根圆和小端分度圆不画。其余结构按正常投影绘制，如图 2-2-22(b)、图 2-2-22(c)所示。

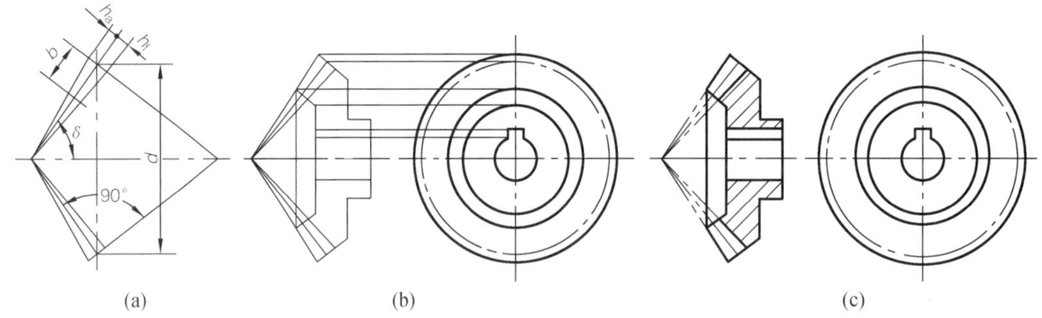

图 2-2-22　单个锥齿轮的画法

(2)直齿锥齿轮啮合的规定画法

如图 2-2-23 所示，先画节圆锥(啮合处共线)，再画背锥、齿高等，啮合区的画法与圆柱齿轮一样。

三、蜗杆与蜗轮的画法

蜗杆与蜗轮用于垂直交叉两轴之间的传动，如图 2-2-24 所示，它具有结构紧凑、传动平稳、传动比大、传动效率较低的特点。工作时蜗杆是主动件，蜗轮是从动件。蜗杆的头数相当于传动螺纹的线数，称为蜗杆的齿数，用 z_1 表示，蜗轮的齿数用 z_2 表示。蜗杆常用单头或双头。传动比用字母 i 表示，则 $i=z_2/z_1$。

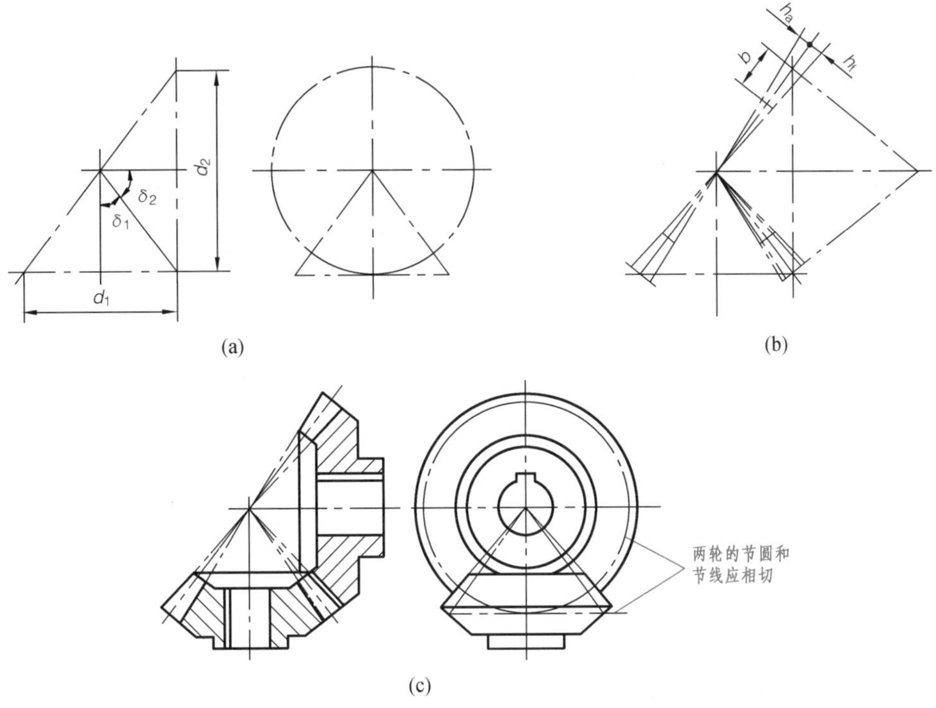

图 2-2-23　直齿锥齿轮啮合的画法

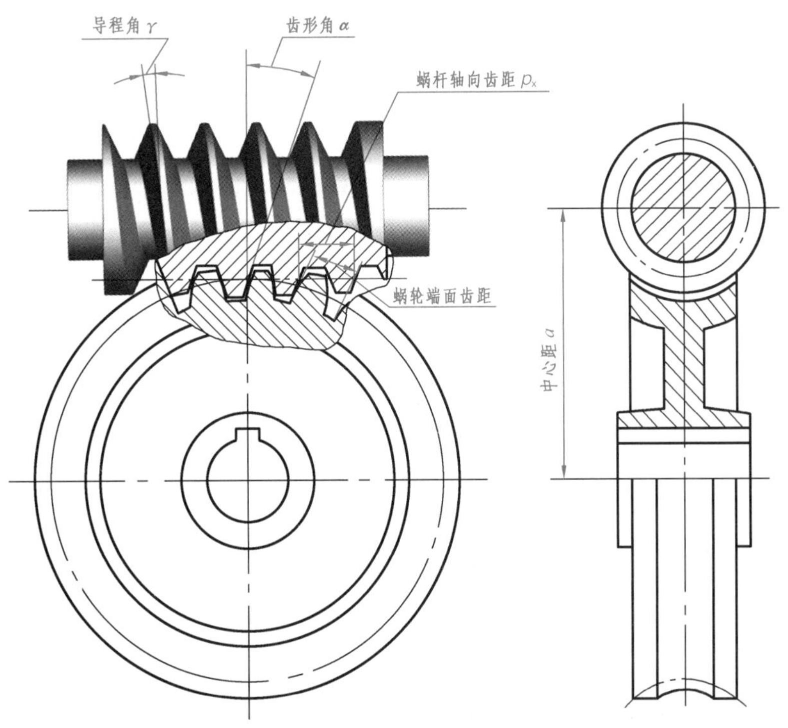

图 2-2-24　蜗杆蜗轮传动

1. 蜗杆蜗轮的主要参数及其尺寸关系

在蜗杆蜗轮轴线交叉成90°时的情况下，齿形基本参数按照通过蜗杆轴线的剖面确定。在该剖面内，蜗轮的齿形相当于圆柱齿轮，蜗杆的齿形相当于齿条，如图2-2-24所示。蜗杆、蜗轮的基本参数及尺寸计算公式见表2-2-4。

表2-2-4　　蜗杆、蜗轮的基本参数及尺寸计算公式

	名　称	代号	计算公式
蜗杆	模数	m	基本参数（为了计算方便，规定以蜗杆的轴向模数 m_x 和蜗轮的端面模数 m_t 为标准模数）
	头数	z_1	基本参数
	分度圆直径	d_1	$d_1=qm$（q 为蜗杆的直径系数，为了减少加工刀具的数量，GB/T 10085—1988中规定了蜗杆的直径系数 q 的值）
	齿顶高	h_a	$h_a=m$
	齿根高	h_f	$h_f=1.2m$
	齿顶圆直径	d_{a1}	$d_{a1}=d_1+2m=m(q+2)$
	齿根圆直径	d_{f1}	$d_{f1}=d_1-2.4m=m(q-2.4)$
	导程角	γ	$\tan\gamma=z_1/q$
	轴向齿距	p_x	$p_x=\pi m$
	导程	P_z	$P_z=z_1 p_x$
	齿宽	b_1	当 $z_1=1\sim2$ 时，$b_1=(11+0.06z_2)m$ 当 $z_1=3\sim4$ 时，$b_1\geqslant(12.5+0.09z_2)m$
蜗轮	分度圆直径	d_2	$d_2=mz_2$
	齿顶圆（喉圆）直径	d_{a2}	$d_{a2}=m(z_2+2)$
	齿根圆直径	d_{f2}	$d_{f2}=m(z_2-2.4)$
	齿顶圆弧半径	r_{g2}	$r_{g2}=d_1/2-m$
	齿顶圆直径	d_{e2}	当 $z_1=1$ 时，$d_{e2}\leqslant d_{a2}+2m$ 当 $z_1=2\sim3$ 时，$d_{e2}\leqslant d_{a2}+1.5m$ 当 $z_1=4$ 时，$d_{e2}\leqslant d_{a2}+m$
	蜗轮宽度	b_2	当 $z_1\leqslant3$ 时，$b_2\leqslant0.75d_{a1}$ 当 $z_1=4$ 时，$b_2\leqslant0.67d_{a1}$
	中心距	a	$a=(d_1+d_2)/2$

2. 蜗杆、蜗轮各部分几何要素的代号和规定画法

蜗杆、蜗轮各部分几何要素的代号和规定画法如图2-2-25和图2-2-26所示。其画法与圆柱齿轮基本相同，需注意的是在蜗轮投影为圆的视图中只画出分度圆和最外圆，不画齿顶圆和齿根圆。

3. 蜗杆、蜗轮的啮合画法

蜗杆、蜗轮的啮合画法如图2-2-27所示。在蜗杆投影为圆的视图上，啮合区内只画蜗杆，蜗轮被遮挡的部分可省略不画。在蜗轮投影为圆的视图上，蜗轮节圆与蜗杆节线相切，蜗轮外圆与蜗杆齿顶线相交。若采用剖视，则蜗杆齿顶线与蜗轮外圆、喉圆相交的部分均不画出。

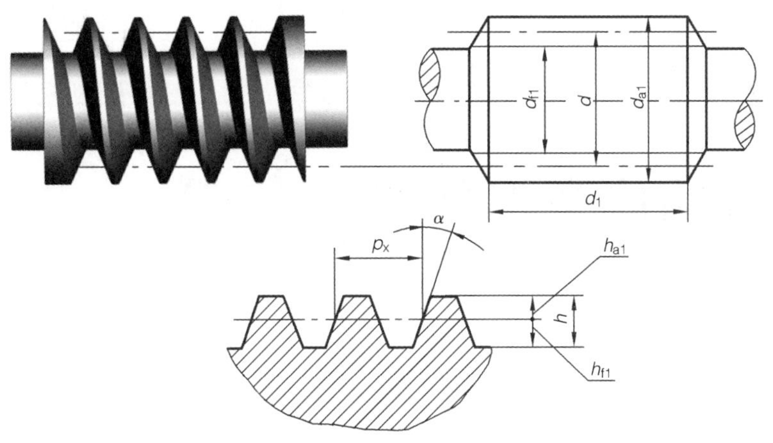

图 2-2-25 蜗杆的几何要素代号和规定画法

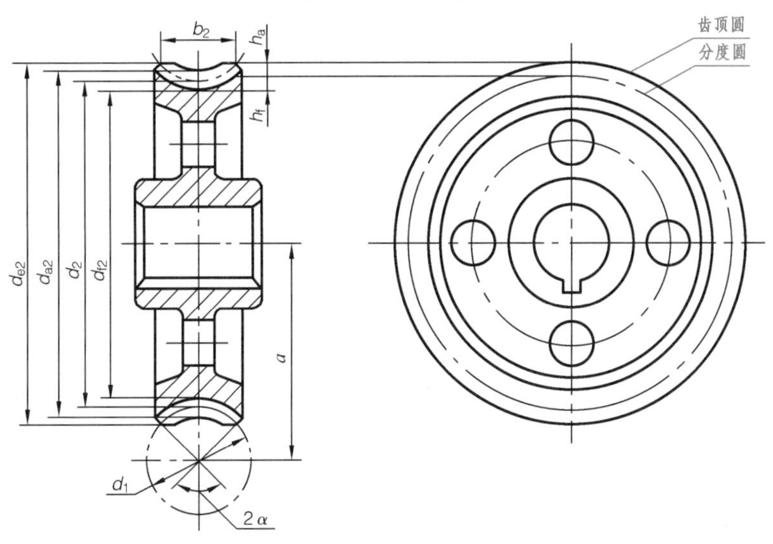

图 2-2-26 蜗轮的几何要素代号和规定画法

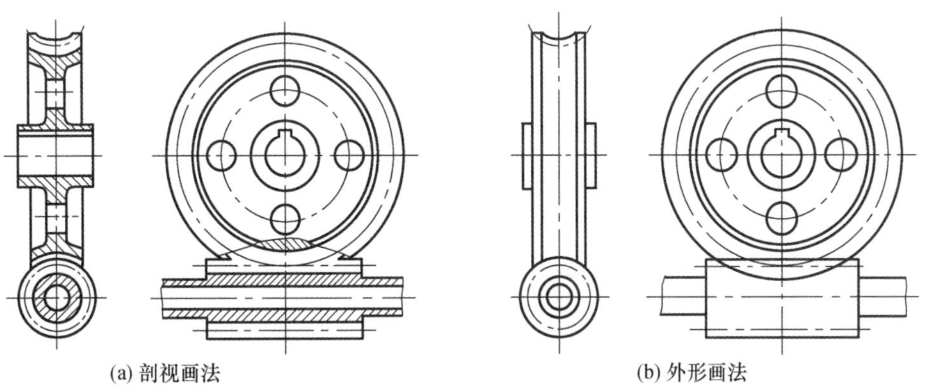

图 2-2-27 蜗杆、蜗轮的啮合画法

项目三 识读箱体类零件图

学习引导

1. 螺纹的加工方法有哪些？其画法是如何规定的？螺纹的种类有哪些？如何标注？举例说明螺纹在泵轴及泵体上的应用。
2. 零件上的工艺结构有哪些？在泵体上是如何体现的？
3. 箱体类零件的结构、表达方案、尺寸标注有何特点？
4. 叉架类零件的结构、表达方案、尺寸标注有何特点？
5. 如何识读箱体类零件和叉架类零件的零件图？
6. 斜度的含义是什么？如何绘制及标注？

相关知识

箱体是组成机器或部件的主要零件之一，它起着支承、包容其他零件的作用，结构较为复杂，一般多为铸件，多为中空的壳体，常有内腔、轴承孔、肋板、底板、凸台、安装孔、螺纹孔、销孔等结构，如图2-3-1所示为转子油泵的泵体立体图。

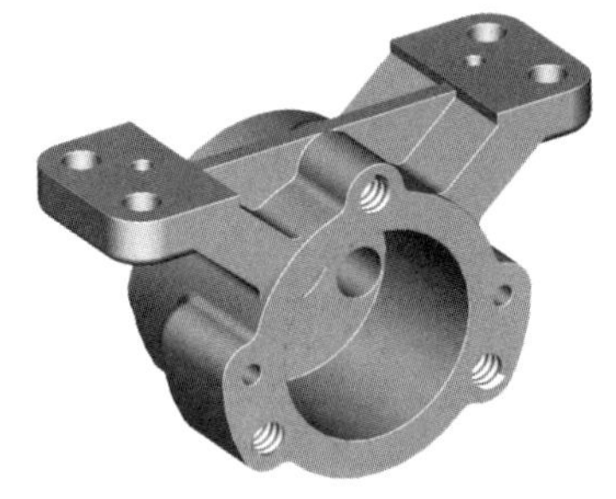

图 2-3-1　转子油泵的泵体立体图

一、螺纹

螺纹是零件上常见的结构，分为内螺纹和外螺纹，成对使用，如图2-3-2所示的螺母孔中的内螺纹及泵轴上的外螺纹。在零件外表面上形成的螺纹称为外螺纹，在其内孔表面上形成的螺纹称为内螺纹。

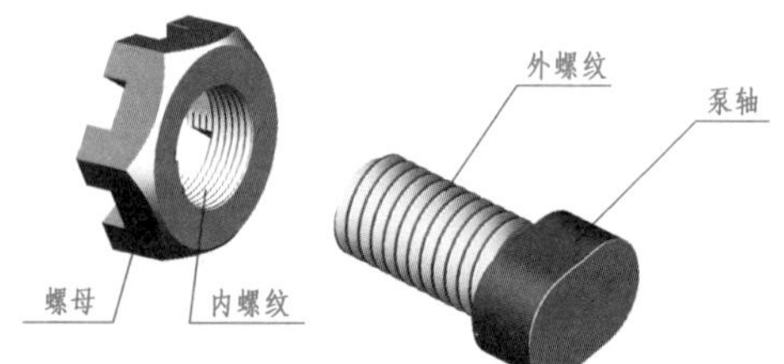

图 2-3-2　内、外螺纹

1. 螺纹的加工

螺纹的加工方法很多，常见的是在车床上车削内、外螺纹，圆柱形工件做等速旋转运动，刀具切入工件并做匀速直线运动，两运动的合成便可在工件上加工出螺纹。也可用丝锥和板牙等手工工具加工内、外螺纹。螺纹的加工方法如图 2-3-3 所示。

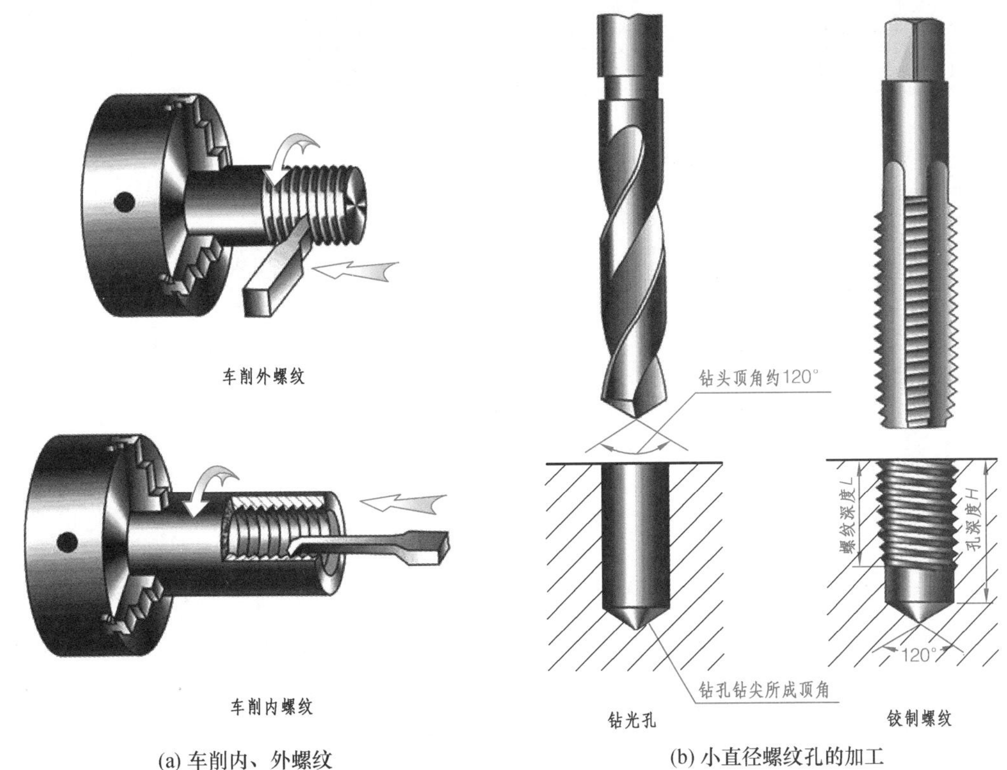

图 2-3-3　螺纹的加工方法

2. 螺纹的要素

螺纹的基本要素有牙型、直径、螺距、线数和旋向，内、外螺纹正常旋合时，上述五要素必须相同。螺纹的各部分名称如图 2-3-4 所示。

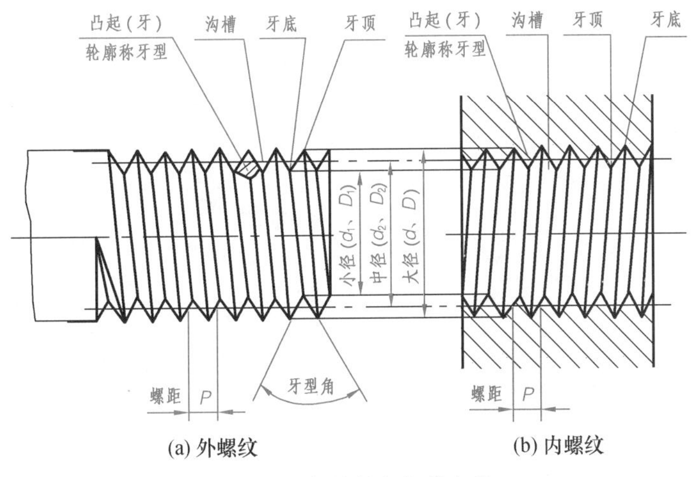

图 2-3-4　螺纹的各部分名称

(1)牙型

沿螺纹的轴线方向剖切螺纹时,所得到的螺纹的剖面形状称为牙型。常见的牙型有三角形、梯形、锯齿形和矩形等,如图 2-3-5 所示。

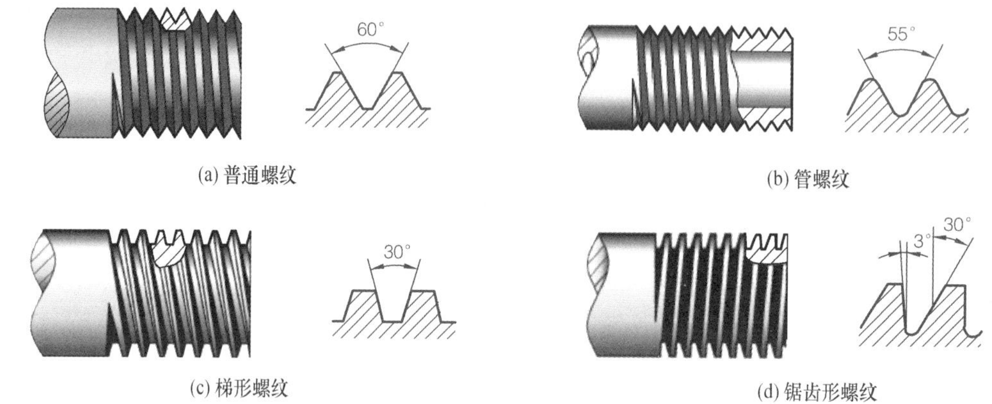

(a) 普通螺纹 (b) 管螺纹 (c) 梯形螺纹 (d) 锯齿形螺纹

图 2-3-5 螺纹的牙型

(2)直径

螺纹直径有基本大径(以下简称为大径)、基本中径(以下简称为中径)和基本小径(以下简称为小径)之分,如图 2-3-4 所示。

①大径:是指与外螺纹牙顶或与内螺纹牙底相重合的假想圆柱或圆锥的直径,外螺纹的大径用字母 d 表示,内螺纹的大径用字母 D 表示,大径也是螺纹的公称直径。

②小径:是指与外螺纹牙底或与内螺纹牙顶相重合的假想圆柱或圆锥的直径,外螺纹的小径用字母 d_1 表示,内螺纹的小径用字母 D_1 表示。

外螺纹的大径和内螺纹的小径又称顶径,外螺纹的小径和内螺纹的大径又称底径。

③中径:是指母线通过牙型上沟槽和凸起宽度相等处的假想圆柱或圆锥的直径,外螺纹的中径用字母 d_2 表示,内螺纹的中径用字母 D_2 表示。

(3)线数

螺纹有单线和多线之分。沿一条螺旋线形成的螺纹称为单线螺纹,如图 2-3-6(a)所示;沿两条或两条以上在轴向等距离分布的螺旋线形成的螺纹称为多线螺纹,如图 2-3-6(b)所示。线数用字母 n 表示。

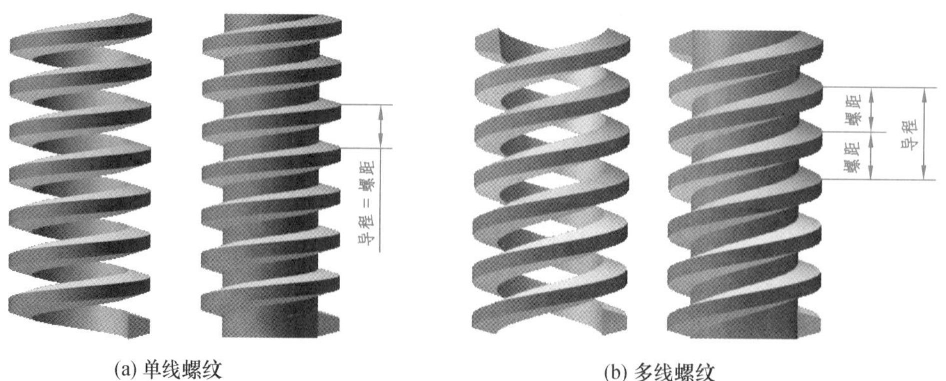

(a) 单线螺纹 (b) 多线螺纹

图 2-3-6 螺纹的线数、螺距和导程

(4)螺距和导程

螺距是指螺纹上相邻两牙在中径线上对应两点间的轴向距离，用字母 P 表示。导程是指在同一条螺旋线上相邻两牙在中径线上对应两点间的轴向距离，用字母 Ph 表示。螺距、导程和线数之间的关系为：$Ph=nP$。

(5)旋向

螺纹分右旋和左旋两种。顺时针旋转时旋入的螺纹为右旋螺纹，逆时针旋转时旋入的螺纹为左旋螺纹。工程上常用的是右旋螺纹。

螺纹旋向的判定方法：将外螺纹轴线垂直放置，螺纹的可见部分右高左低者为右旋螺纹，左高右低者为左旋螺纹，如图 2-3-6 所示为右旋螺纹。

(6)牙型角

在轴向剖面内，螺纹牙型两侧面的夹角称为牙型角，如图 2-3-5 所示。牙型角用字母 α 表示。

(7)旋合长度

内、外螺纹旋合部分的长度称为旋合长度。

上述前五项是螺纹的基本要素，基本要素均符合标准的螺纹称为标准螺纹；螺纹的基本要素只要有一项不符合标准的，如矩形螺纹，就称为非标准螺纹。

3. 螺纹的规定画法(GB/T 4459.1—1995)

由于螺纹的结构要素已经标准化，故国家标准对螺纹画法作了规定，见表 2-3-1。

表 2-3-1　　螺纹的规定画法

		画　法	说　明
外螺纹	视图	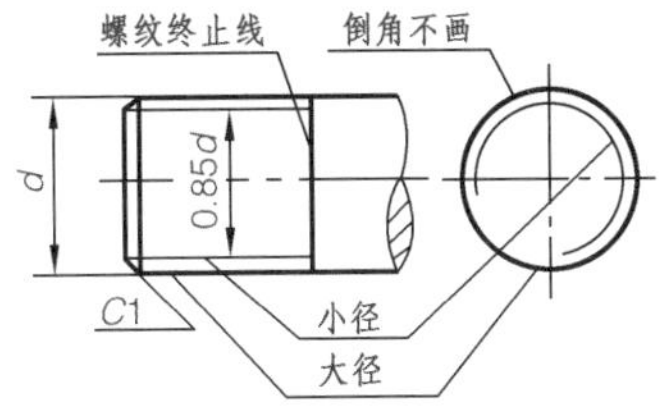 螺纹终止线　倒角不画　d　$0.85d$　C1　小径　大径	大径 d：主视图和左视图均画粗实线； 小径：按 $0.85d$ 在主视图上画细实线，在左视图上画约 3/4 圈细实线圆； 螺纹终止线：画粗实线； 倒角：在左视图上不画
	剖视图	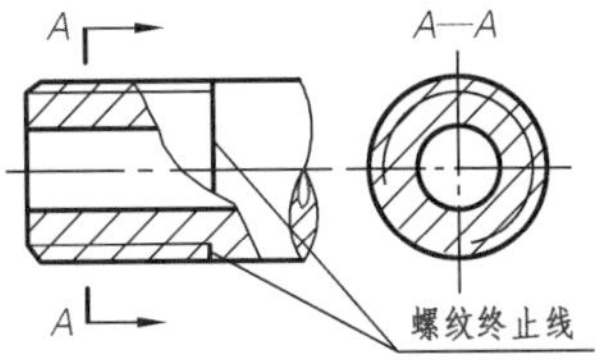 A　A—A　A　螺纹终止线	螺纹终止线：没有剖切的部分画粗实线，剖切后的部分只画从螺纹大径到小径的一小段粗实线； 左视图：垂直轴线剖切时，大径画粗实线圆，小径画约 3/4 圈细实线圆，剖面线画到粗实线

续表

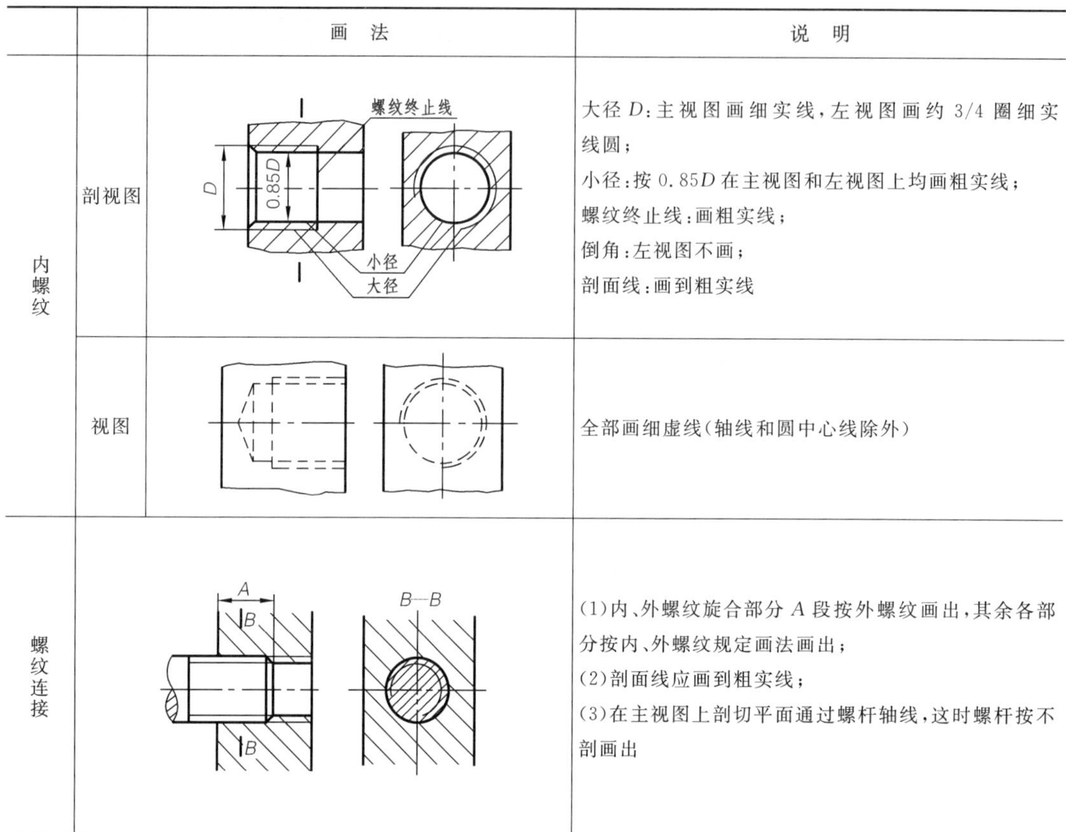

		画　法	说　明
内螺纹	剖视图		大径 D：主视图画细实线，左视图画约 3/4 圈细实线圆； 小径：按 $0.85D$ 在主视图和左视图上均画粗实线； 螺纹终止线：画粗实线； 倒角：左视图不画； 剖面线：画到粗实线
	视图		全部画细虚线（轴线和圆中心线除外）
螺纹连接			(1)内、外螺纹旋合部分 A 段按外螺纹画出，其余各部分按内、外螺纹规定画法画出； (2)剖面线应画到粗实线； (3)在主视图上剖切平面通过螺杆轴线，这时螺杆按不剖画出

4. 螺纹的种类和标注

各种常用螺纹的种类和标注示例见表 2-3-2。

表 2-3-2　　螺纹的种类和标注示例

螺纹种类		螺纹特征代号	标注示例	说　明
连接螺纹	普通螺纹	M	M10　M10	(1)粗牙螺纹不注螺距，细牙螺纹标注螺距； (2)螺纹右旋省略不注，左旋以“LH”表示； (3)中径、顶径公差带相同时，只注一个公差带代号(中等精度时“6g”、“6H”不注)； (4)中等旋合长度不注“N”，短旋合长度和长旋合长度则需分别注出“S”和“L”； (5)螺纹标记应直接注在大径的尺寸线上
			M8×1-LH　M8×1-7H-LH	

续表

螺纹种类		螺纹特征代号	标注示例	说　明
连接螺纹	55°非密封管螺纹	G	G1A　G3/4	(1)其内、外螺纹都是圆柱管螺纹；(2)外螺纹的公差等级代号分为A、B两种；内螺纹仅一种，故不标记
	55°密封管螺纹	R_1 R_2 Rc Rp	R_2 3/4　Rc 3/4-LH	各代号的含义： R_1：与圆柱内螺纹配合的圆锥外螺纹； R_2：与圆锥内螺纹配合的圆锥外螺纹； Rc：圆锥内螺纹； Rp：圆柱内螺纹
传动螺纹	梯形螺纹	Tr	Tr40×14(P7)-7e-L	(1)梯形螺纹只标注中径公差带代号；(2)旋合长度只有中等旋合长度(N)和长旋合长度(L)两组，中等旋合长度规定不注
	锯齿形螺纹	B	B32×6-7e	(1)锯齿形螺纹只标注中径公差带代号；(2)旋合长度只有中等旋合长度(N)和长旋合长度(L)两组，中等旋合长度规定不注

(1)普通螺纹的标注

[特征代号] [公称直径]×[*Ph* 导程 *P* 螺距]－[中径公差带代号] [顶径公差带代号]－[旋合长度代号]－[旋向]

例如：M8×1－LH

表示细牙普通外(或内)螺纹，公称直径为8 mm，螺距为1 mm，左旋，中径和顶径公差带代号均为6g(中等精度时，外螺纹“6g”和内螺纹“6H”不标注)。

(2)梯形螺纹和锯齿形螺纹的标注

[特征代号] [公称直径]×[导程(*P* 螺距)]－[旋向]－[中径公差带代号]－[旋合长度代号]

例如：Tr40×14(P7)－7e－L

表示双线梯形螺纹，公称直径为40 mm，螺距为7 mm，导程为14 mm，中径公差带代号为7e，长旋合长度。

(3)管螺纹的标注

55°密封管螺纹的标记为：

特征代号 尺寸代号 旋向代号

55°非密封管螺纹的标记为：

特征代号 尺寸代号 公差等级代号 — 旋向代号

例如：G3/4

表示55°非密封的内管螺纹，尺寸代号为3/4。

二、零件的工艺结构

机器上的绝大部分零件都要经过铸造和机械加工而成，因此，在设计零件和绘制零件图时，除了满足设计要求外，还要考虑制造工艺的特点，使所绘制的零件图能正确地反映工艺要求，以免造成加工困难或产生废品。

1. 铸造工艺结构

(1)铸件壁厚

铸件各部分壁厚不均匀，造成冷却速度不均，容易产生缩孔或裂纹。因此，不同壁厚要均匀过渡，以免产生突然变厚或局部肥大现象。图2-3-7(a)、图2-3-7(c)所示的结构是合理的，图2-3-7(b)、图2-3-7(d)所示的结构是不合理的。

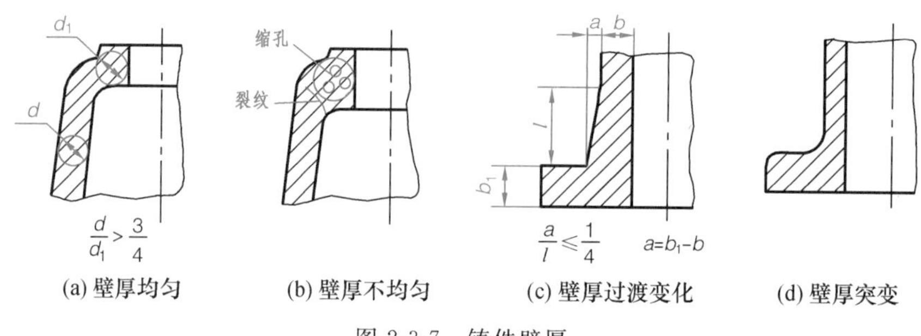

图 2-3-7 铸件壁厚

(2)起模斜度

铸造时为了方便把模样从砂型中取出，在铸件的内外壁沿起模方向应有起模斜度，如图2-3-8所示。起模斜度在零件图中可以不标注，也可以不画出，必要时可在技术要求中说明。

(3)铸造圆角

如图2-3-8所示，铸件表面相交处应设计圆角，以免铸造砂型在脱模时转角处落砂或冷却时产生裂纹或缩孔，造成不必要的废品。一般铸造圆角半径为$R3 \sim R5$。

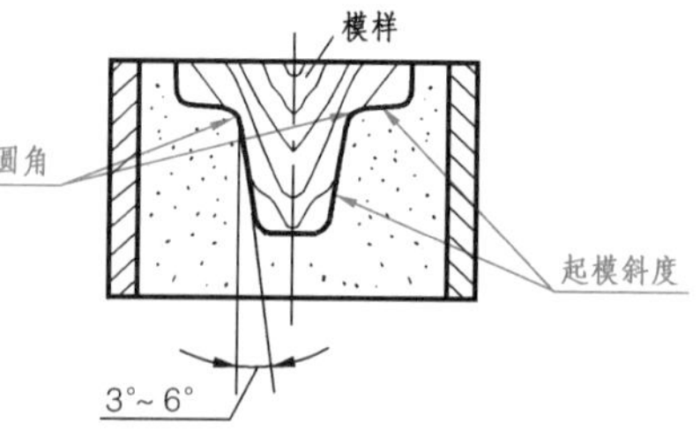

图 2-3-8 起模斜度

(4)过渡线

在铸造零件上，两表面相交处一般都有小圆角光滑过渡，因而两表面之间的交线就不像加工面之间的交线那么明显。为了看图时能分清不同表面的界限，在投影图中仍应画出这种交线，即过渡线。过渡线的画法和相贯线的画法相同，区别在于过渡线用细实线绘制，过渡线的两端与圆角的轮廓线之间应留有间隙，如图2-3-9(a)所示。当两曲面的轮廓线相切时，过渡线在切点附近应断开，如图2-3-9(b)所示。

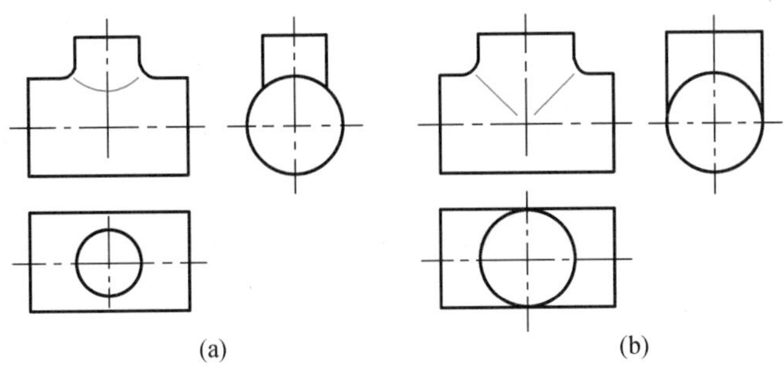
(a)　(b)

图 2-3-9　两曲面相交过渡线的画法

2. 凸台、凹坑及沉孔

两零件的接触面一般都要进行机械加工，为减少加工面积并保证良好接触，常在零件的接触部位设置凸台、凹坑或沉孔，如图 2-3-10 所示。

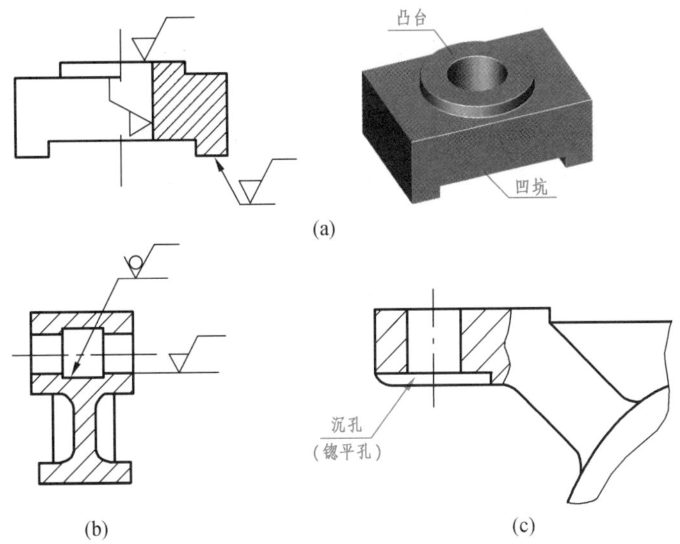

(a)
(b)　(c)

图 2-3-10　凸台、凹坑及沉孔

3. 钻孔结构

钻孔时，钻头的轴线应与被加工表面垂直，否则会使钻头弯曲甚至折断。当被加工表面倾斜时，可设置凸台或凹坑；钻头钻透时的结构要考虑到不使钻头单边受力，否则钻头也容易折断，如图 2-3-11 所示。

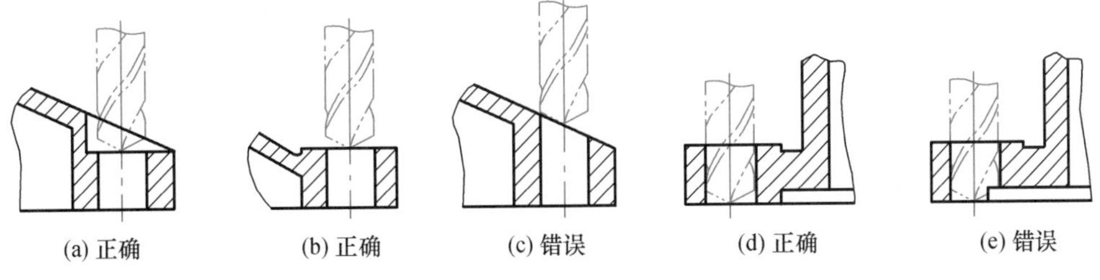
(a) 正确　(b) 正确　(c) 错误　(d) 正确　(e) 错误

图 2-3-11　钻孔结构

任务实施

泵体是转子油泵中的主要零件，其结构较复杂。它的主要作用是容纳和支承传动件，如泵轴、内转子、外转子等。

识读图 2-3-12 所示的转子油泵泵体零件图的步骤如下：

1. 读标题栏，浏览全图

从图 2-3-12 的标题栏可以看出，该零件的名称是泵体，属于箱体类零件，绘图比例为 1∶1，材料是 HT200。

2. 分析视图表达方案，想象零件形状

泵体零件图用了三个基本视图即主视图、俯视图、左视图，以及 *B* 局部视图、*A*—*A* 局部剖视图和重合断面图进行表达。

主视图：箱体类零件的结构复杂，往往经过多道工序加工而成，各工序的加工位置不尽相同，所以通常以最能反映形状特征及各组成部分的相对位置的方向作为主视图的投射方向，以自然安放或工作位置作为主视图的摆放位置。泵体零件图的主视图主要表达泵体的外形结构、泵体内腔底壁上配油盘油槽的月牙形结构、泵盖安装螺纹孔及销孔的形状及分布位置，用局部剖视图表达安装孔的结构，重合断面图表达肋板的断面形状。

俯视图：主要表达泵体的外形及其上安装孔、销孔的结构形状及分布位置。

左视图：采用全剖视图表达泵体内部孔及螺纹孔的结构。

B 局部视图：表达泵体后侧凸台端面的形状特征及其上孔的分布位置。

A—*A* 局部剖视图：表达进、出油孔的结构。

分析清楚表达方案，再用形体分析法分析泵体的结构形状，如图 2-3-1 所示。

3. 分析尺寸

泵体高度方向以底板支承面（主视图最上面的平面）为主要尺寸基准，通过内腔ϕ50轴线的水平面为辅助尺寸基准，宽度方向以前端面为基准，长度方向以左右对称面为基准。泵体上的偏心距 3.5，泵体内腔与外转子配合部分的直径ϕ50、深度 35 等是满足工作性能要求的重要尺寸，应直接注出。考虑到转子油泵安装在机座上的定位问题，高度方向尺寸 43.5、长度方向的螺栓孔中心距 110 以及底板宽度方向的中心线与泵体前端面之间的距离27.5也应直接注出。

图中内腔孔和衬套孔的轴线是泵体的径向尺寸基准。其余尺寸读者可自行分析。

4. 分析技术要求

（1）表面粗糙度

泵体内腔ϕ50表面及其底壁、各销孔表面粗糙度 *Ra* 的上限值要求较高，为 1.6 μm；上面的安装面和前、后表面与泵盖等零件表面接触，粗糙度 *Ra* 的上限值为 6.3 μm；进、出油孔表面、安装孔表面 *Ra* 的上限值为 12.5 μm；其余为毛坯面。

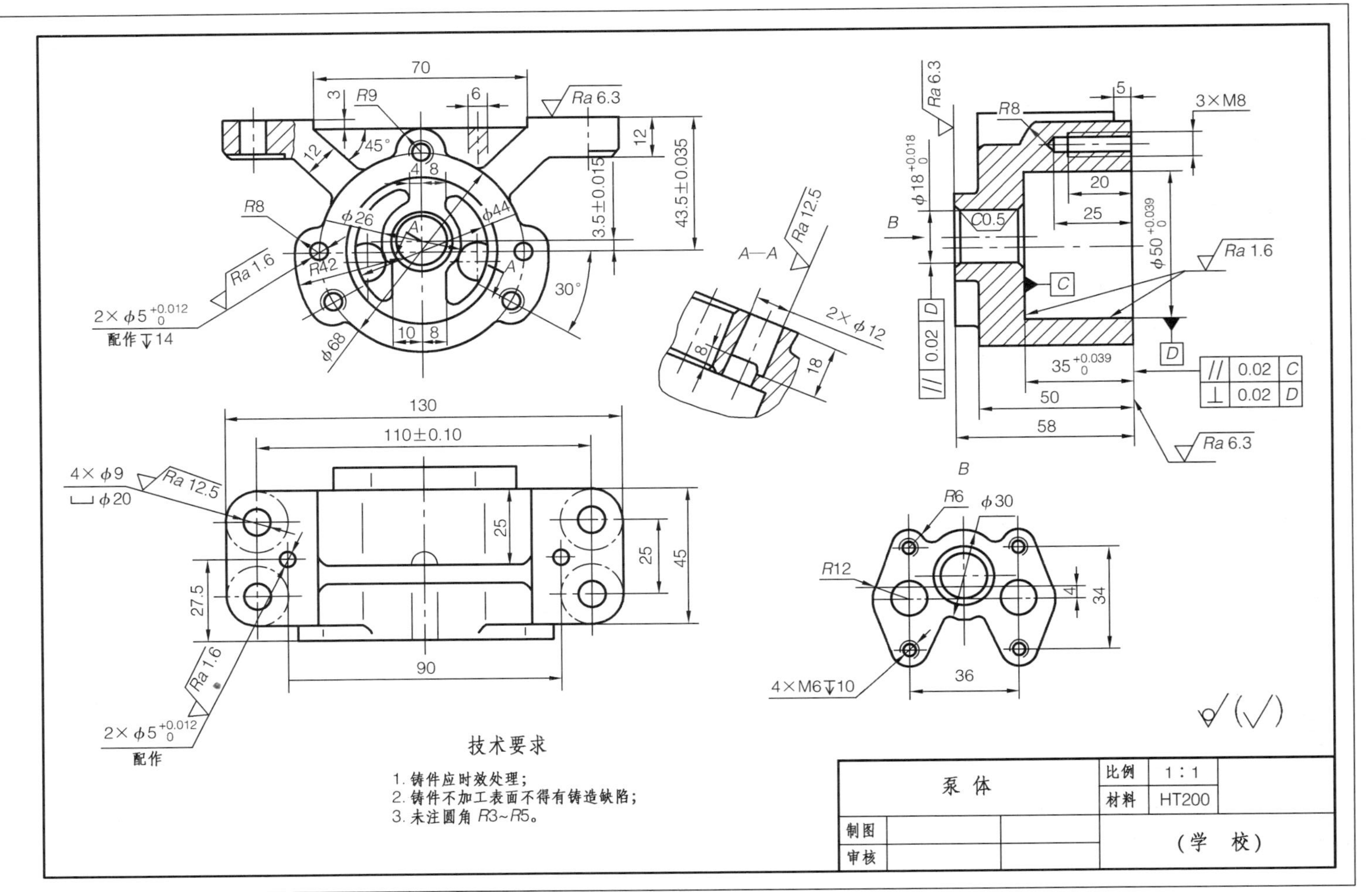
A—A
B
Ra 6.3
Ra 1.6
Ra 12.5
3×M8
4×M6↧10
2×ϕ12
2×ϕ5 +0.012 0
配作↧14
2×ϕ5 +0.012 0
配作
4×ϕ9
⌴ϕ20
ϕ50 +0.039 0
ϕ18 +0.018 0
35 +0.039 0
43.5±0.035
3.5±0.015
110±0.10
C0.5
0.02 C
0.02 D
130
90
70
58
50
45
36
34
30°
45°
27.5
25
20
18
12
10
8
6
5
4
3
R42
R12
R9
R8
R6
ϕ68
ϕ44
ϕ30
ϕ26
技术要求
1. 铸件应时效处理；
2. 铸件不加工表面不得有铸造缺陷；
3. 未注圆角 R3~R5。
泵 体
比例 1:1
材料 HT200
制图
审核
（学 校）

图 2-3-12　泵体零件图

(2)尺寸公差

泵体内腔孔轴线高度方向的定位尺寸为 43.5±0.035、直径尺寸为$\phi50^{+0.039}_{0}$、深度尺寸为$35^{+0.039}_{0}$，偏心距为 3.5±0.015，衬套安装孔的尺寸为$\phi18^{+0.018}_{0}$，安装孔长度方向的中心距尺寸为 110±0.10，各销孔尺寸为$\phi5^{+0.012}_{0}$。

(3)几何公差

[// 0.02 C]：表示泵体的前端面相对于内腔底壁的平行度，公差值为 0.02 mm；

[⊥ 0.02 D]：表示泵体前端面相对于$\phi50^{+0.039}_{0}$轴线的垂直度，公差值为 0.02 mm；

[// 0.02 D]：表示$\phi18^{+0.018}_{0}$孔轴线相对于$\phi50^{+0.039}_{0}$轴线的平行度，公差值为 0.02 mm。

(4)其他要求

泵体热处理及其他技术要求见图中“技术要求”中的内容。

知识拓展

一、识读叉架类零件图

如图 2-3-13 所示的杠杆属于叉架类零件。叉架类零件主要有拨叉、连杆和各种支架等。拨叉主要用在各种机器的操纵机构上，起操纵、调速作用；连杆起传动作用；支架主要起支承和连接作用。

叉架类零件形式多样，结构形状比较复杂，常带有倾斜结构和弯曲部分，毛坯多为铸件和锻件，这类零件一般由三部分构成，即支承部分、工作部分和连接部分。连接部分多为肋板结构。支承部分和工作部分的细部结构也较多，如圆孔、螺纹孔、油槽、油孔、凸台、凹坑等。

1. 读标题栏，浏览全图

从图 2-3-13 的标题栏可以看出，该零件的名称是杠杆，属于叉架类零件，绘图比例为 2∶1，材料是 HT150。

2. 分析视图表达方案，想象零件形状

杠杆零件图用了两个基本视图即主视图、俯视图，以及 *A—A* 斜剖视图和断面图进行表达。

主视图：叉架类零件的加工位置难以分出主次，工作位置也有较多变化，其主视图主要按工作位置或安装时平放的位置选择，并选择最能体现结构形状和位置特征的方向。杠杆零件图的主视图主要表达杠杆的支承部分、工作部分及连接部分的外形及其位置关系，局部剖视图表达$\phi3$孔的内部结构。

俯视图：采用局部剖视图表达杠杆支承部分内孔及右侧工作部分内孔的结构，重合断面图表达肋板的断面形状。

A—A 斜剖视图：表达支承部分、上面工作部分及其连接部分的结构。*A—A* 斜剖视图右面的移出断面图表达该部分肋板的断面形状。

分析清楚表达方案，再用形体分析法分析杠杆的结构形状，如图 2-3-14 所示。

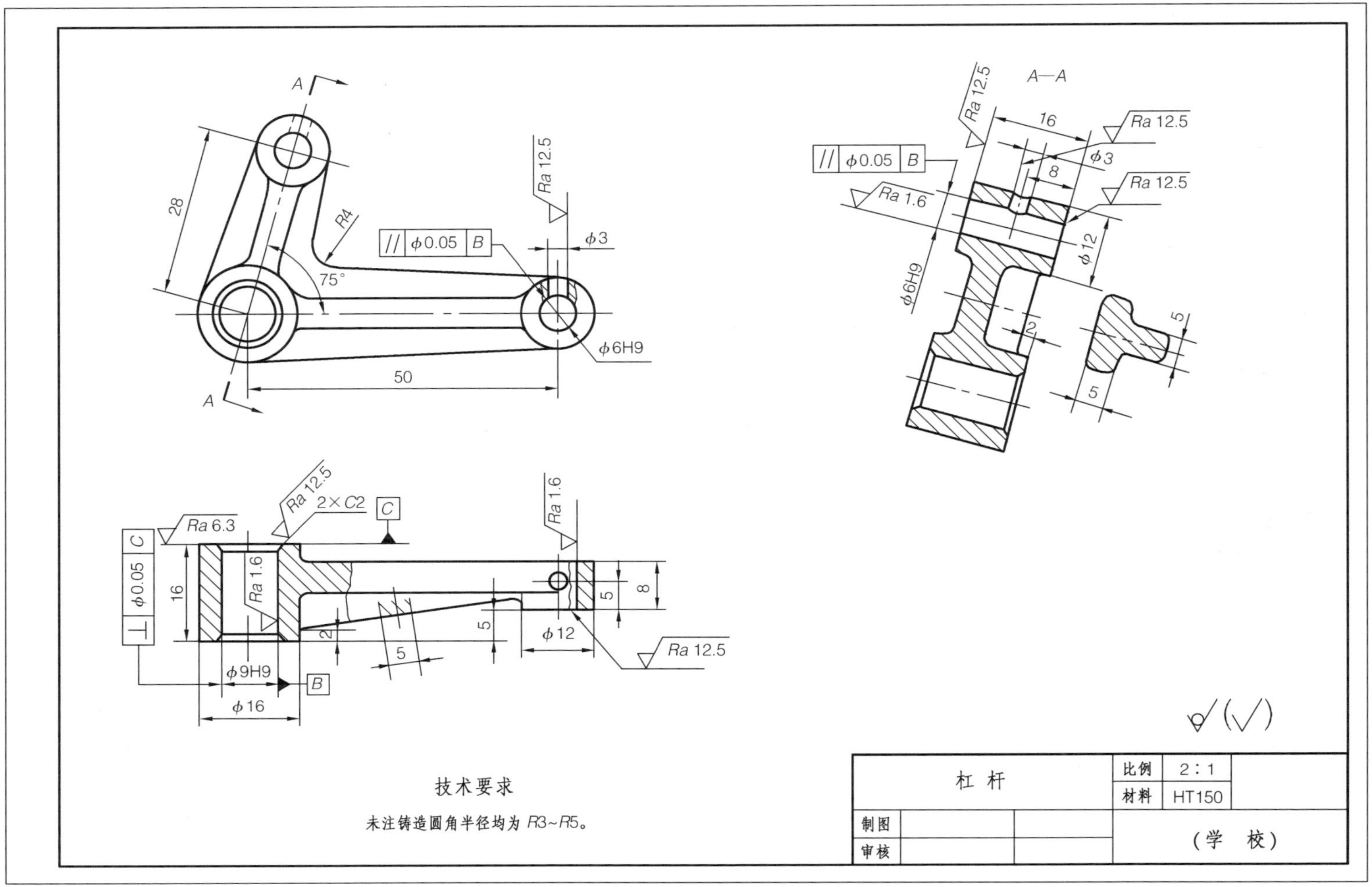

A—A
A
28
R4
75°
50
// ϕ0.05 B
Ra 12.5
ϕ3
ϕ6H9
16
8
Ra 1.6
ϕ12
2
5
Ra 6.3
2×C2
C
⊥ ϕ0.05 C
ϕ9H9
ϕ16
B
技术要求
未注铸造圆角半径均为 R3~R5。
杠杆
比例 2∶1
材料 HT150
制图
审核
（学　校）

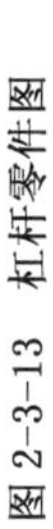

图 2-3-13　杠杆零件图

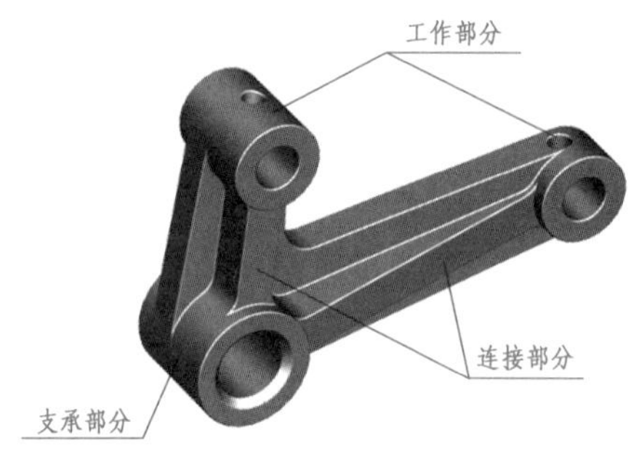

图 2-3-14 杠杆立体图

3. 分析尺寸

杠杆长度方向尺寸以ϕ9H9孔的轴向为基准;高度方向尺寸以经过ϕ9H9及ϕ6H9孔轴向的水平面为基准;宽度方向尺寸以支承部分的后端面为基准。叉架类零件上的定位尺寸较多,定位尺寸除了要求标注完整外,还得注意其尺寸精度。杠杆的定位尺寸有支承部分与工作部分内孔的中心距尺寸 28、50,以及两个工作部分上ϕ3孔的中心位置尺寸 5 和 8 等。

4. 分析技术要求

杠杆支承部分及工作部分的内孔精度要求较高,其表面粗糙度 *Ra* 的上限值为 1.6 μm,公差带代号均为 H9;两个工作部分上ϕ3孔的表面粗糙度 *Ra* 的上限值为 12.5 μm;支承部分后端面 *Ra* 的上限值为 6.3 μm;工作部分与其他零件接触的端面 *Ra* 的上限值为 12.5 μm;其余为毛坯面。

两个工作部分内孔的轴线相对于支承部分内孔的轴线的平行度公差为ϕ0.05 mm,支承部分内孔的轴线相对于其后端面的垂直度公差为ϕ0.05 mm。

二、斜度

零件上一直线对另一直线或一平面对另一平面的倾斜程度称为斜度,如图 2-3-15(a)所示。其大小以它们之间夹角的正切表示,如图 2-3-15(b)所示,并把比值化为 1∶*n* 的形式,即

$$斜度=\tan\alpha=\frac{H}{L}=\frac{1}{n}$$

斜度符号如图 2-3-15(c)所示,符号的方向应与斜度方向一致,如图 2-3-15(d)所示。

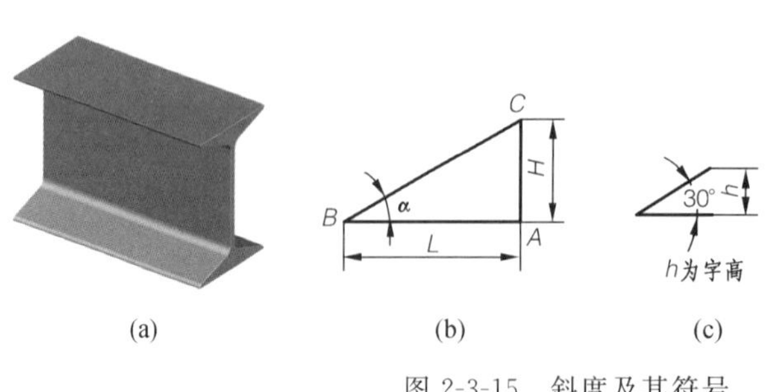

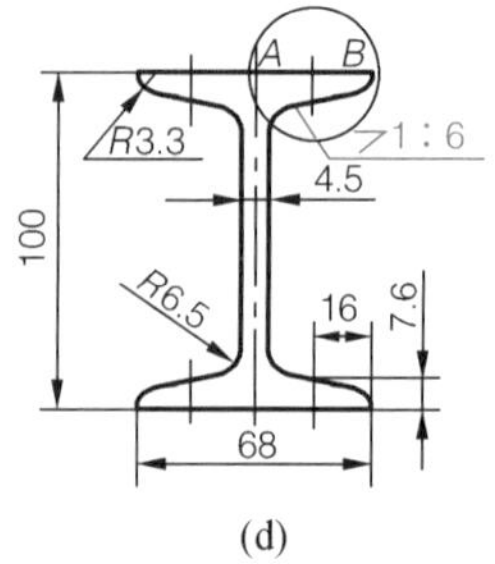

图 2-3-15 斜度及其符号

项目四 绘制装配图

学习引导

1. 如何对螺纹紧固件进行标记、查表和识读？
2. 如何绘制螺栓连接、螺柱连接、螺钉连接的图形？这三种连接的应用场合有什么不同？说明其在转子油泵中的应用。
3. 键连接应用在什么场合？其图形如何绘制？
4. 销的作用有哪些？其连接的图形如何绘制？
5. 装配图的内容有哪些？其表达方法有哪些？装配图主要标注哪几类尺寸？零件序号及明细栏的编写有哪些规定？
6. 转子油泵装配图的绘制方法与步骤是什么？
7. 尺寸配合的性质、制度有哪些？如何标注和识读配合尺寸？
8. 常见装配图结合面与配合面结构的合理性要求有哪些？
9. 滚动轴承、弹簧的种类、用途有哪些？它们的图形如何绘制？
10. 识读装配图的方法与步骤是什么？

相关知识

表达机器或部件的图样称为装配图。设计时一般先根据设计要求画出装配图，它主要表达机器或部件的工作原理、传动路线和零件间的装配关系，然后再根据装配图设计零件并画出零件图。因此，装配图是反映设计思想、指导装配、使用和维修机器以及进行技术交流的重要技术文件。本项目以转子油泵(图 2-4-1)为例，学习装配图的绘制方法及相关知识。

一、螺纹紧固件及其连接

螺纹连接是机械设备中应用最广泛的连接方式之一，常用的连接方式有螺栓连接、螺柱连接及螺钉连接。如转子油泵与机座之间采用的是螺栓连接。常用的螺纹紧固件如图 2-4-2所示。

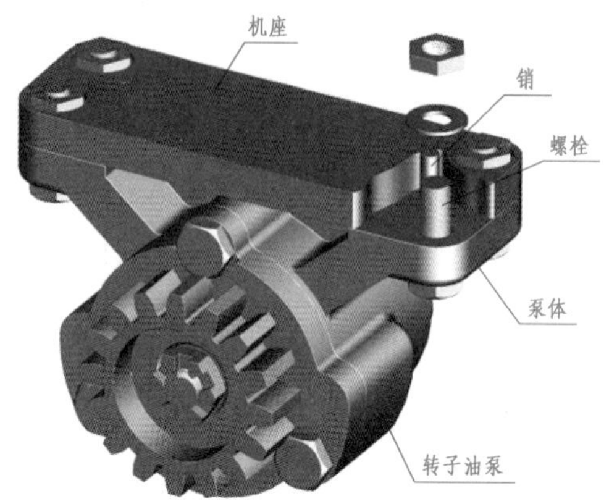

图 2-4-1　转子油泵立体图

图 2-4-2　常用的螺纹紧固件

1.螺栓连接

螺栓一般用来连接两个厚度尺寸不大并能加工成通孔的零件。

(1)螺栓连接紧固件的图例及标记

①螺栓

螺栓由头部和杆身组成,常用的为六角头螺栓,如图 2-4-3 所示。螺栓的规格尺寸是螺纹大径(d)和螺栓公称长度(l),其规定标记为:

名称　标准代号　螺纹代号×长度

如转子油泵泵体与机座之间用“螺栓　GB/T 5782—2016　M8×25 ”的螺栓进行连接。

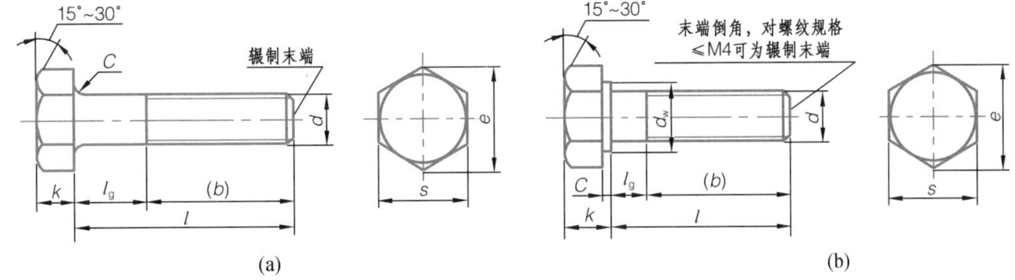

图 2-4-3　六角头螺栓

六角头螺栓各部位尺寸见附表 4。

②螺母

螺母有六角螺母、方螺母和圆螺母等,常用的为六角螺母,如图 2-4-4 所示。螺母的规格尺寸是螺纹大径(D),其规定标记为:

名称　标准代号　螺纹代号

如转子油泵中泵轴左端固定齿轮用的开槽螺母标记为“螺母　GB/T 6178—1986　M10”。

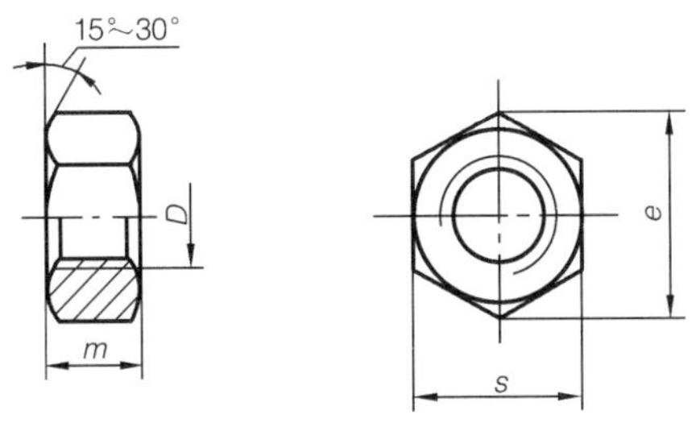

图 2-4-4　六角螺母

六角螺母各部位尺寸见附表 5。

③垫圈

常用的有平垫圈和弹簧垫圈。平垫圈有 A 级和 C 级标准系列。在 A 级标准系列平垫圈中,分带倒角和不带倒角两种结构,如图 2-4-5 所示。垫圈的规格尺寸为螺栓直径(d),其规定标记为:

名称　标准代号　公称尺寸

如转子油泵中的“垫圈　GB/T 97.1—2002　10”和“垫圈　GB/T 93—1987　8”。

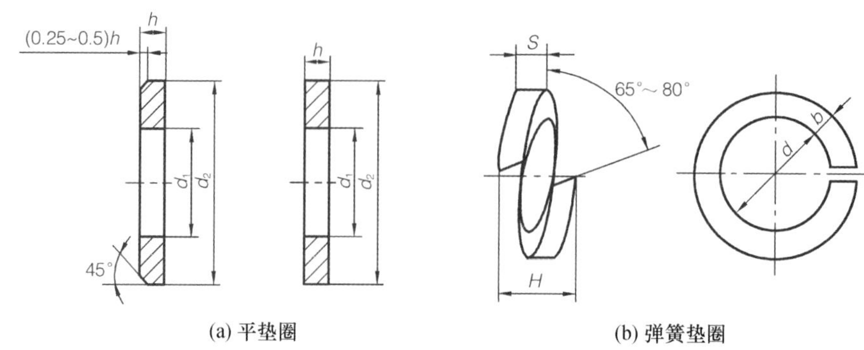

(a) 平垫圈　　(b) 弹簧垫圈

图 2-4-5　垫圈

垫圈各部位尺寸见附表 6 和附表 7。

(2)螺栓连接紧固件的比例画法

螺栓连接紧固件的比例画法如图 2-4-6 所示。

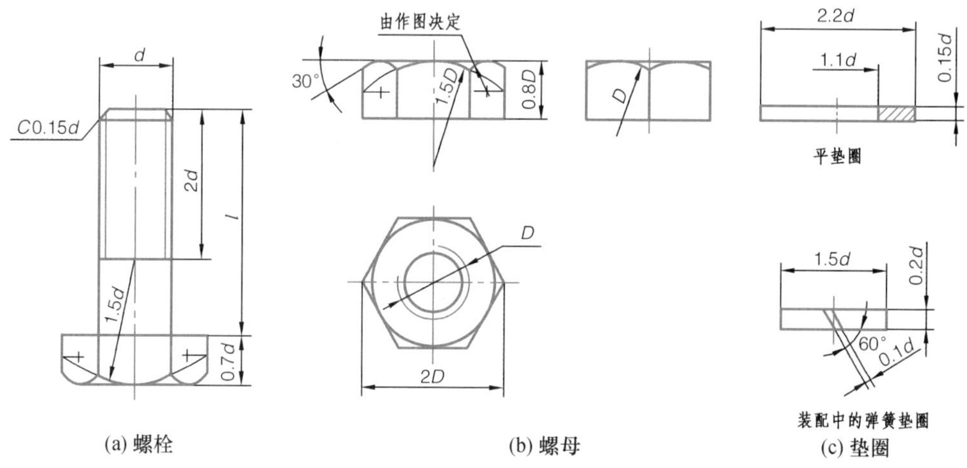

(a) 螺栓　　(b) 螺母　　(c) 垫圈

图 2-4-6　螺栓连接紧固件的比例画法

(3)转子油泵与机座之间螺栓连接的图形画法

转子油泵与机座之间用螺栓连接。其装配过程是将螺栓从下穿入泵体和机座的光孔中，在上端加上垫圈，然后旋紧螺母，如图 2-4-7 所示。下面以转子油泵与机座之间的螺栓连接为例，介绍螺栓连接的图形画法。

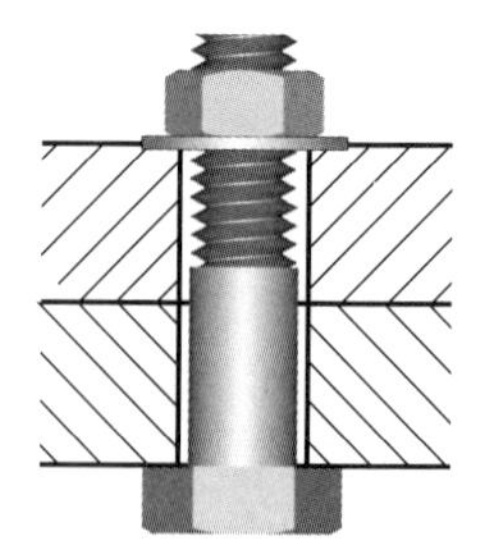
图 2-4-7　螺栓连接示意图

机座与泵体的厚度为 12 mm，螺栓孔的直径为$\phi9$，孔上凹坑的直径为$\phi20$，根据使用要求，查附表 4～附表 6 得螺栓、螺母和垫圈的标记为：

螺栓　GB/T 5782—2016　M8×35

注意：螺栓长度＝泵体安装板厚度＋机座厚度＋垫圈厚度＋螺母厚度＋(0.2～0.3)d，根据附表 4 取标准系列值。

螺母　GB/T 6170—2015　M8

垫圈　GB/T 97.1—2002　8

绘图步骤如下：

①在装配图中绘制螺栓轴线，以确定螺栓连接的位置。

②绘制机座、泵体之间螺栓孔及其凹坑的图形，如图 2-4-8(a)所示。

③绘制螺栓、垫圈和螺母的图形，如图 2-4-8(b)所示。

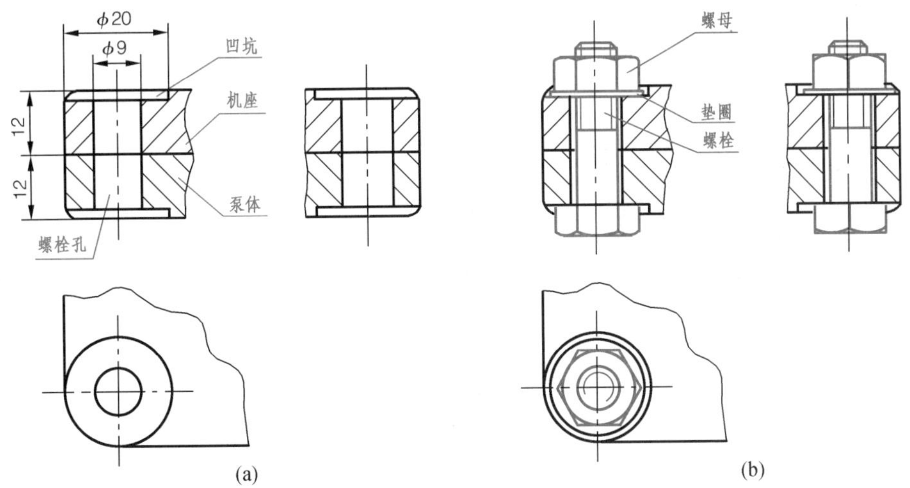

图 2-4-8　转子油泵机座与泵体的螺栓连接

2. 螺钉连接

螺钉一般用于受力不大而又不需经常拆装的零件连接中，如减速器轴承端盖与箱座和箱盖之间的连接、视孔盖与箱盖之间的连接。螺钉连接中，一般在厚度尺寸较大的零件上加工出螺纹孔，在厚度尺寸较小的零件上加工出带沉孔(或埋头孔)的通孔。连接时，直接将螺钉穿过通孔并拧入螺纹孔中。

常用的螺钉有内六角圆柱头螺钉、开槽盘头螺钉、开槽沉头螺钉、开槽圆柱头螺钉、紧定螺钉等。螺钉的比例画法如图 2-4-9 所示。

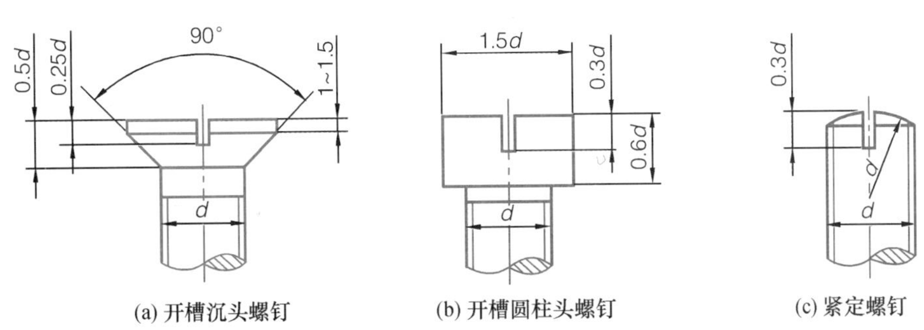

(a) 开槽沉头螺钉　(b) 开槽圆柱头螺钉　(c) 紧定螺钉

图 2-4-9　螺钉的比例画法

螺钉的规格尺寸是螺纹大径(d)和螺钉公称长度(l)，其规定标记为：

名称　标准代号　螺纹代号×长度

根据使用的需要，可以用螺栓代替螺钉，如转子油泵中泵盖与泵体之间的螺钉连接使用的是“螺栓　GB/T 5782—2016　M8×25”。为了防止螺钉松动，在螺钉与泵体之间加一个“垫圈　GB/T 93—1987　8”。螺钉各部位尺寸见附表 8～附表 10。

转子油泵中泵盖的厚度为 9 mm，泵盖通孔的直径为ϕ9，泵体螺纹孔尺寸为 M8，深度为 20 mm，钻孔深度为 25 mm。其绘图方法与步骤如下：

①在装配图中绘制轴线，以确定螺钉连接的位置。

②绘制泵盖、泵体、垫圈的图形，如图 2-4-10(a)所示。

③绘制螺栓的图形，如图 2-4-10(b)所示。

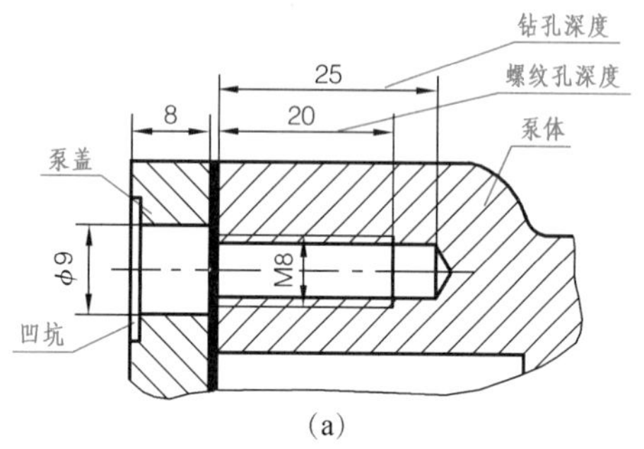

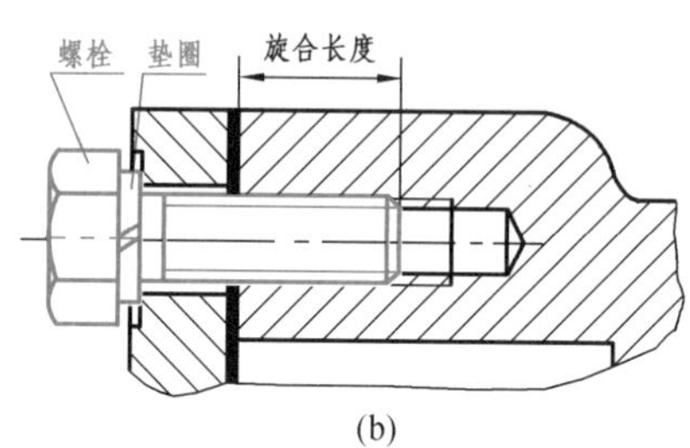

图 2-4-10　泵盖和泵体的螺钉连接

注意：内、外螺纹连接时，其旋合部分按外螺纹绘制，其余部分按各自的规定画法绘制，表示螺纹大、小径的粗、细实线应分别对齐。

二、键连接

1. 键连接的作用

转子油泵中齿轮与泵轴之间用普通型平键进行连接，其标记为“GB/T 1096－2003 键　4×4×10”，起到固定泵轴与齿轮、传递扭矩的作用。键连接的种类很多，其中普通型平键制造简单，装拆方便，轮与轴的同心度较好，在机械上得到了广泛的应用。

2. 齿轮与泵轴之间键连接的图形画法

转子油泵中键连接处泵轴的直径为ϕ11，根据键的标记，查附表 1 得：$t_1=2.5$ mm，$t_2=1.8$ mm。键连接的图形画法如图 2-4-11 所示。

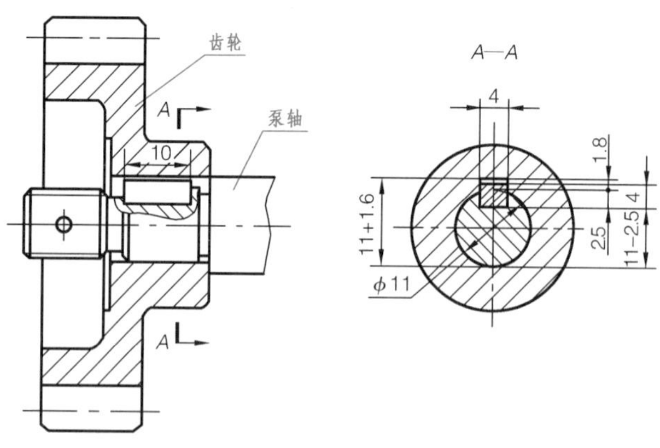

图 2-4-11　键连接的图形画法

在键连接装配图中，当剖切平面通过轴的轴线以及键的对称平面时，轴和键均按不剖处理，为了表示键与轴的连接关系，可采用局部剖视图表达。对于普通型平键连接，键的顶面

与轮毂槽之间应有 t_1+t_2-h（h 为键的高度）的间隙，要画两条线（当间隙过小时，可以采用夸大画法）；键的侧面与轮毂槽和轴槽之间、键的底面与轴槽之间都接触，只画一条线。

三、销连接

1. 销的形式和标记

销在机器中主要起连接、定位和锁紧作用，常用的销有圆柱销、圆锥销和开口销。圆柱销和圆锥销主要用于连接和定位，如转子油泵中为了保证泵盖与泵体对中，在用螺栓连接之前，先用两个"销 GB/T 119.1—2000 5m6×18"定位；开口销常与开槽螺母配合使用，它穿过螺母上的槽和螺杆上的孔，以防止螺母松动，如转子油泵中传动齿轮轴向利用开槽螺母、垫圈和"销 GB/T 91—2000 2×10"固定。销为标准件，其规格、尺寸、标记示例可从附表 11、附表 12 中查得。常用销的形式和标记见表 2-4-1。

表 2-4-1 常用销的形式和标记

名　称	图　例	标记示例
圆柱销 不淬硬钢和奥氏体不锈钢 (GB/T 119.1—2000) 淬硬钢和马氏体不锈钢 (GB/T 119.2—2000)	15°　l　d　c　c	转子油泵中泵盖与泵体之间定位用的圆柱销：公称直径 $d=5$ mm、公差为 m6、公称长度 $l=18$ mm，标记为： 销 GB/T 119.1—2000 5m6 ×18
内螺纹圆柱销 (GB/T 120.2—2000)	75°　t_3　r=d　d_2　d　15°　c　a　t_1　t_2　l	公称直径 $d=6$ mm、公差为 m6、公称长度 $l=30$ mm（A 型）的内螺纹圆柱销标记为： 销 GB/T 120.2—2000 6×30
圆锥销 (GB/T 117—2000)	1 : 50　r_1　r_2　a　a　l	公称直径 $d=10$ mm、公称长度 $l=60$ mm 的 A 型圆锥销标记为： 销 GB/T 117—2000 10×60
开口销 (GB/T 91—2000)	b　l　a　c　d	转子油泵中的开口销：公称直径为 2 mm、公称长度 $l=10$ mm的标记为： 销 GB/T 91—2000 2×10

2. 销连接的规定画法

当剖切平面通过销的轴线时，销按不剖绘制；剖视图中销与销孔的接触面画一条线，如图 2-4-12 所示。

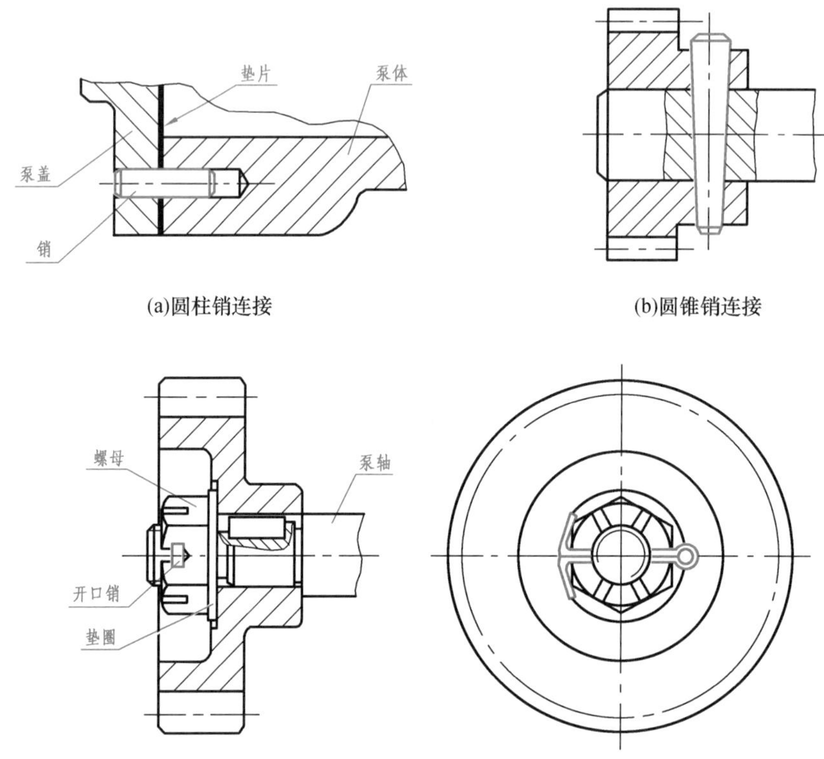

(a)圆柱销连接

(b)圆锥销连接

(c)开口销连接

图 2-4-12 销连接的规定画法

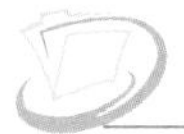

任务实施

实际工作中，一般先根据设计要求画出装配图，然后再根据装配图设计零件并画出零件图。在装配图中主要表达机器或部件的工作原理、传动路线和零件间的装配关系。

一张完整的装配图应具备如下内容：

(1)一组图形

选择一组图形，采用适当的图样画法，将机器(或部件)的工作原理、零件的装配关系、零件的连接和传动情况以及各零件的主要结构形状表达清楚。画装配图时，除了零件图的所有图样画法都适用以外，还有一些特定的图样画法。

(2)必要的尺寸

装配图上应标注反映机器(或部件)的规格(性能)、外形、安装和各零件间的配合关系等方面的尺寸。

(3)技术要求

用文字说明或标记代号指明机器(或部件)在装配、检验、调试、运输和安装等方面所需达到的技术要求。

(4)标题栏和明细栏

在图纸的右下角画出标题栏,表明装配图的名称、图号、比例和责任者等。各零件必须标注序号并编入明细栏。明细栏直接在标题栏之上画出,填写组成装配体的零件序号、名称、材料、数量、标准件代号等。

一、结构组成分析及装配

如图 2-4-1 所示为转子油泵的外形结构以及固定在机架上的情况。转子油泵是用于柴油机润滑系统中的机油泵,与其他油泵相比,它具有结构紧凑、传动平稳、体积小、噪音小等特点。如图 2-4-13 所示为转子油泵的结构组成,泵体内腔装有外转子以及与之相配的内转子,用圆柱销固定在油泵上。泵轴分别支承在泵体和泵盖的衬套里。泵盖与泵体用三个螺栓连接,分别加弹簧垫圈防松,为了保证泵盖和泵体的对中,用两个圆柱销定位。传动齿轮通过普通平键与泵轴连接,泵轴左端的槽形螺母、垫圈和开口销是给传动齿轮进行轴向固定用的。

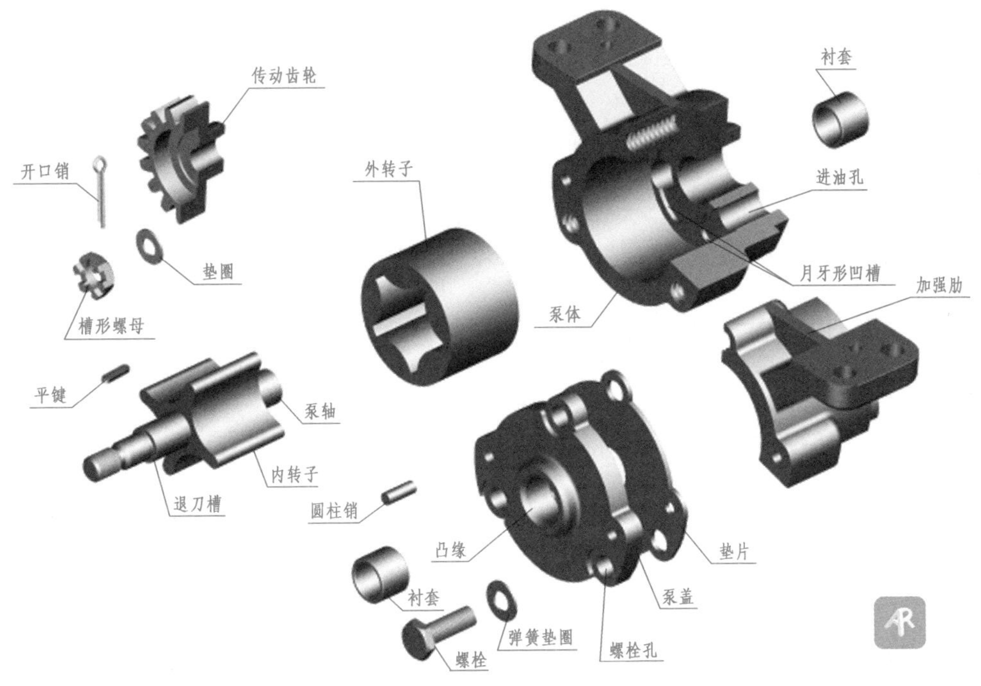

图 2-4-13　转子油泵的结构组成

二、视图表达方案分析

1. 主视图的选择

如图 2-4-14(a)所示,为了表达转子油泵的工作原理、各零件之间的装配关系以及各零件的主要结构,假想以通过泵轴轴线的正平面将转子油泵剖开,以箭头所示方向作为主视图的投射方向,画出全剖的主视图,如图 2-4-14(b)所示,能比较理想地反映油泵的主要装配关系,也符合油泵的正常工作位置。

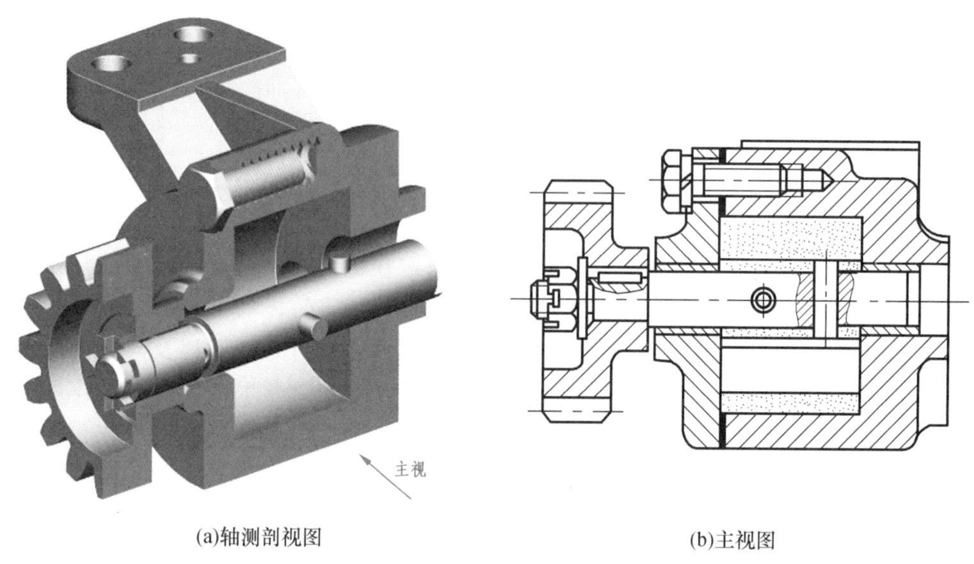

(a)轴测剖视图　　(b)主视图

图 2-4-14　转子油泵主视图的选择

2. 其他视图的选择

如图 2-4-15 所示，为了表达转子油泵的工作原理，可在左视图上采用拆卸画法，将传动齿轮和泵盖等零件拆去，以显示内、外转子的运动情况。

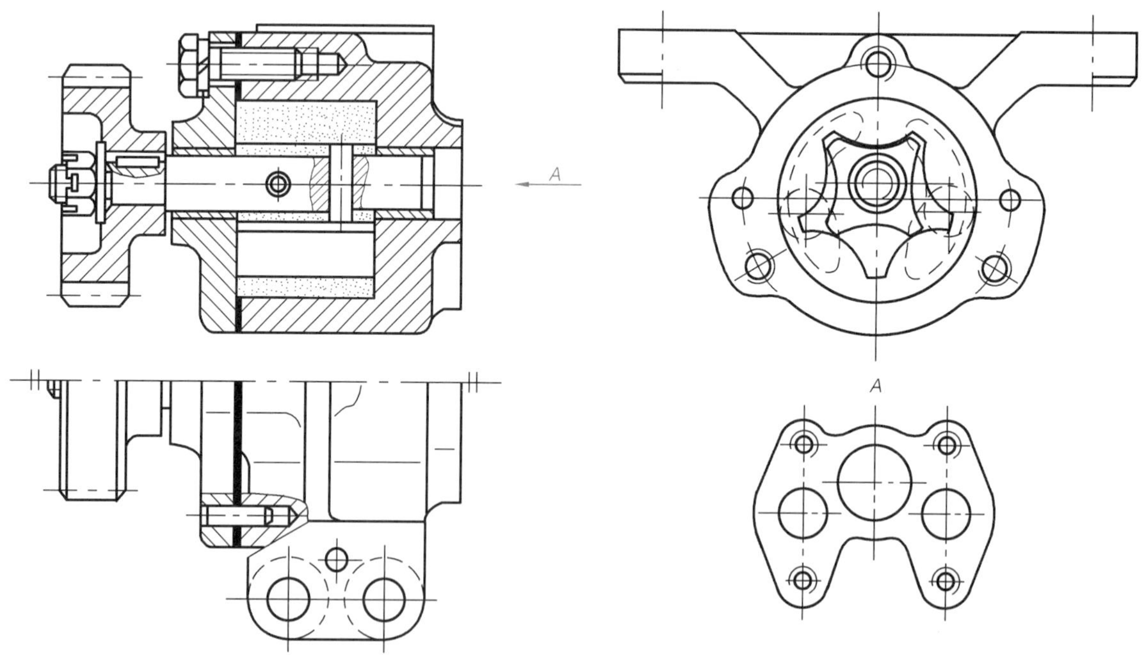

图 2-4-15　转子油泵的表达方案

因为转子油泵的前后基本对称，所以俯视图仅画一半，表示安装板上螺栓孔的位置，并用局部剖视图表示圆柱销、泵体、泵盖间的连接装配关系。

局部视图 A 表示泵体上进、出油孔及 4 个螺纹孔的位置。

三、绘制转子油泵装配图

1. 确定比例，选择图幅

根据转子油泵的大小和各零件的结构复杂程度，确定采用 1∶1 的比例绘图。考虑图形大小、尺寸标注、标题栏、明细栏及技术要求所需要的位置，确定用横放的 A3 图幅。

2. 绘制图形

(1)布置图形，绘制泵体主、左视图的主要轮廓线

画出各基本视图的中心线和作图基线(留出其他视图、尺寸标注、技术要求、零件序号及明细栏的位置)，然后画泵体的主要轮廓，如图 2-4-16 所示。

(2)绘制各零件的主、左视图

从主视图开始，按装配关系逐个画出各零件的视图，如图 2-4-17 所示。必须注意画图的顺序，如内、外转子先靠在泵体内腔的底壁，用内转子和泵轴的配钻销孔确定泵轴在主视图中的左右位置，然后再画出泵盖、传动齿轮等。对于有投影关系的各个基本视图，应联系起来同时画，如内、外转子应先画左视图，再按投影关系画出其主视图。

国标关于装配图基本画法的规定一：两相邻零件的接触面或配合面只用一条轮廓线表示；而对于未接触的两表面或非配合面(公称尺寸不同)，用两条轮廓线表示；对于配合面，即使有很大的间隙也只能画一条轮廓线；而非配合面，即使间隙很小也必须画两条轮廓线。根据此规定，齿轮孔与泵轴、齿轮的右端面与泵盖之间相互接触的表面画一条线。

国标关于装配图基本画法的规定二：对于紧固件以及轴、连杆、球、键、销等实心零件，若按纵向剖切，且剖切平面通过其对称平面或轴线时，则这些零件均按不剖绘制。根据此规定，转子油泵主视图中泵轴、销、键、螺母、垫圈等按不剖绘制。

当装配图上某些零件的位置和基本连接关系等在某个视图中已经表达清楚时，为了避免遮盖其他零件的投影，在其他视图上可假想将这些零件拆去不画，在视图上方注明“拆去××”。如转子油泵的左视图就是拆去传动齿轮及泵盖等零件后的图形。

(3)画俯视图和局部视图，并画全各视图中的细节(图 2-4-18)

在绘制装配图时，还要考虑国标规定的装配图的特殊画法。

①假想画法

当需要表示与本部件有关但不属于本部件的相邻零部件或零件的运动范围、极限位置时，可用细双点画线以假想位置画出其轮廓，如图 2-4-18 所示的机座。

②夸大画法

当画装配图中的间隙或零件厚度小于 2 mm 的结构时，可以不按实际尺寸画，允许在原来的尺寸上稍加夸大画出，而实际尺寸在该零件的零件图上给出。泵盖与泵体之间垫片的厚度就是采用夸大画法画出的。

③简化画法

对于装配图中重复出现且有规律分布的零件组，如转子油泵与机座之间的螺栓连接，可仅详细地画出一组或几组，其余只需用细点画线表示其位置即可。零件的某些工艺结构，如圆角、倒角、退刀槽等在装配图中允许不画。

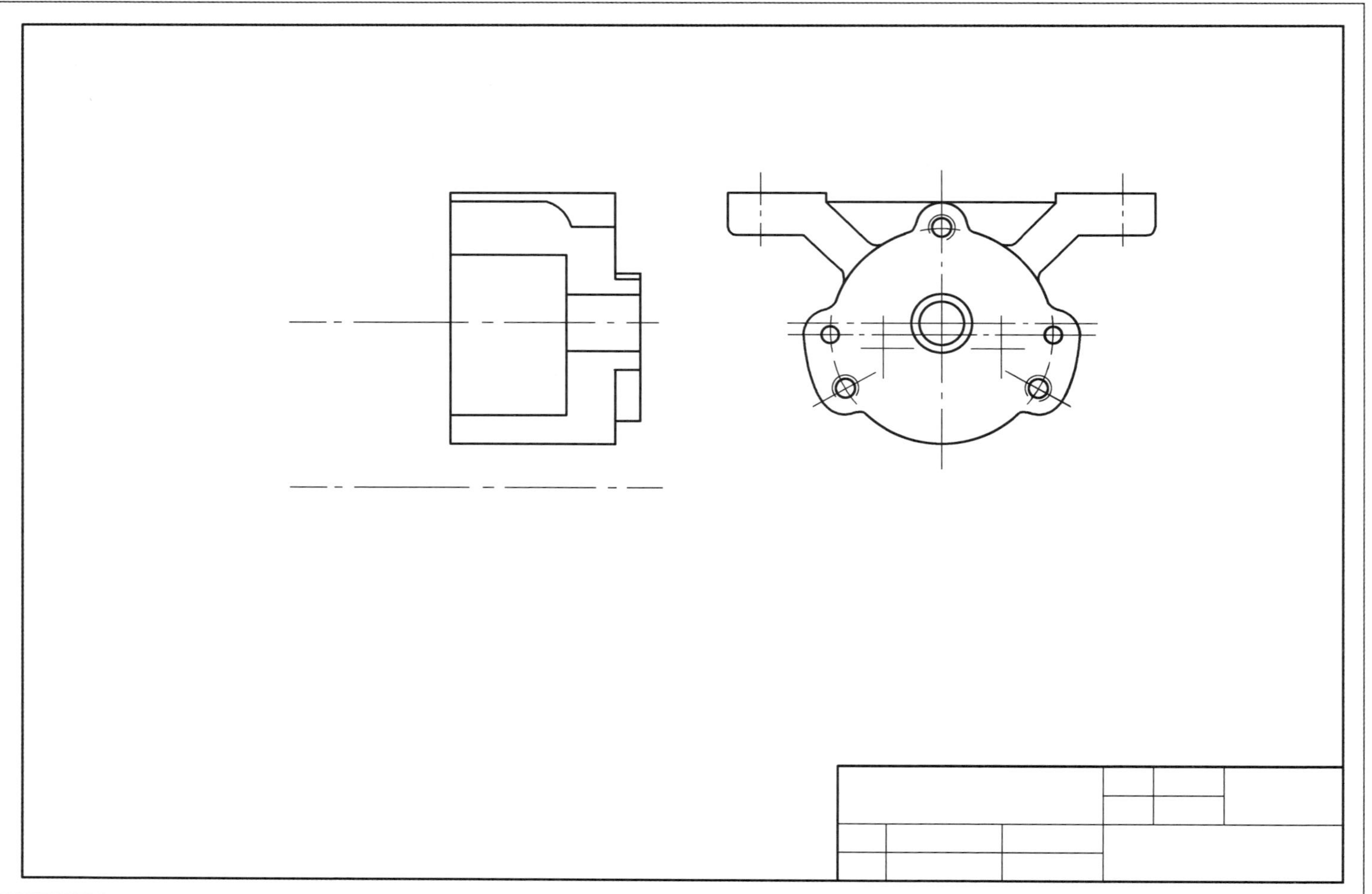

图 2-4-16 绘图步骤(一)

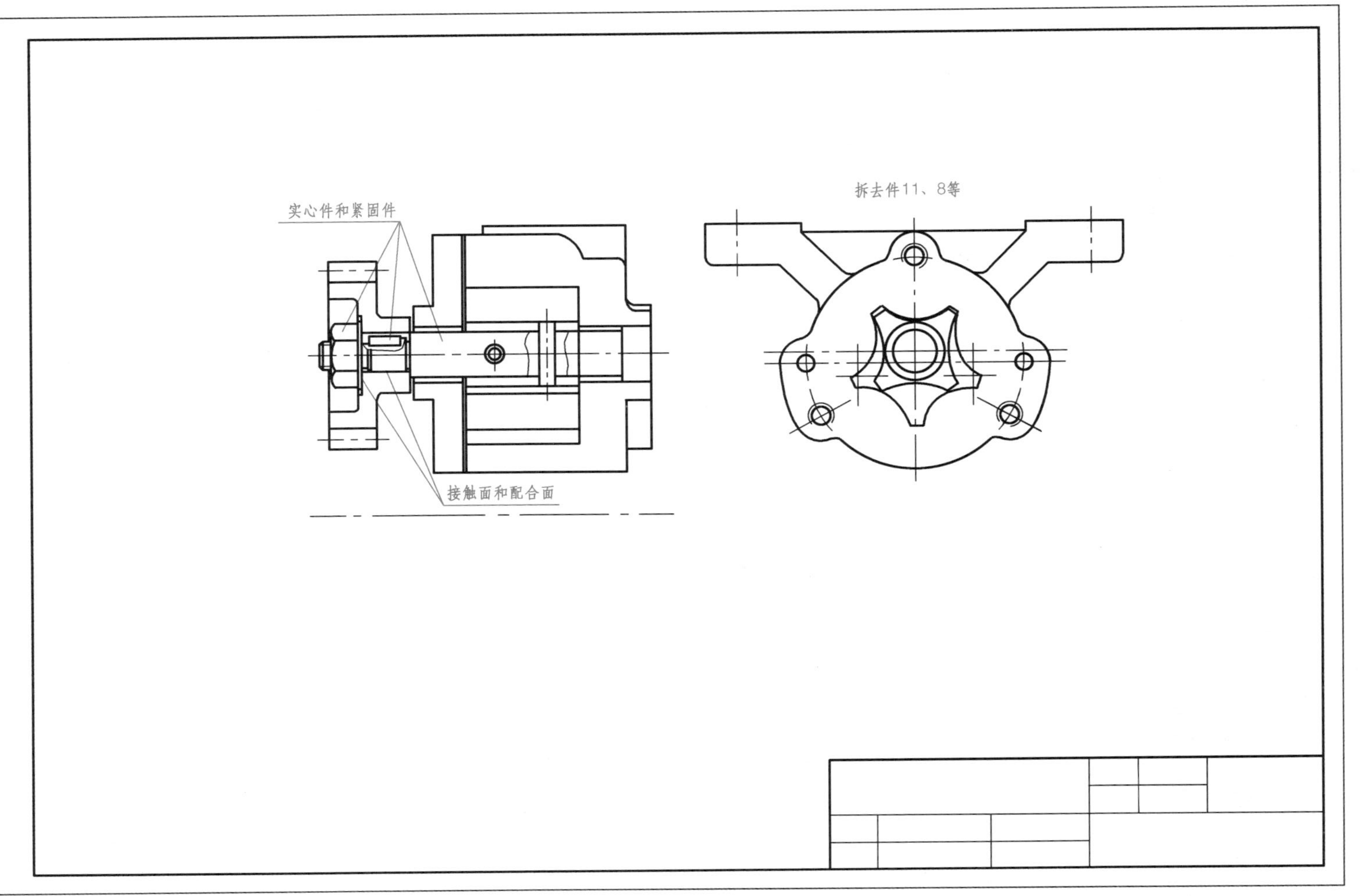

图 2-4-17　绘图步骤（二）

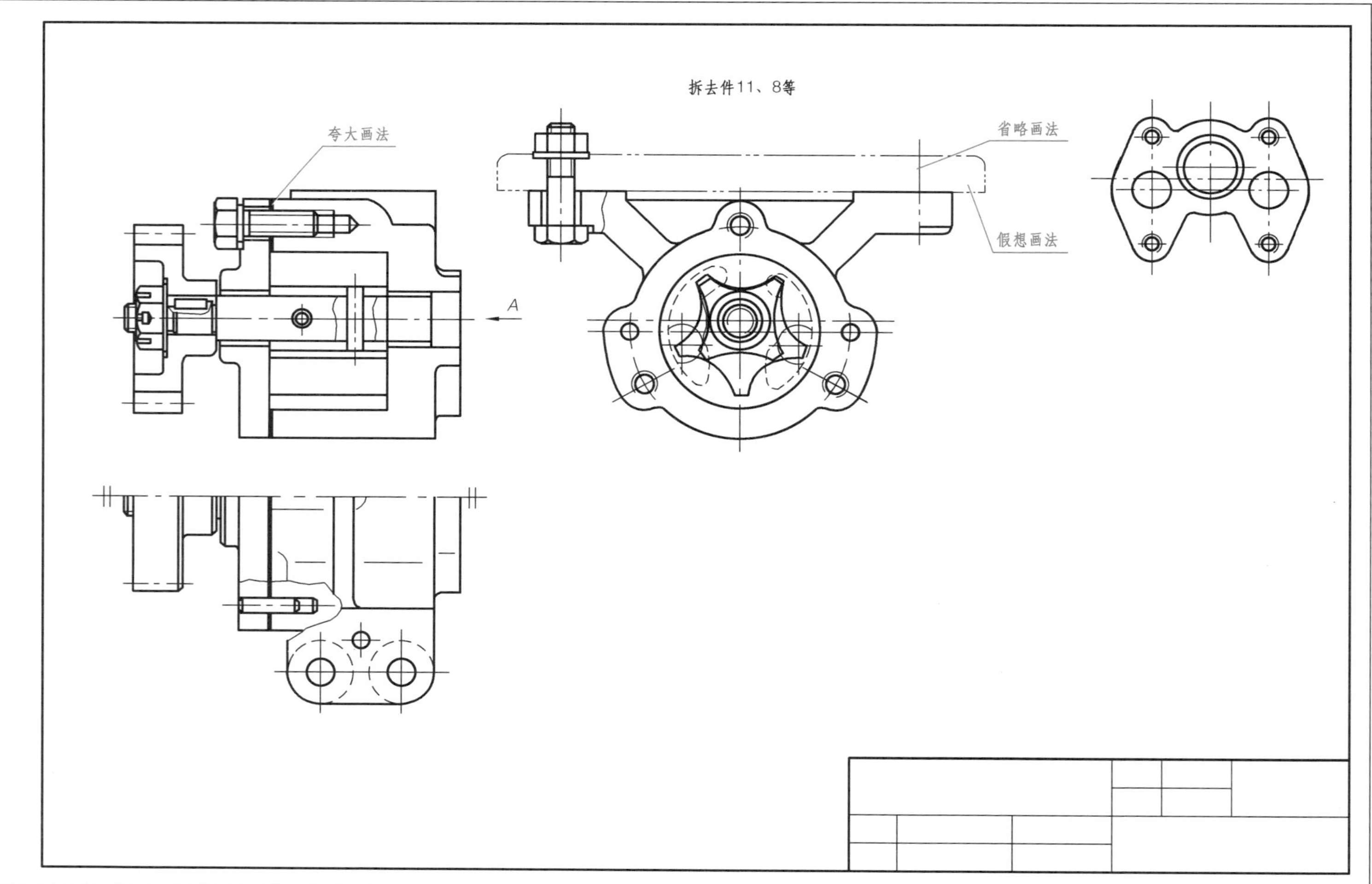

图 2-4-18　绘图步骤（三）

④单独表达某个零件

在装配图中可以单独画出某一零件的视图，在视图上方标注该零件的视图名称，在相应的视图中表明投射方向，如转子油泵装配图中的局部视图 A。

(4)检查、加深图形，绘制剖面线

绘制完底稿，要检查是否有多线和漏线的地方，图形有无错误，检查无误后加深图形。

国标关于装配图基本画法的规定三：相邻的两个金属零件，剖面线的倾斜方向应相反，或者方向一致而间隔不等，以示区别；同一零件在不同视图中的剖面线方向和间隔必须一致；剖面区域厚度小于 2 mm 的地方可以用涂黑来代替剖面符号。根据此规定绘制各个零件的剖面线，如图 2-4-19 所示。

3. 标注尺寸

标注转子油泵的尺寸，如图 2-4-19 所示。

装配图与零件图的作用不同，对尺寸标注的要求也不同。装配图是设计和装配机器(或部件)时用的图样，因此不必把零件制造时所需要的全部尺寸都标注出来，只需注出以下几类尺寸即可：

(1)性能(规格)尺寸

表示装配体的工作性能或产品规格的尺寸。这类尺寸是设计产品的依据，如转子油泵中内、外转子的偏心距 3.5 ± 0.015 及泵体上进、出油孔的直径$\phi12$。

(2)总体尺寸(外形尺寸)

表示装配体所占空间大小的尺寸，即总长、总宽和总高尺寸，可为包装、运输和安装使用时提供所需占有空间的大小。转子油泵的总长为 103，总宽为 130，总高为 77.5。

(3)安装尺寸

表示零部件安装在机器上或机器安装在固定基础上所需要的对外安装时连接用的尺寸。如转子油泵中四个安装孔的定位尺寸 25 和 110 以及定形尺寸 $4\times\phi9$。

(4)配合尺寸(装配尺寸)

表示机器(或部件)装配性能的尺寸，如配合尺寸和相对位置尺寸。在装配图上标注配合尺寸时，配合用相同的公称尺寸后跟孔、轴公差带表示。孔、轴公差带写成分数形式，分子为孔公差带，分母为轴公差带。如转子油泵中泵轴与内转子的配合尺寸$\phi14\dfrac{K7}{h6}$，泵体内孔与外转子的配合尺寸$\phi50\dfrac{H8}{d8}$(尺寸配合内容将在本项目“相关知识”中介绍)。

(5)其他重要尺寸

除了上述尺寸外，有时还需要标注其他重要尺寸，如运动件的极限位置尺寸、零件间的主要定位尺寸、设计计算尺寸等。如转子油泵中泵轴的中心轴线到安装底面的距离 40 ± 0.05。

4. 编写零部件序号

为了便于看图、管理图样和组织生产，可对零件进行统一编号，零件序号应按水平或竖直方向排列整齐，并按顺时针或逆时针方向顺次排列，如图 2-4-19 所示。当零件序号在整个图上无法连续时，可只在每个水平或竖直方向顺次排列。

零部件序号的注写形式如图 2-4-20 所示。

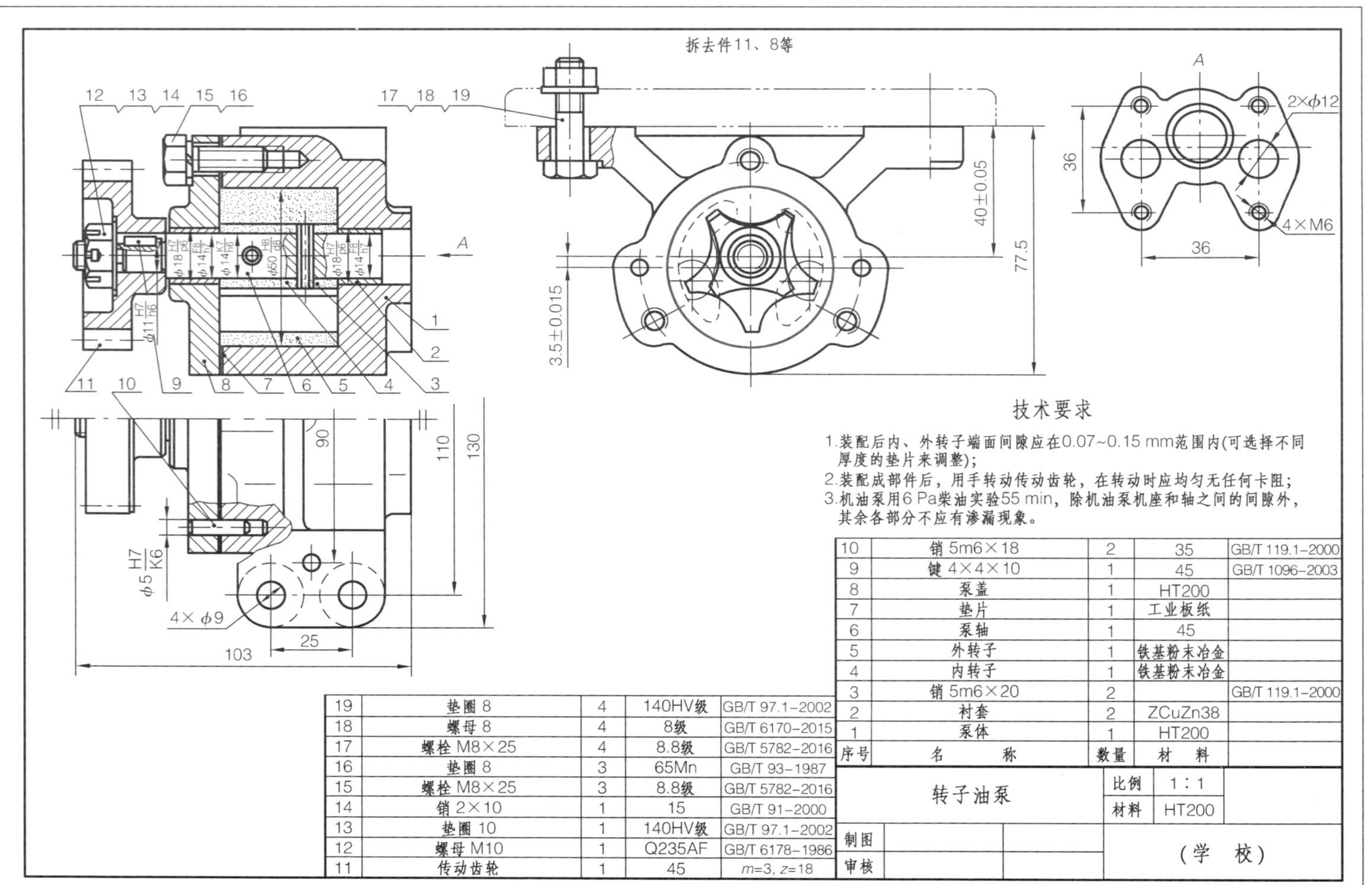
拆去件11、8等
A
2×ϕ12
4×M6
36
36
40±0.05
77.5
3.5±0.015
110
130
90
103
25
4×ϕ9
ϕ5 H7/K6
技术要求
1.装配后内、外转子端面间隙应在0.07~0.15 mm范围内(可选择不同厚度的垫片来调整);
2.装配成部件后，用手转动传动齿轮，在转动时应均匀无任何卡阻;
3.机油泵用6 Pa柴油实验55 min，除机油泵机座和轴之间的间隙外，其余各部分不应有渗漏现象。
10 销 5m6×18 2 35 GB/T 119.1-2000
9 键 4×4×10 1 45 GB/T 1096-2003
8 泵盖 1 HT200
7 垫片 1 工业板纸
6 泵轴 1 45
5 外转子 1 铁基粉末冶金
4 内转子 1 铁基粉末冶金
3 销 5m6×20 2 GB/T 119.1-2000
2 衬套 2 ZCuZn38
1 泵体 1 HT200
序号 名称 数量 材料
19 垫圈 8 4 140HV级 GB/T 97.1-2002
18 螺母 8 4 8级 GB/T 6170-2015
17 螺栓 M8×25 4 8.8级 GB/T 5782-2016
16 垫圈 8 3 65Mn GB/T 93-1987
15 螺栓 M8×25 3 8.8级 GB/T 5782-2016
14 销 2×10 1 15 GB/T 91-2000
13 垫圈 10 1 140HV级 GB/T 97.1-2002
12 螺母 M10 1 Q235AF GB/T 6178-1986
11 传动齿轮 1 45 m=3, z=18
转子油泵
比例 1:1
材料 HT200
制图
审核
（学 校）

图 2-4-19 绘图步骤（四）

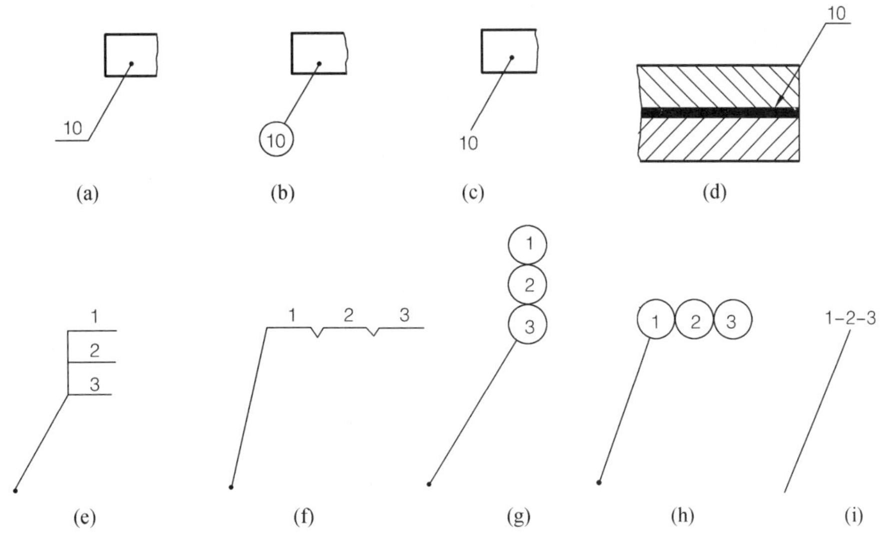

图 2-4-20　零部件序号的注写形式

5. 填写技术要求、明细栏和标题栏

按国家标准中推荐使用的格式绘制标题栏和明细栏。明细栏中包括序号、代号、名称、数量、材料、质量(单件、总计)、备注等内容。明细栏通常画在标题栏上方,按自下而上的顺序填写,如果位置不够,可紧靠在标题栏的左边自下而上延续,如图 2-4-19 所示。

知识拓展

一、尺寸配合

从图 2-4-19 所示的转子油泵装配图可以看出,传动齿轮和内转子与泵轴之间、外转子与泵体之间、衬套与泵轴及泵体、泵盖之间都是相互接触的,我们把这种公称尺寸相同的并且相互结合的孔和轴公差带之间的关系称为配合。当孔的尺寸减去相配合的轴的尺寸之差为正时,轴、孔之间形成间隙,为负时形成过盈。

1. 配合性质

根据轴、孔配合松紧度要求的不同,国家标准规定了三种配合性质:

(1)间隙配合:具有间隙(包括最小间隙等于零)的配合,如图 2-4-19 所示的转子油泵装配图中传动齿轮与泵轴之间的配合尺寸ϕ11H7/h6、衬套与泵轴之间的配合尺寸ϕ14F8/h7、外转子与泵体之间的配合尺寸ϕ50H8/d8。间隙配合孔的公差带在轴的公差带之上,如图2-4-21 所示。

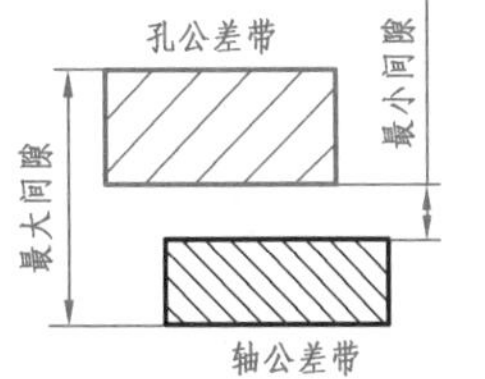

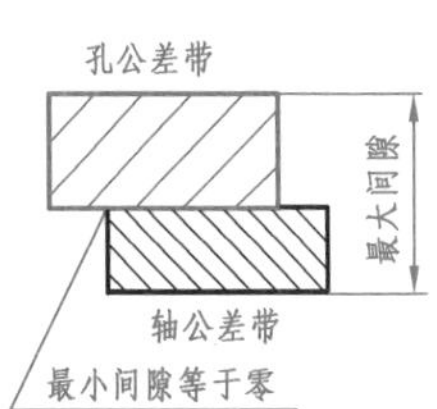

图 2-4-21　间隙配合

(2)过盈配合:具有过盈(包括最小过盈等于零)的配合,如图 2-4-19 中转子油泵中衬套与泵体及泵盖的配合尺寸ϕ18H7/p6。过盈配合孔的公差带在轴的公差带之下,如图 2-4-22 所示。

图 2-4-22 过盈配合

(3)过渡配合:可能具有间隙或过盈的配合,如图 2-4-19 所示的转子油泵装配图中泵轴与内转子之间的配合尺寸ϕ14K7/h6、泵体和泵盖与定位销之间的配合尺寸ϕ5H7/k6。过渡配合孔的公差带与轴的公差带相互交叠,如图 2-4-23 所示。

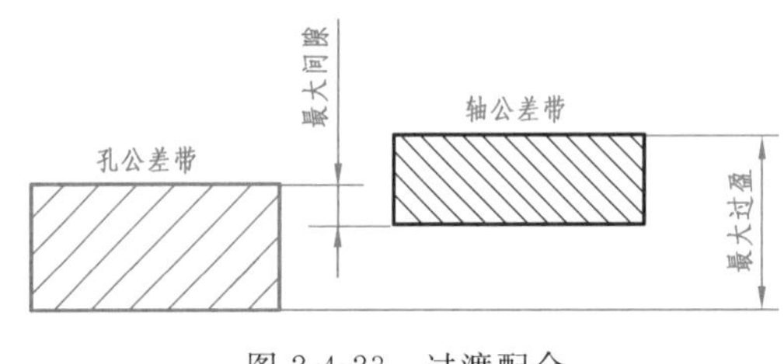

图 2-4-23 过渡配合

2.配合制度

国家标准规定有基孔制和基轴制两种配合制度。

(1)基孔制

基本偏差为一定的孔的公差带,与不同基本偏差的轴的公差带形成各种配合的一种制度,如图 2-4-24 所示。

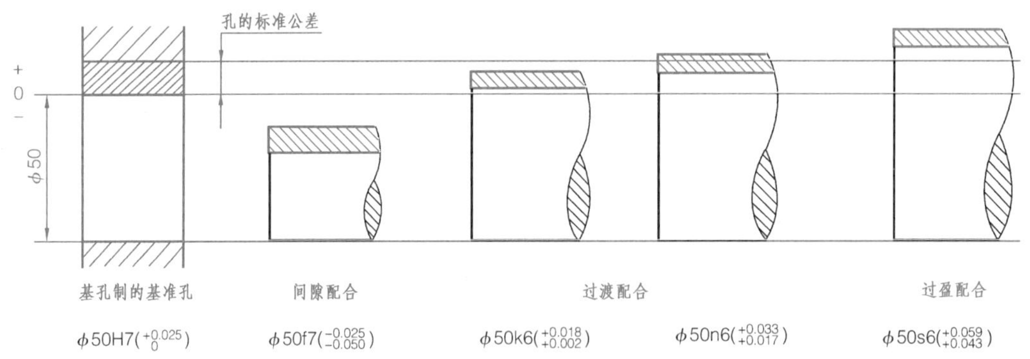

图 2-4-24 基孔制配合

基孔制配合的孔称为基准孔,其基本偏差代号为 H,下极限偏差为零,下极限尺寸与公称尺寸相等。

例如图 2-4-19 所示的转子油泵装配图中衬套与泵体的配合为ϕ18H7/p6(也可以写成$\phi 18\,\frac{H7}{p6}$),“ϕ18”表示公称尺寸,分子表示孔的公差带代号,分母表示轴的公差带代号。“H”表示孔的基本偏差代号,“7”表示孔的公差等级;“p”表示轴的基本偏差代号,“6”表示轴的公差等级。

（2）基轴制

基本偏差为一定的轴的公差带，与不同基本偏差的孔的公差带形成各种配合的一种制度，如图 2-4-25 所示。

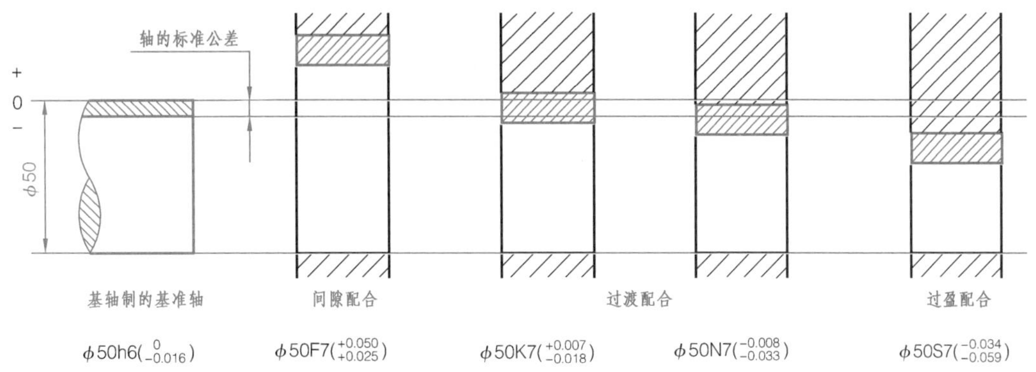

图 2-4-25　基轴制配合

基轴制配合的轴称为基准轴，其基本偏差代号为 h，上极限偏差为零，上极限尺寸与公称尺寸相等。

基轴制配合在装配图中的标注方式与基孔制的相同。

基孔制（基轴制）配合中：基本偏差 a～h（A～H）用于间隙配合，基本偏差 j～zc（J～ZC）用于过渡配合和过盈配合。

表 2-4-2 是基孔制优先、常用的配合，表 2-4-3 是基轴制优先、常用的配合。

表 2-4-2　　基孔制优先、常用的配合

基准孔	轴																				
	a	b	c	d	e	f	g	h	js	k	m	n	p	r	s	t	u	v	x	y	z
	间隙配合								过渡配合			过盈配合									
H6						$\frac{H6}{f5}$	$\frac{H6}{g5}$	$\frac{H6}{h5}$	$\frac{H6}{js5}$	$\frac{H6}{k5}$	$\frac{H6}{m5}$	$\frac{H6}{n5}$	$\frac{H6}{p5}$	$\frac{H6}{r5}$	$\frac{H6}{s5}$	$\frac{H6}{t5}$					
H7						$\frac{H7}{f6}$	▼ $\frac{H7}{g6}$	▼ $\frac{H7}{h6}$	$\frac{H7}{js6}$	▼ $\frac{H7}{k6}$	$\frac{H7}{m6}$	▼ $\frac{H7}{n6}$	▼ $\frac{H7}{p6}$	$\frac{H7}{r6}$	▼ $\frac{H7}{s6}$	$\frac{H7}{t6}$	▼ $\frac{H7}{u6}$	$\frac{H7}{v6}$	$\frac{H7}{x6}$	$\frac{H7}{y6}$	$\frac{H7}{z6}$
H8				$\frac{H8}{d8}$	$\frac{H8}{e7}$ $\frac{H8}{e8}$	▼ $\frac{H8}{f7}$ $\frac{H8}{f8}$	$\frac{H8}{g7}$	▼ $\frac{H8}{h7}$ $\frac{H8}{h8}$	$\frac{H8}{js7}$	$\frac{H8}{k7}$	$\frac{H8}{m7}$	$\frac{H8}{n7}$	$\frac{H8}{p7}$	$\frac{H8}{r7}$	$\frac{H8}{s7}$	$\frac{H8}{t7}$	$\frac{H8}{u7}$				
H9			$\frac{H9}{c9}$	▼ $\frac{H9}{d9}$	$\frac{H9}{e9}$	$\frac{H9}{f9}$		▼ $\frac{H9}{h9}$													
H10			$\frac{H10}{c10}$	$\frac{H10}{d10}$				$\frac{H10}{h10}$													
H11	$\frac{H11}{a11}$	$\frac{H11}{b11}$	▼ $\frac{H11}{c11}$	$\frac{H11}{d11}$				▼ $\frac{H11}{h11}$													
H12		$\frac{H12}{b12}$						$\frac{H12}{h12}$													

注：①$\frac{H6}{n5}$、$\frac{H7}{p6}$在公称尺寸小于或等于 3 mm 和$\frac{H8}{r7}$在小于或等于 100 mm 时，为过渡配合。

②注有▼的配合为优先配合。表中总共有 59 种配合，其中优先配合有 13 种。

表 2-4-3　　　　基轴制优先、常用的配合

基准轴	孔																				
	A	B	C	D	E	F	G	H	JS	K	M	N	P	R	S	T	U	V	X	Y	Z
	间隙配合								过渡配合			过盈配合									
h5						$\frac{F6}{h5}$	$\frac{G6}{h5}$	$\frac{H6}{h5}$	$\frac{JS6}{h5}$	$\frac{K6}{h5}$	$\frac{M6}{h5}$	$\frac{N6}{h5}$	$\frac{P6}{h5}$	$\frac{R6}{h5}$	$\frac{S6}{h5}$	$\frac{T6}{h5}$					
h6						$\frac{F7}{h6}$	▼ $\frac{G7}{h6}$	▼ $\frac{H7}{h6}$	$\frac{JS7}{h6}$	▼ $\frac{K7}{h6}$	$\frac{M7}{h6}$	▼ $\frac{N7}{h6}$	▼ $\frac{P7}{h6}$	$\frac{R7}{h6}$	▼ $\frac{S7}{h6}$	$\frac{T7}{h6}$	▼ $\frac{U7}{h6}$				
h7					$\frac{E8}{h7}$	▼ $\frac{F8}{h7}$		▼ $\frac{H8}{h7}$	$\frac{JS8}{h7}$	$\frac{K8}{h7}$	$\frac{M8}{h7}$	$\frac{N8}{h7}$									
h8				$\frac{D8}{h8}$	$\frac{E8}{h8}$	$\frac{F8}{h8}$		$\frac{H8}{h8}$													
h9				▼ $\frac{D9}{h9}$	$\frac{E9}{h9}$	$\frac{F9}{h9}$		▼ $\frac{H9}{h9}$													
h10				$\frac{D10}{h10}$				$\frac{H10}{h10}$													
h11	$\frac{A11}{h11}$	$\frac{B11}{h11}$	▼ $\frac{C11}{h11}$	$\frac{D11}{h11}$				▼ $\frac{H11}{h11}$													
h12		$\frac{B12}{h12}$						$\frac{H12}{h12}$													

注：注有▼的配合为优先配合。表中共有 47 种配合，其中优先配合有 13 种。

二、常见装配图结合面与配合面结构的合理性

装配图中，常见结合面与配合面的合理工艺结构如图 2-4-26 所示。

三、螺柱连接

1. 双头螺柱的图例及标记

双头螺柱两端均制有螺纹，旋入螺纹孔的一端称旋入端(b_m)，另一端称紧固端(b)。双头螺柱的结构形式有 A 型、B 型两种，如图 2-4-27 所示。双头螺柱的规格尺寸是螺纹大径(d)和双头螺柱公称长度(l)，其规定标记为：

名称　标准代号　类型　螺纹代号×长度

如：螺柱　GB/T 897—1988　AM10×50

双头螺柱各部位尺寸见附表 13。

2. 双头螺柱连接

双头螺柱连接多用于被连接零件之一厚度尺寸较大，或因结构的限制不适宜用螺栓连接，或因拆卸频繁不宜采用螺钉连接的场合。如图 2-4-28 所示，连接时将螺柱的旋入端旋

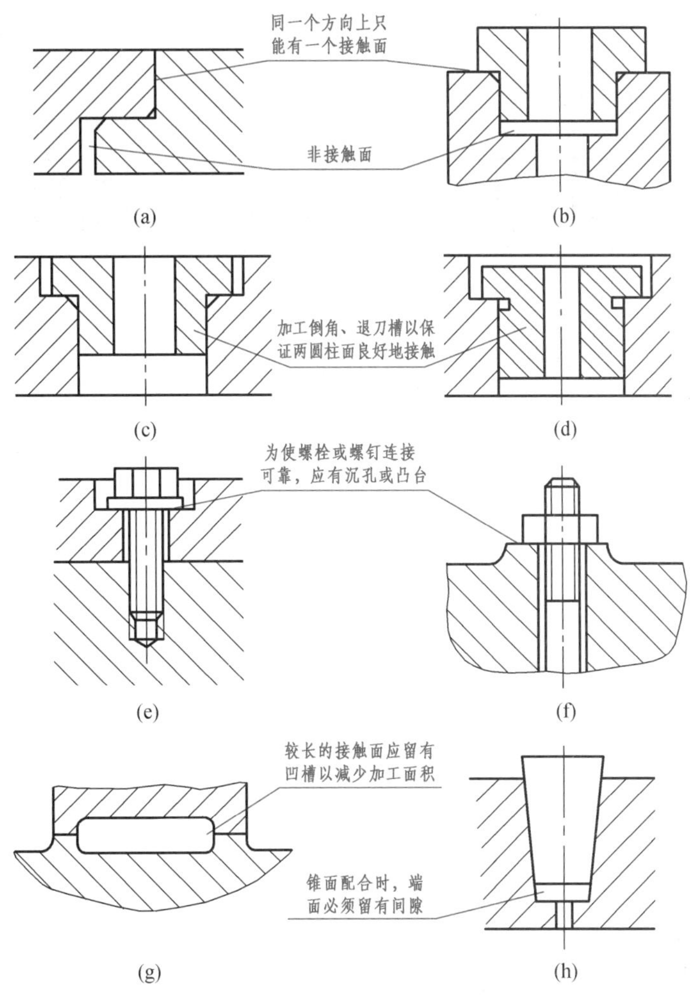

图 2-4-26　常见结合面与配合面的合理工艺结构

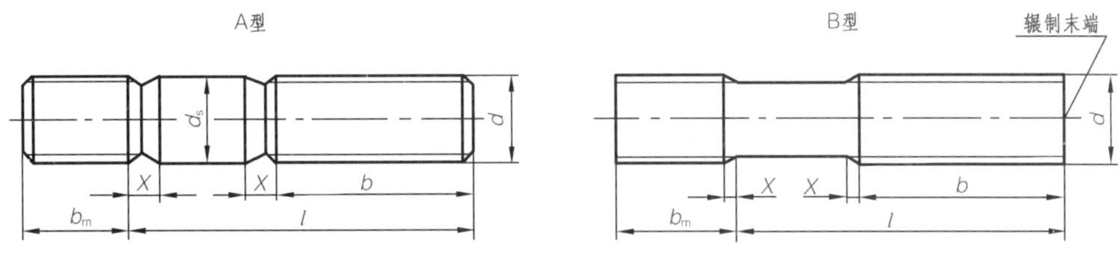

图 2-4-27　双头螺柱

入厚度尺寸较大零件的螺孔中，另一端穿过另一零件上的通孔，套上垫圈，用螺母拧紧即可。

四、滚动轴承

滚动轴承是在机器中用来支承旋转轴的标准部件，如图 2-4-29 所示，它具有机械效率高、结构紧凑、减小摩擦的特点，在机器中应用非常广泛。

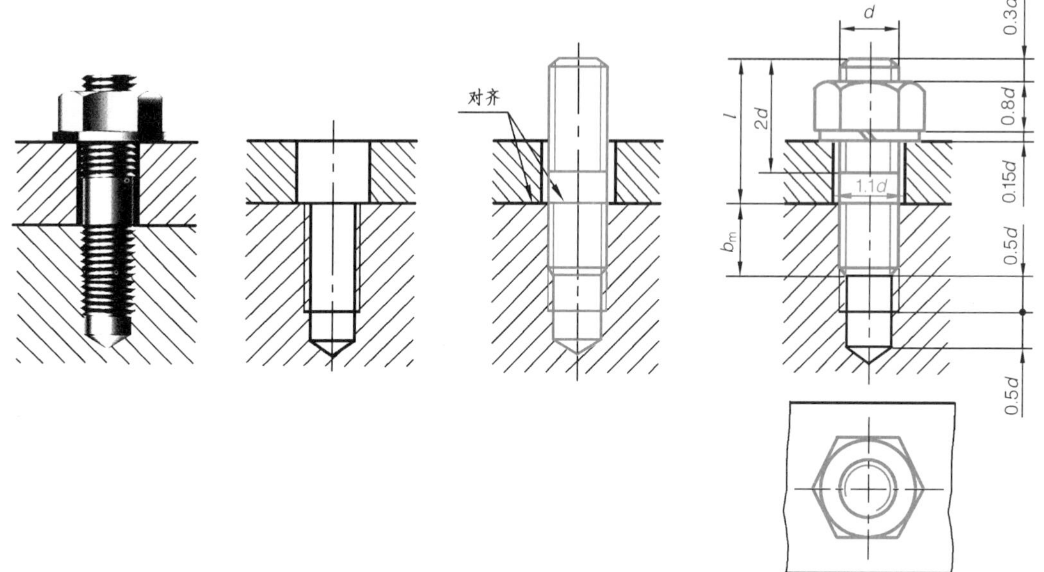

图 2-4-28 双头螺柱连接

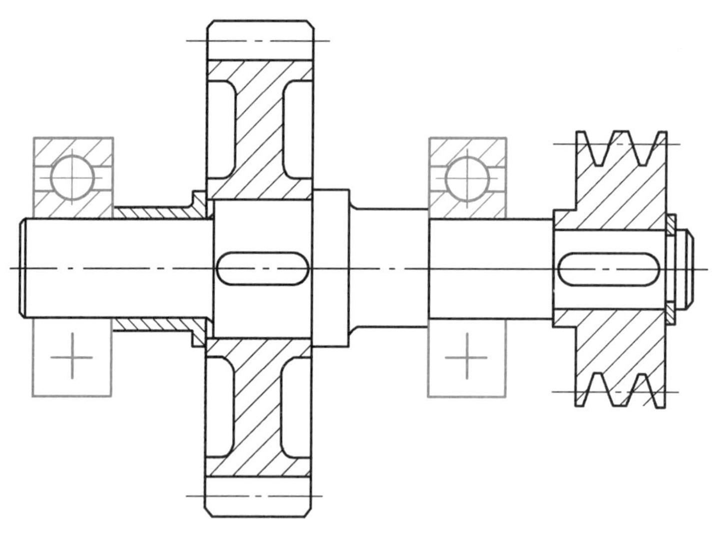

图 2-4-29 滚动轴承的作用

1. 滚动轴承的结构和种类

滚动轴承的结构一般由外圈、内圈、滚动体、保持架组成。按承受载荷方向的不同，滚动轴承分成向心轴承、推力轴承、向心推力轴承三种，如图 2-4-30 所示。

2. 滚动轴承的画法

常用滚动轴承的画法见表 2-4-4。

(a) 深沟球轴承

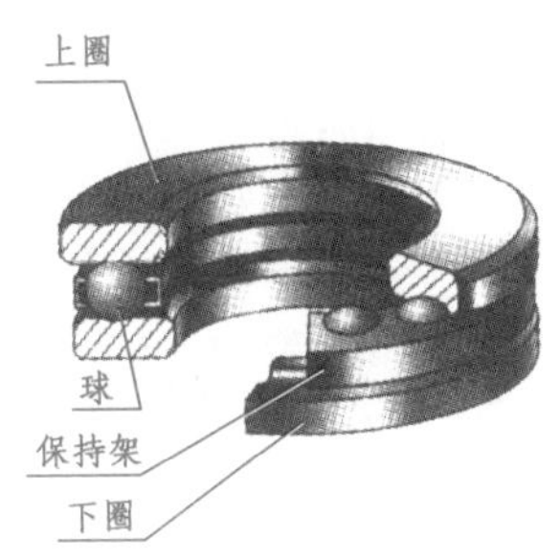

(b) 推力球轴承

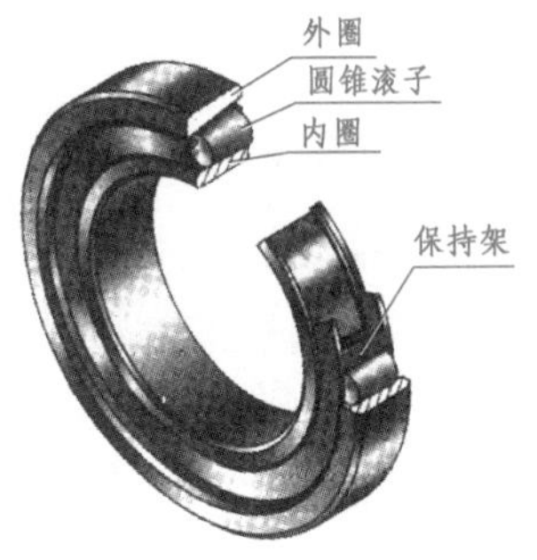

(c) 圆锥滚子轴承

图 2-4-30　滚动轴承的结构和种类

表 2-4-4　**常用滚动轴承的画法**

轴承类型	结构形式	通用画法	特征画法	规定画法	承载特征
		（均指滚动轴承在所属装配图的剖视图中的画法）			
深沟球轴承					主要承受径向载荷
圆锥滚子轴承					可同时承受径向和轴向载荷
推力球轴承					承受单方向的轴向载荷

在规定画法中，轴承的滚动体不画剖面线，其内、外圈可画成方向和间隔相同的剖面线。

3. 滚动轴承的代号

滚动轴承代号由前置代号、基本代号和后置代号构成，其排列形式为

前置代号　　基本代号　　后置代号

(1)基本代号

基本代号由轴承类型代号、尺寸系列代号、内径代号构成，基本代号的排列形式为

类型代号　　尺寸系列代号　　内径代号

①类型代号

滚动轴承的类型代号见表 2-4-5。

表 2-4-5　　滚动轴承的类型代号

代 号	轴承类型	代 号	轴承类型
0	双列角接触球轴承	6	深沟球轴承
1	调心球轴承	7	角接触球轴承
2	调心滚子轴承和推力调心滚子轴承	8	推力圆柱滚子轴承
3	圆锥滚子轴承	N	圆柱滚子轴承(双列或多列用字母 NN 表示)
4	双列深沟球轴承	U	外球面球轴承
5	推力球轴承	QJ	四点接触球轴承

②尺寸系列代号

尺寸系列代号由轴承的宽度系列代号和直径系列代号组成，它主要区别内径相同而宽度和外径不同的轴承，具体代号需查阅有关的国家标准。

③内径代号

内径代号表示轴承的公称内径，一般用两位阿拉伯数字表示。代号为 00、01、02、03 时，分别表示轴承的内径 d=10、12、15、17(mm)；代号为 04～99 时，轴承的内径等于代号数字乘以 5(mm)；轴承的公称内径为 0～9、大于或等于 500 以及 22、28、32(mm)时，用公称内径的毫米数直接表示，但与尺寸系列代号之间用"/"隔开。

(2)前置代号和后置代号

前置代号和后置代号表示轴承的结构形状、尺寸、公差、技术要求等有改变时，在其基本代号的前后添加的补充代号。具体内容可查阅有关的国家标准。

4. 滚动轴承的标记

滚动轴承的标记由三部分组成，即轴承名称、轴承代号、标准编号。

标记示例：滚动轴承 6204　GB/T 276—2013

其中：6——类型代号，表示深沟球轴承；

2——尺寸系列代号"02"；

04——内径代号，表示该轴承的内径为 4×5=20 mm。

深沟球轴承各部分的尺寸见附表 14。

五、弹簧

弹簧在机械中可用来减振、夹紧、测力、储存能量等。弹簧的种类很多，如图 2-4-31 和图 2-4-32 所示，常用的是圆柱螺旋弹簧。

(a) 压缩弹簧　(b) 拉伸弹簧　(c) 扭转弹簧

图 2-4-31　圆柱螺旋弹簧

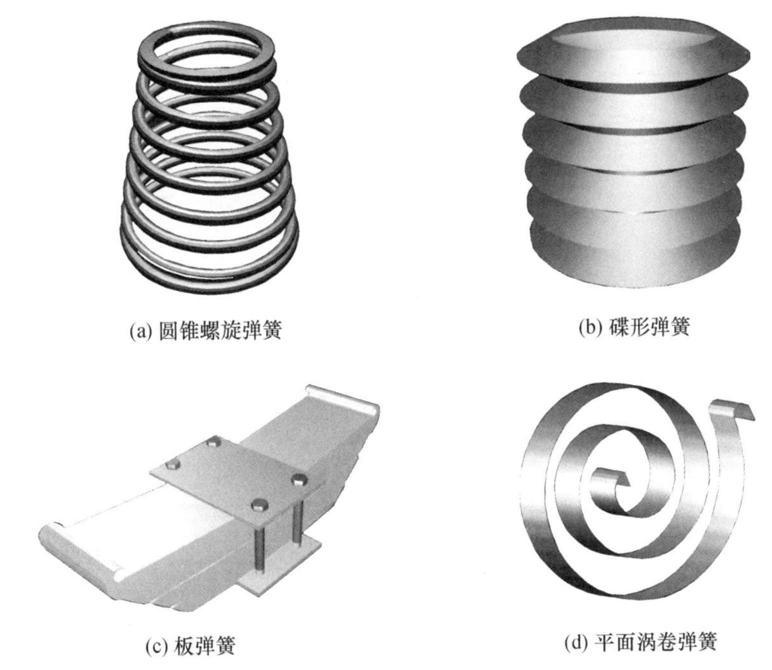

(a) 圆锥螺旋弹簧　(b) 碟形弹簧　(c) 板弹簧　(d) 平面涡卷弹簧

图 2-4-32　其他类型的弹簧

1. 圆柱螺旋压缩弹簧各部分的名称及尺寸计算(图 2-4-33)

(1)材料直径 d：制造弹簧的钢丝直径。

(2)弹簧直径

弹簧外径 D_2：弹簧外圈直径；

弹簧内径 D_1：弹簧内圈直径，$D_1=D_2-2d$；

弹簧中径 D：弹簧平均直径，$D=(D_2+D_1)/2=D_2-d=D_1+d$。

(3)节距 t：相邻两有效圈对应两点的轴向距离。

(4)有效圈数 n、支承圈数 n_z 和总圈数 n_1

有效圈数 n：弹簧除支承圈外，保证相等节距的圈数称为有效圈数。

支承圈数 n_z：为了使压缩弹簧工作时受力均匀，不至于弯曲，在制造时两端节距要逐渐缩小，并将端面磨平，这部分只起支承作用，叫作支承圈。支承圈的圈数通常取1.5、2、2.5。

总圈数 n_1：支承圈数和有效圈数之和称为总圈数，即 $n_1=n+n_z$。

(5)自由高度(长度)H_0：弹簧无负荷时的高度(长度)，$H_0=nt+(n_z-0.5)d$。

(6)展开长度 L：制造时弹簧丝的长度，$L\approx\pi Dn_1$。

(7)旋向：弹簧绕线方向，分左旋、右旋两种，没有专门规定时制成右旋(RH)和左旋　(LH)均可。

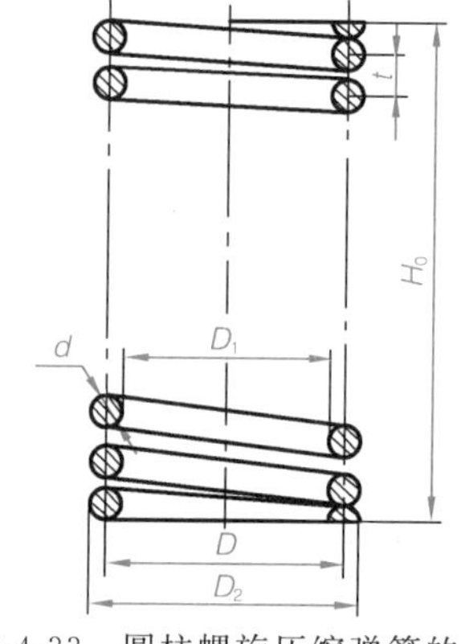

图 2-4-33　圆柱螺旋压缩弹簧的尺寸

2. 圆柱螺旋压缩弹簧的规定画法

圆柱螺旋压缩弹簧可画成视图、剖视图或示意图，如图 2-4-34 所示。

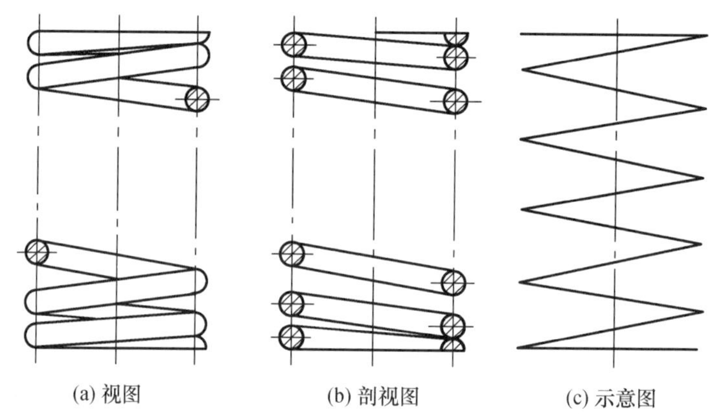

图 2-4-34　圆柱螺旋压缩弹簧的规定画法

圆柱螺旋压缩弹簧的绘图步骤如图 2-4-35 所示。

国标规定：

(1)圆柱螺旋压缩弹簧在平行于轴线的投影面上的视图中，各圈的轮廓形状应画成直线。

(2)圆柱螺旋压缩弹簧均可画成右旋，对于要求圆柱螺旋压缩弹簧旋向的，不论画成左旋还是右旋，一律要注出旋向“LH”或“RH”字样。

(3)不论弹簧支承圈数多少和末端贴紧情况如何，均可按支承圈数为 2.5 绘制。

(4)有效圈数在四圈以上的圆柱螺旋压缩弹簧，其中间部分可省略不画。

3. 装配图中弹簧的画法

在装配图中，将弹簧看作实心物体，被弹簧挡住的结构一般不画，可见部分应画至弹簧的外轮廓或弹簧中径线处。弹簧丝直径小于 2 mm 的圆形剖面可以涂黑或采用示意画法，如图 2-4-36 所示。

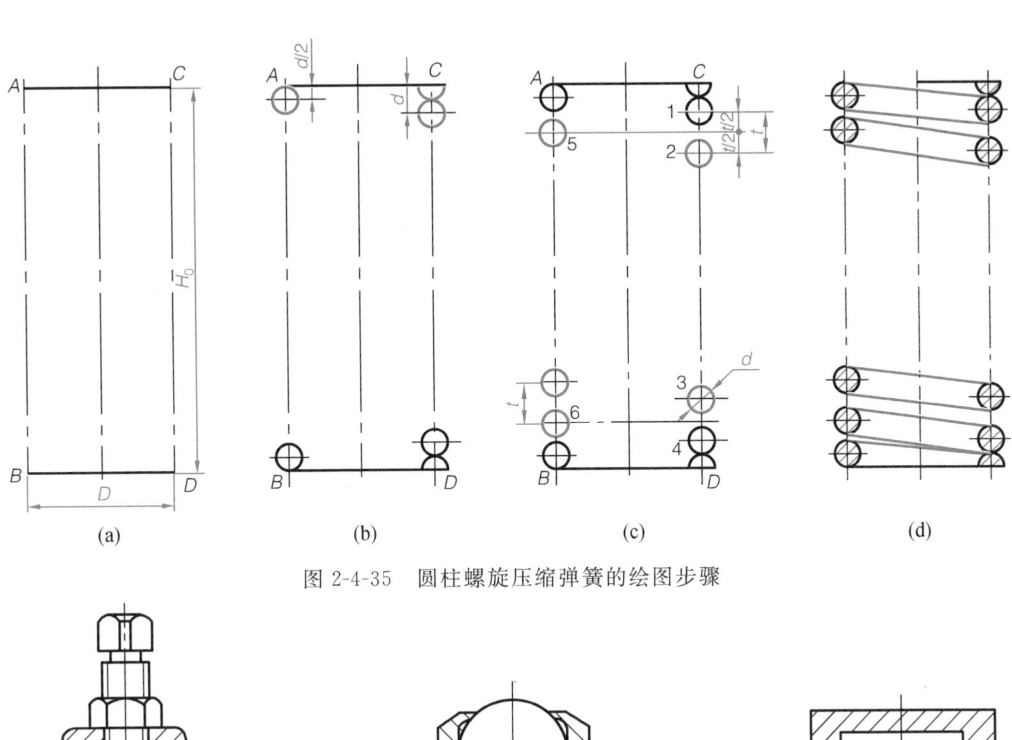

图 2-4-35 圆柱螺旋压缩弹簧的绘图步骤

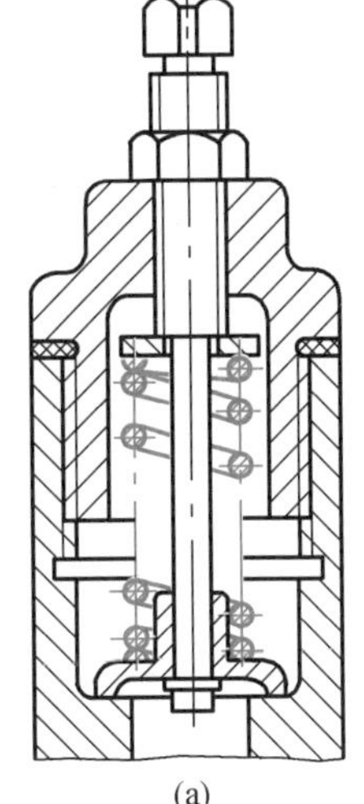
(a)

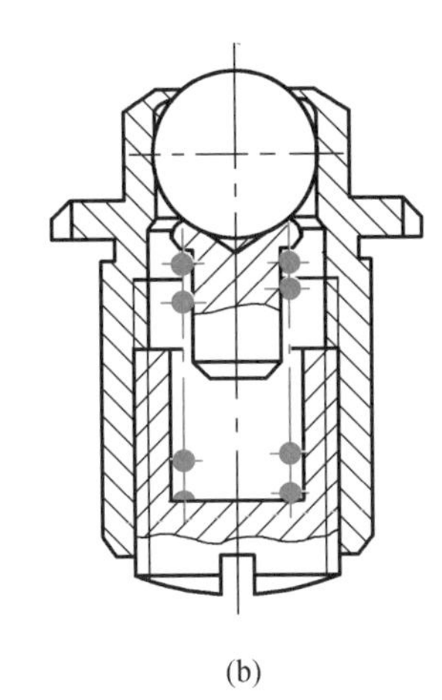
(b)

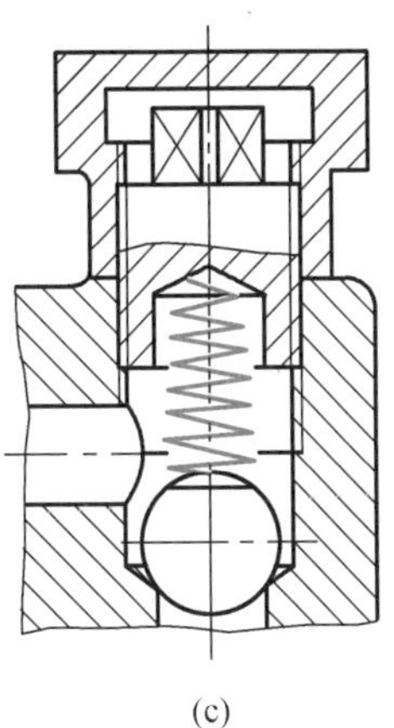
(c)

图 2-4-36 装配图中弹簧的画法

六、识读齿轮油泵装配图并拆画泵体零件图

在进行机器和部件的装配、维护、维修时，都需要读懂装配图。识读装配图就是要了解机器或部件的名称、规格、性能、工作原理、装配关系和各零件的主要结构、作用以及拆卸顺序等。下面以齿轮油泵(图 2-4-37)为例，介绍识读装配图的方法与步骤。

1. 概括了解

从标题栏中了解部件的名称和用途。齿轮油泵是机器中用来输送润滑油的一个部件，由泵体、泵盖、齿轮、密封零件及标准件等组成。从明细栏中可以看出，齿轮油泵共由 15 种零件组成，其中标准件 4 种；对应其零件序号在视图中能够找出所表示的相应零件及所在的位置；通过对视图的浏览，了解装配图的表达情况及装配体的复杂程度；从绘图比例和外形尺寸了解部件的大小。

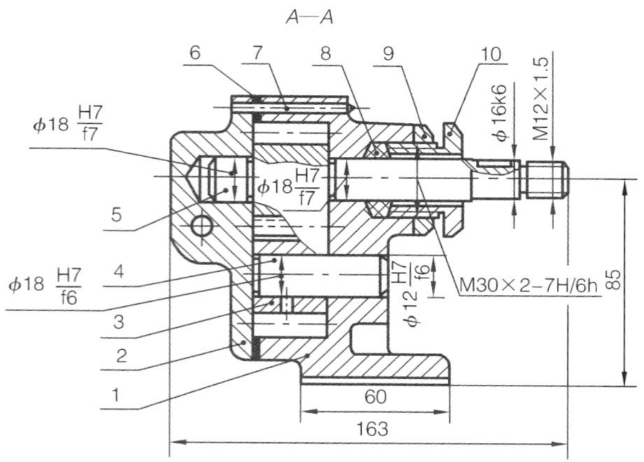

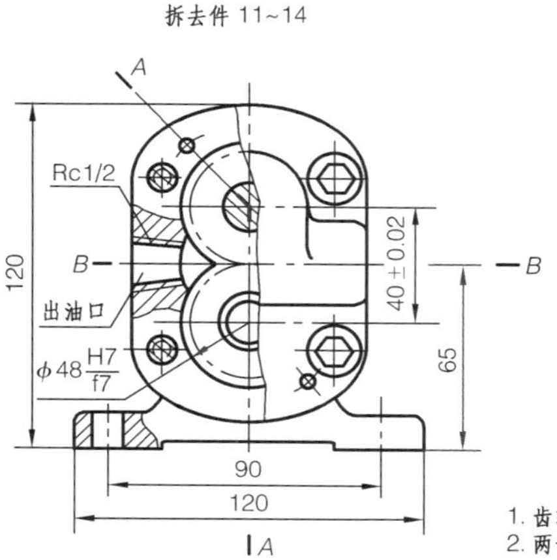

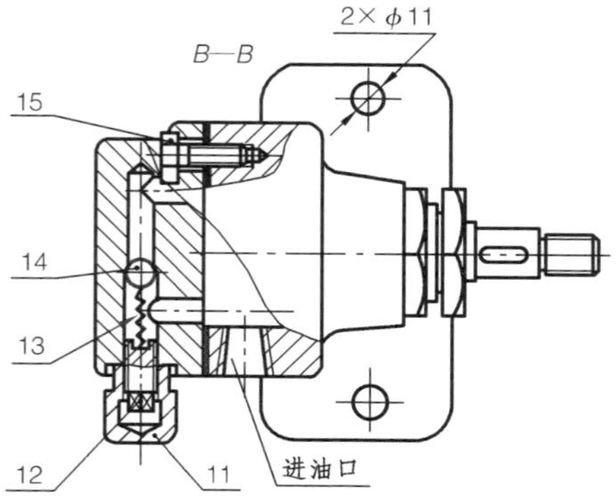

拆去件 11~14

技术要求

1. 齿轮安装后能用手灵活转动；
2. 两齿轮轮齿的啮合长度不小于齿宽的 3/4。

序号	名称	质量	材料	
15	螺栓 M8×22	4	8.8级	GB/T 5783—2016
14	钢球 ϕ9	1	GCr15	GB/T 308.1-2013
13	弹簧 YA1×4.5×20	1	60Si2MnA	GB/T 2089—2009
12	调节螺钉	1	Q235A	
11	防护螺母	1	Q235A	
10	螺母	1	45	
9	压盖	1	45	
8	填料	1	毡	
7	圆柱销 5×50	2	35	GB/T 119.1—2000
6	垫片	1	软钢纸板	
5	齿轮轴	1	45	
4	从动轴	1	45	
3	从动齿轮	1	45	
2	泵盖	1	HT200	
1	泵体	1	HT200	

齿轮油泵		比例	1∶1	
		材料		
制图			（学　校）	
审核				

图 2-4-37　齿轮油泵

2. 分析表达方案

齿轮油泵装配图由主视图、俯视图和左视图组成。

(1)主视图

主视图按工作位置放置,采用全剖视图(有几处局部剖视图),表达齿轮油泵各零件之间的装配关系。

(2)俯视图

俯视图采用局部剖视图表达泵盖上的安全装置。

(3)左视图

左视图是沿着垫片与泵体的结合面剖开,并拆去 11～14 号零件后绘制的,用来表达齿轮油泵的外形、齿轮的啮合情况以及吸、压油的工作原理。

3. 分析工作原理

如图 2-4-38 所示,齿轮油泵泵体内腔容纳一对吸油和压油齿轮,当主动齿轮逆时针带动从动齿轮顺时针方向转动时(从左视图观察),这对传动齿轮的啮合右腔空间压力降低而产生局部真空,油池内的油在大气压力的作用下进入泵的进油口。随着齿轮的转动,齿槽中的油不断被带至左边的出油口,把油压出,送至机器中需要润滑的部位。

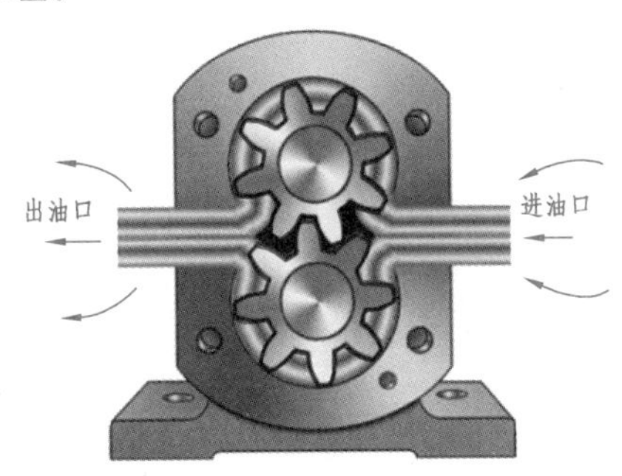

图 2-4-38　齿轮油泵的工作原理

从俯视图中可分析泵盖上安全装置的工作原理:在正常工作情况下,出油口处的油压小于弹簧 13 的压力,钢球 14 堵塞通道;当发生故障,出油口处的压力超过额定压力时,钢球被顶开,使高、低压腔内之间的通道相通,这时进、出油口的压力相等,润滑油只能在泵体内部循环,从而起到保护作用。旋转调节螺钉 12 可改变弹簧的压缩量,以控制油压。

4. 分析装配与连接关系

泵体的内腔容纳一对齿轮。将齿轮轴 5、从动轴 4 以及从动齿轮 3 装入泵体后,由泵盖 2 与泵体 1 支承这一对齿轮的旋转运动。圆柱销 7 将泵盖与泵体定位后,再用四个螺栓 15 连接。为了防止泵体与泵盖结合面及齿轮轴伸出端漏油,分别用垫片 6、填料 8、压盖 9 及螺母 10 密封。图 2-4-39 所示为齿轮油泵的轴测分解图。

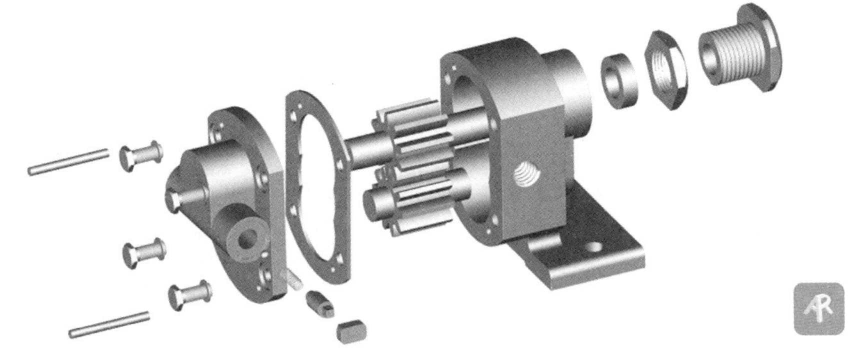
图 2-4-39　齿轮油泵的轴测分解图

5. 分析主要零件的结构及尺寸

为深入了解部件,还应进一步分析零件的主要结构形状、用途及主要尺寸。常用的分析方法如下:

(1)利用剖面线的方向和间距来分析。国标规定,同一零件的剖面线在各个视图上的方向和间距应一致。

(2)利用规定画法来分析。如实心件在装配图中规定沿轴线剖开,不画剖面线,据此能很快地将实心轴、手柄、螺纹连接件、键、销等区分出来。

(3)利用零件序号,对照明细栏进行分析。

零件结构及尺寸请读者自行分析。

6. 分析尺寸,了解技术要求

(1)规格(性能)尺寸

尺寸 40±0.02 是一对齿轮啮合的中心距,属于性能尺寸,该尺寸的准确与否将直接影响齿轮正常的啮合传动;进、出油口的尺寸 Rc1/2 属于规格尺寸,也属于安装尺寸。

(2)总体尺寸(外形尺寸)

齿轮油泵的总长、总宽和总高尺寸分别为 163、120、120。

(3)安装尺寸

齿轮油泵泵体上安装孔宽度方向的定位尺寸为 90,孔的直径为$\phi 11$。

(4)配合尺寸(装配尺寸)

齿轮轴与泵盖、泵体支承处的配合尺寸为$\phi 18\frac{H7}{f7}$;两齿轮齿顶圆与泵体内腔表面的配合尺寸为$\phi 48\frac{H7}{f7}$,均为基孔制间隙配合。

(5)其他重要尺寸

齿轮油泵的中心高度 85 是齿轮轴中心高度的重要尺寸,另外从安装底面到进出油口的高度 65 也是重要的尺寸。

7. 拆画泵体零件图

(1)读懂装配图,了解设计意图。

(2)确定零件的形状

根据齿轮油泵装配图中的零件序号和剖面线的区别,按照投影关系,分离出对应零件的线框,确定零件的形状,如图 2-4-40 所示。

图 2-4-40 泵体的立体图

(3)确定表达方案

泵体属于箱体类零件,根据其结构特点及其在部件中的作用,主视图按工作位置配置,选取适当的表达方案,如图 2-4-41 所示。

(4)画出零件图(图 2-4-41)

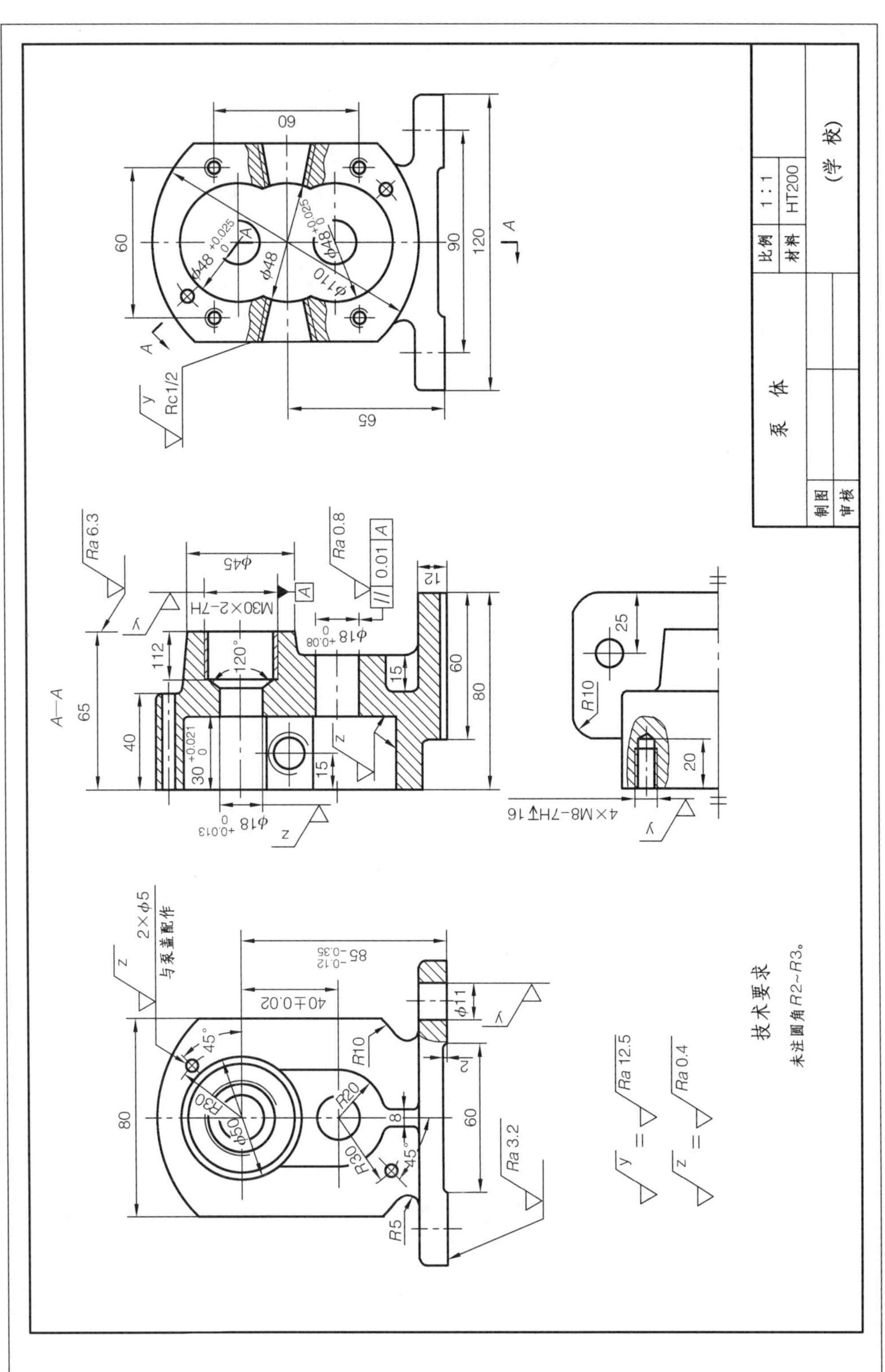

图 2-4-41　泵体零件图

在拆画零件图的过程中，还要注意以下几个问题：

①标准件是外购件，不需画出零件图。

②选择零件的视图表达方案时，应根据零件的结构形状重新考虑最佳表达方案，而不能照抄装配图中零件的表达方法。

③装配图是表达装配关系和工作原理的，因此对于某些零件，特别是形状复杂的零件往往表达不完全，这时需要根据零件的功能及结构知识加以补充完整。

④零件上的一些工艺结构，如圆角、沟槽、倒角等，在装配图上往往不画，但在零件图上一定要表达出来。

⑤装配图上注出的尺寸大多是重要尺寸，可直接移到零件图上，而缺少的尺寸可在装配图上按比例直接量取，并加以圆整。对有些重要的尺寸，如键槽、退刀槽、螺纹等标准尺寸要按手册选取，齿轮的分度圆直径要通过计算确定。对有装配关系的尺寸应注意相互协调，不能矛盾。

⑥根据零件在部件中的作用、要求，参考有关资料和同类产品，标注出零件的表面粗糙度、尺寸公差及热处理等。

第三部分

计算机绘图模块

本模块以任务的形式介绍了应用 AutoCAD 2014 绘制工程图的方法。每个任务均设置了“实例分析”、“相关知识”、“任务实施”和“知识拓展”四部分内容。

“实例分析”：以典型实例引出任务。

“相关知识”：围绕任务，介绍需用到的绘图命令、编辑命令及相关设置。

“任务实施”：完成“实例分析”中提出的任务。

“知识拓展”：介绍“相关知识”以外的其他常用功能。

任务一 建立样板图

学习目标

掌握绘制机械工程图时，设置常规绘图环境以及建立样板图的方法。

实例 建立样板图

为绘制图 3-1-1 所示的零件图建立样板图。

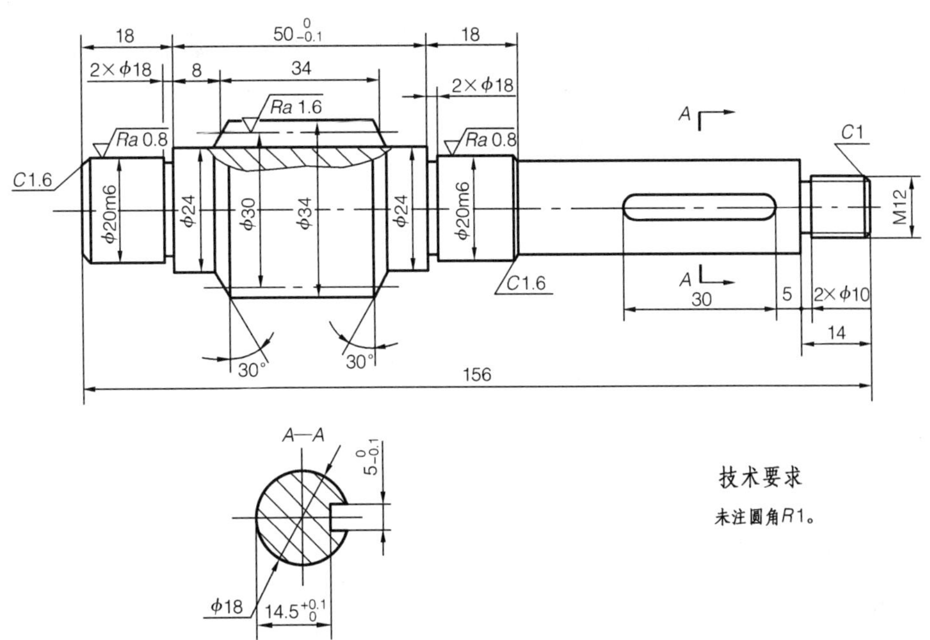

图 3-1-1 齿轮轴

实例分析

图 3-1-1 所示的零件图是由轮廓线(粗实线)、中心线(细点画线)、断裂线(细实线)、剖面线等图形元素构成的,图形大小由尺寸控制,尺寸标注的类型有线性尺寸、角度尺寸、直径尺寸等。用 CAD 绘制图形时,为了使图形清晰,通常将不同类型的图线、书写的注释文字和尺寸标注放置于不同的图层中,以图层管理图形,以不同线型、颜色、线宽设置各图层的属性。尺寸标注时,需要为不同类型的尺寸设置不同的尺寸标注样式。

绘制工程图时,基本绘图环境大都相同,所以常常建立样板图,建立一通用的绘图环境,给绘制工程图建立一个通用模板,给绘制常用的工程图带来方便。

相关知识

一、AutoCAD 的启动及界面

1. 打开 AutoCAD 2014 的方法

(1)单击桌面上的 AutoCAD 快捷图标。

(2)单击“开始”→“程序”→“Autodesk”→ 。

(3)单击 AutoCAD 文件图标,扩展名为.dwg。

2. AutoCAD 2014 工作界面

AutoCAD 2014 工作界面如图 3-1-2 所示。

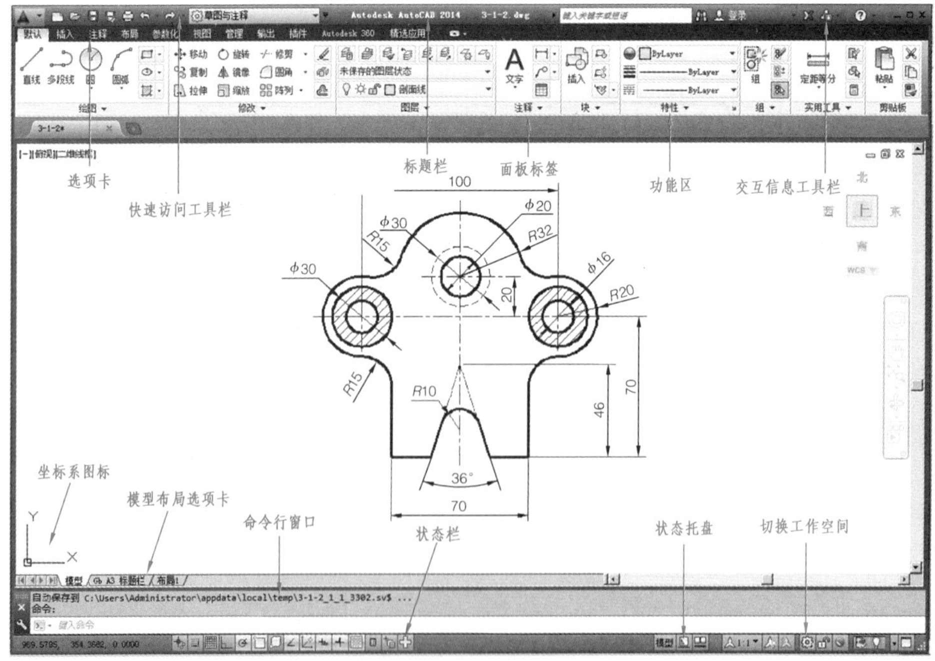

图 3-1-2　AutoCAD 2014 工作界面

二、常用选项设置

用户在绘图时，为了绘图方便，提高绘图效率，可以配置适合于自己的绘图环境。

(1)打开"选项"对话框。

方法 1：在命令行中单击鼠标右键，或者(在未运行任何命令也未选择任何对象的情况下)在绘图区域中单击鼠标右键，然后在弹出的快捷菜单中选择"选项"。

方法 2："视图"选项卡→"用户界面"面板→右下角按钮。

(2)"选项"对话框如图 3-1-3 所示。

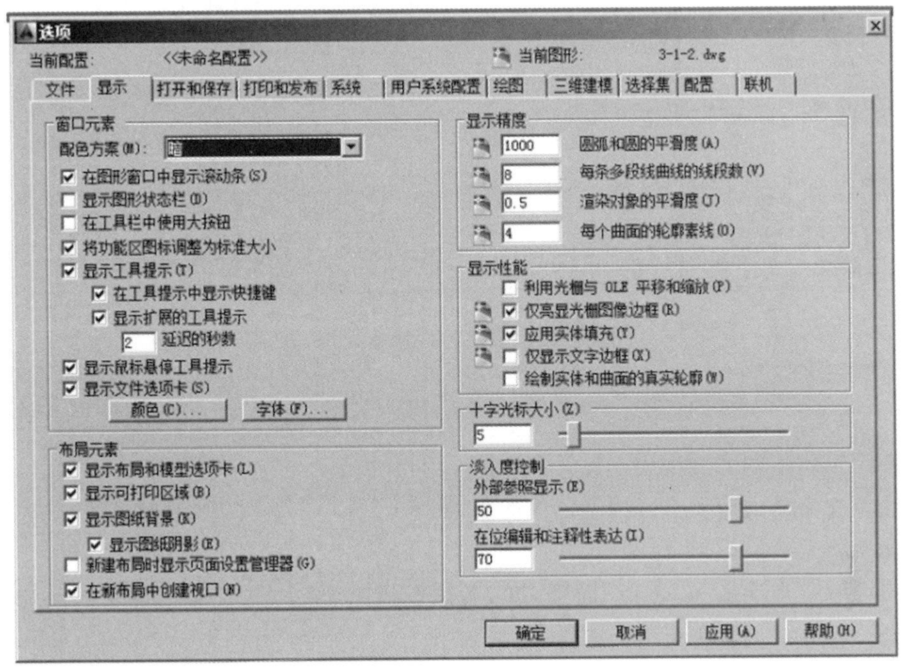

图 3-1-3　"选项"对话框

"选项"对话框中各选项一般都接受系统默认的设置。若要对图形窗口颜色进行设置，可以单击"显示"选项卡下的"颜色"按钮，在弹出的"图形窗口颜色"对话框中进行设置。

在"绘图"选项卡中可设置对象自动捕捉、自动追踪功能及自动捕捉标记和靶框大小。在"选择集"选项卡中可设置选择集模式和是否使用夹点编辑功能及拾取框、夹点大小。

三、图层属性设置

为了使绘制的图形易于管理，使用 AutoCAD 绘制图形时，常常将不同的线型放置于不同的图层中。图层如同没有厚度的透明纸，各层之间的坐标基点完全对齐，用户可以将不同的对象绘制在不同的图层上，然后将其重叠在一起就构成所绘的图形。用户可根据需要添加或删除图层、设置该图层相关的属性。

单击"默认"选项卡→"图层"面板上的"图层特性"按钮，打开"图层特性管理器"窗口，如图 3-1-4 所示。"新建图层"按钮用于建立图层，AutoCAD 自动建立的图层名为"图层 1"，用鼠标左键单击各相应的项目，用户可以修改新建图层的名称，设置图层的开/关、冻结、锁定、颜色、线型和线宽等。“删除图层”按钮 ✕ 用于删除所选图层，要删除的图层不能是当前层、0 层、包含对象的图层及依赖外部参照的图层。“置为当前”按钮 ✓ 用于将选中的图层设置为当前绘图图层。

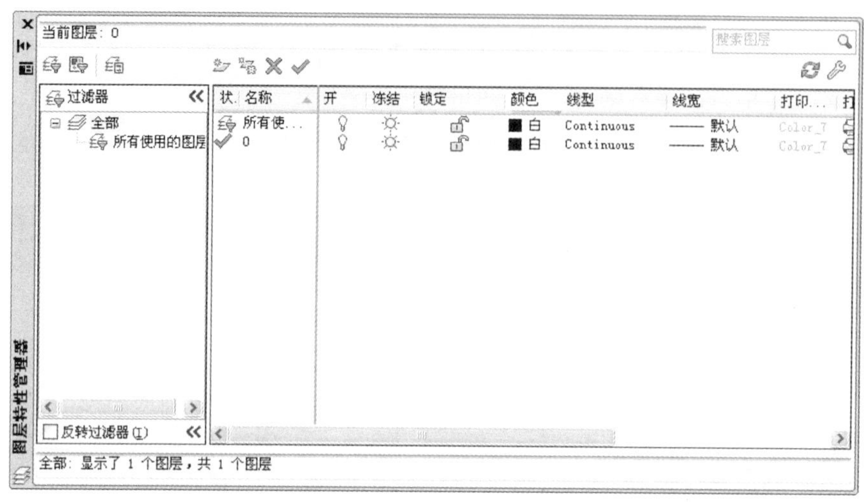

图 3-1-4 “图层特性管理器”窗口

四、标注样式设置

平面图形用不同的线型表示图形的形状，用尺寸及文字表示图形的大小及技术要求。尺寸标注及文字的书写要符合国家标准的要求。

1. 文字样式的设置

单击“默认”选项卡→“注释”面板上的下拉按钮 注释▾ ，在弹出的下拉菜单中单击“文字样式”按钮 A ，系统弹出如图 3-1-5 所示的“文字样式”对话框，在该对话框中可建立所需要的字体样式，设置字体类型、高度、字体效果等。

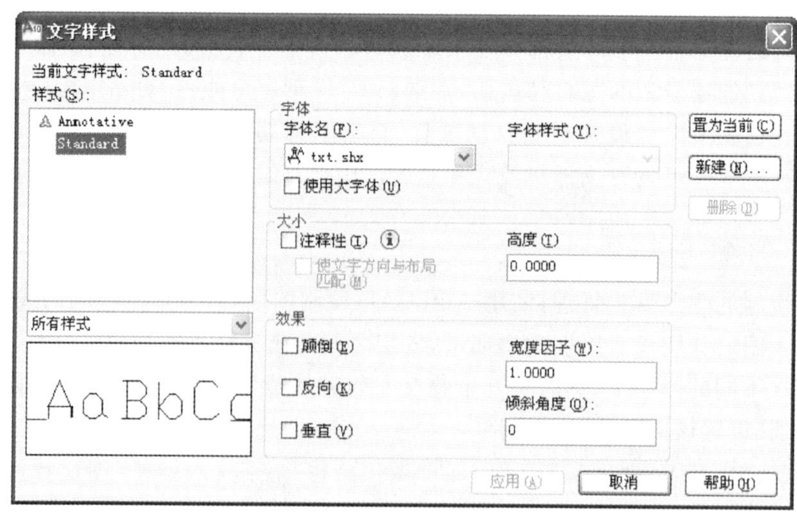

图 3-1-5 “文字样式”对话框

2. 尺寸样式设置

单击“默认”选项卡→“注释”面板上的下拉按钮 注释▾ ，在弹出的下拉菜单中单击“标注样式”按钮，系统弹出“标注样式管理器”对话框，如图 3-1-6 所示，在该对话框中可设置所需要的尺寸样式。

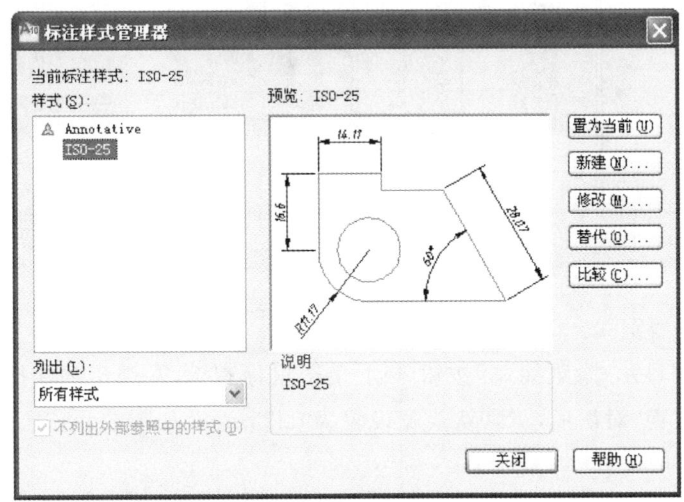

图 3-1-6　“标注样式管理器”对话框

任务实施

为绘制通用的工程图建立样板图。

1. 打开 AutoCAD 软件

方法同前。

2. 建立常用的图层及图层属性

(1)打开如图 3-1-4 所示的“图层特性管理器”窗口，单击“新建图层”按钮，建立表3-1-1所示的各图层，结果如图 3-1-7 所示。

表 3-1-1　　**新建图层**

图层名	颜　色	线　型	线　宽
粗实线	绿色	Continuous	0.50 mm
细实线	黄色	Continuous	默认
中心线	红色	CENTER	默认
虚线	洋红色	HIDDEN	默认
剖面线	青色	Continuous	默认
尺寸线	青色	Continuous	默认
文字	白色	Continuous	默认

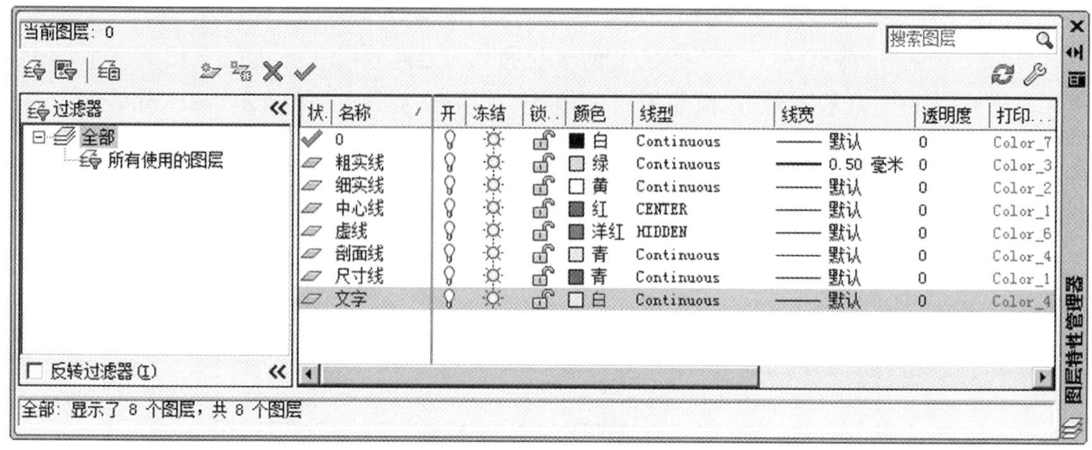

图 3-1-7 建立图层

(2)设置默认线宽

在状态栏的“显示/隐藏线宽”按钮 上单击鼠标右键，在弹出的快捷菜单中选择“设置”，弹出“线宽设置”对话框，将默认线宽设置为 0.25 mm，如图 3-1-8 所示，单击“确定”按钮，完成默认线宽的设置。

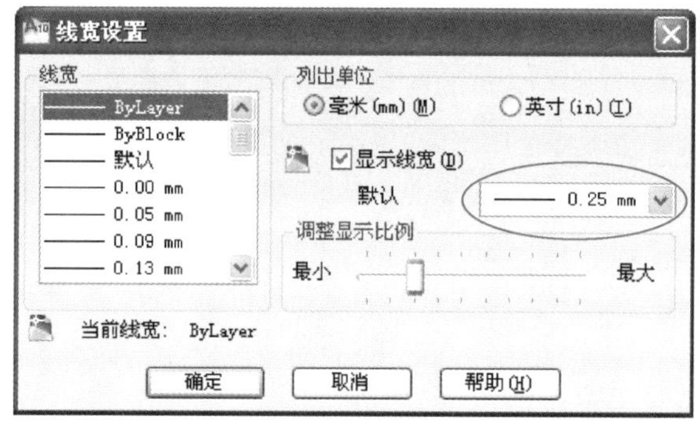

图 3-1-8 设置默认线宽

3. 建立符合国家标准的常用文字样式

单击“默认”选项卡→“注释”面板上的下拉按钮 注释▾ ，在弹出的下拉菜单中单击“文字样式”按钮 ，弹出如图 3-1-5 所示的“文字样式”对话框，单击“新建”按钮，弹出“新建文字样式”对话框，输入文字样式名称“尺寸文字”，如图 3-1-9 所示，单击“确定”按钮，返回到“文字样式”对话框，在“字体名”下拉列表中选择“gbeitc. shx”，选中“使用大字体”复选框，在“大字体”下拉列表中选择“bigfont. shx”，其他按默认设置，如图 3-1-10 所示。再单击“新建”按钮，以“仿宋体”为样式名称，选择“仿宋_GB2312”字体，“效果”选项组中的“宽度因子”设置为“0.7”，单击“关闭”按钮，完成两种文字样式的设置。

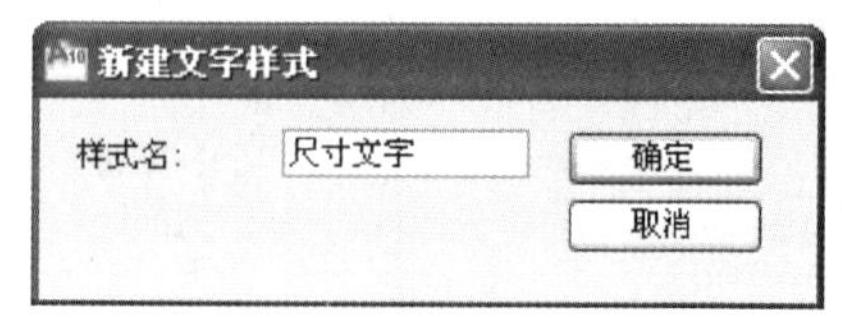

图 3-1-9 “新建文字样式”对话框

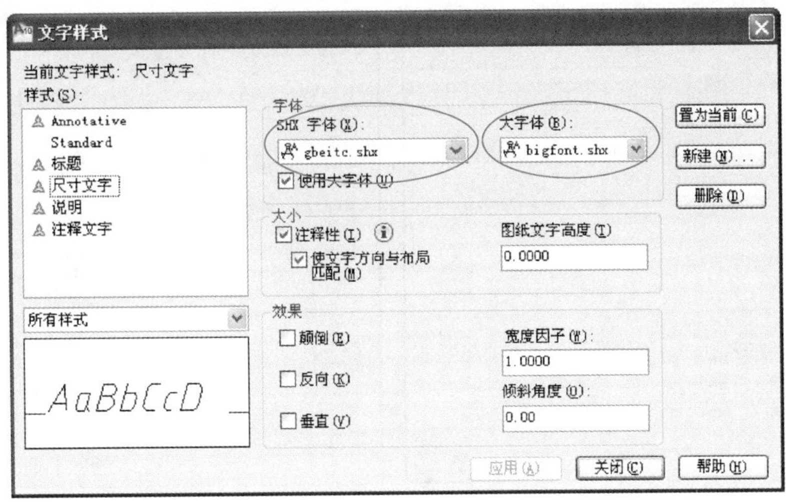

图 3-1-10　设置文字样式

4. 建立机械制图常用的尺寸样式

(1)建立线性尺寸标注样式

打开图 3-1-6 所示的“标注样式管理器”对话框，单击“新建”按钮，弹出“创建新标注样式”对话框，在“新样式名”文本框中输入“线性尺寸”，如图 3-1-11 所示。单击“继续”按钮，进入到“新建标注样式：线性尺寸”对话框中，如图3-1-12所示依次设置尺寸线和延伸线、符号和箭头、尺寸文字等，其他各选项按默认设置，单击“确定”按钮，完成线性尺寸标注样式的设置，返回到“标注样式管理器”对话框。

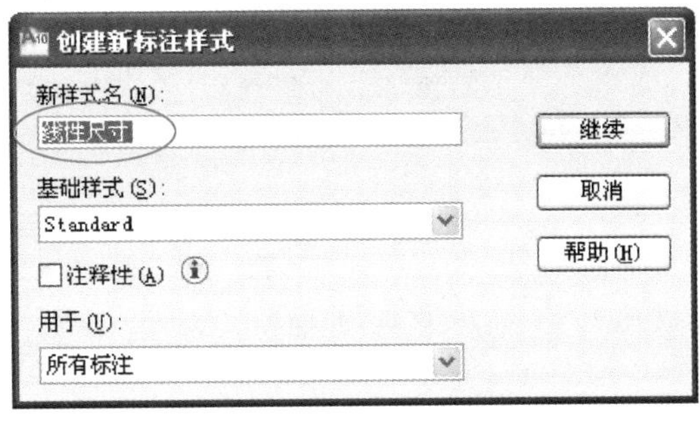

图 3-1-11　建立新标注样式

(2)建立角度标注样式

注意：机械制图国家标准中角度标注文字一律水平填写，并且尽可能写在尺寸线中断处。

单击“标注样式管理器”对话框中的“新建”按钮，在图 3-1-11 所示的“创建新标注样式”对话框中的“用于”下拉列表中选择“角度标注”，单击“继续”按钮，进入“新建标注样式：线性尺寸：角度”对话框，将“文字”选项卡中的“文字对齐”方式设置为“水平”，单击“确定”按钮，则建立起角度标注样式，如图 3-1-13 所示。

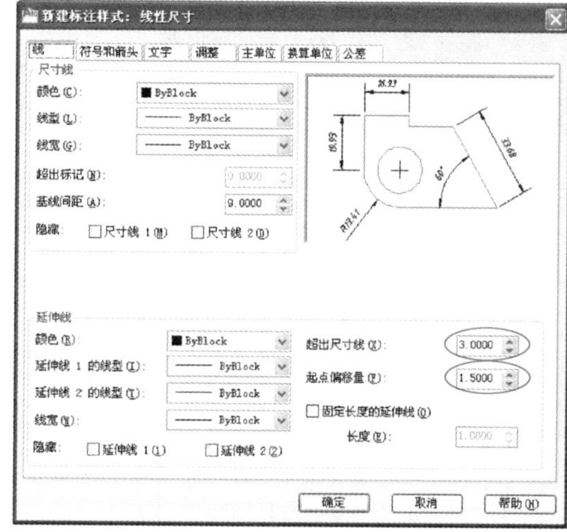

(a) 设置尺寸线和延伸线

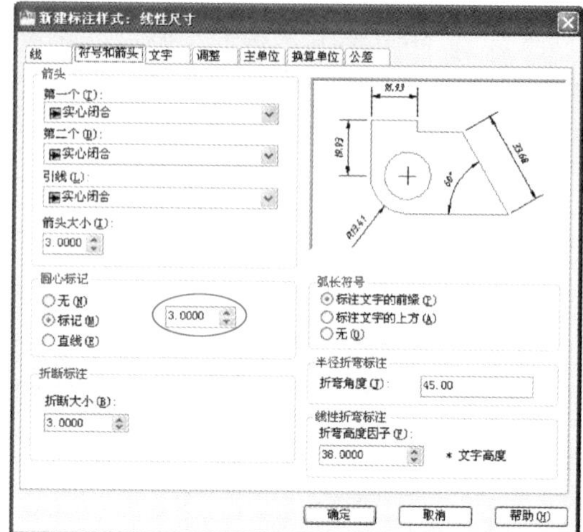

(b) 设置符号和箭头

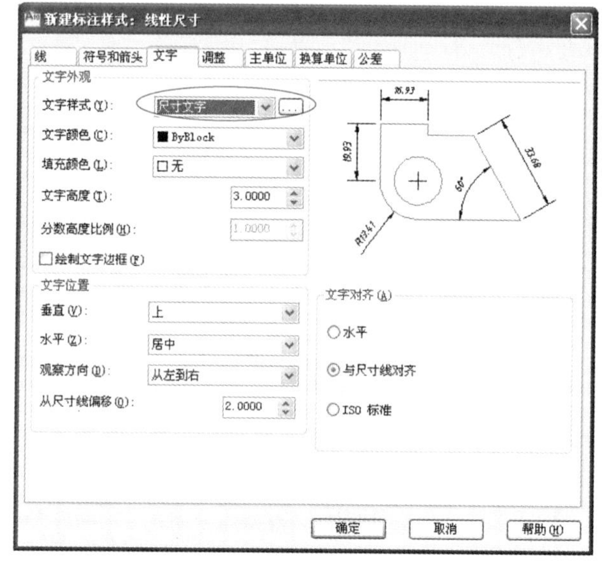

(c) 设置尺寸文字

图 3-1-12 尺寸样式

(3)建立带前缀“ϕ”的标注样式

单击“标注样式管理器”对话框中的“新建”按钮，在打开的“创建新标注样式”对话框中设置新样式名为“前缀ϕ”，基础样式为“线性尺寸”，用于“所有标注”；单击“继续”按钮，打开“新建标注样式：前缀ϕ”对话框，单击“主单位”选项卡，如图 3-1-14 所示，在“前缀”文本框中输入“%%C”(直径符号“ϕ”的代码)，其他各选项不变，单击“确定”按钮。

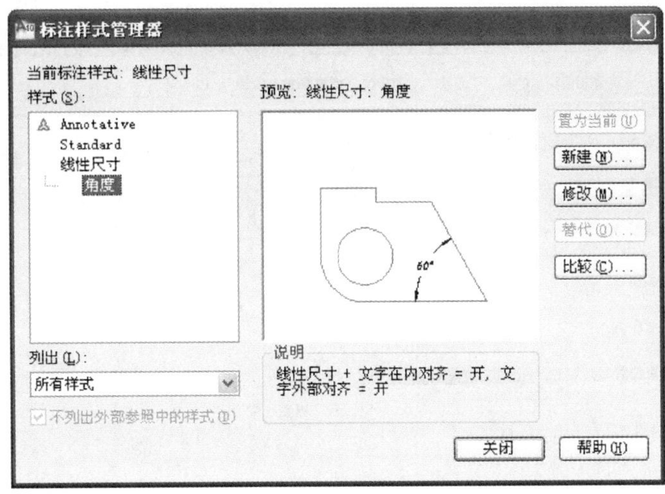

图 3-1-13　建立角度标注样式

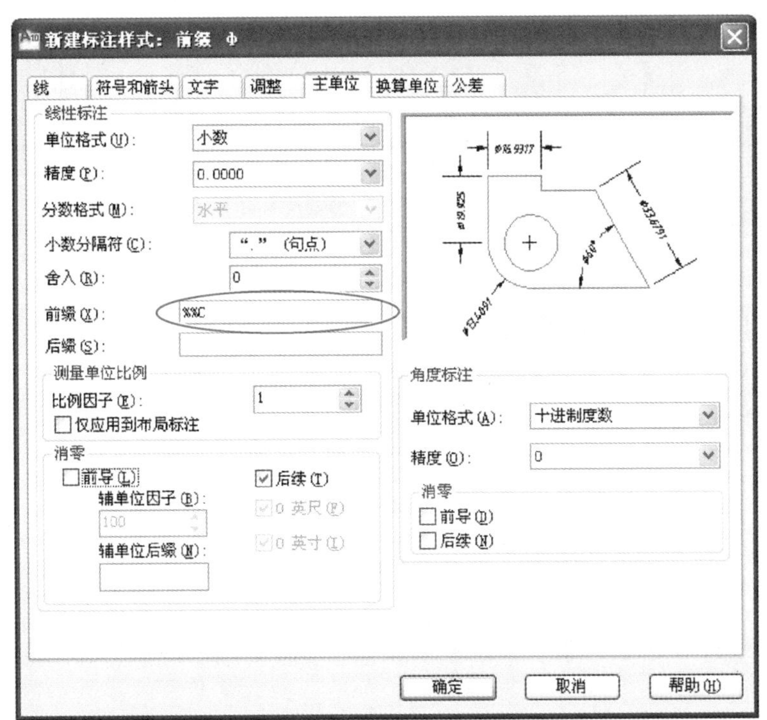

图 3-1-14　设置带前缀“ϕ”的标注样式

(4)建立有尺寸公差的标注样式

单击“标注样式管理器”对话框中的“新建”按钮，在打开的“创建新标注样式”对话框中设置新样式名为“公差”，基础样式为“线性尺寸”，用于“所有标注”；单击“继续”按钮，打开“新建标注样式：公差”对话框，单击“公差”选项卡，按图 3-1-15 所示设置各选项，单击“确定”按钮，完成尺寸公差标注样式的设置。

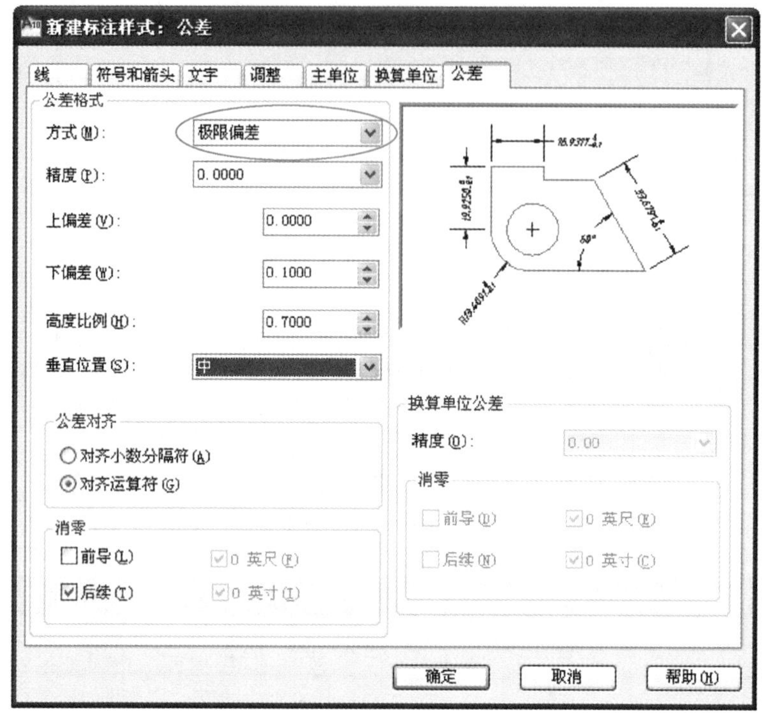

图 3-1-15 设置有尺寸公差的标注样式

5. 保存为样板图

单击快速访问工具栏上的“保存”按钮，选择放置文件的位置，文件类型设置为“＊.dwt”，文件名为“Ljyb.dwt”，单击“保存”按钮，完成样板图的设置。单击绘图区窗口中的“关闭”按钮，关闭样板图。

任务二
绘制平面图形

学习目标

掌握 AutoCAD 中常用绘图、编辑命令的使用方法和技巧。

实例 1 绘制一般平面图形

运用 AutoCAD 常用命令绘制图 3-2-1 所示的平面图形，不必标注尺寸。

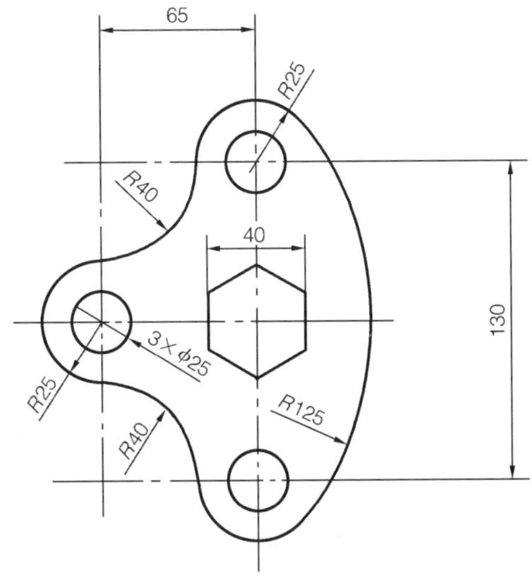

图 3-2-1 平面图形

实例分析

图 3-2-1 所示的平面图形是由直线、圆、圆弧及多边形构成的。外面的轮廓线是圆弧相切形成的。按平面图形的绘制方法，应先绘制图形定位线，再绘制已知线段（ϕ25圆、R25 圆弧及多边形），之后绘制连接线（R40、R125 的弧线）。

任务实施

1. 建立新文件

打开 AutoCAD，以“Ljyb. dwt”为样板，建立名为“3-2-1. dwg”的文件。

2. 将中心线层设置为当前层

“默认”选项卡→“图层”面板→ 中心线 。

3. 绘制图形定位线

（1）单击“默认”选项卡→“绘图”面板→“直线”按钮，按系统提示绘制图形中心线 AB、CD，如图3-2-2(a)所示。

（2）单击“默认”选项卡→“修改”面板→“偏移”按钮。

命令：_offset

当前设置：删除源＝否　图层＝源　OFFSETGAPTYPE＝0

指定偏移距离或［通过(T)/删除(E)/图层(L)］<通过>：65↙

选择要偏移的对象，或［退出(E)/放弃(U)］<退出>：//选择直线 AB

指定要偏移的那一侧上的点，或［退出(E)/多个(M)/放弃(U)］<退出>：//在 AB 上方单击鼠标左键

选择要偏移的对象，或［退出(E)/放弃(U)］<退出>：//选择直线 AB

指定要偏移的那一侧上的点，或［退出(E)/多个(M)/放弃(U)］<退出>：//在 AB 下方单击鼠标左键

选择要偏移的对象，或［退出(E)/放弃(U)］<退出>：//选择直线 CD

指定要偏移的那一侧上的点，或［退出(E)/多个(M)/放弃(U)］<退出>：//在 CD 右侧单击鼠标左键

选择要偏移的对象，或［退出(E)/放弃(U)］<退出>：↙//结束命令

结果如图 3-2-2(b)所示。

4. 绘制ϕ25和 R25 的三个圆

（1）单击“默认”选项卡→“绘图”面板→“圆”按钮。

命令：_circle

指定圆的圆心或［三点(3P)/两点(2P)/切点、切点、半径(T)］：//在直线 AB、CD 的交点上单击鼠标左键

指定圆的半径或［直径(D)］：12.5↙//输入半径值，完成圆的绘制

（2）用同样方法绘制半径为 25 的圆，结果如图 3-2-3(a)所示。

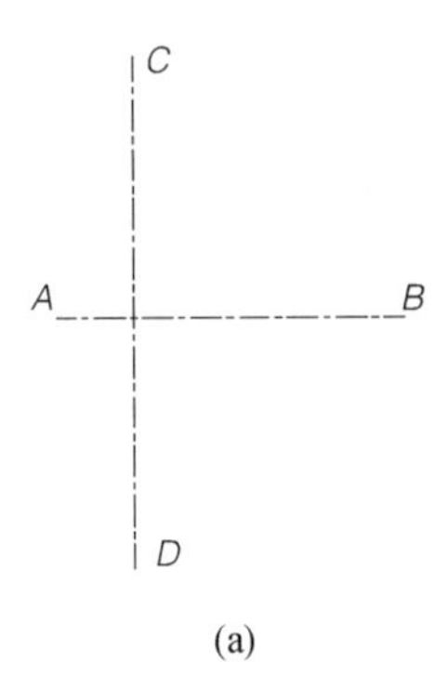

(a)

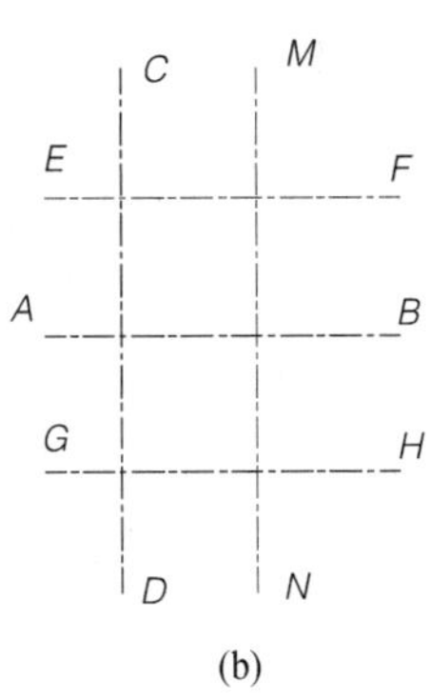

(b)

图 3-2-2　绘制图形定位线

(3)复制另两组圆。

单击“默认”选项卡→“修改”面板→“复制”按钮。

命令：_copy

选择对象：　找到 2 个//用鼠标单击 $R25$ 和$\phi25$的圆

选择对象：↙//回车结束选择

当前设置：　复制模式 ＝ 多个

指定基点或［位移(D)/模式(O)］＜位移＞：//用鼠标捕捉 $R25$ 和$\phi25$圆的圆心

指定第二个点或 ＜使用第一个点作为位移＞：//用鼠标捕捉 EF 和 MN 的交点

指定第二个点或［退出(E)/放弃(U)］＜退出＞：//用鼠标捕捉 GH 和 MN 的交点，如图 3-2-3(b)所示

指定第二个点或［退出(E)/放弃(U)］＜退出＞：↙//回车结束命令，完成圆的绘制

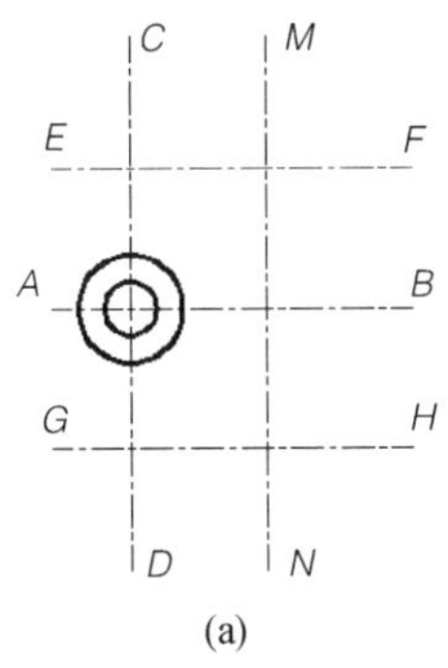

(a)

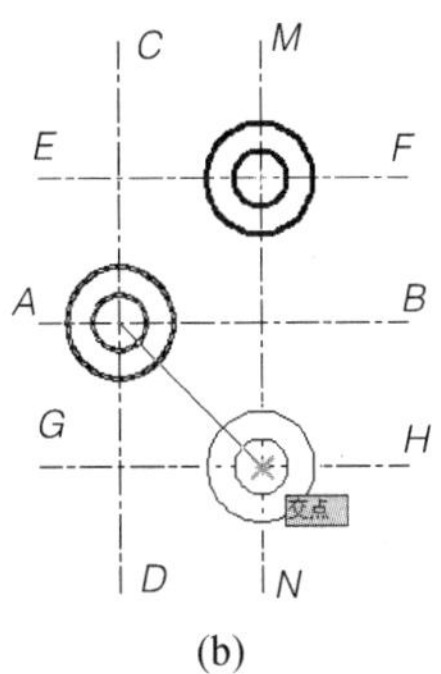

(b)

图 3-2-3　绘制$\phi25$和 $R25$ 的三圆

5. 绘制六边形

(1)单击“默认”选项卡→“绘图”面板→“矩形”下拉按钮→“多边形”按钮。

命令：_polygon

输入侧面数＜4＞：6↙//输入边数

指定正多边形的中心点或［边(E)］：//用鼠标捕捉直线 AB、MN 的交点

输入选项［内接于圆(I)/外切于圆(C)］＜I＞：C↙//选择外切于圆

指定圆的半径:20↙//输入半径值

结果如图 3-2-4(a)所示 。

(2)单击“默认”选项卡→“修改”面板→“旋转”按钮。

命令:_rotate

UCS 当前的正角方向:ANGDIR=逆时针 ANGBASE=0

选择对象:找到 1 个//选择六边形

选择对象:↙//回车结束选择

指定基点://用鼠标捕捉直线 *AB*、*MN* 的交点

指定旋转角度,或[复制(C)/参照(R)]:30↙//输入旋转角度

结果如图 3-2-4(b)所示。

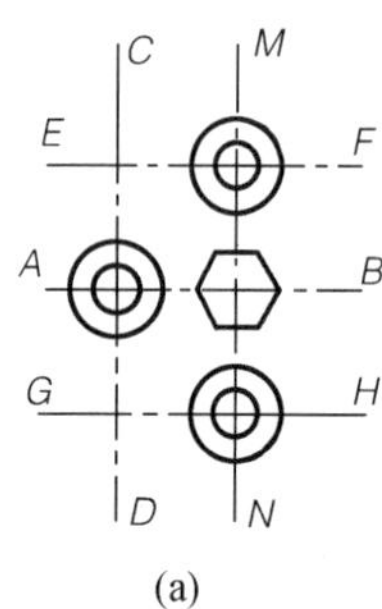

(a)

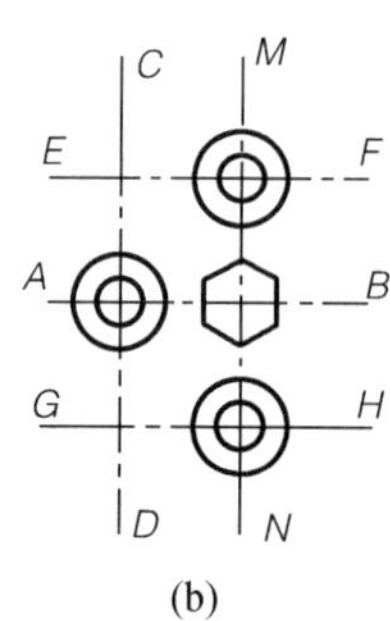

(b)

图 3-2-4 绘制六边形

6. 绘制 *R*125 的圆弧

(1)单击“默认”选项卡→“绘图”面板→“圆”下拉按钮→相切，相切，半径。

命令:_circle

指定圆的圆心或[三点(3P)/两点(2P)/切点、切点、半径(T)]:_ttr//调用切点、切点、半径方式画圆

指定对象与圆的第一个切点://在上面圆 *P* 点附近单击鼠标左键

指定对象与圆的第二个切点: //在下面圆 *Q* 点附近单击鼠标左键

指定圆的半径 <25.0000>: 125↙//输入圆的半径

结果如图 3-2-5(a)所示。

(2)单击“默认”选项卡→“修改”面板→“修剪”按钮。

命令:_trim

当前设置:投影=UCS,边=无

选择剪切边…

选择对象或 <全部选择>: 找到 1 个 //选择上面 *R*25 的圆

选择对象: 找到 1 个,总计 2 个//选择下面 *R*25 的圆

选择对象:↙//回车结束选择

选择要修剪的对象,或按住 Shift 键选择要延伸的对象,或[栏选(F)/窗交(C)/投影(P)/边(E)/删除(R)/放弃(U)]://在 *R*125 左侧的半圆上单击

选择要修剪的对象，或按住 Shift 键选择要延伸的对象，或[栏选(F)/窗交(C)/投影(P)/边(E)/删除(R)/放弃(U)]:↙//回车

结果如图 3-2-5(b)所示。

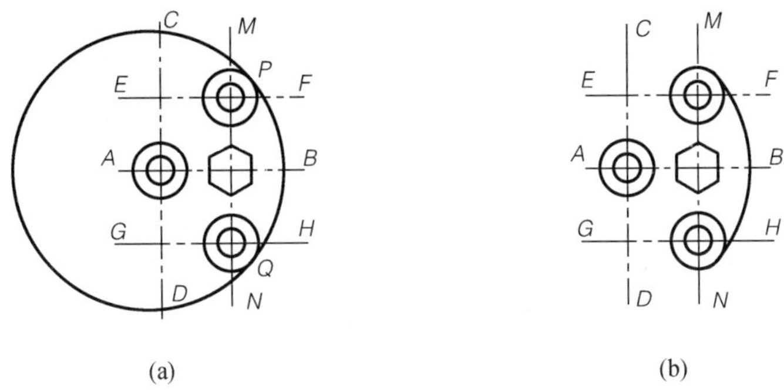

图 3-2-5　绘制 R125 圆弧

7. 绘制 *R*40 的圆弧

(1)单击“默认”选项卡→“修改”面板→“圆角”按钮。

命令:_fillet

当前设置:模式 = 修剪,半径 = 0.0000

选择第一个对象或[放弃(U)/多段线(P)/半径(R)/修剪(T)/多个(M)]: r↙//输入圆角半径选项

指定圆角半径 <0.0000>: 40↙//输入圆角半径

选择第一个对象或[放弃(U)/多段线(P)/半径(R)/修剪(T)/多个(M)]://在上面圆 R 点附近单击鼠标左键

选择第二个对象，或按住 Shift 键选择要应用角点的对象://在左侧圆 S 点附近单击鼠标左键

结果如图 3-2-6(a)所示。

用同样方法绘制下面的 R40 圆弧，结果如图 3-2-6(b)所示。

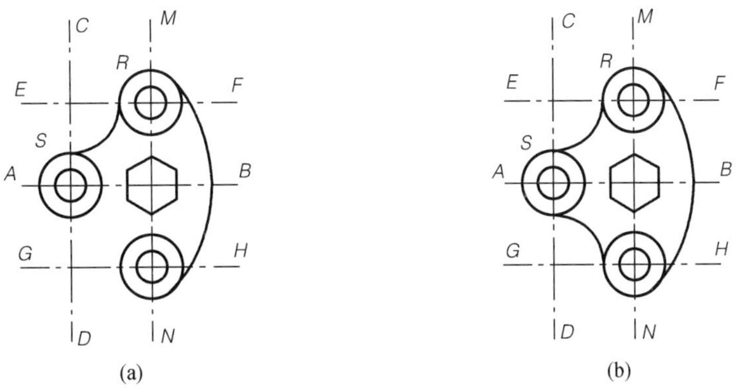

图 3-2-6　绘制 R40 的圆弧

(2)调用修剪命令，以 R40 和 R125 圆弧为边界，修剪三个 R25 的圆，完成全图的绘制。

8. 修整中心线的长度

中心线应超出图形 2～3 mm，长出的中心线应该去除。去除的方法常用的有两种：一是用夹点编辑功能调整其长短，另一种方法是打断。

(1)用夹点编辑

选中直线 *GH*，再在右端的夹点上单击，激活该夹点，将其向左移动至合适的位置，如图 3-2-7(a)所示，然后按 Esc 键，完成位置的调整。用同样方法调整其他中心线的位置。

(2)用打断命令

单击“默认”选项卡→“修改”面板下拉按钮 修改 ▾ →“打断”按钮，系统提示“选择对象”时，在直线 *CD* 与 *GH* 的交点下方单击，如图 3-2-7(b)所示，然后系统提示“指定第二个打断点或[第一点(F)]”，此时在 *D* 点的下方单击，则 *CD* 线长出的部分被去除。用同样方法可去除其他长出的线。注意：当鼠标在直线 *CD* 下方时，图形上会出现捕捉点标识，则会在捕捉点被打断，所以应该避免出现捕捉点标识。

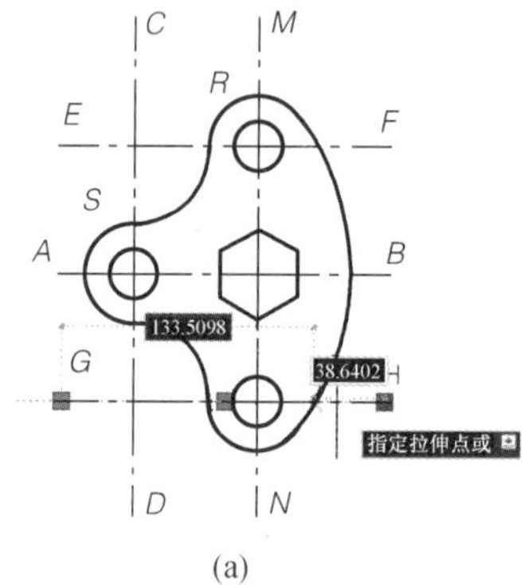

(a)

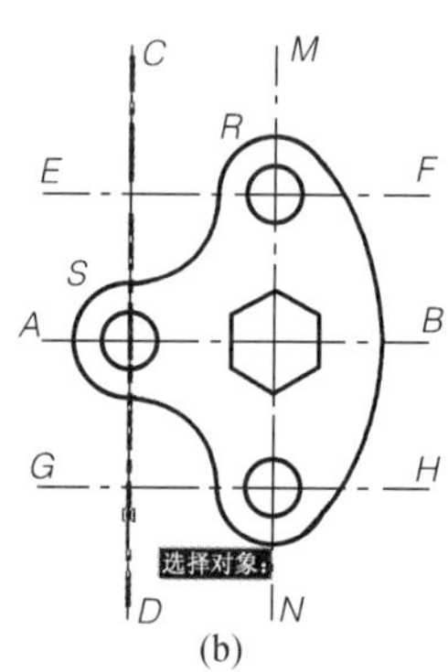

(b)

图 3-2-7　修整中心线的长度

知识拓展

1. 圆

AutoCAD 为绘制圆提供了 6 种方式，除了我们用过的“圆心＋半径”“相切＋相切＋半径”方式外，还有“圆心＋直径”、“两点”、“三点”及“相切＋相切＋相切”方式。

2. 圆弧

AutoCAD 提供了 11 种绘制圆弧的方法，例如通过给定圆心、角度、各类点、半径等要素的组合准确地绘制圆弧。但方法太多，运用起来不是太灵活，所以也可采用绘制圆再修剪的方法来得到圆弧。

3. 多边形

使用多边形命令可以按“内接于圆(I)”“外切于圆(C)”“边长(E)”三种方式绘制多边形。内接于圆给定的半径值是圆心到多边形顶点的距离，外切于圆给定的半径值是圆心到边的距离。

4. 移动

使用移动命令可以在指定方向上按给定距离移动对象，也可以按栅格捕捉、对象捕捉准确移动对象。

5. 旋转

使用旋转命令可以按给定的角度旋转选择的对象，正值为逆时针方向，负值为顺时针方向。也可按对象参照旋转选择的对象。

6. 修剪与延伸

修剪与延伸是一对互补命令，用来按边界修剪或延伸选择的对象。在使用相应命令时，按 Shift 键可相互切换。在使用命令时，当系统提示"选择剪切边..."时直接回车，则所有图形元素都是剪切的边界。

7. 圆角与倒角

使用圆角命令可将两相交或有外观交点的对象按给定的半径圆角。圆角时可设置"修剪(T)"选项，确定是否修剪选择的线。如果按 Shift 键，则对选择的对象尖角。使用圆角命令进行圆弧连接时，只能进行外连接，不能进行内连接使用。使用倒角命令可将选择的对象按"距离＋距离"或"距离＋角度"的方式倒角。

实例 2　绘制垫片平面图形

运用 AutoCAD 常用命令绘制如图 3-2-8 所示的平面图形，不必标注尺寸。

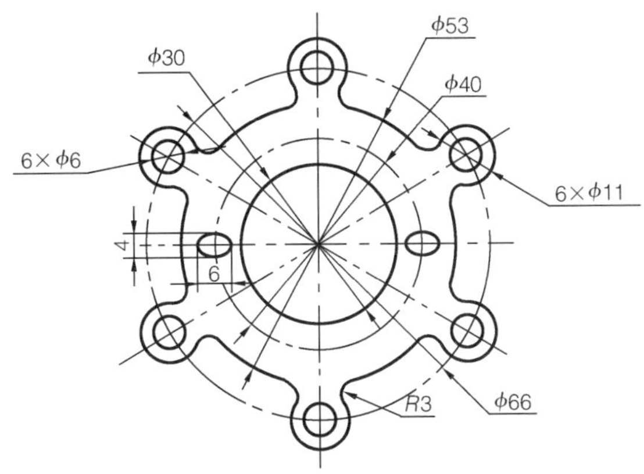

图 3-2-8　垫片平面图形

实例分析

垫片的零件图是由一系列的圆及圆弧构成的，周围的圆孔结构相同，均匀分布，左右两侧的椭圆孔对称。根据该零件图的特点，可使用阵列、镜像方法绘制相同的图形结构。

任务实施

1. 建立新文件

打开 AutoCAD,以“Ljyb. dwt”为样板,建立名为“3-2-8. dwg”的文件。

2. 绘制图形定位线

将中心线层设置为当前层,绘制直径为ϕ 40 和ϕ 66 的两同心圆,再调用直线命令,捕捉圆的象限点,绘制通过圆心的两相互垂直的中心线,结果如图 3-2-9(a)所示(注:先画圆后画中心线,可控制中心线的长短,一点小技巧)。

3. 绘制ϕ30、ϕ53、ϕ6、ϕ11的圆

将粗实线层设置为当前层,绘制ϕ30、ϕ53、ϕ6、ϕ11的圆,结果如图 3-2-9(b)所示。

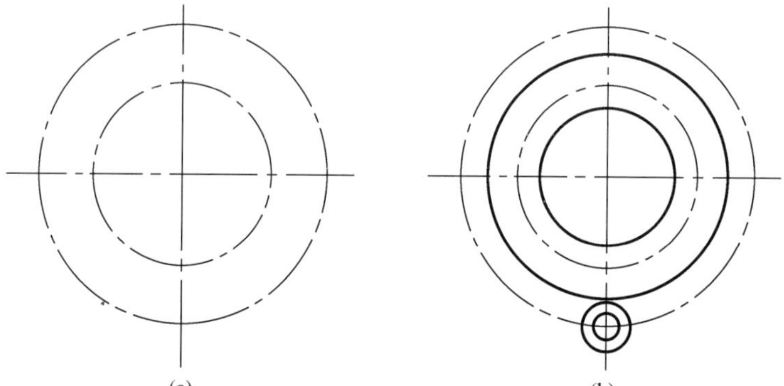

(a) (b)

图 3-2-9 绘制圆

4. 绘制 *R*3 的圆弧

调用圆角命令,以 *R*3 为半径,在ϕ11和ϕ53圆间绘制圆弧并修剪ϕ11圆,如图 3-2-10所示。

5. 绘制周围圆耳结构

(1)单击“默认”选项卡→“修改”面板→“环形阵列”按钮 。

命令:_arraypolar

选择对象:指定对角点:找到 4 个//选择图 3-2-10中刚刚绘制的圆及圆弧,回车,结束选择

指定阵列的中心点或[基点(B)/旋转轴(A)]://捕捉ϕ40圆中心,系统弹出图 3-2-11 所示的“阵列创建”选项卡,填写选项卡中各参数,然后单击“关闭阵列”按钮 ,完成阵列,结果如图 3-2-12(a)所示。

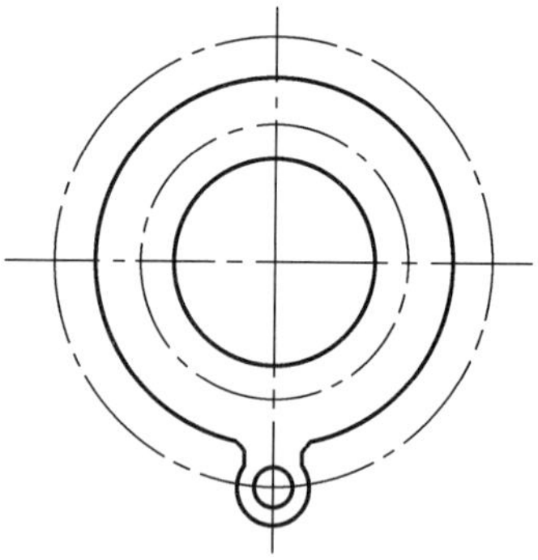

图 3-2-10 绘制 *R*3 的圆弧

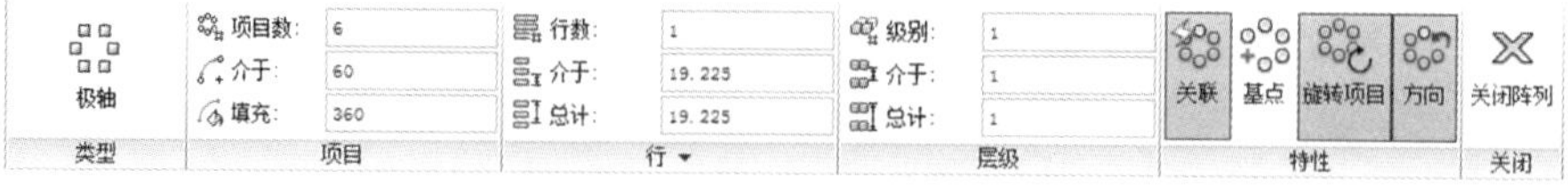
极轴
类型
项目数: 6
介于: 60
填充: 360
项目
行数: 1
介于: 19.225
总计: 19.225
行
级别: 1
介于: 1
总计: 1
层级
关联
基点
旋转项目
方向
特性
关闭阵列
关闭

图 3-2-11 “阵列创建”选项卡

(2)修剪ϕ 53 圆上多余的图线,如图 3-2-12(b)所示。

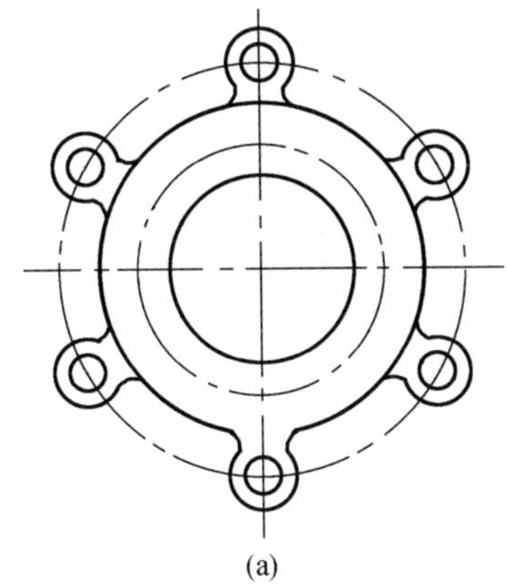
(a)

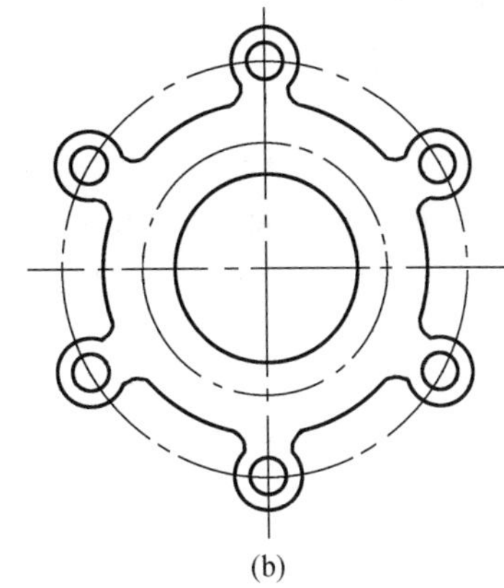
(b)

图 3-2-12　阵列

(3)将中心线层设置为当前层,在状态栏的“极轴追踪”按钮上单击鼠标右键,选择“30”,打开“极轴”捕捉状态,调用直线命令,绘制所缺少的中心线。

6. 绘制椭圆

单击“默认”选项卡→“绘图”面板→“椭圆”按钮。

命令:_ellipse

指定椭圆的轴端点或[圆弧(A)/中心点(C)]:c↙

指定椭圆的中心点://用鼠标捕捉ϕ40圆与水平中心线的交点

指定轴的端点:3↙//输入水平轴的半径

指定另一条半轴长度或[旋转(R)]:2↙//输入竖直轴的半径

完成椭圆的绘制,结果如图 3-2-13 所示。

7. 镜像另一侧椭圆

单击“默认”选项卡→“修改”面板→“镜像”按钮。

命令:_mirror

选择对象:找到 1 个//选择左侧的椭圆

选择对象:↙//回车结束选择

指定镜像线的第一点://用鼠标捕捉竖直中心线的上端点

指定镜像线的第二点://用鼠标捕捉竖直中心线的下端点

要删除源对象吗?[是(Y)/否(N)]<N>:↙

完成镜像复制,结果如图 3-2-8 所示。

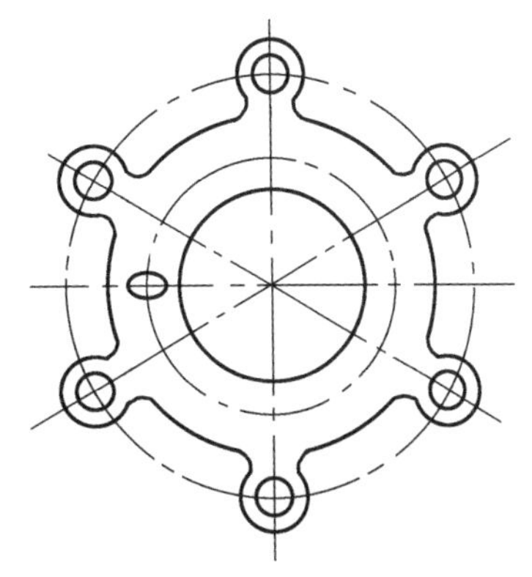
图 3-2-13　绘制椭圆

知识拓展

1. 阵列命令

应用阵列命令可以按矩形、环形(圆形)、路径三种形式创建对象的副本。

矩形阵列可以按行距、列距复制出对象的副本。如图 3-2-14(a)所示的图形，是以左下角的两个圆为源对象，按图 3-2-14(b)所示设置参数，阵列复制所得的图形。

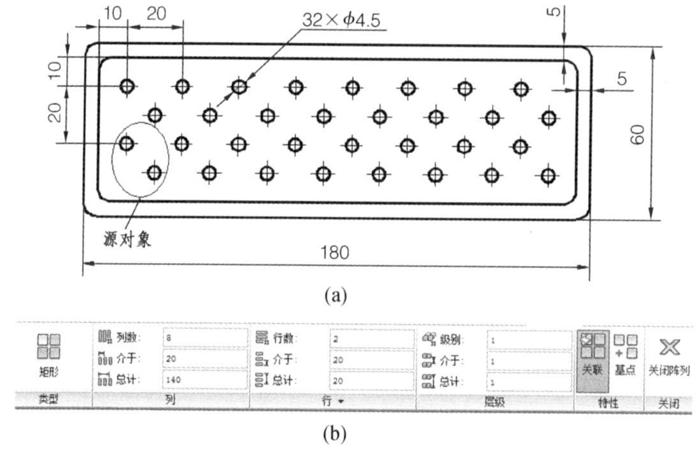

图 3-2-14 矩形阵列

环形阵列可按“项目总数和填充角度”“项目总数和项目间的角度”“填充角度和项目间的角度”三种方式阵列复制所选择的对象。

路径阵列可以按路径复制出对象的副本。如图 3-2-15(a)所示的图形，选择两小圆为源对象，按路径阵列，得图 3-2-15(b)所示的图形，参数设置如图 3-2-15(c)所示。

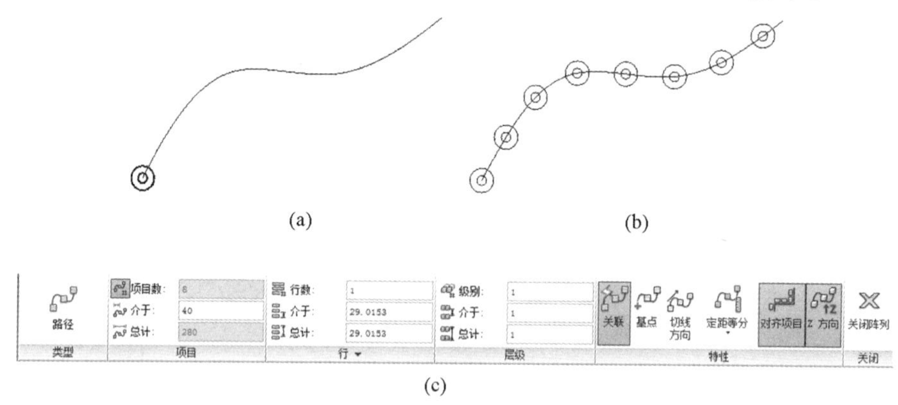

图 3-2-15 沿路径阵列

2. 镜像命令

应用镜像命令可以绕指定轴翻转对象，创建对称的镜像图形。默认情况下，文字的对齐和对正方式在镜像对象前后相同。如果确实要反转文字，应将 MIRRTEST 系统变量设置为 1。对于对称的对象，常常先绘制半个图形，然后选择这些对象并沿指定的线进行镜像，以创建另一半图形。

实例 3　绘制轴的平面图形

运用 AutoCAD 软件绘制如图 3-2-16 所示的平面图形，不必标注尺寸。

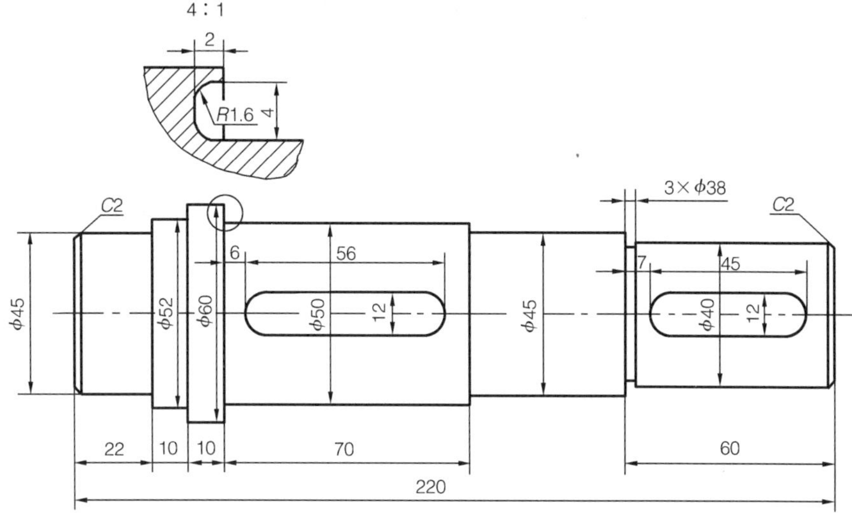

图 3-2-16　轴

实例分析

如图 3-2-16 所示的轴为阶梯轴，上下对称，为了提高绘图效率，轴的总体结构可先画出一侧，另一侧用镜像方式复制。轴上有两个宽度相同、长度不等的键槽，可先绘制出一个，另一个用复制和拉伸的方式作出。在ϕ60与ϕ50轴段的相接处有一个用来减少应力集中的沉割槽，为看清其结构，特画出一剖开的局部放大图。可将此部分结构先复制出来，然后再放大。

任务实施

1. 建立新文件

打开 AutoCAD，以“Ljyb. dwt”为样板，建立名为“3-2-16. dwg”的文件。

2. 绘制图形定位线

将中心线层设置为当前层，调用直线命令，绘制长约 230 mm 的中心线。

3. 绘制上半部分的轮廓线

将粗实线层设置为当前层，调用直线命令，按尺寸绘制上半部分的轮廓线，如图 3-2-17 所示。

4. 倒 *C*2 角

单击“默认”选项卡→“修改”面板→“倒角”按钮。

图 3-2-17 绘制上半部分的轮廓线

命令:_chamfer

("修剪"模式) 当前倒角距离 1 = 0.0000,距离 2 = 0.0000

选择第一条直线或[放弃(U)/多段线(P)/距离(D)/角度(A)/修剪(T)/方式(E)/多个(M)]:d↙//输入选项

指定第一个倒角距离 <0.0000>:2↙//输入第一倒角值 2

指定第二个倒角距离 <2.0000>:2↙//输入第二倒角值 2

选择第一条直线或[放弃(U)/多段线(P)/距离(D)/角度(A)/修剪(T)/方式(E)/多个(M)]://在 *AB* 直线上单击

选择第二条直线,或按住 Shift 键选择要应用角点的直线://在 *CD* 直线上单击

结果如图 3-2-18 所示。

再调用倒角命令,不用再设置倒角距离,用同样方法绘制出右侧的倒角,结果如图 3-2-18 所示。

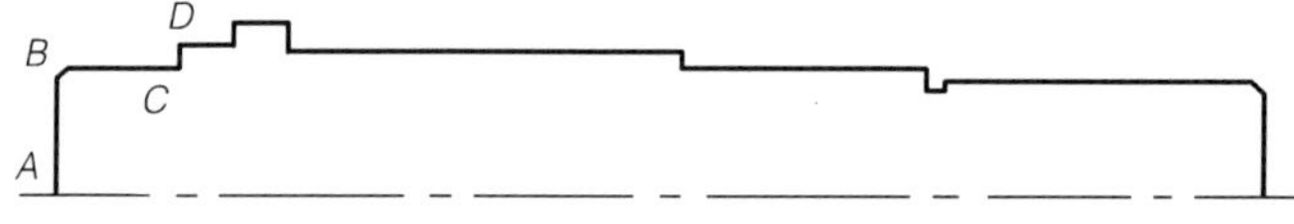

图 3-2-18 倒角

5. 绘制各轴段的分界线

(1)单击"默认"选项卡→"修改"面板→"延伸"按钮。

命令:_extend

当前设置:投影=UCS,边=无

选择边界的边...

选择对象或 <全部选择>:↙//回车,所有图素都默认为边界

选择要延伸的对象,或按住 Shift 键选择要修剪的对象,或[栏选(F)/窗交(C)/投影(P)/边(E)/放弃(U)]://在直线 *CD* 上靠近 *C* 端的一侧单击

选择要延伸的对象,或按住 Shift 键选择要修剪的对象,或[栏选(F)/窗交(C)/投影(P)/边(E)/放弃(U)]:// 依次在竖直线靠近下端点处单击

结果如图 3-2-19 所示。

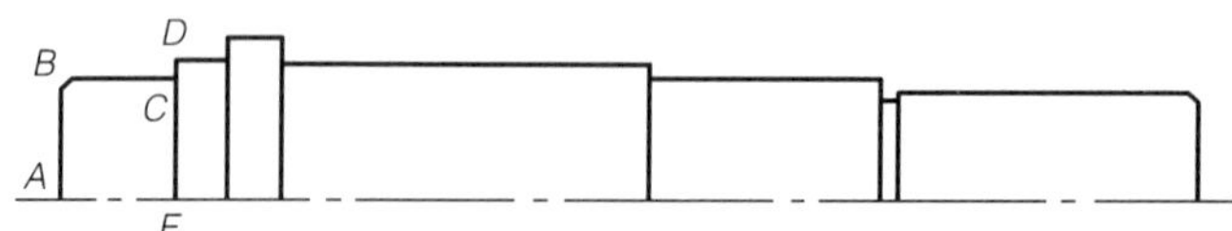

图 3-2-19 绘制各轴段的分界线

(2)用直线命令绘制两倒角处的两条竖直线。

6. 镜像下半部分图形

调用镜像命令，以水平中心线为镜像轴，镜像复制出下半部分图形。

7. 绘制长 45 的键槽(图 3-2-20)

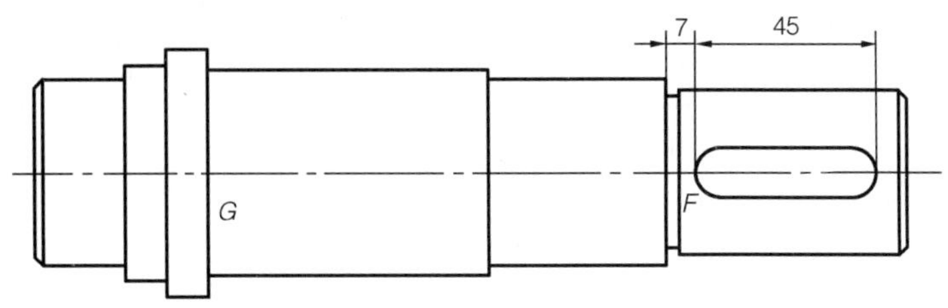

图 3-2-20　绘制长 45 的键槽

8. 绘制长 56 的键槽

(1)调用复制命令，选择长 45 的键槽，以键槽的左端圆弧中点 F 为基点，将其复制到距 G 点距离为 6 的位置，如图 3-2-21(a)所示。

(2)单击“默认”选项卡→“修改”面板→“拉伸”按钮。

命令:_stretch

以交叉窗口或交叉多边形选择要拉伸的对象...//按图 3-2-21(b)所示由右下向左上选择图素

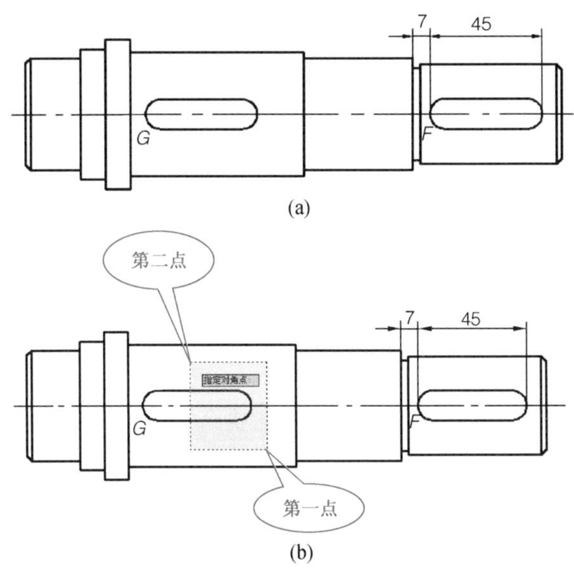

图 3-2-21　绘制长 56 的键槽

选择对象：指定对角点：找到 4 个

选择对象：↙//回车结束选择

指定基点或 [位移(D)] <位移>://选择 G 点为基点

指定第二个点或 <使用第一个点作为位移>:9↙//向右水平移动鼠标，给定距离

完成长 56 的键槽的绘制。

9. 绘制局部放大图

(1)按图 3-2-16 所示绘制要放大区域的圆。

(2)选择圆圈处的三条线,复制到图形的正上方。

(3)利用“默认”选项卡→“绘图”面板→“样条曲线”按钮,绘制出如图 3-2-22(a)所示的样条曲线。

(4)修剪多余的线,如图 3-2-22(b)所示。

(5)按尺寸绘制内部结构线。

(6)单击“默认”选项卡→“修改”面板→“缩放”按钮。

命令:_scale

选择对象: 指定对角点: 找到 9 个//选择要放大的图素

选择对象:↙//回车结束选择

指定基点:// 选择交点 *H*

指定比例因子或 [复制(C)/参照(R)] ＜4.0000＞:4↙ // 输入比例值

结果如图 3-2-22(c)所示。

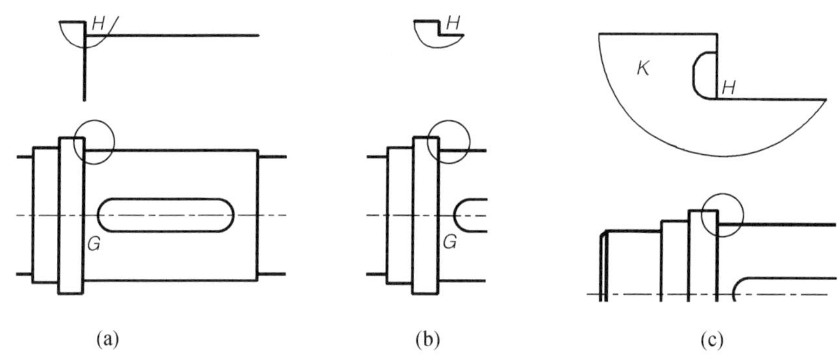

图 3-2-22　绘制局部放大图

10. 绘制剖面线

(1)将剖面线层设置为当前层。

(2)单击“默认”选项卡→“绘图”面板→“图案填充”按钮,打开如图 3-2-23 所示的“图案填充创建”选项卡。系统提示“拾取内部点或[选择对象(S)/放弃(U)/设置(T)]”,在要填充的区域内单击,在“图案”面板中选择“ANSI31”,如果剖面线的密度或方向不合适,可调整“特性”面板中的“填充图案比例”和“角度”,合适后再单击“关闭图案填充创建”按钮。

图 3-2-23　“图案填充创建”选项卡

知识拓展

1. 拉伸命令

应用拉伸命令编辑对象时，必须以交叉窗口选择对象，处于交叉窗口内的对象将被移动，与交叉窗口相交的对象将被拉伸。

2. 缩放命令

要缩放对象的基点将作为缩放操作的中心，并保持静止。比例因子大于 1 时将放大对象，比例因子介于 0 和 1 之间时将缩小对象。

任务三

绘制零件图、标注尺寸及文字

学习目标

学会应用 AutoCAD 的尺寸标注功能为零件图标注尺寸，运用单行文字、多行文字功能为零件图书写文字注释，运用图块功能标注表面粗糙度。

实例　绘制连接块零件图

绘制如图 3-3-1 所示的连接块零件图，标注尺寸并填写标题栏。

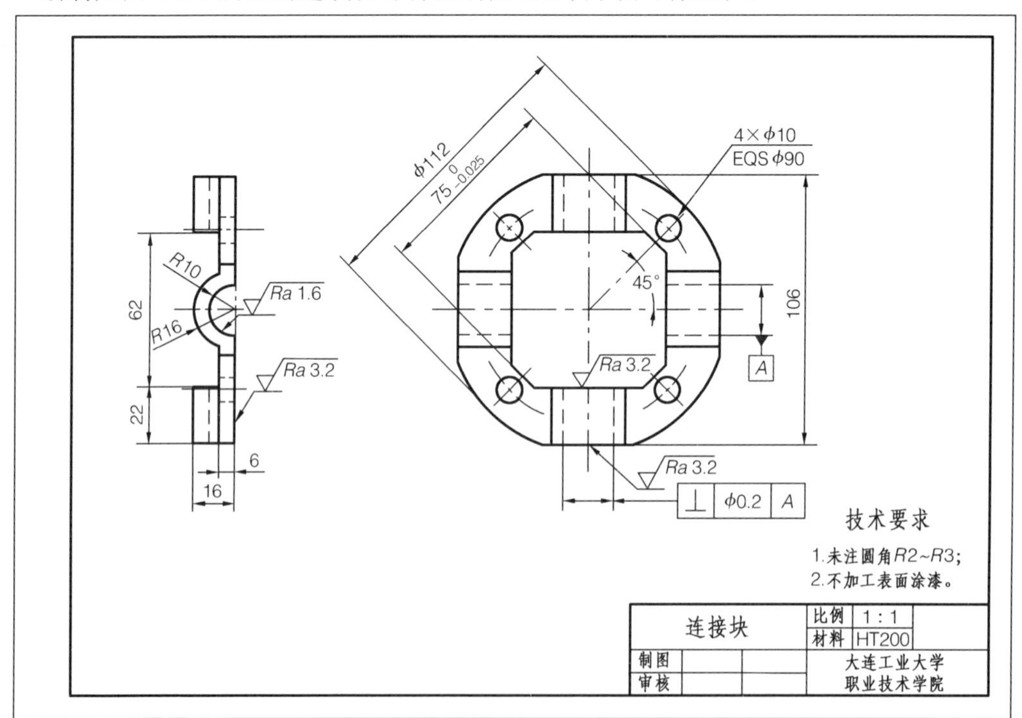

图 3-3-1　连接块零件图

实例分析

该连接块的零件图由主视图和左视图组成，图形上有尺寸精度、形状精度和表面精度要求，还有文字形式的技术要求，需要绘制图框和填写标题栏。

相关知识

一、文字

在 AutoCAD 中书写文字有单行文字和多行文字两种形式。

1. 单行文字命令

单行文字命令适用于书写一行或多行文字，其中每行文字都是独立的对象，可对其进行重定位、调整格式或进行其他修改。单行文字命令多用于表格和零散文字的书写。

(1)调用单行文字命令

①"默认"选项卡→"注释"面板→"多行文字"下拉按钮→"单行文字"按钮。

②命令行：text↙或 dtext(缩写 dt)↙。

(2)对正方式

当输入命令后，可输入"J"选项，调出对正方式。

[对齐(A)/布满(F)/居中(C)/中间(M)/右对齐(R)/左上(TL)/中上(TC)/右上(TR)/左中(ML)/正中(MC)/右中(MR)/左下(BL)/中下(BC)/右下(BR)]

输入相应的选项，给出文字的对正方式；也可先按默认方式书写，再更改对正方式。

(3)文字样式

文字样式可在书写文字前在"默认"选项卡→"注释"面板下拉按钮 注释▼ →"文字样式"按钮→"文字样式"对话框中设置，也可在写完文字后再更改文字的样式。

(4)位置

用鼠标单击"图纸"可给出任意位置，写完一行后第一次回车是换行，第二次回车则结束命令。

(5)符号

常用符号代码见表 3-3-1。

表 3-3-1　常用符号代码

符　号	代　码
ϕ	%%c
±	%%p
°(度)	%%d
上划线	%%o××××%%o
下划线	%%u××××%%u

2. 多行文字命令

(1)调用多行文字命令

①单击“默认”选项卡→“注释”面板→“多行文字”按钮A。

②命令行:mtext(缩写 mt)↙。

(2)文字编辑器

多行文字可以将若干文字段落创建为单个多行文字对象,一般用于多段文字的输入。使用弹出的“文字编辑器”可以改变文字样式、段落对齐方式、设置文档的边界等,相当于写字板。

二、尺寸标注

1. 尺寸标注的步骤

在 AutoCAD 中为图形标注尺寸,首先要设置合适的尺寸样式(在任务一中已经介绍),再选择相应的样式,为图形标注各种类型的尺寸。

2. 尺寸标注的类型

AutoCAD 将图形的尺寸类型分为线性、对齐、角度、半径、直径、弧长、坐标等。线性标注只可以标注指定的位置或对象的水平或竖直标注;对齐标注用于创建与指定位置或对象平行的标注。

3. 尺寸标注的编辑

编辑尺寸标注可以在选择尺寸标注后出现的快捷提示对话框中修改,也可双击尺寸标注,在“特性”窗口中修改。

任务实施

1. 建立新文件

打开 AutoCAD,以“Ljyb. dwt”为样板,建立名为“3-3-1. dwg”的文件。

2. 建立图框线层(线型为 Continuous,颜色为蓝色,线宽为 0.8 mm)

将图框线层设置为当前层,绘制 420 mm×297 mm 的图纸框线,将左侧框线向内偏移 25 mm,上、右和下边线向内偏移 5 mm。

3. 绘制标题栏

按图 1-3-5 所示绘制标题栏。

4. 绘制、编辑图形

按尺寸绘制、编辑图形,如图 3-3-2 所示。

5. 设置图层并标注线性尺寸

(1)将“线性尺寸”样式置于当前

单击“默认”选项卡→“注释”面板下拉按钮 注释▾ →“标注样式”选择按钮 Annotative →“线性尺寸”选项,或单击“注释”选项卡→“标注”面板→“标注样式”选择按钮 Annotative →“线性尺寸”选项。

(2)标注长度 106、6 和 22

单击“默认”选项卡→“注释”面板→“标注”下拉菜单→“线性”按钮。

命令:_dimlinear

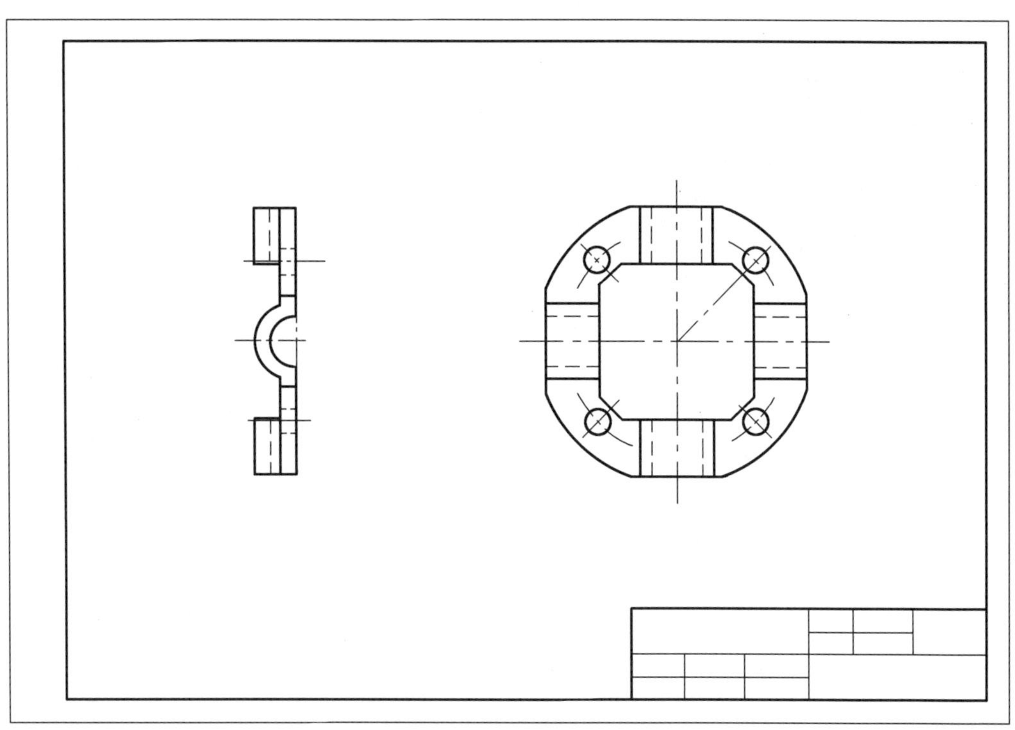

图 3-3-2　按尺寸绘制、编辑图形

指定第一个尺寸界线原点或 <选择对象>://在图形上边水平线端点 A 处单击

指定第二条尺寸界线原点://在图形下边水平线端点 B 处单击

指定尺寸线位置或[多行文字(M)/文字(T)/角度(A)/水平(H)/垂直(V)/旋转(R)]:

//在图形外的 C 处单击

标注文字 = 106//完成长度 106 的标注

用同样方法完成厚度 6 和宽度 22 的标注,结果如图 3-3-3 所示。

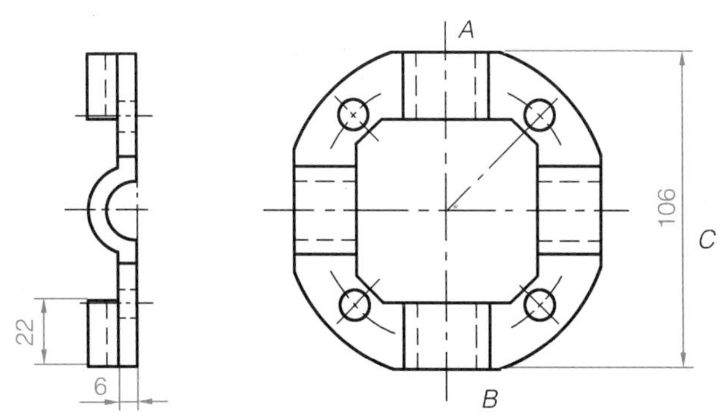

图 3-3-3　标注线性尺寸

(3)以基线形式标注尺寸 16

尺寸 16 与厚度值 6 同用一条基准线,所以为基线标注形式。

单击“注释”选项卡→“标注”面板→“基线”按钮(未出现时单击“连续”按钮的下拉按

钮 即可找到)。

命令:_dimbaseline

指定第二条尺寸界线原点或[放弃(U)/选择(S)]<选择>:↙

选择基准标注://选择厚度尺寸 6 的右侧尺寸界线

指定第二条尺寸界线原点或 [放弃(U)/选择(S)] <选择>://选择主视图下方水平线左侧端点

标注文字 = 16//标注出尺寸 16

指定第二条尺寸界线原点或 [放弃(U)/选择(S)] <选择>: //按 Esc 键结束命令

标注结果如图 3-3-4 所示。

图 3-3-4　基线标注

(4)调整尺寸 6 的位置

单击“注释”选项卡→“标注”面板下拉按钮 标注 ▾ →“右对正”按钮 。

命令:_dimtedit

选择标注://在尺寸 6 的标注上单击,则 6 的位置改在右侧

(5)标注连续尺寸

单击“注释”选项卡→“标注”面板→“连续” 按钮 (未出现时单击“基线”按钮的下拉按钮 即可找到)。

命令:_dimcontinue

指定第二条尺寸界线原点或[放弃(U)/选择(S)]<选择>:↙

选择连续标注://选择尺寸 22 的上侧尺寸界线

指定第二条尺寸界线原点或 [放弃(U)/选择(S)] <选择>: //在上部左侧垂线的下端点 *D* 处单击

标注文字 = 62

指定第二条尺寸界线原点或 [放弃(U)/选择(S)] <选择>: //按 Esc 键结束命令

结果如图 3-3-5 所示。

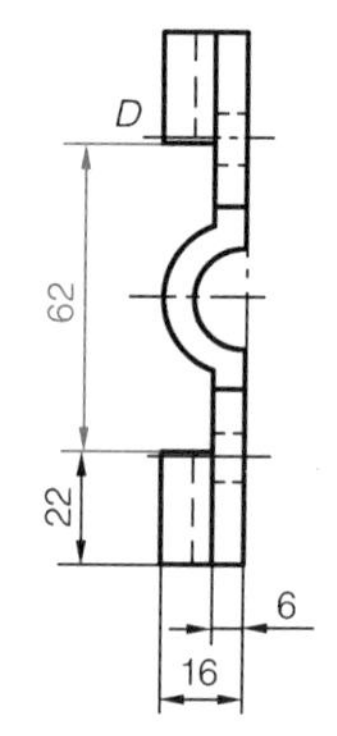

图 3-3-5　连续标注

6. 标注对齐尺寸 ϕ112 和 75

(1)将“前缀 ϕ”尺寸样式设置为当前

单击“注释”选项卡→“标注”面板→“标注”下拉菜单→“对齐”按钮 ,当系统提示“指定第一个尺寸界线原点或<选择对象>”时,在右上圆弧的中点处单击鼠标左键;当提示“指定第二条尺寸界线原点”时,在左下圆弧的中点处单击,选择合适的位置放置尺寸,结果如图 3-3-6 所示。

(2)标注带公差的尺寸

①以前面的对齐方式标注长度尺寸 75,完成后标注样式与要求不符,需要修改(当然可先将“公差”样式设置为当前,再用对齐方式标注)。

②选中尺寸 75,弹出“快捷特性”窗口,如图 3-3-7 所示,在“标注样式”下拉列表中选择“公差”,则更改为图 3-3-8 所示的样式。

③双击尺寸 75，弹出如图 3-3-9 所示的“特性”窗口，下拉滚动条到“公差”选项组的位置，修改“公差下偏差”值为“0.025”，回车确定，再按 Esc 键完成操作。

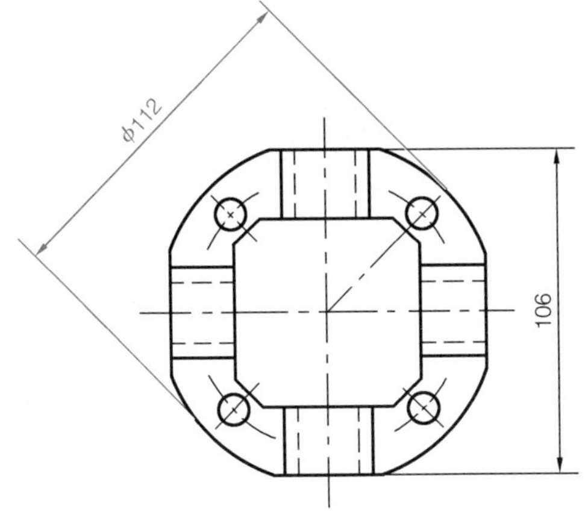

图 3-3-6　对齐标注

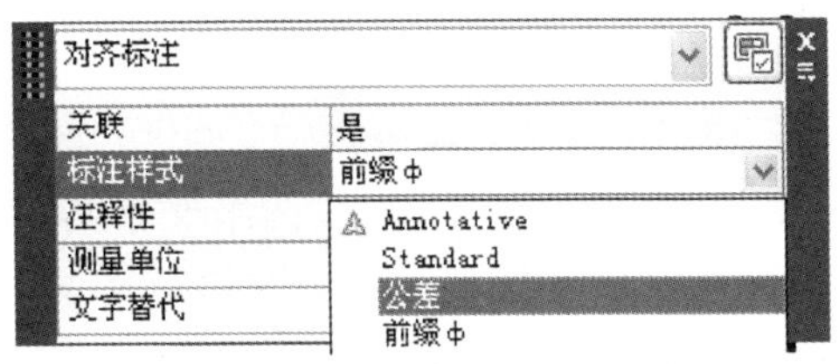

图 3-3-7　快捷对话框

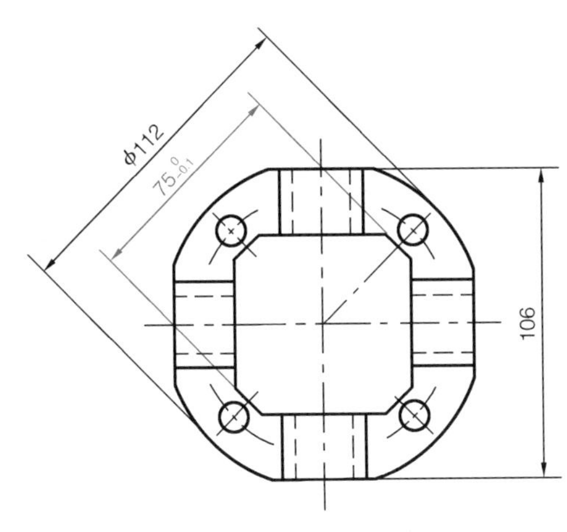

图 3-3-8　改变尺寸样式

图 3-3-9　“特性”窗口

7. 标注 4 个圆的尺寸

(1)标注直径尺寸

新建标注样式，样式名为“文字水平”，以“线性尺寸”样式为基础样式，在“新建标注样式:文字水平”对话框中打开“文字”选项卡，将文字对齐方式设置为“水平”。

将“文字水平”样式设置为当前样式。单击“注释”选项卡→“标注”面板→“标注”下拉菜单→“直径”按钮 。

命令:_dimdiameter

选择圆弧或圆://在圆上单击

标注文字 = 10

指定尺寸线位置或［多行文字(M)/文字(T)/角度(A)］:t↙//输入"文字"选项

输入标注文字 <10>：4×%%c10↙//输入单行文字

指定尺寸线位置或［多行文字(M)/文字(T)/角度(A)］：//在合适位置单击鼠标左键

完成标注的第一步，结果如图 3-3-10 所示。

(2)书写文字

调用单行文字命令，在"4×ϕ10"的下方单击，确定文字的起点，指定图纸文字高度为 5，文字的旋转角度为 0，然后在提示文本窗口中输入"EQS%%c90"，回车，再回车，完成圆的标注。

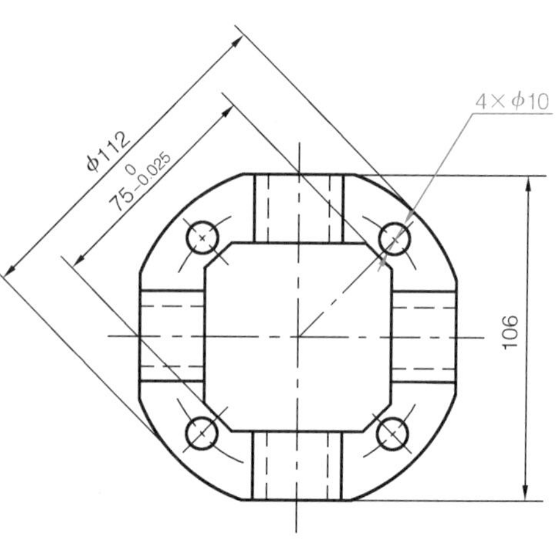

图 3-3-10　标注直径

8. 标注半径 *R*10、*R*16

将"线性尺寸"样式设置为当前。单击"注释"选项卡→"标注"面板→"标注"下拉菜单→"半径"按钮，选择圆弧，将系统测得的尺寸放置在合适的位置。

9. 标注角度

将"线性尺寸"样式设置为当前。单击"注释"选项卡→"标注"面板→"标注"下拉菜单→"角度"按钮，选择要标注角度的两条边界线，将尺寸数字放置于合适的位置。

10. 标注几何公差

(1)绘制定位线

用线性尺寸方式标注图 3-3-11 所示 *E* 处和 *F* 处的尺寸，然后炸开，再删除尺寸文字。用多段线、直线和圆命令绘制基准符号，并用单行文字命令写上基准文字"*A*"，如图 3-3-11 所示。

(2)绘制引线

单击"注释"选项卡→"引线"面板→"多重引线"按钮。

命令：_mleader

指定引线箭头的位置或［引线基线优先(L)/内容优先(C)/选项(O)］<选项>：//捕捉 *F* 处右侧箭头端点

指定引线基线的位置：//在合适位置单击

指定引线基线的位置：//按 Esc 键结束命令

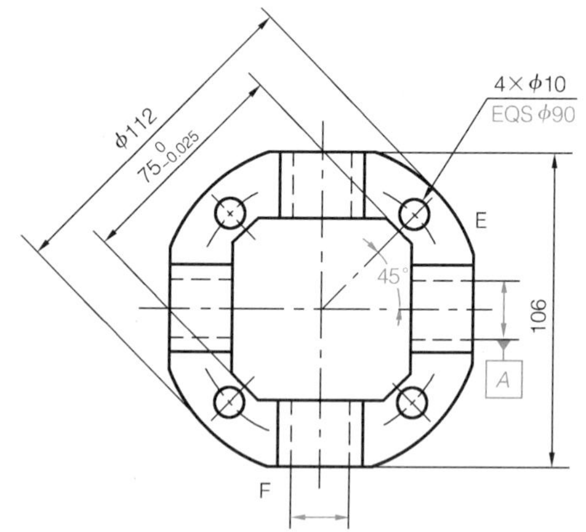

图 3-3-11　绘制定位线

(3)标注垂直度公差

单击"注释"选项卡→"标注"面板下拉按钮 标注▼ →"公差"按钮，弹出如图 3-3-12 所示的"形位公差"对话框(形位公差现称为几何公差)，单击"符号"下的黑色方框，弹出"特征符号"窗口，选择垂直度符号；单击"公差

1”下的黑色方框，弹出“ϕ”，并在文本框中输入公差值“0.2”；在“基准 1”下的文本框中输入基准符号“A”，单击“确定”按钮，用鼠标带动公差符号置于引线的尾部，则完成公差的标注。

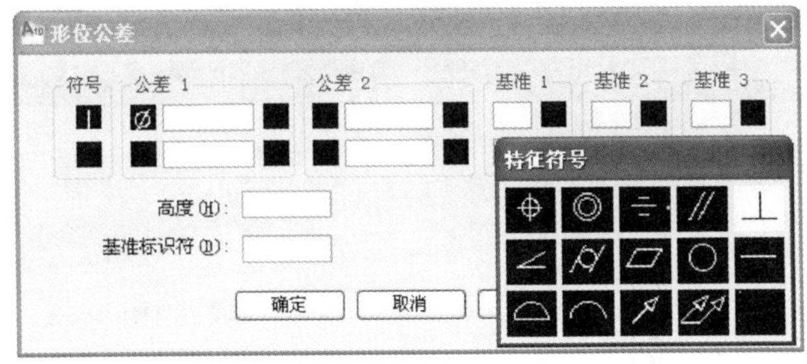

图 3-3-12　“形位公差”对话框

11. 标注表面粗糙度

(1)在 0 层绘制表面粗糙度基本符号，如图 3-3-13 所示。

(2)调用“块属性”命令。

单击“默认”选项卡→“块”面板下拉按钮 块▼ →“定义属性”按钮，弹出如图 3-3-14 所示的“属性定义”对话框，按图 3-3-14 所示填写各值，单击“确定”按钮，用鼠标牵引“*Ra*”，提示输入位置，将其放置于刚刚绘制的粗糙度符号下方，如图 3-3-15 所示。

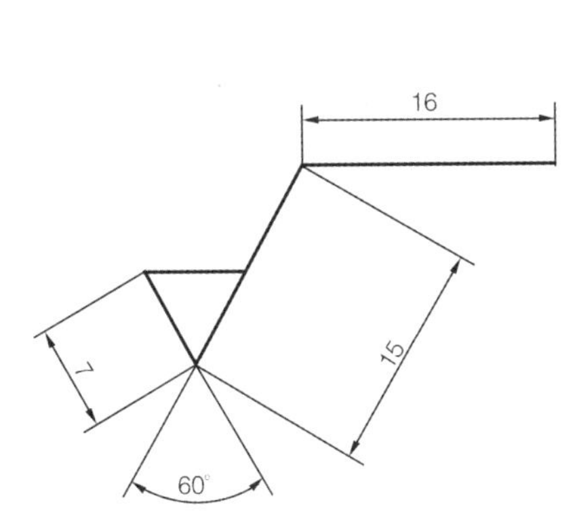

图 3-3-13　表面粗糙度基本符号

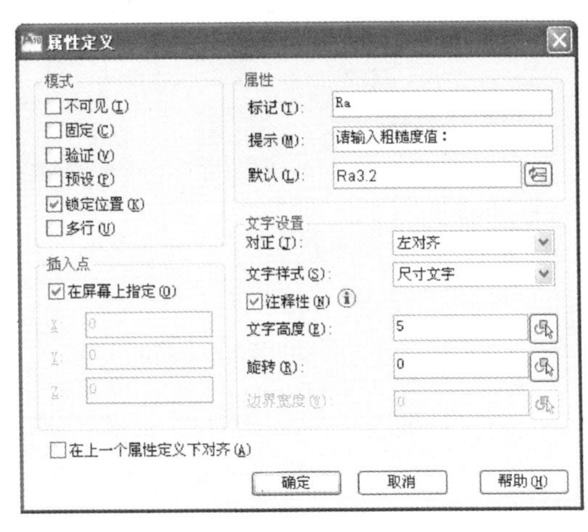

图 3-3-14　“属性定义”对话框

(3)定义粗糙度图块。

单击“默认”选项卡→“块”面板→“创建”按钮，弹出如图 3-3-16 所示的“块定义”对话框，在“名称”文本框中输入“CCD”，单击“基点”选项组中的“拾取点”按钮，在图 3-3-15 所示的基准符号的尖点上单击；单击“对象”选项组中的“选择对象”按钮，选择图 3-3-15 所示的基准符号及属性，回车返回到“块定义”对话框，其他按默认值设置，单击“确定”按钮，完成粗糙度图块的定义。

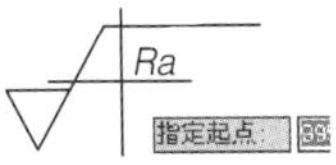

Ra　指定起点:

图 3-3-15　指定属性点

(4)标注表面粗糙度值

单击“默认”选项卡→“块”面板→“插入”按钮，弹出如图 3-3-17 所示的“插入”对话框，选择“CCD”图块，其他按默认设置，单击“确定”按钮，则鼠标牵引粗糙度符号，指定插入位置后，系统弹出“编辑属性”对话框，提示“请输入粗糙度值：＜Ra 3. 2＞”，如果不改变默认值，则直接单击“确定”按钮，结果如图 3-3-18 所示。

图 3-3-16 “块定义”对话框

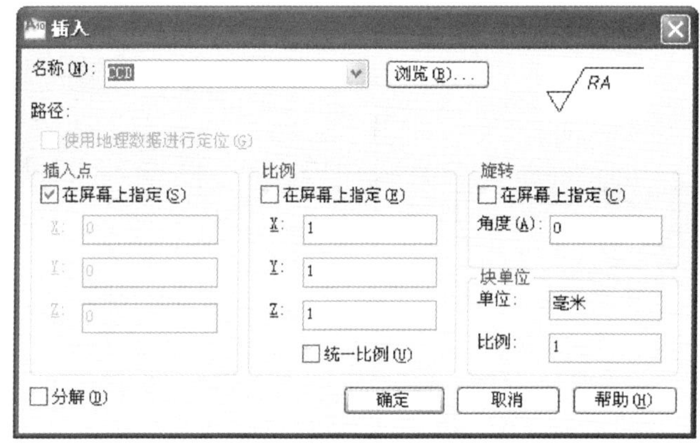

图 3-3-17 “插入”对话框

12. 书写技术要求

调用多行文字命令，弹出文字编辑窗口，输入如图 3-3-19 所示的文字并编辑：字体为宋体，“技术要求”用 10 号字，居中对齐，其他用 7 号字，左对齐。单击“关闭文字编辑器”按钮 ✕，完成多行文字的输入。

13. 填写标题栏

(1)将“宋体”文字样式设置为当前，使用单行文字命令在标题栏“制图”一栏的位置中输入“制图”。将“制图”两字复制到“审核”“比例”“材料”各栏中，如图 3-3-20 所示。

(2)编辑文字。在要修改的文字上双击，可直接修改文字内容，位置不变。

(3)填写学校名称。

在校名位置输入“大连工业大学职业技术学院”，若发现字体高度小，并且超出格外，可选择校名文字，激活状态栏上的“快捷特性”按钮 ▣，弹出文字的“快捷特性”窗口，如

图 3-3-21 所示，将文字高度设为 8，对正设置为“布满”，然后调整两个控制点至合适位置。

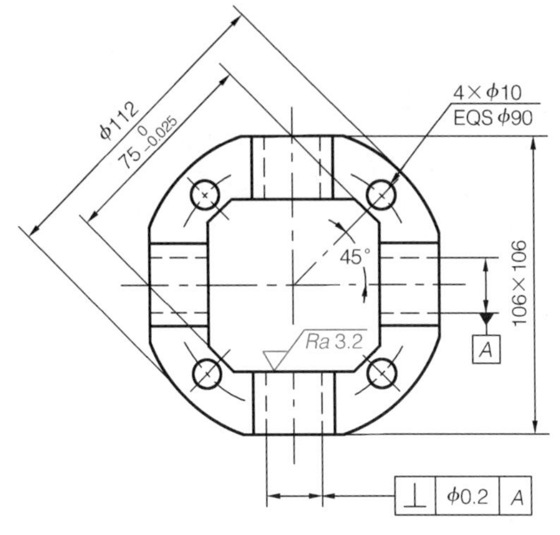

图 3-3-18　标注表面粗糙度值

图 3-3-19　书写技术要求

图 3-3-20　输入“制图”

至此，完成连接块零件图的绘制。

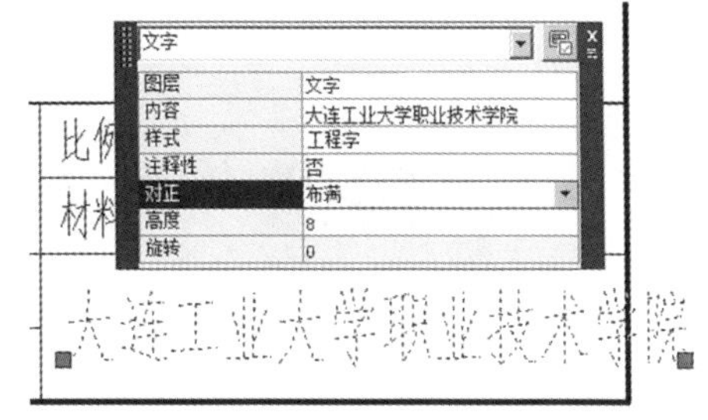

图 3-3-21　输入学校名称

知识拓展

1. 图块

块命令用来将相关联对象合并，创建为一个对象，还可以将信息(属性)附着到块上。可以在图形中建立图块，然后在图形中反复使用；也可以创建作为图形文件的图块(命令 WBLOCK)，用来插入到其他图形中；还可以利用图形文件的图块拼画装配图(将在任务四中讲述)。

2. 特性与快速特性

选择要查看或修改其特性的对象，在绘图区域中单击鼠标右键，然后在弹出的快捷菜单中单击“特性”(或在选择要查看或修改其特性的对象后，按“Ctrl＋1”键)，弹出“特性”窗口，显示选定对象或对象集的特性。

如果“快捷特性”按钮被激活，则显示选择的对象的相关特性，可方便修改编辑。

任务四

绘制装配图(图块、设计中心)

学习目标

通过绘制装配图,掌握建立文件图块、编辑图块以及利用设计中心插入和管理图形的方法。

实例 绘制零件图和装配图

绘制图 3-4-1 所示的零件图和装配图。

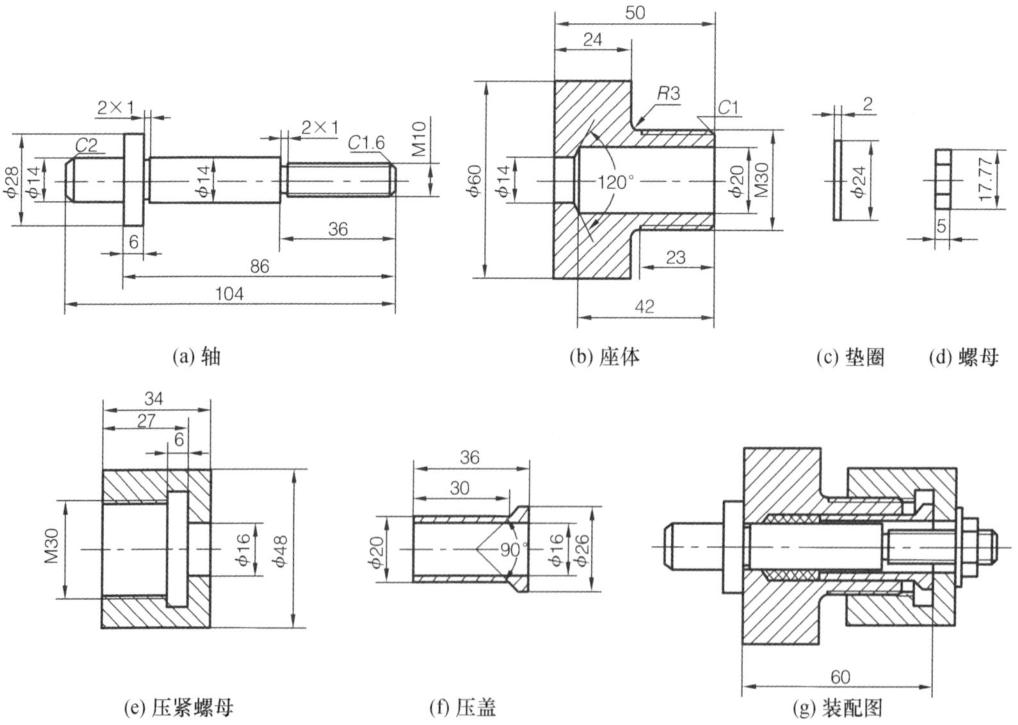

(a) 轴　(b) 座体　(c) 垫圈　(d) 螺母

(e) 压紧螺母　(f) 压盖　(g) 装配图

图 3-4-1　零件图和装配图

实例分析

该装配体是由 6 个零件装配而成的,装配后要保证尺寸 60。可先绘制零件图,再将这些零件图保存为图块文件,拼装成装配图。

任务实施

一、绘制零件图并创建各零件的图块文件

(1)打开 AutoCAD,以“Ljyb. dwt”为样板绘制轴的零件图,命名为“1zhou. dwg”,保存于选定的文件夹下。

(2)关闭或冻结尺寸线层,在命令行输入写块命令。

命令:wblock↙

系统弹出如图 3-4-2 所示的“写块”对话框,单击“拾取点”按钮,选择图 3-4-3 所示的 *A* 点为插入基点,单击“选择对象”按钮,选择轴的轮廓线,其他按默认设置,命名为“1zhou. dwg”,保存于相应的位置。

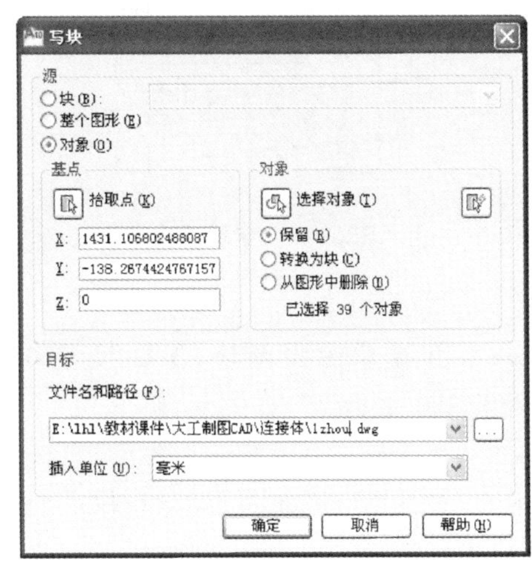

图 3-4-2　“写块”对话框

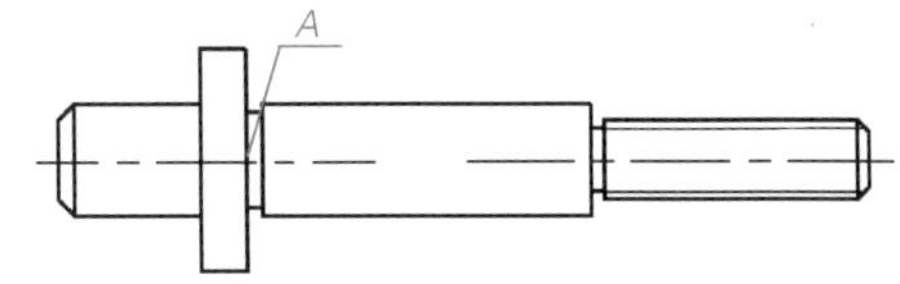

图 3-4-3　轴图块

(3)用同样方法绘制其他 5 个零件的零件图,并以零件名的拼音为图块文件名保存于相同的目录下。

注意:创建图块文件时,插入基点的选择要利于图形的装配,一般为图形装配时的定位基点。

二、绘制装配图

(1)以“Ljyb. dwt”为样板建立名为“yakuai. dwg”的压块装配图文件。

(2)插入轴图块

调用插入命令,弹出图 3-3-17 所示的“插入”对话框,单击“浏览”按钮,在“选择图形文件”对话框中选择名称为“1zhou. dwg”的图块文件，单击“打开”按钮回到“插入”对话框，再单击“确定”按钮，用鼠标索引轴图块到屏幕适当位置后单击，则插入了名称为“1zhou. dwg”的图形文件。

(3)插入并编辑座体图块

①插入座体图块

选择“2zuoti. dwg”图块文件，用鼠标牵引“2zuoti. dwg”的插入基点，将其放置于轴的 A 点，如图3-4-4 所示。

②编辑座体图块

选择刚刚插入的“2zuoti. dwg”图块，单击鼠标右键，在弹出的快捷菜单中选择“在位编辑块”，系统弹出“参照编辑”对话框，确认参照的图块，其他按默认设置，之后单击“确定”按钮。这时“默认”选项卡上增加了一个“编辑参照”面板，同时轴图块变暗，利用修剪命令编辑“2zuoti. dwg”图块，如图 3-4-5 所示。单击“编辑参照”面板上的“保存修改”按钮，完成修改。

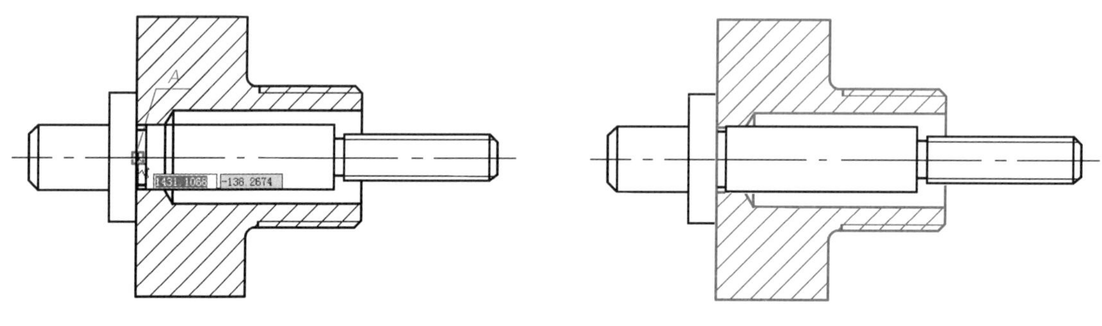

图 3-4-4　插入座体图块　　　　图 3-4-5　编辑座体图块

(4)插入压盖图块

用同样方法插入压盖图块文件“3yagai. dwg”，并在位编辑图块，保证尺寸 60，如图3-4-6 所示。

(5)利用设计中心插入压紧螺母图块

单击“视图”选项卡→“选项板”面板→“设计中心”按钮，系统弹出“设计中心”窗口，如图 3-4-7 所示，在“文件夹列表”中查到“4yajinlm. dwg”文件，选中该文件，用鼠标将其拖到绘图区，命令窗口提示：

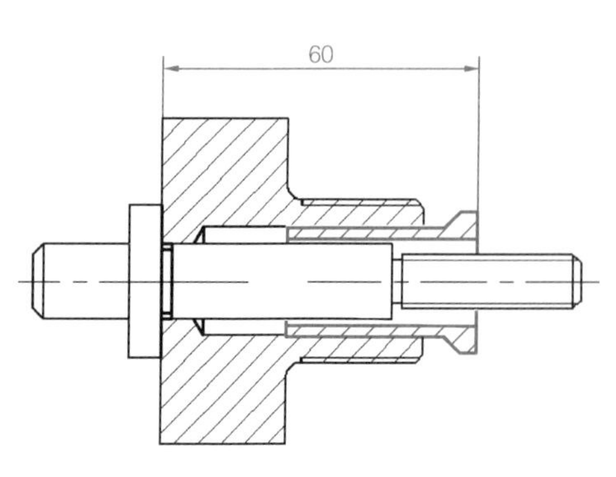

图 3-4-6　插入压盖图块

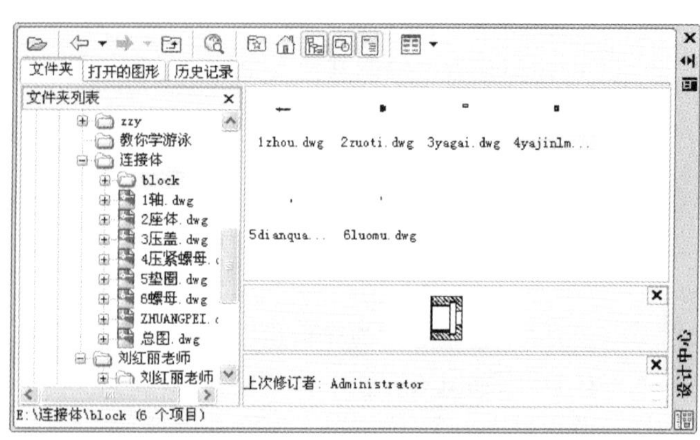

图 3-4-7　“设计中心”窗口

命令:_-INSERT 输入块名或[?]<4yajinlm>:"E:\连接体\block\4yajinlm. dwg"

指定插入点或[基点(B)/比例(S)/X/Y/Z/旋转(R)]://在屏幕上指定插入点

输入 X 比例因子,指定对角点,或[角点(C)/XYZ(XYZ)]<1>://回车,采用默认比例 1

输入 Y 比例因子或<使用 X 比例因子>://回车,采用 X 相同比例 1

指定旋转角度<0>://回车,采用默认角度

至此完成压紧螺母图块的插入,通过在位编辑图块的方法修剪多余的线。

(6)用插入命令或设计中心将垫圈、螺母图块插入到图形中再进行编辑,最后完成装配图的绘制。

知识拓展

1. 图块编辑

(1)选中图块,单击鼠标右键,在弹出的快捷菜单中选择"块编辑器"。

(2)单击"默认"选项卡→"块"面板→"块编辑器"按钮。

(3)双击插入的图块,在弹出的"编辑块定义"对话框中确认要创建或编辑的块后,则增加"块编辑器"选项卡,进入图块编辑窗口,相当于打开了相应的图块文件。块编辑器是一个独立的环境,用于为当前图形创建和更改图块定义,还可以向图块中添加动态行为等。

2. 设计中心

通过设计中心,用户可以组织对图形、图块、图案填充和其他图形内容的访问,可以将源图形中的任何内容拖动到当前图形中,可以将图形、图块和图案填充拖动到工具选项板上。源图形可以位于用户的计算机或网络上。另外,如果打开了多个图形,则可以通过设计中心在图形之间复制和粘贴其他内容(如图层定义、布局和文字样式),以简化绘图过程。

参考文献

[1] 金大鹰.机械制图(机械类专业)(第三版).北京:机械工业出版社,2012

[2] 刘哲,高玉芬.机械制图(机械专业)(第六版).大连:大连理工大学出版社,2014

[3] 钱可强,邱坤.机械制图(机械类专业适用)(第二版).北京:化学工业出版社,2015

[4] 胡仁喜.AutoCAD 2011 中文版机械制图快速入门实例教程.北京:北京邮电大学出版社,2010

[5] 刘瑞新,朱晓峰.AutoCAD 2014 中文版机械制图教程.北京:机械工业出版社,2016

[6] 王晨曦.机械制图.北京:北京邮电大学出版社,2012

[7] 梁德本,叶玉驹.机械制图手册(第三版).北京:机械工业出版社,2002

[8] 吕天玉,张柏军.公差配合与测量技术(第五版).大连:大连理工大学出版社,2014

[9] 李澄,吴天生,闻百桥.机械制图(第三版).北京:高等教育出版社,2008

[10] 吕波.工程制图.北京:北京邮电大学出版社,2013

[11] 高玉芬.机械制图测绘实训指导(第二版).大连:大连理工大学出版社,2014

附　　录

附表 1　　**平键和键槽的尺寸与公差**

（摘自 GB/T 1095—2003 和 GB/T 1096—2003）　　mm

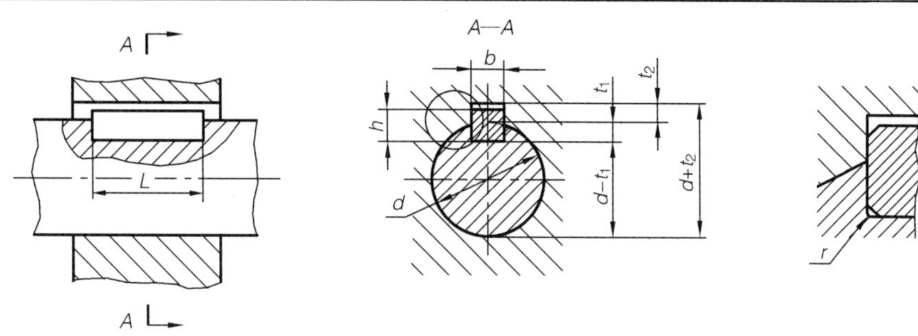

标记示例：

圆头普通平键（A 型）、$b=18$、$h=11$、$L=100$，记为：GB/T 1096—2003　键　18×11×100

方头普通平键（B 型）、$b=18$、$h=11$、$L=100$，记为：GB/T 1096—2003　键　B18×11×100

单圆头普通平键（C 型）、$b=18$、$h=11$、$L=100$，记为：GB/T 1096—2003　键　C18×11×100

键			键槽											
键尺寸 $b\times h$	宽度 b 极限偏差 (h8)	高度 h 极限偏差 (h11)	宽度 b 公称尺寸 b	宽度 b 极限偏差 松连接 轴 H9	松连接 毂 D10	正常连接 轴 N9	正常连接 毂 JS9	紧密连接 轴和毂 P9	深度 轴 t_1 基本尺寸	轴 t_1 极限偏差	毂 t_2 基本尺寸	毂 t_2 极限偏差	半径 r min	半径 r max
2×2	0 −0.014	—	2	+0.025 0	+0.060 +0.020	−0.004 −0.029	±0.0125	−0.006 −0.031	1.2	+0.1 0	1.0	+0.1 0	0.08	0.16
3×3			3						1.8		1.4			
4×4	0 −0.018	—	4	+0.030 0	+0.078 +0.030	0 −0.030	±0.015	−0.012 −0.042	2.5		1.8			
5×5			5						3.0		2.3		0.16	0.25
6×6			6						3.5		2.8			
8×7	0 −0.022	0 −0.090	8	+0.036 0	+0.098 +0.040	0 −0.036	±0.018	−0.015 −0.051	4.0	+0.2 0	3.3	+0.2 0		
10×8			10						5.0		3.3		0.25	0.40
12×8	0 −0.027		12	+0.043 0	+0.120 +0.050	0 −0.043	±0.0215	−0.018 −0.061	5.0		3.3			
14×9			14						5.5		3.8			
16×10			16						6.0		4.3			
18×11		0 −0.110	18						7.0		4.4			
20×12	0 −0.033		20	+0.052 0	+0.149 +0.065	0 −0.052	±0.026	−0.022 −0.074	7.5		4.9		0.40	0.60
22×14			22						9.0		5.4			
25×14			25						9.0		5.4			
28×16			28						10.0		6.4			

注：键的长度系列：6，8，10，12，14，16，18，20，22，25，28，32，36，40，45，50，56，63，70，80，90，100。

附表 2　**轴的基本偏差数值(摘自 GB/T 1800.1—2009)**　μm

公称尺寸/mm		基本偏差数值(上极限偏差 es)														
		所有标准公差等级												IT5 和 IT6	IT7	IT8
大于	至	a	b	c	cd	d	e	ef	f	fg	g	h	js	j		
—	3	-270	-140	-60	-34	-20	-14	-10	-6	-4	-2	0	偏差=±IT_n/2，式中 IT_n 是 IT 数值	-2	-4	-6
3	6	-270	-140	-70	-46	-30	-20	-14	-10	-6	-4	0		-2	-4	
6	10	-280	-150	-80	-56	-40	-25	-18	-13	-8	-5	0		-2	-5	
10	14	-290	-150	-95		-50	-32		-16		-6	0		-3	-6	
14	18															
18	24	-300	-160	-110		-65	-40		-20		-7	0		-4	-8	
24	30															
30	40	-310	-170	-120		-80	-50		-25		-9	0		-5	-10	
40	50	-320	-180	-130												
50	65	-340	-190	-140		-100	-60		-30		-10	0		-7	-12	
65	80	-360	-200	-150												
80	100	-380	-220	-170		-120	-72		-36		-12	0		-9	-15	
100	120	-410	-240	-180												
120	140	-460	-260	-200		-145	-85		-43		-14	0		-11	-18	
140	160	-520	-280	-210												
160	180	-530	-310	-230												
180	200	-660	-340	-240		-170	-100		-50		-15	0		-13	-21	
200	225	-740	-380	-260												
225	250	-820	-420	-280												
250	280	-920	-480	-300		-190	-110		-56		-17	0		-16	-26	
280	315	-1050	-540	-330												
315	355	-1200	-600	-360		-210	-125		-62		-18	0		-18	-28	
355	400	-1350	-680	-400												
400	450	-1500	-760	-440		-230	-135		-68		-20	0		-20	-32	
450	500	-1650	-840	-480												

续表

公称尺寸/mm		基本偏差数值(下极限偏差 ei)															
		IT4～IT7	≤IT3 >IT7	所有标准公差等级													
大于	至	k		m	n	p	r	s	t	u	v	x	y	z	za	zb	zc
—	3	0	0	+2	+4	+6	+10	+14		+18		+20		+26	+32	+40	+60
3	6	+1	0	+4	+8	+12	+15	+19		+23		+28		+35	+42	+50	+80
6	10	+1	0	+6	+10	+15	+19	+23		+28		+34		+42	+52	+67	+97
10	14	+1	0	+7	+12	+18	+23	+28		+33		+40		+50	+64	+90	+130
14	18										+39	+45		+60	+77	+108	+150
18	24	+2	0	+8	+15	+22	+28	+35		+41	+47	+54	+63	+73	+98	+136	+188
24	30								+41	+48	+55	+64	+75	+88	+118	+160	+218
30	40	+2	0	+9	+17	+26	+34	+43	+48	+60	+68	+80	+94	+112	+148	+200	+274
40	50								+54	+70	+81	+97	+114	+136	+180	+242	+325
50	65	+2	0	+11	+20	+32	+41	+53	+66	+87	+102	+122	+144	+172	+226	+300	+405
65	80						+43	+59	+75	+102	+120	+146	+174	+210	+274	+360	+480
80	100	+3	0	+13	+23	+37	+51	+71	+91	+124	+146	+178	+214	+258	+335	+445	+585
100	120						+54	+79	+104	+144	+172	+210	+254	+310	+400	+525	+690
120	140	+3	0	+15	+27	+43	+63	+92	+122	+170	+202	+248	+300	+365	+470	+620	+800
140	160						+65	+100	+134	+190	+228	+280	+340	+415	+535	+700	+900
160	180						+68	+108	+146	+210	+252	+310	+380	+465	+600	+780	+1000
180	200	+4	0	+17	+31	+50	+77	+122	+166	+236	+284	+350	+425	+520	+670	+880	+1150
200	225						+80	+130	+180	+258	+310	+385	+470	+575	+740	+960	+1250
225	250						+84	+140	+196	+284	+340	+425	+520	+640	+820	+1050	+1350
250	280	+4	0	+20	+34	+56	+94	+158	+218	+315	+385	+475	+580	+710	+920	+1200	+1550
280	315						+98	+170	+240	+350	+425	+525	+650	+790	+1000	+1300	+1700
315	355	+4	0	+21	+37	+62	+108	+190	+268	+390	+475	+590	+730	+900	+1150	+1500	+1900
355	400						+114	+208	+294	+435	+530	+660	+820	+1000	+1300	+1650	+2100
400	450	+5	0	+23	+40	+68	+126	+232	+330	+490	+595	+740	+920	+1100	+1450	+1850	+2400
450	500						+132	+252	+360	+540	+660	+820	+1000	+1250	+1600	+2100	+2600

注：公称尺寸小于或等于 1 mm 时，基本偏差 a 和 b 均不采用。公差带 js7～js11，若 IT_n 的数值是奇数，则取偏差 $=\pm\frac{IT_n-1}{2}$。

附表 3 孔的基本偏差数值(摘自 GB/T 1800.1—2009) μm

公称尺寸/mm		基本偏差数值																				
		下极限偏差 EI												上极限偏差 ES								
大于	至	所有标准公差等级												IT6	IT7	IT8	≤IT8	>IT8	≤IT8	>IT8	≤IT8	>IT8
		A*	B*	C	CD	D	E	EF	F	FG	G	H	JS	J			K		M		N*	
—	3	+270	+140	+60	+34	+20	+14	+10	+6	+4	+2	0	偏差=±$IT_n/2$，式中 IT_n 是 IT 数值	+2	+4	+6	0	0	−2	−2	−4	−4
3	6	+270	+140	+70	+46	+30	+20	+14	+10	+6	+4	0		+5	+6	+10	−1+Δ		−4+Δ	−4	−8+Δ	0
6	10	+280	+150	+80	+56	+40	+25	+18	+13	+8	+5	0		+5	+8	+12	−1+Δ		−6+Δ	−6	−10+Δ	0
10	14	+290	+150	+95		+50	+32		+16		+6	0		+6	+10	+15	−1+Δ		−7+Δ	−7	−12+Δ	0
14	18																					
18	24	+300	+160	+110		+65	+40		+20		+7	0		+8	+12	+20	−2+Δ		−8+Δ	−8	−15+Δ	0
24	30																					
30	40	+310	+170	+120		+80	+50		+25		+9	0		+10	+14	+24	−2+Δ		−9+Δ	−9	−17+Δ	0
40	50	+320	+180	+130																		
50	65	+340	+190	+140		+100	+60		+30		+10	0		+13	+18	+28	−2+Δ		−11+Δ	−11	−20+Δ	0
65	80	+360	+200	+150																		
80	100	+380	+220	+170		+120	+72		+36		+12	0		+16	+22	+34	−3+Δ		−13+Δ	−13	−23+Δ	0
100	120	+410	+240	+180																		
120	140	+460	+260	+200		+145	+85		+43		+14	0		+18	+26	+41	−3+Δ		−15+Δ	−15	−27+Δ	0
140	160	+520	+280	+210																		
160	180	+580	+310	+230																		
180	200	+600	+340	+240		+170	+100		+50		+15	0		+22	+30	+47	−4+Δ		−17+Δ	−17	−31+Δ	0
200	225	+740	+380	+260																		
225	250	+820	+420	+280																		
250	280	+920	+480	+300		+190	+110		+56		+17	0		+25	+36	+55	−4+Δ		−20+Δ	−20	−34+Δ	0
280	315	+1050	+540	+330																		
315	355	+1200	+600	+360		+210	+125		+62		+18	0		+29	+39	+60	−4+Δ		−21+Δ	−21	−37+Δ	0
355	400	+1350	+680	+400																		

（续表）

公称尺寸/mm		基本偏差数值 上极限偏差 ES													Δ值					
大于	至	≤IT7	标准公差等级大于 IT7												标准公差等级					
		P 至 ZC	P	R	S	T	U	V	X	Y	Z	ZA	ZB	ZC	IT3	IT4	IT5	IT6	IT7	IT8
—	3		−6																	
3	6	在大于IT7相应数值上增加一个Δ值	−12	−15	−19		−23		−28		−35	−42	−50	−80	1	1.5	1	3	4	6
6	10		−15	−19	−23		−28		−34		−42	−52	−67	−97	1	1.5	2	3	6	7
10	14		−18	−23	−28		−33		−40		−50	−64	−90	−130	1	2	3	3	7	9
14	18							−39	−45		−60	−77	−108	−150						
18	24		−22	−28	−35		−41	−47	−54	−63	−73	−98	−136	−188	1.5	2	3	4	8	12
24	30					−41	−48	−55	−64	−75	−88	−118	−160	−218						
30	40		−26	−34	−43	−48	−60	−68	−80	−94	−112	−148	−200	−274	1.5	3	4	5	9	14
40	50					−54	−70	−81	−97	−114	−136	−180	−242	−325						
50	65		−32	−41	−53	−66	−87	−102	−122	−144	−172	−226	−300	−405	2	3	5	6	11	16
65	80			−43	−59	−75	−102	−120	−146	−174	−210	−274	−360	−480						
80	100		−37	−51	−71	−91	−124	−146	−178	−214	−258	−335	−445	−585	2	4	5	7	13	19
100	120			−54	−79	−104	−144	−172	−210	−254	−310	−400	−525	−690						
120	140		−43	−63	−92	−122	−170	−202	−248	−300	−365	−470	−620	−800	3	4	6	7	15	23
140	160			−65	−100	−134	−190	−228	−280	−340	−415	−535	−700	−900						
160	180			−68	−108	−146	−210	−252	−310	−380	−465	−600	−780	−1000						
180	200		−50	−77	−122	−166	−236	−284	−350	−425	−520	−670	−880	−1150	3	4	6	9	17	26
200	225			−80	−130	−180	−258	−310	−385	−470	−575	−740	−960	−1250						
225	250			−84	−140	−196	−284	−340	−425	−520	−640	−820	−1050	−1350						
250	280		−56	−94	−158	−218	−315	−385	−475	−580	−710	−920	−1200	−1550	4	4	7	9	20	29
280	315			−98	−170	−240	−350	−425	−525	−650	−790	−1000	−1300	−1700						
315	355		−62	−108	−190	−268	−390	−470	−590	−730	−900	−1150	−1500	−1900	4	5	7	11	21	32
355	400			−114	−208	−294	−435	−530	−660	−820	−1000	−1300	−1650	−2100						

注：1. 公称尺寸小于或等于 1 mm 时，基本偏差 A 和 B 及大于 IT8 的 N 均不采用。公差带 JS7 至 JS11，若 IT_n 的数值为奇数，则取偏差 $=\pm\frac{IT_{n-1}}{2}$。

2. 对小于或等于 IT8 的 K、M、N 和小于或等于 IT7 的 P 至 ZC，所需 Δ 值从表内右侧选取。例如：18～30 mm 段的 K7，$\Delta=8$ μm，所以 $ES=-2+8=+6$ μm；18～30 mm段的 S6，$\Delta=4$ μm，所以 $ES=-35+4=-31$ μm。特殊情况：250～315 mm 段的 M6，$ES=-9$ μm（代替 −11 μm）。

附表 4 **六角头螺栓** mm

六角头螺栓 A 和 B 级
（摘自 GB/T 5782—2016）

六角头螺栓 全螺纹 A 和 B 级
（摘自 GB/T 5783—2016）

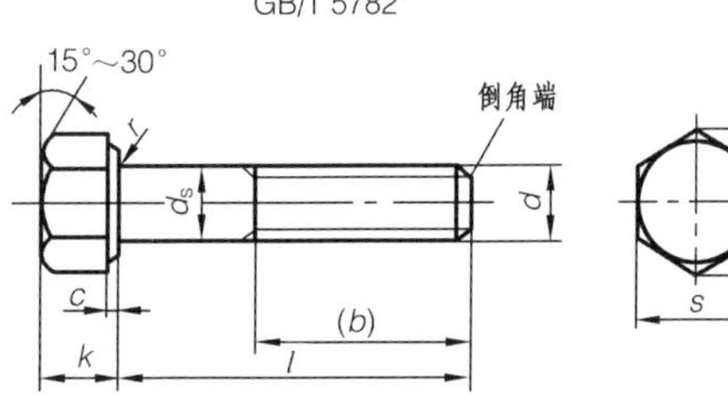

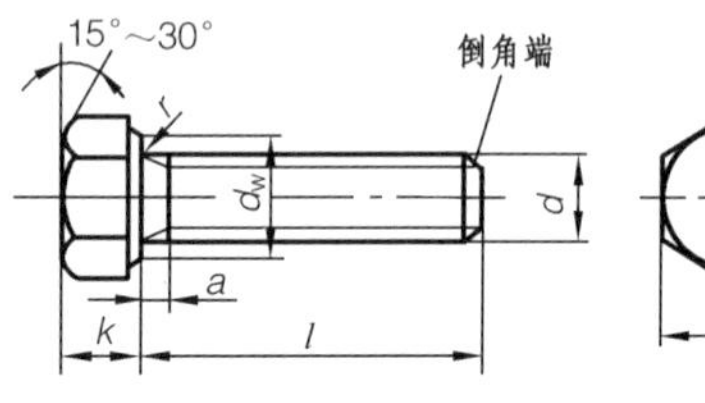

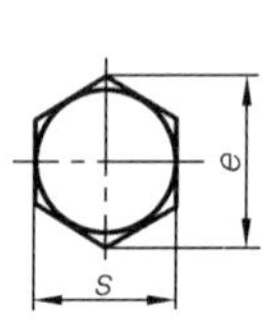

标记示例：

螺纹规格 d=12、公称长度 l=80、性能等级为 8.8 级、表面氧化、A 级的六角头螺栓标记为：

螺栓 GB/T 5782—2016 M12×80

螺纹规格 d			M3	M4	M5	M6	M8	M10	M12	(M14)	M16	(M18)	M20	(M22)	M24
b(参考)	l≤125		12	14	16	18	22	26	30	34	38	42	46	50	54
	125<l≤200		18	20	22	24	28	32	36	40	44	48	52	56	60
	l>200		31	33	35	37	41	45	49	53	57	61	65	69	73
a			1.5	2.1	2.4	3	3.75	4.5	5.25	6	6	7.5	7.5	7.5	9
c			0.4	0.4	0.5	0.5	0.6	0.6	0.6	0.6	0.8	0.8	0.8	0.8	0.8
d_w	产品等级	A	4.57	5.88	6.88	8.88	11.63	14.63	16.63	19.64	22.49	25.34	28.19	31.71	33.61
		B	4.45	5.74	6.74	8.74	11.47	14.47	16.47	19.15	22	24.85	27.7	31.35	33.25
e	产品等级	A	6.01	7.66	8.79	11.05	14.38	17.77	20.03	23.35	26.75	30.14	33.53	37.72	39.98
		B	5.88	7.50	8.63	10.89	14.20	17.59	19.85	22.78	26.17	29.56	32.95	37.29	39.55
k 公称			2	2.8	3.5	4	5.3	6.4	7.5	8.8	10	11.5	12.5	14	15
r			0.1	0.2	0.2	0.25	0.4	0.4	0.6	0.6	0.6	0.6	0.8	0.8	0.8
s 公称			5.5	7	8	10	13	16	18	21	24	27	30	34	36
l（产品规格范围）			20～30	25～40	25～50	30～60	35～80	40～100	45～120	60～140	55～160	60～180	65～200	70～200	80～240
l 全螺纹（产品规格范围）			6～30	8～40	10～50	12～60	16～80	20～100	25～120	30～140	30～150	35～180	40～150	45～200	50～150
l 系列			6,8,10,12,16,20～70(5 进位),80～160(10 进位),180～360(20 进位)												

注：1. A、B 为产品等级，A 级最精确，C 级最不精确。C 级产品详见 GB/T 5780—2016、GB/T 5781—2016。

2. l 系列中，M14 中的 55、65，M18 和 M20 中的 65 以及全螺纹中的 55、65 等规格尽量不采用。

3. 括号内为第二系列螺纹直径规格，尽量不采用。

附表 5 **六角螺母** mm

六角螺母 C 级（GB/T 41—2016） 1 型六角螺母 A 和 B 级（GB/T 6170—2015） 六角薄螺母 A 和 B 级（GB/T 6172.1—2016）

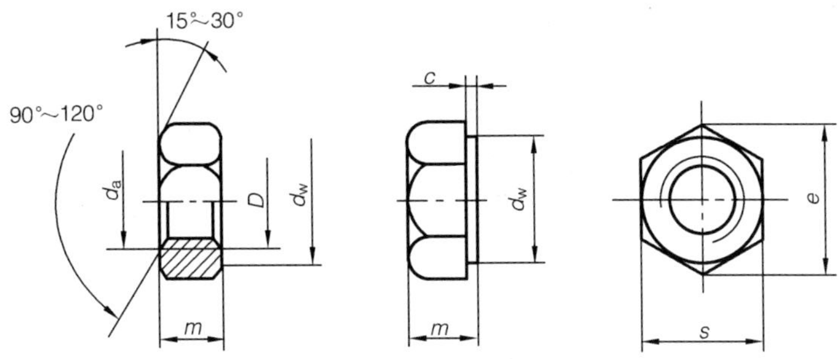

标记示例：

螺纹规格 D=M12、性能等级为 5 级、不经表面处理、产品等级为 C 级的六角螺母记为：

螺母 GB/T 41—2016 M12

螺纹规格 D=M12、性能等级为 8 级、不经表面处理、产品等级为 A 级的 1 型六角螺母记为：

螺母 GB/T 6170—2015 M12

螺纹规格 D=M12、性能等级为 04 级、不经表面处理、产品等级为 A 级的六角薄螺母记为：

螺母 GB/T 6172.1—2016 M12

螺纹规格 D		M3	M4	M5	M6	M8	M10	M12	M16	M20	M24	M30	M36	M42
e_{min}	GB/T 41			8.63	10.89	14.20	17.59	19.85	26.17	32.95	39.55	50.85	60.79	72.02
	GB/T 6170	6.01	7.66	8.79	11.05	14.38	17.77	20.03	26.75	32.95	39.55	50.85	60.79	72.02
	GB/T 6172	6.01	7.66	8.79	11.05	14.38	17.77	20.03	26.75	32.95	39.55	50.85	60.79	72.02
s_{max}	GB/T 41			8	10	13	16	18	24	30	36	46	55	65
	GB/T 6170	5.5	7	8	10	13	16	18	24	30	36	46	55	65
	GB/T 6172	5.5	7	8	10	13	16	18	24	30	36	46	55	65
m_{max}	GB/T 41			5.6	6.4	7.9	9.5	12.2	15.9	18.7	22.3	26.4	31.9	34.9
	GB/T 6170	2.4	3.2	4.7	5.2	6.8	8.4	10.8	14.8	18	21.5	25.6	31	34
	GB/T 6172	1.8	2.2	2.7	3.2	4	5	6	8	10	12	15	18	21

注：A 级用于 $D \leqslant 16$，B 级用于 $D > 16$。

附表 6　　垫　圈　　mm

小垫圈　A 级(GB/T 848—2002)

平垫圈　A 级(GB/T 97.1—2002)

平垫圈　倒角型 A 级(GB/T 97.2—2002)

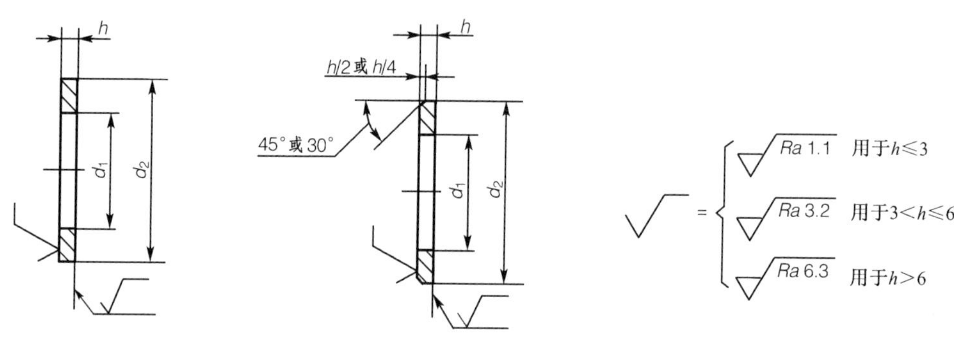

标记示例:

标准系列、公称规格 $d=8$、由钢制造的硬度等级为 200HV 级、不经表面处理、产品等级为 A 级的平垫圈标记为:垫圈　GB/T 97.1—2002　8

公称尺寸(螺纹规格 d)		1.6	2	2.5	3	4	5	6	8	10	12	14	16	20	24	30	36
d_1	GB/T 848	1.7	2.2	2.7	3.2	4.3	5.3	6.4	8.4	10.5	13	15	17	21	25	31	37
	GB/T 97.1	1.7	2.2	2.7	3.2	4.3	5.3	6.4	8.4	10.5	13	15	17	21	25	31	37
	GB/T 97.2						5.3	6.4	8.4	10.5	13	15	17	21	25	31	37
d_2	GB/T 848	3.5	4.5	5	6	8	9	11	15	18	20	24	28	34	39	50	60
	GB/T 97.1	4	5	6	7	9	10	12	16	20	24	28	30	37	44	56	66
	GB/T 97.2						10	12	16	20	24	28	30	37	44	56	66
h	GB/T 848	0.3	0.3	0.5	0.5	0.5	1	1.6	1.6	1.6	2	2.5	2.5	3	4	4	5
	GB/T 97.1	0.3	0.3	0.5	0.5	0.8	1	1.6	1.6	2	2.5	2.5	3	3	4	4	5
	GB/T 97.2						1	1.6	1.6	2	2.5	2.5	3	3	4	4	5

附表 7 弹簧垫圈 mm

标准型弹簧垫圈(摘自 GB/T 93—1987) 轻型弹簧垫圈(摘自 GB/T 859—1987)

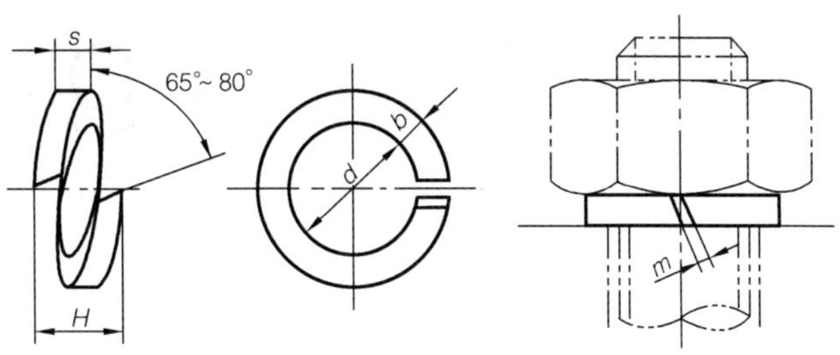

标记示例:

规格 16、材料为 65Mn、表面氧化的标准型弹簧垫圈标记为:垫圈 GB/T 93—1987 16

规格(螺纹大径)		3	4	5	6	8	10	12	(14)	16	(18)	20	(22)	24	(27)	30
d		3.1	4.1	5.1	6.1	8.1	10.2	12.2	14.2	16.2	18.2	20.2	22.5	24.5	27.5	30.5
H	GB/T 93	1.6	2.2	2.6	3.2	4.2	5.2	6.2	7.2	8.2	9	10	11	12	13.6	15
	GB/T 859	1.2	1.6	2.2	2.6	3.2	4	5	6	6.4	7.2	8	9	10	11	12
s(*b*)	GB/T 93	0.8	1.1	1.3	1.6	2.1	2.6	3.1	3.6	4.1	4.5	5	5.5	6	6.8	7.5
s	GB/T 859	0.6	0.8	1.1	1.3	1.6	2	2.5	3	3.2	3.6	4	4.5	5	5.5	6
m≤	GB/T 93	0.4	0.55	0.65	0.8	1.05	1.3	1.55	1.8	2.05	2.25	2.5	2.75	3	3.4	3.75
	GB/T 859	0.3	0.4	0.55	0.65	0.8	1	1.25	1.5	1.6	1.8	2	2.25	2.5	2.75	3
b	GB/T 859	1	1.2	1.5	2	2.5	3	3.5	4	4.5	5	5.5	6	7	8	9

注:1. 括号内的规格尽可能不用。

2. *m* 应大于零。

附表 8 内六角圆柱头螺钉(摘自 GB/T 70.1—2008) mm

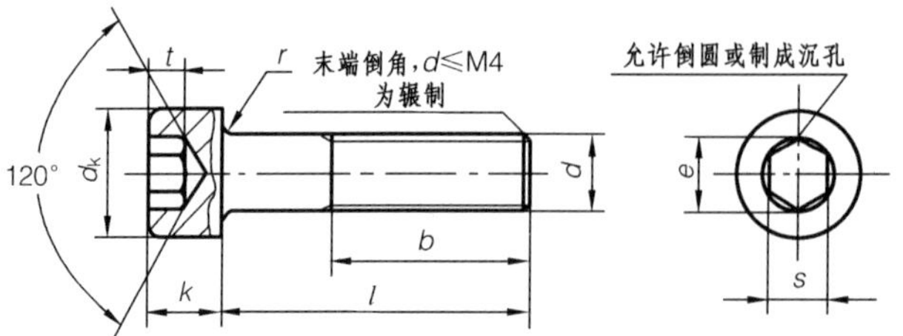

标记示例：

螺纹规格 d=M5、公称长度 l=20、性能等级为 8.8 级、表面氧化的内六角圆柱头螺钉标记为：

螺钉 GB/T 70.1—2008 M5×20

螺纹规格 d	M3	M4	M5	M6	M8	M10	M12	M14	M16	M20
P(螺距)	0.5	0.7	0.8	1	1.25	1.5	1.75	2	2	2.5
b 参考	18	20	22	24	28	32	36	40	44	52
d_k	5.5	7	8.5	10	13	16	18	21	24	30
k	3	4	5	6	8	10	12	14	16	20
t	1.3	2	2.5	3	4	5	6	7	8	10
s	2.5	3	4	5	6	8	10	12	14	17
e	2.873	3.443	4.583	5.723	6.683	9.149	11.429	13.716	15.996	19.437
r	0.1	0.2	0.2	0.25	0.4	0.4	0.6	0.6	0.6	0.8
公称长度 l	5～30	6～40	8～50	10～60	12～80	16～100	20～120	25～140	25～160	30～200
l≤表中数值时制出全螺纹	20	25	25	30	35	40	45	55	55	65
l 系列	2.5,3,4,5,6,8,10,12,16,20,25,30,35,40,45,50,55,60,65,70,80,90,100,110,120,130,140,150,160,180,200,220,240,260,280,300									

注：螺纹规格 d=M1.6～M64。

附表 9 开槽沉头螺钉(摘自 GB/T 68—2016) mm

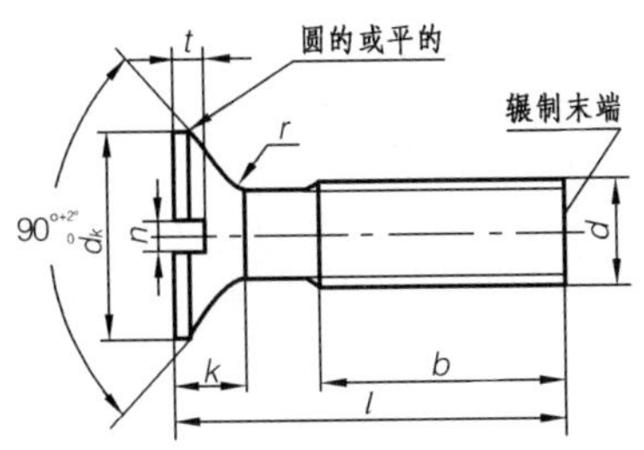

标记示例:

螺纹规格 d=M5、公称长度 l=20、性能等级为 4.8 级、不经表面处理的 A 级开槽沉头螺钉标记为:

螺钉 GB/T 68—2016 M5×20

螺纹规格 d	M1.6	M2	M2.5	M3	M4	M5	M6	M8	M10
P(螺距)	0.35	0.4	0.45	0.5	0.7	0.8	1	1.25	1.5
b	25	25	25	25	38	38	38	38	38
d_k(理论值 max)[a]	3.6	4.4	5.5	6.3	9.4	10.4	12.6	17.3	20
k(公称=max)[a]	1	1.2	1.5	1.65	2.7	2.7	3.3	4.65	5
n(nom)	0.4	0.5	0.6	0.8	1.2	1.2	1.6	2	2.5
r(max)	0.4	0.5	0.6	0.8	1	1.3	1.5	2	2.5
t(max)	0.5	0.6	0.75	0.85	1.3	1.4	1.6	2.3	2.6
公称长度 l	2.5~16	3~20	4~25	5~30	6~40	8~50	8~60	10~80	12~80
l 系列	2.5,3,4,5,6,8,10,12,(14),16,20,25,30,35,40,45,50,(55),60,(65),70,(75),80								

注:1. 括号内的规格尽可能不用。

2. M1.6~M3 的螺钉,公称长度 l≤30 的制出全螺纹;M4~M10 的螺钉,公称长度 l≤45 的制出全螺纹。

3. [a] 见 GB/T 5279。

附表 10 开槽圆柱头螺钉(摘自 GB/T 65—2016) mm

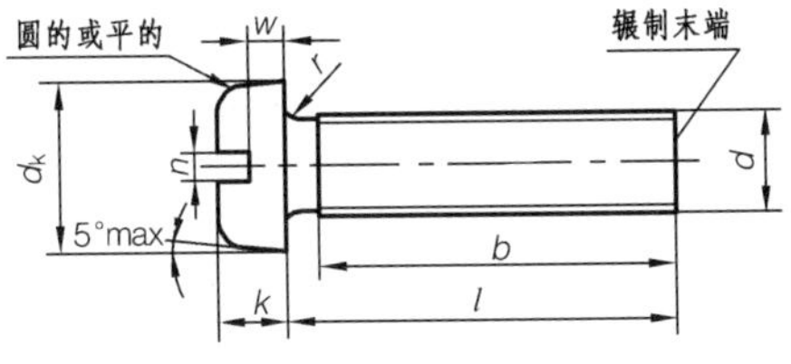

标记示例:

螺纹规格 d=M5、公称长度 l=20、性能等级为 4.8 级、不经表面处理的 A 级开槽圆柱头螺钉标记为:螺钉 GB/T 65—2016 M5×20

螺纹规格 d	M1.6	M2	M2.5	M3	M4	M5	M6	M8	M10
P(螺距)	0.35	0.4	0.45	0.5	0.7	0.8	1	1.25	1.5
b(min)	25	25	25	25	38	38	38	38	38
d_k(公称=max)	3	3.8	4.5	5.5	7	8.5	10	13	16
k(公称=max)	1.1	1.4	1.8	2.0	2.6	3.3	3.9	5.0	6.0
n(nom)	0.4	0.5	0.6	0.8	1.2	1.2	1.6	2	2.5
r(min)	0.1	0.1	0.1	0.1	0.2	0.2	0.25	0.4	0.4
w(min)	0.41	0.5	0.7	0.75	1.1	1.3	1.6	2.0	2.4
公称长度 l	2~6	2.5~20	3~25	4~30	5~40	6~50	8~60	10~80	12~80
l 系列	2,2.5,3,4,5,6,8,10,12,(14),16,20,25,30,35,40,45,50,(55),60,(65),70,(75),80								

注:1. 括号内的规格尽可能不用。

2. M1.6~M3 的螺钉,公称长度 l≤30 的制出全螺纹;M4~M10 的螺钉,公称长度 l≤40 的制出全螺纹。

附表 11　　圆柱销(摘自 GB/T 119.1—2000)、圆锥销(摘自 GB/T 117—2000)　　mm

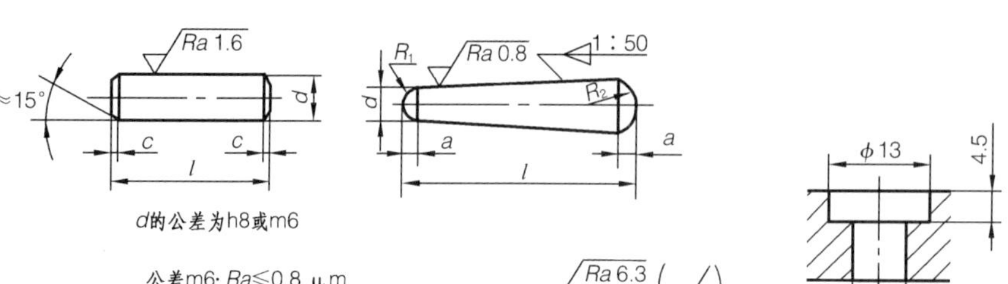

标记示例:

公称直径 $d=6$ mm、公差为 m6、公称长度 $l=30$ mm、材料为钢、不经淬火、不经表面处理的圆柱销标记为:销　GB/T 119.1—2000　6m6×30

公称直径 $d=6$ mm、长度 $l=30$ mm、材料为 35 钢、热处理硬度(28~38)HRC、表面氧化处理的 A 型圆锥销标记为:销　GB/T 117—2000　6×30

公称直径 d			3	4	5	6	8	10	12	16	20	25
圆柱销	d(h8 或 m6)		3	4	5	6	8	10	12	16	20	25
	c≈		0.5	0.63	0.8	1.2	1.6	2.0	2.5	3.0	3.5	4.0
	l(公称)		8~30	8~40	10~50	12~60	14~80	18~95	22~140	26~180	35~200	50~200
圆锥销	d(h10)	min	2.96	3.95	4.95	5.95	7.94	9.94	11.93	15.93	19.92	24.92
		max	3	4	5	6	8	10	12	16	20	25
	a≈		0.4	0.5	0.63	0.8	1.0	1.2	1.6	2.0	2.5	3.0
	l(公称)		12~45	14~55	18~60	22~90	22~120	26~160	32~180	40~200	45~200	50~200
l(公称)的系列			12~32(2 进位),35~100(5 进位),100~200(20 进位)									

附表 12　　开口销(GB/T 91—2000)　　mm

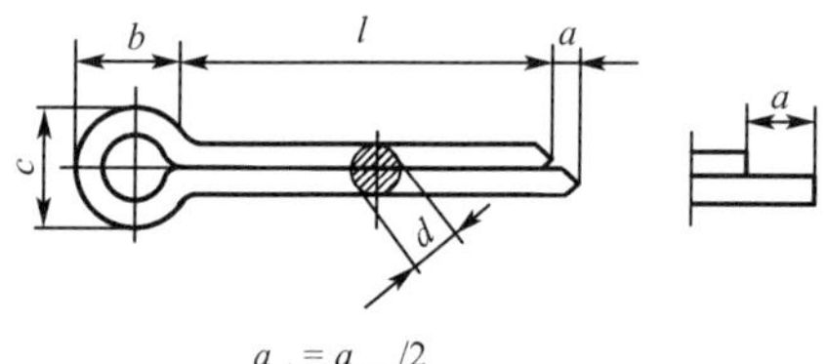

允许制造的形式

标记示例:

公称规格为 5 mm、长度 $l=50$ mm、材料为 Q215 或 Q235、不经表面处理的开口销标记为:

销　GB/T 91—2000　5×50

公称规格		1	1.2	1.6	2	2.5	3.2	4	5	6.3	8	10	13
d_{max}		0.9	1.0	1.4	1.8	2.3	2.9	3.7	4.6	5.9	7.5	9.5	12.4
c	max	1.8	2	2.8	3.6	4.6	5.8	7.4	9.2	11.8	15.0	19.0	24.8
	min	1.6	1.7	2.4	3.2	4.0	5.1	6.5	8.0	10.3	13.1	16.6	21.7
b≈		3	3	3.2	4	5	6.4	8	10	12.6	16	20	26
a_{max}		1.6	2.50				3.2	4				6.30	
l		6~20	8~25	8~32	10~40	12~50	14~63	18~80	22~100	32~125	40~160	45~200	71~250
公称长度 l(系列)		4,5,6,8,10,12,14,16,18,20,22,25,28,32,36,40,45,50,56,63,71,80,90,100,112,125,140,160,180,200,224,250,280											

注:公称规格为销孔的公称直径,标准规定公称规格为 0.6~20 mm,根据供需双方协议,可采用公称规格为 3 mm、6 mm、12 mm 的开口销。

附表 13 **双头螺柱** mm

双头螺柱，$b_m=d$（摘自 GB/T 897—1988） 双头螺柱，$b_m=1.25d$（摘自 GB/T 898—1988）

双头螺柱，$b_m=1.5d$（摘自 GB/T 899—1988） 双头螺柱，$b_m=2d$（摘自 GB/T 900—1988）

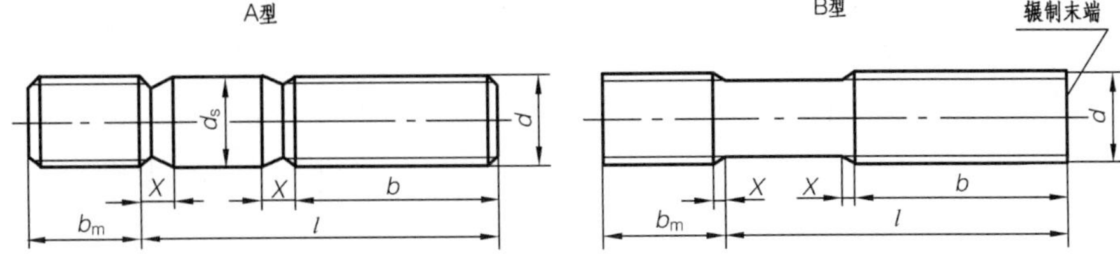

标记示例：

两端均为粗牙普通螺纹、$d=10$、$l=50$、性能等级为 4.8 级、B 型、$b_m=d$ 的双头螺柱标记为：

螺柱 GB/T 897—1988 M10×50

旋入机体一端为粗牙普通螺纹、旋入螺母一端为 $P=1$ 的细牙普通螺纹、$d=10$、$l=50$、性能等级为 4.8 级、A 型、$b_m=d$ 的双头螺柱标记为：

螺柱 GB/T 897—1988 AM10-M10×1×50

旋入机体一端为过渡配合的第一种配合、旋入螺母一端为粗牙普通螺纹、$d=10$、$l=50$、性能等级为 8.8 级、镀锌钝化、B 型、$b_m=d$ 的双头螺柱标记为：

螺柱 GB/T 897—1988 GM10-M10×50-8.8-Zn・D

螺纹规格 d	b_m（旋入机体端长度）				d_s	X	l/b（螺柱长度/旋入螺母端长度）
	GB/T 897	GB/T 898	GB/T 899	GB/T 900			
M4			6	8	4	1.5P	(16～22)/8 (25～40)/14
M5	5	6	8	10	5	1.5P	(16～22)/10 (25～50)/16
M6	6	8	10	12	6	1.5P	(20～22)/10 (25～30)/14 (32～75)/18
M8	8	10	12	16	8	1.5P	(20～22)/12 (25～30)/16 (32～90)/22
M10	10	12	15	20	10	1.5P	(25～28)/14 (30～38)/16 (40～120)/26 130/32
M12	12	15	18	24	12	1.5P	(25～30)/16 (32～40)/20 (45～120)/30 (130～180)/36
M16	16	20	24	32	16	1.5P	(30～38)/20 (40～55)/30 (60～120)/38 (130～200)/44
M20	20	25	30	40	20	1.5P	(35～40)/25 (45～65)/35 (70～120)/46 (130～200)/52
M24	24	30	36	48	24	1.5P	(45～50)/30 (55～75)/45 (80～120)/54 (130～200)/60
M30	30	38	45	60	30	1.5P	(60～65)/40 (70～90)/50 (95～120)/66 (130～200)/72 (210～250)/85
M36	36	45	54	72	36	1.5P	(65～75)/45 (80～110)/60 120/78 (130～200)/84 (210～300)/97
M42	42	52	65	84	42	1.5P	(70～80)/50 (85～110)/70 120/90 (130～200)/96 (210～300)/109
M48	48	60	72	96	48	1.5P	(80～90)/60 (95～110)/80 120/102 (130～200)/108 (210～300)/121
l 系列	12，(14)，16，(18)，20，(22)，25，(28)，30，(32)，35，(38)，40，45，50，(55)，60，(65)，70，(75)，80，(85)，90，(95)，100，110～260(10 进位)，280，300						

注：1. 括号内的规格尽可能不用。

2. P 为螺距。

3. $b_m=d$，一般用于钢对钢；$b_m=1.25d$、$b_m=1.5d$，一般用于钢对铸铁；$b_m=2d$，一般用于钢对铝合金。

附表 14　　深沟球轴承(摘自 GB/T 276—2013)

标记示例:滚动轴承 6210　GB/T 276—2013

轴承代号	尺寸/mm			
	d	D	B	r_{smin}[a]
02 系列				
6200	10	30	9	0.6
6201	12	32	10	0.6
6202	15	35	11	0.6
6203	17	40	12	0.6
6204	20	47	14	1
6205	25	52	15	1
6206	30	62	16	1
6207	35	72	17	1.1
6208	40	80	18	1.1
6209	45	85	19	1.1
6210	50	90	20	1.1
6211	55	100	21	1.5
6212	60	110	22	1.5
6213	65	120	23	1.5
6214	70	125	24	1.5
6215	75	130	25	1.5
6216	80	140	26	2
6217	85	150	28	2
6218	90	160	30	2
6219	95	170	32	2.1
6220	100	180	34	2.1
03 系列				
6300	10	35	11	0.6
6301	12	37	12	1
6302	15	42	13	1
6303	17	47	14	1

轴承代号	尺寸/mm			
	d	D	B	r_{smin}[a]
6304	20	52	15	1.1
6305	25	62	17	1.1
6306	30	72	19	1.1
6307	35	80	21	1.5
6308	40	90	23	1.5
6309	45	100	25	1.5
6310	50	110	27	2
6311	55	120	29	2
6312	60	130	31	2.1
6313	65	140	33	2.1
6314	70	150	35	2.1
6315	75	160	37	2.1
6316	80	170	39	2.1
6317	85	180	41	3
6318	90	190	43	3
6319	95	200	45	3
6320	100	215	47	3
04 系列				
6403	17	62	17	1.1
6404	20	72	19	1.1
6405	25	80	21	1.5
6406	30	90	23	1.5
6407	35	100	25	1.5
6408	40	110	27	2
6409	45	120	29	2
6410	50	130	31	2.1
6411	55	140	33	2.1
6412	60	150	35	2.1
6413	65	160	37	2.1
6414	70	170	39	3
6415	75	180	42	3
6416	80	190	45	3
6417	85	200	48	4
6418	90	210	52	4
6419	95	225	54	4
6420	100	250	58	4

注:①表中 d 为轴承内径,D 为轴承外径,B 为轴承宽度,r 为内、外圈倒角尺寸,r_{smin} 为 r 的最小单一倒角尺寸。

②[a] 最大倒角尺寸规定在 GB/T 274-2000 中。